BIOSSEGURANÇA APLICADA A LABORATÓRIOS E SERVIÇOS DE SAÚDE

2ª Edição

MEDICINA DO TRABALHO, LABORATÓRIO E PATOLOGIA CLÍNICA

Outros livros de interesse

Alves – Dicionário Médico Ilustrado Inglês-Português 2ª ed.
APM-SUS – O que Você Precisa Saber sobre o Sistema Único de Saúde
Bensoussan e Albieri – Manual de Higiene, Segurança e Medicina do Trabalho
Bonaccorsi – Disfunção Sexual Masculina – Tudo o que Você Precisa Saber
Cimerman – Atlas de Parasitologia Humana
Cimerman – Coleção Parasitologia
Vol. 1 Livro de Texto
Vol. 2 Atlas de Parasitologia
Cimerman – Medicina Tropical
Cimerman – Parasitologia Humana e seus Fundamentos
Ciríades – Medicina Diagnóstica - Manual de Análises Clínicas
Drummond – Medicina Baseada em Evidências 2ª ed.
De Carli – Parasitologia Clínica – Seleção de Métodos e Técnicas de Laboratório para o Diagnóstico dos Parasitas Humanos
D'Elia – Imunologia da Mucosa Intestinal – Da Bancada ao Leito
Figueiró e Bertuol – Depressão em Medicina Interna e em Outras Condições Médicas – Depressões Secundárias
Florêncio – Testes Funcionais e Terapia Ambulatorial em Endocrinologia
Focaccia – Tratado de Hepatites Virais
Gombossy e Landgraf – Microbiologia dos Alimentos
Glerean – Manual de Histologia – Texto e Atlas
Gresham – Atlas de Patologia em Cores – A Lesão, a Célula e os Tecidos Normais, Dano Celular: Tipos, Causas, Respostas-Padrão de Doença
Grimaldo Carvalho – Citologia Oncológica
Grimaldo Carvalho – Citologia do Trato Genital Feminino 3ª ed.
Gurgel – Saúde Ocupacional: Auto-Avaliação e Revisão
Hansten – Associação de Medicamentos
Hargreaves – Série Bases Físico-Químicas e Métodos Biofísicos de Análise
Vol. 1 Fotocolorimetria e pHmetria
Vol. 2 Soluções em Geral – Soluções Tampão
Hospital Israelita Albert Einstein – Protocolos de Conduta do Hospital Israelita Albert Einstein
Hoxter – Perguntas e Respostas Comentadas em Bioquímica Clínica
Kamoun – Manual de Exames de Laboratório: 500 Exames – Indicação, Técnica, Interpretação, Diagnóstico
Lorenz e Adolph – Diagnóstico Enzimático das Doenças do Coração, Fígado e Pâncreas
Macuco – Atlas de Morfologia Espermática
Marcondes – Entomologia Médica e Veterinária
Medronho – Epidemiologia
Montenegro – Patologia – Processos Gerais 4ª ed.
Moura – Colheita de Material para Exames de Laboratório
Moura – Técnicas da Laboratório 3ª ed.
Neves – Parasitologia Dinâmica
Neves – Parasitologia Humana 11ª ed.
Novais – Como Ter sucesso na Profissão Médica – Manual de Sobrevivência 2ª ed.
Nydia Bacal – Aplicação Prática em Citometria de Fluxo
Ogushi – Administração de Laboratório de Patologia Clínica
OHT (One-Hundred Trading) – Contagem de Carboidratos – mais Fácil que Contar até 3
Otto Miller – O Laboratório e os Métodos de Imagem para o Clínico
Perrotti-Garcia – Grande Dicionário Ilustrado Inglês-Português de Termos Odontológicos e de Especialidades Médicas
Poian e Alves – Hormônios e Metabolismo: Integração e Correlações Clínicas
Protásio da Luz – Nem só de Ciência se Faz a Cura
Raw e Schmidt – Valores de Laboratório, Referências Normais e Patológicas – Sua Importância Clínica e Terapêutica
René Mendes – Patologia do Trabalho (2 vols.) 2ª ed.
Rossi e Andreazzi – Resistência Bacteriana - Interpretando o Antibiograma
Rotemberg – Trabalho em Turnos e Noturno na Sociedade 24 Horas
Rufino – Testes de Funções Respiratórias – Do Laboratório à Aplicação Clínica com 100 Exercícios Diagnósticos
Soares e Ribeiro – Microbiologia: Manual de Aulas Práticas – Bactérias e Fungos
Terra – Coagulação – Interpretação Clínica dos Testes de Laboratório
Vallada – Série Manuais Práticos de Exames de Laboratório
Vol. 1 Manual de Coprocultura – Cultura de Fezes, Isolamento e Identificação Bacteriana 2ª ed.
Vol. 2 Manual de Exame de Fezes – Coprologia e Parasitologia
Vol. 3 Manual de Exame de Urina 4ª ed.
Vol. 4 Manual de Técnicas Hematológicas
Vol. 5 Manual de Exames de Escarro e das Secreções das Vias Aéreas Superiores
Varga e Monte – Fundamentos da Bioquímica Experimental 2ª ed.
Vincent – Internet – Guia para Profissionais de Saúde

BIOSSEGURANÇA APLICADA A LABORATÓRIOS E SERVIÇOS DE SAÚDE

07/08/07

2ª Edição

MARCO FABIO MASTROENI

Biólogo, Universidade Federal de Santa Catarina, UFSC. Mestre em Ciência e Tecnologia de Alimentos, Universidade Federal de Viçosa, UFV. Doutorando em Saúde Pública, Faculdade de Saúde Pública, Universidade de São Paulo, FSP/USP. Pesquisador Associado, Universidade da Região de Joinville, UNIVILLE

Atheneu

São Paulo • Rio de Janeiro • Ribeirão Preto • Belo Horizonte

EDITORA ATHENEU

São Paulo —	*Rua Jesuíno Pascoal, 30* *Tels.: (11) 3331-9186 • 223-0143 • 222-4199 (R. 25, 27, 28 e 30)* *Fax: (11) 223-5513* *E-mail: edathe@terra.com.br*
Rio de Janeiro —	*Rua Bambina, 74* *Tel.: (21) 2539-1295* *Fax: (21) 2538-1284* *E-mail: atheneu@atheneu.com.br*
Ribeirão Preto —	*Rua Barão do Amazonas, 1.435* *Tel.: (16) 636-8950 • 636-5422* *Fax: (16) 636-3889* *E-mail: editoratheneu@netsite.com.br*
Belo Horizonte —	*Rua Domingos Vieira, 319 — Conj. 1.104*

PROJETO GRÁFICO/CAPA: *Equipe Atheneu*

Dados Internacionais de Catalogação na Publicação (CIP)
(Câmara Brasileira do Livro, SP, Brasil)

Mastroeni, Marco Fábio
Biossegurança aplicada a laboratórios e serviços de saúde - 2ª edição/ Marco Fabio Mastroeni. — São Paulo: Editora Atheneu, 2005.

Vários colaboradores

1. Laboratórios médicos – Medidas de segurança 2. Segurança do trabalho 3. Serviço de saúde – Administração I. Título

03-5826 CDD 363.15

Índices para catálogo sistemático:

1. Laboratórios médicos: Biossegurança: Segurança do trabalho: Serviços de saúde 363.15

BIOSSEGURANÇA APLICADA A LABORATÓRIOS E SERVIÇOS DE SAÚDE – 2ª Edição
Mastroeni M. F.

COLABORADORES

ALCYONE ARTIOLI MACHADO

Médica. Mestre em Clínica Médica, Universidade de São Paulo, USP. Doutor em Clínica Médica, Universidade de São Paulo, USP. Pós-doutorado INSERM/França. Professora do Departamento de Clínica Médica/Moléstias Infecciosas e Tropicais da Faculdade de Medicina de Ribeirão Preto/USP

ANA ISABEL BRUZZI BEZERRA PARAGUAY

Psicóloga. Mestre em Ergonomia. Doutor em Saúde Pública. Professora do Departamento de Saúde Ambiental/HSA, Faculdade de Saúde Pública, FSP

ANA MARIA TUCCI GAMMARO BALDAVIRA FERREIRA

Enfermeira. Mestre em Saúde Pública, Universidade de São Paulo, USP. Doutoranda em Saúde Pública, Universidade de São Paulo, USP. Professora do Curso de Graduação em Enfermagem da Faculdade de Ciências Médicas, Fundação Arnaldo Vieira de Carvalho, São Paulo

ÂNGELA MITSUYO HAYASHI

Engenheira Química, Universidade Estadual de Campinas, UNICAMP. Mestre em Engenharia Química, Universidade Estadual de Campinas, UNICAMP. Doutor em Engenharia Química, Universidade Estadual de Campinas, UNICAMP. Consultora na Área Ambiental: Desenvolvimento de projetos e avaliação de impactos ambientais

ARLINDO PHILIPPI JUNIOR

Engenheiro Civil, Sanitarista e de Segurança do Trabalho. Mestre em Saúde Pública. Doutor em Saúde Ambiental. Pós-doutorado em Política e Gestão Ambiental. Professor do Departamento de Saúde Ambiental, Faculdade de Saúde Pública, FSP. Coordenador Científico do Núcleo de Informações em Saúde Ambiental, Universidade de São Paulo, USP

CELL REGINA DA SILVA NOCA

Enfermeira. Mestre em Saúde Pública. Doutoranda em Saúde Pública Enfermeira do Hospital São Camilo, Universidade de São Paulo, USP

CRISTIANE RAPPARINI

Médica Infectologista. Mestre em Medicina, Doenças Infecciosas e Parasitárias, Universidade Federal do Rio de Janeiro, UFRJ. Doutoranda em Medicina, Doenças Infecciosas e Parasitárias, Universidade Federal do Rio de Janeiro, UFRJ. Médica da Secretaria Municipal de Saúde, RJ, Gerência de DST/AIDS. Médica do Serviço de Doenças Infecciosas e Parasitárias, Universidade Federal do Rio de Janeiro, UFRJ

DENISE MARY CARDO

Médica. Mestre e Doutora em Doenças Infecciosas pela Disciplina de Doenças Infecciosas e Parasitárias da Escola Paulista de Medicina. Chief, Prevention and Evaluation Branch, Division of Healthcare Quality Promotion, National Center for Infectious Diseases, Centers for Disease Control and Prevention

FERNANDO GUILHERME DA COSTA

Fisioterapeuta, Universidade Castelo Branco, RJ. Especialista em Saúde do Trabalhador, Escola Nacional de Saúde Pública, Fundação Oswaldo Cruz, ENSP/FIOCRUZ. Diretor Nacional de Socorro e Desastres da Cruz Vermelha Brasileira. Instrutor do Curso de Especialização de Combate à Incêndio e Salvamento da Base Aérea do Galeão, Comando da Aeronáutica. Encarregado do Sistema Contra-Incêndio da Prefeitura de Aeronáutica do Galeão, Comando da Aeronáutica. Coordenador do Curso de Prevenção e Combate a Incêndios em Laboratórios da Escola Politécnica, Fundação Oswaldo Cruz, FIOCRUZ. Professor Convidado da Área de Emergências Médicas do Curso de Pós-graduação de Engenharia e Segurança do Trabalho da Universidade Federal do Rio de Janeiro, UFRJ

FRANCELINA HELENA ALVARENGA LIMA E SILVA

Bióloga. Mestre em Ciência da Informação, Instituto Brasileiro de Informação Científica e Tecnológica, Universidade Federal do Rio de Janeiro, IBICT/UFRJ. Tecnologista do Núcleo de Biossegurança, Vice-presidência de Serviços de Referência e Ambiente, Fundação Oswaldo Cruz, FIOCRUZ

GISELA ROVER

Arquiteta. Consultora em Arquitetura de Interiores

IRENE SKRABA

Farmacêutica. Aperfeiçoamento em Microbiologia, Universidade Federal do Paraná, UFPR. Farmacêutica da Seção de Virologia do Laboratório Central do Estado do Paraná, LACEN-PR

IVAN DE TOLEDO SANTOS

Engenheiro Mecânico, Universidade Federal de Santa Catarina, UFSC. Especialista em Biossegurança, Universidade Federal de Santa Catarina, UFSC

Marco Fábio Mastroeni

Biólogo, Universidade Federal de Santa Catarina, UFSC. Mestre em Ciência e Tecnologia de Alimentos, Universidade Federal de Viçosa, UFV. Doutorando em Saúde Pública, Faculdade de Saúde Pública, Universidade de São Paulo, FSP/USP. Pesquisador Associado, Universidade da Região de Joinville, UNIVILLE

Maria Cristina Troncoso Ribeiro Pessoa

Arquiteta, Universidade Federal do Rio de Janeiro, UFRJ. Mestre em Arquitetura, Faculdade de Arquitetura e Urbanismo, Universidade Federal do Rio de Janeiro, FAU/UFRJ. Doutoranda em Engenharia de Produção, Universidade Federal do Rio de Janeiro, UFRJ-COPPE. Arquiteta da Diretoria de Administração do Campus, DIRAC, Fundação Oswaldo Cruz, FIOCRUZ

Maria de Fátima Menezes Pedroso

Farmacêutico-bioquímica, Faculdade de Ciências Farmacêuticas, Universidade de São Paulo, FCF/USP. Mestre em Análises Toxicológicas, Faculdade de Ciências Farmacêuticas, Universidade de São Paulo, FCF/USP. Doutor em Saúde Pública, Faculdade de Saúde Pública, Universidade de São Paulo, FSP/USP. Perito Criminal do Núcleo de Toxicologia Forense, Instituto Médico-Legal, IML, SP. Professora das Disciplinas de Toxicologia, Análises Toxicológicas e Higiene Social da Faculdade de Farmácia e Bioquímica da Universidade Paulista, SP

Maria Meimei Brevidelli

Enfermeira. Mestre em Fundamentos de Enfermagem, Universidade de São Paulo, USP. Doutora em Enfermagem, Escola de Enfermagem, Universidade de São Paulo, EE/USP. Professora e Coordenadora da Unidade Tatuapé, Universidade Paulista, UNIP

Maria Rosa Rodrigues Rissi

Psicóloga. Mestre em Ciências/Psicologia. Doutoranda em Psicologia, Universidade de São Paulo, USP. Faculdade de Filosofia, Ciências e Letras de Ribeirão Preto, Universidade de São Paulo, USP

Mauro Machado do Prado

Cirurgião-dentista e Advogado. Especialista em Direito e Processo do Trabalho. Especialista em Bioética. Mestre em Ciências da Saúde, Faculdade de Saúde, Universidade de Brasília, FS/UnB. Doutorando em Ciências da Saúde, Faculdade de Saúde, Universidade de Brasília, FS/UnB. Professor da Faculdade de Odontologia/Universidade Federal de Goiás. Pesquisador Associado do Núcleo de Estudos e Pesquisas em Bioética, Centro de Estudos Avançados Multidisciplinares, Universidade de Brasília, UnB

Meuris Gurgel Carlos da Silva

Engenheira Química, Universidade Federal do Ceará, UFC. Especialista em Engenharia de Segurança, Universidade Estadual de Campinas, Pontifícia Universidade Católica de Campinas, UNICAMP/PUCC. Mestre em Engenharia Química, Universidade Estadual de Campinas, UNICAMP. Doutor em Engenharia Mecânica, Universidade Estadual de Campinas, UNICAMP. Livre-docente em Engenharia Química. Professora da Faculdade de Engenharia Química, FEQ, Departamento de Termofluidodinâmica, DTF, Universidade Estadual de Campinas, UNICAMP

Miguel Pedro Guerra

Engenheiro Agrônomo, Universidade Federal do Rio Grande do Sul, UFRGS. Mestre em Agronomia, Universidade Federal do Rio Grande do Sul, UFRGS. Doutor em Fisiologia Vegetal, Universidade de São Paulo, USP. Pós-doutorado em Biologia Celular, Universidade da Califórnia-Davis. Professor Titular do Departamento de Fitotecnia, Curso de Pós-graduação em Recursos Genéticos Vegetais, Centro de Ciências Agrárias, Universidade Federal de Santa Catarina, UFSC

Paula Raquel dos Santos

Enfermeira/UNIRIO. Especialista em Saúde do Trabalhador, Escola Nacional de Saúde Pública, Fundação Oswaldo Cruz, ENSP-FIOCRUZ. Mestre em Saúde Pública, Escola Nacional de Saúde Pública, Fundação Oswaldo Cruz, ENSP-FIOCRUZ. Vigilância Sanitária, VISA, Secretaria de Estado de Saúde do Rio de Janeiro, SES-RJ

Rosiane Nickel

Farmacêutica Industrial. Mestranda em Tecnologia em Saúde, Pontifícia Universidade Católica do Paraná, PUC-PR. Farmacêutica da Seção de Controle da Qualidade de Medicamentos do Laboratório Central do Estado do Paraná, LACEN-PR

Rubens Onofre Nodari

Engenheiro Agrônomo. Mestre em Agronomia. Doutor em Genética.Universidade Federal de Santa Catarina, UFSC. Professor Titular do Departamento de Fitotecnia, Centro de Ciências Agrárias, Universidade Federal de Santa Catarina, UFSC

Sônia Regina Wotkoski

Farmacêutica. Especialista em Saúde Pública, Vigilância Sanitária e Saneamento Básico, Escola Nacional de Saúde Pública, ENSP. Especialista em Ciências Farmacêuticas, Produtos Naturais, Universidade Federal do Paraná, UFPR. Farmacêutica da Seção de Controle da Qualidade de Medicamentos do Laboratório Central do Estado do Paraná, Escola Nacional de Saúde Pública, LACEN-PR

Thereza Christina Vessoni Penna

Farmacêutico-bioquímica. Mestre em Ciências Farmacêuticas. Doutor em Ciências Farmacêuticas. Professora Titular do Departamento de Tecnologia Bioquímico-farmacêutica, Faculdade de Ciências Farmacêuticas, Universidade de São Paulo, USP

Ubirajara Aluízio de Oliveira Mattos

Engenheiro de Produção. Doutor em Arquitetura, Faculdade de Arquitetura e Urbanismo, Universidade de São Paulo, USP. Professor da Faculdade de Engenharia da Universidade do Estado do Rio de Janeiro, UERJ. Departamento de Engenharia Sanitária e Meio Ambiente, CTC

Volnei Garrafa

Cirurgião-dentista, Pontifícia Universidade Católica do Rio Grande do Sul, PUCRS. Doutor em Ciências, Universidade Estadual Paulista, UNESP. Pós-doutorado em Bioética, Universidade La Sapienza de Roma. Professor Titular do Departamento de Saúde Coletiva da Faculdade de Ciências da Saúde da Universidade de Brasília, UnB. Coordenador do Núcleo de Estudos e Pesquisas em Bioética, Centro de Estudos Avançados Multidisciplinares, Universidade de Brasília, UnB

Wilson de Figueiredo Jardim

Químico. Doutor em Química, University of Liverpool, Inglaterra. Pós-doutorado em Ciências Ambientais, Drexel University, EUA. Professor Titular do Departamento de Química Analítica. Coordenador do Laboratório de Química Analítica, Universidade Estadual de Campinas, UNICAMP

Dedicatória

Àqueles que persistem na busca do conhecimento
mesmo diante das dificuldades que,
infelizmente,
acometem nosso sistema educacional.

Agradecimentos

Aos meus pais,
por terem-me proporcionado ingressar no curso superior.

Às minhas irmãs, Denise e Patrizia,
pela mão estendida em momentos difíceis.

À minha eterna namorada Silmara,
amiga e companheira de todas as horas.

Aos colaboradores desta obra,
pela total confiança depositada na participação.

Aos colegas que, de alguma forma, contribuíram para que eu chegasse aqui:
Coordenação dos cursos de Biossegurança da FIOCRUZ,
Coordenação do curso de Especialização em Biossegurança – UFSC, e
Prof. Dr. Geraldo Atílio de Carli – PUCRS.

Em especial, à minha mãe,
pela herança genética de sua sabedoria, dedicação e simplicidade.

PREFÁCIO

Com os recentes avanços da biotecnologia tornou-se premente a discussão de aspectos relacionados à biossegurança e a conseqüente difusão destes conhecimentos. Embora atualmente as discussões sobre biossegurança estejam fortemente associadas ao escopo da Lei de Biossegurança (Lei 8.974 de 5 de janeiro de 1995), a qual regulamenta a manipulação de organismos geneticamente modificados (OGM), o tema perpassa esta questão e está inserido no cotidiano daqueles que trabalham ou freqüentam laboratórios ou unidades de saúde. Apesar de muito recente, a biossegurança no Brasil vem recebendo atenção crescente nos meios científico e acadêmico, onde, a partir da década de 1990, tem sido trabalhada no âmbito de instituições públicas e privadas além, de ter sido integrada, mesmo que de forma tímida, ao elenco de disciplinas de cursos de pós-graduação e graduação. Neste sentido, o Ministério da Ciência e Tecnologia (MCT) em conjunto com o Conselho Nacional de Desenvolvimento Científico e Tecnológico (CNPq) vem desde 1997 envidando esforços na criação de cursos de capacitação de recursos humanos em biossegurança, os quais foram oferecidos em diferentes regiões do país. Desta forma, um considerável acervo bibliográfico relacionado à normatização de procedimentos, técnicas e legislação em biossegurança, assim como discussões de aspectos éticos nas diferentes atividades laboratoriais, tem sido produzido nos últimos anos em decorrência desses cursos. Sabendo-se que o material bibliográfico tem sido fundamental na formação de recursos humanos em biossegurança, a presente obra reveste-se de uma relevância ímpar em função de sua estrutura prática, moderna e atualizada. A obra Biossegurança Aplicada a Laboratórios e Serviços de Saúde, *organizada pelo Dr. Marco Fabio Mastroeni, está estruturada em 20 capítulos, de leitura fácil e, agradável, e conta com a participação de 29 especialistas de diferentes áreas do conhecimento, englobando aspectos históricos, éticos, técnicos e aplicados da biossegurança em laboratórios e serviços de saúde. Neste sentido, esta obra visa permitir ao leitor a compreensão de aspectos de biossegurança desde a organização do local de trabalho até a identificação e minimização de riscos, além da prevenção de acidentes a que estão expostos os profissionais, estudantes e a população em geral no âmbito dos laboratórios de ensino, pesquisa e em serviços de saúde. Esta obra realça a necessidade de que os recentes avanços da biotecnologia devem ser acompanhados de um conseqüente aumento da responsabilidade e comprometimento para com o próprio homem e para com o meio ambiente, os quais, em última análise, são os sujeitos deste processo.*

Carlos José de Carvalho Pinto
Edmundo Carlos Grisard
Mário Steindel
Departamento de Microbiologia e Parasitologia, MIP,
Centro de Ciências Biológicas,
Universidade Federal de Santa Catarina, UFSC

Sumário

Capítulo 1

Introdução à Biossegurança

Marco Fabio Mastroeni

A era microbiológica

A preocupação com o desenvolvimento das atividades biológicas que geram risco à saúde é uma característica antiga da humanidade. Desde 1665, quando Hobert Hooke relatou ao mundo que as menores unidades vivas eram "pequenas caixas" ou "células", como ele as chamou, a Ciência avançou enormemente na investigação dos mecanismos de geração e transmissão de várias doenças. Embora o microscópio de Hooke fosse capaz de mostrar células, o primeiro cientista a realmente observar microrganismos vivos através de lentes de aumento foi o alemão Antoni van Leewenhoek, descrevendo-os como "animálculos". A partir de então, na medida do possível, muito se discutiu e se pesquisou sobre os microrganismos. Quase 200 anos depois dessa descoberta, rápidos avanços foram estabelecidos, entre os quais:

— Florence Nightingale (1863) reduziu a incidência da infecção hospitalar com medidas de higiene e limpeza;

— Louis Pasteur (1864) derrubou a teoria da geração espontânea e desenvolveu a técnica de pasteurização;

— Joseph Lister (1867) tratou os ferimentos cirúrgicos com fenol, reduzindo a infecção hospitalar;

— Robert Koch (1876) descreveu os postulados de Koch, demonstrando, pela primeira vez, que uma doença infecciosa específica é causada por um microrganismo específico.

Nos últimos 40 anos, o advento da biotecnologia possibilitou ao homem o desenvolvimento de técnicas para a "construção" e o manuseio de organismos capazes de resistir aos tradicionais métodos químicos e físicos de controle do crescimento biológico. Deu-se início à era genética!

A era genética

A evolução dos conhecimentos científico e tecnológico, principalmente após a segunda metade do século passado, trouxe, destacadamente para as ciências biológicas, grandes avanços através do uso e aplicação na pesquisa e produção das técnicas da engenharia genética e da biologia molecular[1]. A aplicação dessas técnicas levou, conseqüentemente, à necessidade do debate de natureza ética e de biossegurança, temas fundamentais na área da saúde.

A primeira discussão sobre os impactos da engenharia genética na sociedade ocorreu na década de 1970, na reunião de Asilomar nos EUA, em que voluntariamente foram suspensos alguns experimentos relacionados com as alterações de microrganismos em pesquisas de doenças[1, 9]. Desde então, o conceito de biossegurança vem sendo cada vez mais difundido e valorizado. Isso ocorre na medida em que o entendimento da responsabilidade do profissional envolvido em atividades que manipulam agentes biológicos, microbiológicos, químicos, entre outros, não se limita às ações de prevenção de riscos derivados de sua atividade específica, mas também do colega que labuta ao seu lado, do técnico que o auxilia e de outras pessoas que participam direta ou indiretamente desta atividade. Além disso, todo o meio ambiente que o circunda e a comunidade onde está localizada a instituição devem ser considerados espaços importantes a serem preservados e protegidos de ameaças e riscos[17].

No Brasil, a primeira legislação que poderia ser classificada como de biossegurança foi a resolução nº 1 do Conselho Nacional de Saúde, de 13 de junho de 1988, a qual aprovou as normas de pesquisa e saúde[5,21]. Mas, a biossegurança surgiu com a força que se fazia necessária somente em 1995[21], com a Lei nº 8.974[4] e o Decreto nº 1.752[3], que regulamenta essa Lei. A partir de então, criou-se a Comissão Técnica Nacional de Biossegurança (CTNBio) vinculada à Secretaria Executiva do Ministério da Ciência e Tecnologia[21,23].

Responsável pela política nacional de biossegurança, a CTNBio propõe o Código de Ética de Manipulações Genéticas; estabelece os mecanismos de funcionamento das Comissões Internas de Biossegurança (CIBio) — a partir de agora, obrigatoriamente presente em qualquer instituição que se dedique ao ensino, à pesquisa, ao desenvolvimento e à utilização das técnicas de engenharia genética; emite Certificado de Qualidade em Biossegurança (CQB), referente às instalações destinadas a qualquer atividade ou projeto que envolva organismos geneticamente modificados (OGM) ou derivados[21,23], entre outras funções, que objetivam o crescimento ordenado em pesquisas de qualidade no país. Como é possível verificar, a Lei nº 8.974 é limitada à manipulação de OGMs. Mas através da Portaria nº 343/GM, de 19 de fevereiro de 2002, o então Ministro de Estado da Saúde José Serra, instituiu, no âmbito do Ministério da Saúde, a Comissão de Biossegurança em Saúde. Esta Portaria visa, entre outras atribuições, a acompanhar e a participar da elaboração e reformulação de normas de biossegurança bem como promover debates públicos sobre o tema[6]. Ainda que seja instituída de forma bastante discreta, a criação da Comissão de Biossegurança em Saúde representa um passo importante para o início das atividades em biossegurança no âmbito da saúde, e não somente OGMs, como regulamenta a Lei nº 8.974.

Mas a Lei nº 8.974, apesar de ter sido um marco para a ciência no país, apresenta algumas falhas e — como a maioria das leis em saúde — necessita ser atualizada. Mesmo antes da Lei nº 8.974 ser sancionada, em 1995, a tecnologia do DNA recombinante já era considerada o novo paradigma biológico, sendo incorporada nos diversos segmentos do setor produtivo como na saúde, na agricultura, na pecuária e no meio ambiente, visando à adequação do desenvolvimento industrial às novas demandas sociais e econômicas. Com isto, de forma a adequar o necessário avanço da ciência às leis brasileiras, no dia 2 de março de 2005, a Câmara dos Deputados, após um exaustivo conflito com representantes de religiões contrárias as novas diretrizes da lei, resolve aprovar o Projeto da Lei de Biossegurança nº 2401-C/2004 e, três semanas depois, no dia 24 de março de 2005, a lei foi sancionada pelo presidente Luiz Inácio Lula da Silva. O presidente fez sete vetos ao texto, porém os pontos mais polêmicos aprovados foram mantidos, entre os quais estão:

- A liberação da pesquisa, cultivo, armazenamento, venda, consumo, importação e exportação dos organismos geneticamente modificados;
- A criação do Conselho Nacional de Biossegurança (CNBS), ligado à Presidência da República, que será incumbido de formular e implementar políticas para o tema;
- Com base na opinião da Comissão Técnica de Biossegurança (CTNBio), o Conselho Nacional de Biossegurança terá poder deliberativo e decisório para decidir, em última instância, se uma pesquisa ou um plantio de produto transgênico é ou não degradante para o meio ambiente;
- A perda da prerrogativa de vetar uma decisão da CTNBio, que antes da lei os ministé-

rios possuíam, mas manteve-se ainda o direito de recorrer da decisão a um conselho de ministros de Estado;

— A liberação do uso de embriões humanos para pesquisas de células-tronco, podendo ser utilizado apenas o material que estiver congelado há mais de três anos;

— A necessidade de autorização dos genitores e do comitê de ética do instituto que realizará o procedimento, antes da realização de qualquer pesquisa com embrião.

Um aspecto importante da lei diz respeito ao CNBS que, após o parecer emitido pela CTN-Bio a respeito da biossegurança de cada produto geneticamente modificado, tem a função de emitir pareceres exclusivamente de ordem de conveniência e oportunidades socioeconômicas sobre a comercialização, o que garante, para a sociedade, a agilidade necessária para manter o agro negócio competitivo. Esta característica evitará a situação de plantios ilegais que tem ocorrido no Brasil. A Embrapa, que já possui plantas geneticamente modificadas de batata, soja, feijão e mamão poderá contar agora com investimentos do setor privado antes inibidos pelas incertezas da antiga legislação.

Mas, sem dúvida, o item que mais gerou polêmica na aprovação da lei foi o artigo 5º, o qual dispõe sobre a realização de procedimento com finalidade de diagnóstico, prevenção e tratamento de doenças e agravos, e a clonagem terapêutica com células-tronco embrionárias. As pesquisas com tais células assumem outro marco na ciência brasileira e mundial, pois abrem novas perspectivas de tratamento para inúmeras doenças degenerativas e lesões, como doenças neuromusculares. Muitas delas são letais na infância e na juventude: o diabetes e o Parkinson, entre outras. As pesquisas auxiliarão também as vítimas de acidentes ou violência que tiveram lesões físicas irreversíveis. O que ficou estabelecido, e não poderia ser menos lógico, é o uso apenas das células-tronco embrionárias provenientes do conjunto de células descartadas pelas clínicas de fertilização *in vitro*, ou daquelas congeladas por mais de três anos. Caso a pesquisa não utilize essas células, as mesmas devem ser descartadas por tais clínicas, visto que não possuem mais utilidade. É nesse sentido que a lei tomou força: diante de milhões de crianças, jovens e adultos afetados por doenças genéticas ainda incuráveis ou lesões até hoje irreversíveis, o descarte das células-tronco embrionárias seria uma perda lastimável à humanidade, face ao potencial de cura nelas existente.

Princípios de biossegurança

Biossegurança ou segurança biológica refere-se à aplicação do conhecimento, técnicas e equipamentos com a finalidade de prevenir a exposição do trabalhador, laboratório e ambiente a agentes potencialmente infecciosos ou biorriscos. Biossegurança define as condições sobre as quais os agentes infecciosos podem ser seguramente manipulados e contidos de forma segura[10,15]. Basicamente, existem três mecanismos de contenção[10]:

— Técnicas e práticas de laboratório;

— Equipamentos de segurança;

— *Design* do laboratório.

Técnicas e práticas de laboratório

O mais importante elemento de contenção refere-se à aplicação das práticas e técnicas consideradas padrão em microbiologia. Os trabalhadores que manipulam agentes infecciosos devem receber treinamento e atualizações constantes em relação às técnicas de biossegurança. Cada laboratório e/ou instituição deve desenvolver seu próprio manual de biossegurança, identificando os riscos e procedimentos de como contorná-los, de forma a garantir segurança ao trabalhador, ambiente e processo[8,10,15].

Equipamentos de segurança

Os equipamentos de segurança são considerados barreiras primárias de contenção, visando a proteger o trabalhador e o ambiente laboratorial junto às boas práticas em microbiologia (laboratório). São classificados como equipamentos de proteção individual (EPI), que consistem em óculos, luvas, calçados, jaleco etc., e equipamentos de proteção coletiva (EPC), que consistem em cabines de segurança biológica, chuveiros de descontaminação, extintores de incêndios etc. É importante salientar que os equipamentos de proteção não devem ser inseridos de forma autoritária na rotina de trabalho. É fundamental que o profissional tenha um prazo para se adaptar a esta rotina, caso contrário, ao invés de proteger, tais equipamentos acabarão se tornando elementos geradores de acidentes. Cada trabalhador deve receber as informações necessárias ao manuseio adequado desses equipamentos, obedecendo sempre aos prazos de validade determinados pelos fabricantes[8,10,15].

Design do laboratório

O *design* do laboratório é considerado importante, na medida em que proporciona uma barreira física capaz de proteger o trabalhador dentro do laboratório, contribuindo tanto para a confiabilidade dos experimentos realizados como para a proteção da saúde humana e do meio ambiente. Sua estrutura irá depender dos tipos de agente a serem manipulados e do nível de segurança desejado[8,10,15,19].

Normalmente, o *design* do laboratório é construído mediante um esforço conjunto por parte dos pesquisadores, técnicos de laboratório, arquitetos e engenheiros, de modo a se estabelecerem padrões e normas que assegurem o cumprimento das condições de segurança espaciais e ambientais necessárias àquele espaço físico[19].

Exposição ao risco

Risco pode ser definido como uma condição biológica, química ou física que apresenta potencial para causar dano ao trabalhador, produto ou ambiente. Devido à variabilidade da natureza do trabalho e às substâncias e materiais manipulados, o potencial de gerar riscos também se modifica de acordo com o tipo de trabalho desenvolvido[8,15,22].

Os agentes biológicos constituem-se no mais antigo risco ocupacional de que se tem notícia. Antes mesmo dos riscos químicos e físicos, o trabalhador já experimentava exposição a grande número de agentes biológicos, que se constituem, *grosso modo*, em agentes etiológicos ou infecciosos, tais como as bactérias, fungos, vírus, parasitas etc.[24].

A exposição aos agentes biológicos é o risco ocupacional mais comum a que o profissional da área de saúde está sujeito, e este risco aumentou consideravelmente após o surgimento da síndrome da imunodeficiência adquirida — AIDS. O crescimento do número de indivíduos infectados pelo HIV, bem como pelos vírus das hepatites B e C na população geral, tem aumentado o risco para o profissional de saúde, visto que, muitas vezes, esses indivíduos infectados necessitam de atendimento em unidades de assistência de saúde e são submetidos a procedimentos diagnósticos e terapêuticos nos quais o sangue e os fluidos corpóreos podem estar envolvidos[2].

À luz da evolução da Ciência, foram sendo descobertas várias doenças infecciosas e seus mecanismos de transmissão. Nos hospitais, as medidas preventivas para o bloqueio da transmissão de doenças aos pacientes tem sido amplamente estudado. Paralelamente, vêm sendo publicados relatos de transmissão e surtos de infecção em trabalhadores da saúde, provando que eles podem transmitir ou adquirir doenças em razão do trabalho. Nos dias atuais, ainda deparamos com profissionais que não valorizam as medidas de proteção, individuais e coletivas, de eficácia amplamente comprovada[20].

De modo geral, os meios de transmissão dos agentes biológicos são por contato direto ou indireto, por vetor biológico ou mecânico e pelo ar, sendo as rotas de entrada por inalação, ingestão, penetração através de pele e por contato com as mucosas dos olhos, nariz e boca[24].

A hipótese mais trivial de risco biológico refere-se aos profissionais da saúde — incluindo nestes os patologistas, cirurgiões-dentistas, flebotomistas, pessoal que lida com emergências, banco de sangue, diálise e oncologia — com pacientes, particularmente os infecto-contagiosos. A atmosfera do interior de um hospital possui grande carga microbiana, expondo não só os pacientes, que, por sua vulnerabilidade, tornam-se um alvo fácil, mas também os trabalhadores, os quais, em algumas oportunidades, atuam como vetores de agentes[24]. Não menos importantes são os laboratórios clínicos, que recebem com freqüência várias espécies de materiais contaminados para diagnóstico clínico. Tipicamente, a natureza infecciosa do material clínico é desconhecida, e os microrganismos costumam ser submetidos a uma série de exames microbiológicos para a determinação de múltiplos agentes[8].

Mesmo em diferentes ambientes de laboratórios, provavelmente sempre teremos situações de perigo e risco. Nossa atitude se concentra, portanto, no princípio básico da biossegurança: **a prevenção**. Quando possuímos o conhecimento do perigo, ao desenvolvermos determinada atividade, certamente precisamos fazer uso dos equipamentos de proteção individual (EPI), os quais são desenvolvidos para proporcionar segurança ao trabalhador. Aliado a utilização dos EPIs faz-se necessária, também, a adoção das normas e dos procedimentos de biossegurança elaboradas com o intuito de propiciar trabalho seguro e minimizar a geração de riscos. Estas duas características: utilização de EPI e prática das normas de biossegurança, conseqüentemente, só poderão trazer resultado se houver treinamento adequado para seu desenvolvimento. Caso contrário, possivelmente ocorrerá o estabelecimento da situação inversa: geração do risco. É fácil identificarmos esta situação quando, por exemplo, trabalhamos sob tensão e ansiedade, ou quando o pensamento não está concentrado na atividade que se está desenvolvendo. Quando este tipo de situação estiver presente, devemos ter o profissionalismo de interrompermos a atividade que estamos desenvolvendo até que sejamos capazes de restabelecer a indispensável atenção ou, o mais correto, reiniciarmos a atividade no dia seguinte, depois de merecido descanso[12].

Assim, de forma a reduzir ou eliminar desnecessária exposição a riscos de acidentes, torna-se de fundamental importância que cada setor (laboratório, instituição, ou outros afins) tenha como uma das normas de segurança a implementação de um trabalho de análise de riscos, garantindo com isso, o total conhecimento dos possíveis danos que podem ser gerados naquele ambiente e a melhor maneira de controlá-los em caso de acidentes[8,15,22].

Avaliação dos riscos

A "espinha dorsal" da prática de biossegurança é a avaliação dos riscos. Mesmo existindo diferentes formas para se avaliar os riscos em um determinado procedimento ou experimento, o componente mais importante a ser considerado é a competência profissional. O processo de avaliação dos riscos deve ser desenvolvido pelos indivíduos mais familiarizados com as características específicas do organismo utilizado, com os equipamentos e procedimentos empregados, com os modelos animais que podem ser utilizados, com os equipamentos de proteção disponíveis e com a estrutura física do ambiente. O diretor do laboratório ou pesquisador principal possui a responsabilidade de garantir uma avaliação adequada e periódica dos riscos em seu laboratório e, em um trabalho conjunto com a equipe de biossegurança, certificar-se de que os equipamentos de segurança estejam disponíveis e sejam adequados às atividades desenvolvidas. Uma vez concluída, a avaliação de riscos deve ser refeita periodicamente e revisada quando necessário, levando-se em consideração a aquisição de novos equipamentos e materiais que eventualmente alteram o grau de risco anteriormente avaliado. Por exemplo, em um laboratório de microbiologia, alguns fatores importantes que devem ser considerados incluem[25]:

- A patogenicidade do agente e dose infecciosa;
- A rota natural da infecção;
- Outras rotas de infecção, resultantes da manipulação em laboratório (parenteral, ingestão e transmissão pelo ar);
- Estabilidade do agente no ambiente;
- Concentração do agente e volume do material concentrado a ser manipulado;
- Presença de hospedeiro susceptível (animal e humano);
- Informação disponível sobre infecções adquiridas em laboratórios do microrganismo utilizado;
- Disponibilidade, local, de profilaxia e intervenção terapêutica.

Educação em biossegurança

A falta de uma cultura prevencionista tem sido o principal obstáculo para as pessoas agirem com precaução nos locais de trabalho. Muitos trabalhadores são admitidos sem treinamento e passam a exercer funções sem estarem familiarizados com os procedimentos dos serviços, contribuindo para o aumento do risco nas atividades. Estes fatores ampliam-se por ignorância e dificuldade de compreensão, aceitação e cumprimento das medidas preventivas. Os trabalhadores da área da saúde devem ter as noções, hábitos e cuidados necessários para não contraírem enfermidades ocupacionais, sofrerem algum acidente ou contaminarem os pacientes, área de trabalho ou os próprios colegas de trabalho[18].

Em virtude de o fator humano ser a principal causa de acidentes em laboratórios, o maior esforço deve ser concentrado na sua educação, visto que alguns trabalhadores tendem a menosprezar os riscos, levando em consideração somente a execução do experimento. Esta atitude é equivocada e inconcebível nos dias de hoje[11]. A melhor proteção que podemos oferecer ao trabalhador é a informação e treinamento, pois de nada valerá uma parafernália de equipamentos de proteção, se estes forem incorretamente empregados[2, 24].

A educação à biossegurança deve começar pelas escolas, que precisam urgentemente oferecer aos seus estudantes disciplinas importantes e fundamentais que os preparem para a vida profissional. Asim, ao adentrar em qualquer estabelecimento, seja um laboratório de um instituto de pesquisa, de uma universidade ou de uma empresa, sintam-se suficientemente seguros para o desenrolar de suas atividades[7].

Cabe lembrar que as normas de segurança biológica confiáveis e aplicáveis são consideradas pré-requisito para os investimentos privados em biotecnologia e áreas afins, e, mais recentemente, vêm sendo adotadas como medidas indispensáveis à apresentação de propostas à obtenção de bolsas de pós-graduação ou projetos de pesquisa financiados por instituições de fomento à pesquisa no Brasil.

Considerações finais

Desde a aprovação da Lei nº 8.974, de 5 de janeiro de 1995, o Brasil tem evoluído consideravelmente no que se refere ao uso de normas e técnicas seguras em laboratórios e serviços de saúde. Livros foram lançados, cursos de qualidade estão disponíveis em várias instituições do país, além da haver o acesso à Internet, o que possibilitou grande aproximação do público em geral ao tema em questão. Mas há ainda muito por fazer. O profissional de saúde precisa adquirir uma postura efetiva no uso de procedimentos que garantam o máximo de segurança não só a este profissional, mas também à equipe que o cerca e ao paciente. Este último, na maioria das vezes, sem conhecimento do assunto. Precisamos exigir um serviço de qualidade, independente do profissional ser médico, dentista, enfermeiro, pesquisador, professor, estagiário ou outro profissional que exerça qualquer atividade que possa gerar risco à saúde. Cabe a você, leitor, disseminar este conhecimento e dar continuidade à melhoria da qualidade em laboratórios e serviços de saúde no país.

Referências bibliográficas

1. Assad ALD. Biossegurança: alguns aspectos da organização legal no Brasil. In: Emerick MC, Valle S, Costa MAF. Gestão biotecnológica: alguns tópicos. Rio de Janeiro: Interciência, 71-80, 1999.
2. Basso M. Acidentes ocupacionais com sangue e outros fluidos corpóreos em profissionais de saúde. São Paulo, 1999. Dissertação (Mestrado em Enfermagem) — Escola de Enfermagem da Universidade de São Paulo.
3. Brasil. Decreto-Lei nº 1.752, de 20 de dezembro de 1995. Dispõe sobre a vinculação, competência e composição da Comissão Técnica Nacional de Biossegurança — CTNBio, e dá outras providências. Diário Oficial da República Federativa do Brasil, Brasília, 21 de dezembro 1995. Seção I, pp. 21648-9.
4. Brasil. Lei nº 8.974, de 5 de janeiro de 1995. Estabelece o uso das normas técnicas de engenharia genética e liberação no meio ambiente de organismos geneticamente modificados, autoriza o Poder Executivo a criar, no âmbito da Presidência da República, a Comissão Técnica Nacional de Biossegurança, e dá outras providências. Diário Oficial da República Federativa do Brasil, Brasília, 6 de janeiro 1995. Seção I, pp. 337-46.
5. Brasil. Ministério da Saúde. Conselho Nacional de Saúde. Resolução nº 01, de 13 de junho de 1988.

Aprovação das normas de pesquisa em saúde. Diário Oficial da República Federativa do Brasil, Brasília, 14 de junho 1988. Seção I, pp. 10713-9.

6. Brasil. Ministério da Saúde. Portaria nº 343, de 19 de fevereiro de 2002. Institui a Comissão de Biossegurança em Saúde. Diário Oficial da União, Brasília, Seção I, 19 de fevereiro 2002.
7. Carvalho PR. Boas práticas químicas em biossegurança. Rio de Janeiro: Interciência, 1999.
8. Centers for Disease Control and Prevention and National Institute of Health. Biosafety in microbiological and biomedical laboratories. 4ª ed., Washington: Department of Health and Human Services, Public Health Service, 1999.
9. Costa MAF. Qualidade em biossegurança. Rio de Janeiro: Qualitymark, 2000.
10. DAVIS. Biosafety manual. University of California, Davis: www.ehs.ucdavis.edu/biosfty/bsm/polcresp.html, 1996.
11. Israeli E. Biosafety in biotechnological processes. Advances in biotechnological processes: (6) 1-30, 1986.
12. Mastroeni MF. Avaliação e manejo de riscos em laboratório biológico. In: Binsfeld PC. Biossegurança em biotecnologia. Rio de Janeiro: Interciência, 43-59, 2004.
13. Mastroeni M. Biossegurança em laboratórios de parasitologia. In: De Carli GA, organizador. Parasitologia clínica: seleção e uso de métodos e técnicas de laboratório para o diagnóstico das parasitoses humanas. São Paulo: Atheneu, 623-37, 2001.
14. MERCK KGAA. Seguridad: manual para el laboratorio. 2ª ed., Darmstadt, Alemania: GIT Verlag, 1998.
15. Michigan State University. Bloodborn pathogens exposure control plan. The Office of Radiation, Chemical and Biological Safety. Michigan: MSU Occupational Health Services, 1998.
16. Morris R. Handling the hazards. Occupational health & safety: (69) 58-60, 2000.
17. Oda LM, Ávila SM. Biossegurança em laboratórios de saúde pública. Brasília: FIOCRUZ, Ministério da Saúde, 1998.
18. Silva FHAL. Barreiras de contenção. In: Oda LM, Ávila SM. Biossegurança em laboratórios de saúde pública. Brasília: FIOCRUZ, Ministério da Saúde: 31-56, 1998.
19. Simas C. Biossegurança e arquitetura. In: Valle S, Teixeira P. Biossegurança: uma abordagem multidisciplinar. Rio de Janeiro, FIOCRUZ: 75-110, 1996.
20. Souza M. Arantes DV, Abreu E. Biossegurança. In: Souza M. Assistência de enfermagem em infectologia. São Paulo: Atheneu, 11-42, 2000.
21. Souza MM. Biossegurança no laboratório clínico. Teresópolis: Eventos, 1998.
22. Stricoff RS, Walters DB. Handbook of laboratory health and safety. 2ª ed. New York: John Wiley & Sons, Inc., 1995.
23. Valle S. Regulamentação da biossegurança em biotecnologia. Rio de Janeiro: FIOCRUZ, 1996.
24. Vendrame AC. Insalubridade por agentes biológicos. Revista Cipa, 241:1-9, 2001.
25. World Health Organization. Microbiological risk assessment. In: Laboratory biosafety manual. 3rd ed., Geneva: WHO: 7-8, 2004.

Capítulo 2

Barreiras de Contenção: EPIs e EPCs

Irene Skraba
Rosiane Nickel
Sonia Regina Wotkoski

Introdução

No ambiente laboratorial, encontram-se numerosos contaminantes que podem ser tanto de origem biológica como química, dependendo do trabalho que o laboratório desenvolve. Desta forma, torna-se necessário minimizar a contaminação do local de trabalho, adotando medidas de controle coletivo, como enclausuramento e confinamento de operações, principalmente as que envolvem contaminantes perigosos, cuja via de penetração é a respiratória. Com os equipamentos de proteção coletiva (EPCs), podem-se utilizar cabines de segurança biológica (CSB) ou cabine de segurança química (CSQ), além de outros controles da engenharia de segurança, projetados para eliminar ou minimizar as exposições aos materiais perigosos.

Quando as medidas de proteção coletiva são inviáveis ou insuficientes, ou ainda quando estão sendo implantadas ou avaliadas, ou para atender às situações de emergência, devem ser usadas medidas de caráter individual, utilizando equipamentos de proteção pessoal[27]. Freqüentemente usados em combinação com as cabines de segurança e outros dispositivos que fazem a contenção de agentes, de animais ou materiais perigosos que estão sendo manipulados. Em alguns casos, nos quais é impossível trabalhar com CSB ou CSQ, o equipamento de proteção individual (EPI) deve formar a barreira primária entre os trabalhadores e os materiais perigosos[13].

A seleção dos EPIs deve seguir as determinações da avaliação de risco realizada nos ambientes de trabalho, sendo esta essencial no contexto e atividades dos laboratórios que envolvam materiais perigosos, auxiliando a designar os níveis de biossegurança (instalações, equipamentos e práticas) que reduzem para um risco mínimo a exposição dos trabalhadores e meio ambiente[13].

O técnico deve estar consciente e usar EPIs e EPCs, sempre que estiver exposto a riscos, bem como saber selecioná-los, para garantir sua proteção[29]. Salienta-se que a proteção da equipe do laboratório e meio ambiente contra a exposição aos agentes infecciosos e químicos é proporcionada não só pelo emprego correto dos EPCs e EPIs adequados mas também pela adoção de uma boa técnica e emprego das boas práticas laboratoriais. A seguir, estão descritos alguns tipos de EPI e EPC, bem como são apresentadas informações fundamentais para ajudar o técnico a selecionar os EPI/EPC adequados para cada caso.

Equipamentos de Proteção Individual (EPIs)

Considera-se EPI todo dispositivo de uso individual, de fabricação nacional ou estrangeira, destinado a proteger a saúde e a integridade física do trabalhador[27]. Como expressa a própria da sigla, EPI é um equipamento de uso individual, não sendo adequado o uso coletivo por questões de segurança e higiene.

Legislação

A utilização dos EPIs encontra-se regulamentada pelo Ministério do Trabalho através da NR-6 (Norma regulamentadora), em que estão definidas as obrigações do empregador e do empregado[27]. São obrigações do empregador:

— adquirir e fornecer gratuitamente o EPI adequado ao risco bem como em perfeito estado de conservação e funcionamento;

— fornecer EPI aprovado pelo Ministério do Trabalho e Administração — MTA e de empresas cadastradas no Departamento Nacional de Segurança e Saúde do Trabalhador — DNSST/MTA, acompanhado do Certificado de Aprovação — CA, expedido pelo MTA;

— oferecer treinamento ao trabalhador sobre o seu uso adequado;

— tornar obrigatório seu uso. Caso haja recusa do funcionário em usar os EPIs necessários à realização das tarefas, exigir que ele assine termo de responsabilidade, declarando ter sobre a ciência necessidade do uso do EPI, bem como sobre os riscos a que está exposto, além da responsabilidade legal por eventuais danos causados à sua saúde;

— substituí-lo imediatamente quando danificado ou extraviado;

— responsabilizar-se por sua higienização e manutenção periódica;

— comunicar ao MTA qualquer irregularidade observada no EPI.

São obrigações do empregado:

— usar o EPI apenas para a finalidade a que se destina;

— responsabilizar-se por sua guarda e conservação;

— comunicar ao empregador qualquer alteração que torne o EPI impróprio para o uso.

É importante observar que, apesar de constar na legislação que a higienização dos EPIs é de responsabilidade do empregador, dependendo do tipo de EPI, ele deveria ser do empregado, pois é o usuário que sabe o momento de proceder à higienização e qual o método mais adequado, com base no tipo de contaminação do EPI e se é necessária desinfecção prévia. Entretanto, cada empresa deve definir estas responsabilidades nos procedimentos internos.

Cuidados com os EPIs

Para prolongar a vida útil dos EPIs, o técnico deve ter alguns cuidados:

— guardar os EPIs em local próprio, longe da luz solar, fontes de calor, umidade e de contaminação (química e microbiana);

— mantê-los em bom estado de limpeza. Consultar o fornecedor do equipamento para saber de que forma pode-se proceder à limpeza, sem danificar o EPI;

— no caso de contaminação (química ou microbiológica), proceder à descontaminação sempre que possível, pois há casos em que o EPI deve ser substituído.

É ideal que os EPIs, ao serem adquiridos, venham acompanhados das instruções do fabricante quanto ao emprego correto, procedimentos de limpeza, desinfecção, etc.

Tipos de EPI

No mercado, há diversos tipos de EPI, diferentes fornecedores e material empregado, variando, assim, a proteção conferida ao técnico. O técnico deve ter conhecimento do grau de proteção que o EPI fornece para determinada tarefa e especificar adequadamente o EPI no momento da compra. Os EPIs devem ser atóxicos, não provocarem alergias ou irritações na pele, e, sempre que possível, serem confortáveis. No caso de o EPI provocar alergia, o empregador deverá encaminhar o usuário para orientação médica. Sendo recomendada a troca do EPI, o empregador deve verificar a disponibilidade no mercado do EPI em questão, fabricado com outro tipo de material, não alergênico ao usuário. Na impossibilidade da substituição, o empregador deve avaliar a possibilidade de remanejamento do técnico para outra atividade em que não seja obrigatória a utilização do EPI que está desencadeando o quadro alérgico.

A seguir, são descritos alguns EPIs, baseados nos riscos aos quais os profissionais que trabalham em laboratórios estão expostos.

Calçados

O calçado é um EPI destinado à proteção dos pés contra umidade, respingos de substâncias químicas ou material biológico, derramamento de líquidos quentes e solventes, impacto de objetos diversos, cacos provenientes da quebra de vidrarias, materiais perfurocortantes, etc. Segundo o item 6.3.1 da NR-6 do Ministério do Trabalho, quando a atividade desenvolvida oferece riscos à integridade física do trabalhador, devem-se utilizar calçados apropriados ao risco[27], ficando proibido o uso de tamancos, sandálias e chinelos. Os calçados devem ser confortáveis, laváveis, compatíveis com a temperatura ambiente e evitar a transpiração excessiva. Existem calçados especiais, com finalidades diversas, destinados a dar proteção à planta dos pés contra a penetração de vidros, solventes, calor, passagem da corrente elétrica, etc.

Quando o chão é escorregadio, torna-se obrigatório o uso de calçados com solado antiderrapante, para dificultar a ocorrência de quedas[15].

Em áreas estéreis, devem-se utilizar sapatilhas esterilizadas, as quais podem ser reutilizáveis ou não, conforme o tipo de material utilizado em sua confecção e a atividade desenvolvida.

Equipamentos de proteção respiratória

Durante a respiração, uma pessoa que está realizando algum trabalho aumenta seu consumo de ar para 30 a 40 litros por minuto, conforme o esforço realizado[10]. Assim, o sistema respiratório representa a principal via de penetração de contaminantes no organismo e, portanto, é de grande importância minimizar os riscos de contaminação por esta via.

Em 1978, foram publicados dados mostrando um aumento do índice de infecção pelo vírus da hepatite B (HBV) em profissionais de saúde, comparado à prevalência de HBV na população em geral, aumentando, assim, a preocupação em relação à exposição dos profissionais de saúde ao sangue e outros fluidos potencialmente contaminados. Em resposta a esse dado e à crescente preocupação quanto aos patógenos transportados pelo sangue, incluindo o HIV (do inglês *human immunodeficiency virus*), foram propostas precauções universais pelos Centers for *Disease Control and Prevention* (Centros para o Controle e Prevenção de Doenças — CDC) dos EUA, sendo também amplamente implementadas as normas de conduta nas instituições de saúde.

As precauções universais incluem o uso de barreiras, para reduzir a exposição das membranas mucosas, pele intacta e não-intacta aos fluidos corpóreos potencialmente contaminados. As máscaras cirúrgicas foram consideradas EPCs e um tipo de barreira protetora, o que representou uma mudança do conceito que atribui às máscaras cirúrgicas a função de proteção tanto ao paciente quanto ao profissional de saúde.

Em 1991, o OSHA (*Occupational Safety and Health Administration*) publicou a norma final referente aos patógenos transportados pelo sangue (*bloodborne pathogens standard* — BPS), requerendo máscaras faciais para prevenir a exposição ao sangue e outros fluidos corpóreos potencialmente contaminados[13]. Mais recentemente, a descoberta de um DNA viral viável em uma névoa produzida por *laser*, o aumento da incidência da tuberculose, a identificação de cepas do *Mycobacterium tuberculosis* multirresistentes[14,19,33], juntamente com a preocupação em relação aos outros patógenos transportados pelo ar, demonstraram a necessidade do uso de máscaras faciais que ofereçam mais proteção aos profissionais de saúde, introduzindo, assim, outro conceito em biossegurança: a proteção respiratória[6]. Entretanto, o padrão existente de máscaras cirúrgicas não foi desenvolvido para prover proteção respiratória ao usuário. O elemento filtrante dessas máscaras não pode garantir a eficiência em filtragem necessária para partículas extremamente pequenas, como névoas, aerossóis biológicos e outras partículas transportadas pelo ar. Além disso, a vedação de tais máscaras na face é muito precária, e mesmo as que têm filtros eficientes não fornecem proteção adequada. Assim, para garantir adequada proteção respiratória, foram desenvolvidos protetores semifaciais (nariz e boca) e faciais (nariz, boca e face), denominados respiradores, os quais possuem elemento filtrante adequado e oferecem melhor ajuste à face do usuário, selando a entrada do ar não filtrado através dos bordos do respirador.

Outra questão a ser considerada é que em um passado não muito distante, quando se falava em segurança no ambiente laboratorial, buscava-se uma classificação baseada apenas nos perigos dos agentes biológicos, esquecendo-se dos agentes químicos perigosos. Atualmente, várias instituições ambientais e de saúde pública têm demonstrado preocupação também em conhecer e classificar os riscos químicos aos quais os profissionais e o meio ambiente estão expostos. Tal preocupação é devida à exposição diária destes profissionais a diversos produtos químicos, manipulados, muitas vezes, em misturas, em diferentes processos e quantidades, os quais oferecem riscos para o sistema respiratório e ao organismo em geral. A seguir, estão relacionados alguns agentes existentes no ambiente laboratorial:

— poeiras: aerodispersóides constituídos por partículas sólidas formadas pela ruptura mecânica de um sólido, quando quebrado, moído ou triturado. Quanto menor a partícula, mais tempo fica suspensa no ar, sendo maior a chance de ser inalada. Exemplos: poeiras de grãos, amianto, sílica, medicamentos e sais diversos[18,28,31];

— fumos: aerodispersóides gerados termicamente, constituídos por partículas sólidas formadas por condensação de vapores, em geral após volatilização de substância fundida, freqüentemente acompanhada de reação química, formando partículas muito finas que ficam suspensas no ar. Exemplos: metais e plásticos aquecidos até o ponto de fusão em operações de soldagem e fundição[18,28,31];

— neblinas: aerodispersóides gerados termicamente, constituídos por partículas líquidas geradas pela condensação de vapores de um líquido, à temperatura normal. Exemplo: neblina de ácidos[28,30];

— névoas: aerodispersóides gerados mecanicamente, constituídos por partículas líquidas, quando líquidos são pulverizados. Exemplos: borrifação em placas de cromatografia em camada delgada, nebulização de agrotóxicos[18,28,31];

— gases: fluidos aeriformes que se encontram no estado gasoso, nas condições normais de temperatura e pressão. Exemplos: oxigênio, nitrogênio, gás carbônico[10,18,28,31];

— vapores: fase gasosa de uma substância que, em condições normais de temperatura e pressão, é líquida ou sólida. Ocorrem devido à evaporação das substâncias e geralmente são caracterizados pelos odores. Exemplos: tolueno, clorofórmio, solventes diversos[10,18,28,31].

Quando é constatada a necessidade de proteção respiratória, a utilização de respiradores é obrigatória, sendo recomendada a implantação do programa de proteção respiratória (PPR), conforme descrito mais adiante[18].

Legislações e recomendações

A Instrução Normativa nº 1, de 11 de abril de 1994, da Secretaria de Saúde e Segurança do Trabalhador[27], estabelece o regulamento técnico sobre o uso de equipamentos de proteção respiratória (EPR). Segundo a referida norma, o empregador deverá, entre outros, observar os seguintes princípios:

— estabelecimento de procedimentos escritos, contendo os critérios para a seleção dos respiradores, uso adequado deles e orientação ao trabalhador para deixar áreas de risco por motivos relacionados ao respirador;

— instrução e treinamento do usuário sobre o uso e limitações do EPR;

— monitoramento ambiental periódico. Existem empresas especializadas que realizam o monitoramento ambiental. Podem-se utilizar, também, monitores passivos, que são dispositivos para a coleta de amostra de gases ou vapores. São presos perto da região respiratória do trabalhador durante uma jornada completa de trabalho. Feito isso, o dispositivo é encaminhado para análise, efetuada geralmente por cromatografia gasosa;

— uso somente de respiradores aprovados e indicados para as condições em que forem utilizados;

— seguir, além do disposto nas normas regulamentadoras de segurança e saúde no trabalho, as recomendações da Fundação Jorge Duprat Figueiredo de Segurança e Medicina do Trabalho (Fundacentro), contidas no Programa de Proteção Respiratória — Recomendações, Seleção e Uso de Respiradores, bem como as normas brasileiras.

No Art. 3º da referida norma, consta que os EPRs somente poderão ser comercializados acompanhados de instruções impressas quanto à finalidade a que se destinam, a proteção oferecida ao usuário, restrições de uso, vida útil, orientações sobre a guarda, conservação e higienização. No PPR da Fundacentro, encontram-se estabelecidos[31]:

— responsabilidades do empregador e do empregado;

— programa mínimo aceitável de uso de respiradores, definindo:

— administração do programa: deve ser atribuída a uma só pessoa, devidamente qualificada para a função;

— estabelecimento de procedimentos operacionais escritos para uso rotineiro dos respiradores e em situações de emergência e salvamento;

— limitações fisiológicas e psicológicas dos usuários: cabe a um médico avaliar se o trabalhador pode ou não usar o respirador. Por isso, o exame médico é obrigatório;

— fatores que influenciam na seleção, limitações e uso dos respiradores;

— treinamento para supervisor, usuários, a pessoa que distribui o respirador, equipes de emergência e salvamento. Constam também os itens obrigatórios que devem ser incluídos no treinamento. É estabelecido que ele deve ser repetido a cada 12 meses;

— obrigatoriedade e requisitos para o ensaio de vedação;

— manutenção, inspeção e guarda dos respiradores;

— respiradores de fuga.

Devido à importância, alguns itens do PPR são detalhados neste capítulo. Entretanto, para a implantação do referido programa, é necessária a consulta da norma da Fundacentro em sua íntegra.

As normas brasileiras — NBR/ABNT (Associação Brasileira de Normas Técnicas), na área de proteção respiratória, são:

— NBR-12543/99: Equipamento de Proteção Respiratória — Terminologia;

— NBR-13694/96: Equipamento de Proteção Respiratória — Peça Semifacial e Um Quarto Facial;

— NBR-13695/96: Equipamento de Proteção Respiratória — Peça Facial Inteira;

— NBR-13696/96: Equipamento de Proteção Respiratória — Filtros Químicos e Combinados;

— NBR-13697/96: Equipamento de Proteção Respiratória — Filtros Mecânicos;

— NBR-13698/96: Equipamento de Proteção Respiratória — Peça Semifacial Filtrante para Partículas;

— NBR-13716/96: Equipamento de Proteção Respiratória — Máscara Autônoma de Ar Comprimido com Circuito Aberto;

— NBR-14372/99: Equipamento de Proteção Respiratória — Respirador de Linha de Ar Comprimido para Uso com Peça Facial Inteira ou Semifacial;

— Existe, ainda, uma norma brasileira — NBR/ABNT em fase de votação: Respirador de Linha de Ar Comprimido com capuz.

A Instrução Normativa nº 09, de 11 de abril de 1994, da Secretaria de Saúde e Segurança do Trabalhador[27], estabelece a obrigatoriedade da elaboração e implementação, por parte de todos os empregadores e instituições, do programa de prevenção de riscos ambientais (PPRA).

Certificação dos respiradores

Como instituições certificadoras de respiradores, temos a norte-americana, a européia e a brasileira.

Instituição americana

A OSHA e seu departamento de trabalho definem que respirador deve ser usado para cada contaminante. É uma agência regulatória que tem o direito de multar empregadores, caso os empregados não estejam utilizando o tipo correto de respirador para determinado contaminante. A sua função é similar à do Ministério do Trabalho no Brasil. O NIOSH (*National Institute for Occupational Safety and Health*) e parte do departamento de saúde e serviços humanos são responsáveis por testar, certificar e ditar o uso dos respiradores[5].

Instituição brasileira

Conforme prevê a legislação pertinente para todos os EPIs, somente podem ser comercializados e utilizados os EPRs com certificado de aprovação (CA) expedido pelo Ministério do Trabalho e da Administração[27]. Os respiradores existentes no Brasil podem ou não ter certificação NIOSH, pois esta é exigida para comercialização dentro dos Estados Unidos. Devem atender à norma vigente do país de origem e à brasileira (ter o certificado de aprovação do Ministério do Trabalho do Brasil)[5]. No Brasil, a Fundacentro é responsável por testar os respiradores.

Seleção dos respiradores

A seleção do(s) tipo(s) de respirador(es) deve ser feita, considerando os seguintes itens[31]:

— a natureza da operação ou processo perigoso;

— o tipo de risco respiratório (incluindo as propriedades físicas, deficiência de oxigênio, efeitos fisiológicos sobre o organismo, concentração do material tóxico, ou nível de radioatividade, limites de exposição estabelecidos para os materiais tóxicos concentração permitida para o aerossol radioativo e a concentração IPVS* estabelecida para material tóxico);

— a localização da área de risco com relação à área mais próxima que possui ar respirável;

— tempo durante o qual o respirador deve ser usado;

— as atividades que os trabalhadores desenvolvem na área de risco;

— as características e as limitações dos vários tipos de respirador;

— fator de proteção atribuído para os diversos tipos de respirador*, conforme determina a IN

*Concentração de IPVS (IDHL: *Immediately Dangerous to Health and Life* - NIOSH): qualquer atmosfera que apresente risco imediato à vida ou produza imediato efeito debilitante irreversível à saúde (refere-se à exposição respiratória aguda). Quando não se conhece a toxicidade das substâncias ou sua concentração no ambiente, a atmosfera é considerada IPVS.

nº 01/94, art. 2º, contidos na Tabela 2.1. O fator de proteção atribuído é o nível mínimo de proteção respiratória que se espera alcançar no local de trabalho para uma porcentagem especificada de usuários treinados. É proporcionado por um respirador apropriado (ou classe de respirador) em bom estado e ajustado corretamente no rosto. O respirador deve ser usado durante todo o tempo em que o usuário permanece na área contaminada.

O item 4.2.2.2, do PPR/Fundacentro, relaciona as etapas para a seleção dos respiradores.

Fatores que afetam a seleção dos respiradores

Pêlos faciais

Pessoas com barba não devem usar respiradores que necessitem de vedação facial, já que a barba impede o ajuste e vedação adequada do respirador, facilitando a passagem dos contaminantes. Um respirador com cobertura das vias respiratórias de qualquer tipo não deve ser usado por pessoas cujos pêlos faciais (barba, bigode, costeletas ou cabelos) possam interferir no funcionamento das válvulas, ou prejudicar a vedação na área de contato com o rosto, o que facilita a passagem dos contaminantes[31]. Caso o uso da barba seja inevitável por motivos culturais ou religiosos, podem ser utilizados capuzes que tenham vedação no pescoço e pala sobre os ombros ou pala dupla em que a mais interna pode ser colocada por dentro de um macacão, utilizando pressão positiva adequada e fluxo de ar mínimo de 6 pcm (pés cúbicos por minuto). Macacões especiais inteiramente pressurizados também podem ser usados por pessoas com barba.

Tabela 2.1
Fatores de proteção atribuídos

Tipo de respirador	*Tipo de cobertura das vias respiratórias*			
	Peça semifacial[a]	*Peça facial inteira*	*Capuz capacete*	*Sem vedação facial*[e]
Purificador de ar	10	100	—	—
Purificador de adução de ar:				
• Máscara autônoma[b] (demanda)	10	100	—	—
• Linha de ar comprimido (demanda)	10	100	—	—
Purificador de ar motorizado de adução de ar	50	1.000[c]	1.000	25
Linha de ar comprimido				
• De demanda com pressão positiva	50	1.000	—	—
• Fluxo contínuo	50	1.000	1.000	25
Máscara autônoma (circuito aberto ou fechado)				
• De demanda com pressão positiva	—	[d]	—	—

Fonte: Instrução Normativa nº 01/94.
[a]Inclui a peça quarto facial, a peça semifacial filtrante e as peças semifaciais de elastômeros.
[b]A máscara autônoma de demanda não deve ser usada para situações de emergência, como incêndios.
[c]Os fatores de proteção apresentados são de respiradores com filtro P3 ou sorbentes (cartuchos, químicos pequenos ou grandes). Com filtros classe P2, deve-se usar o fator de proteção atribuído 100 devido às limitações do filtro.
[d]Em situações de emergência, em que as concentrações dos contaminantes possam ser estimadas, deve-se usar um fator de proteção atribuído não maior que 10.000.
[e]Tipo de cobertura das vias respiratórias projetada para proporcionar vedação parcial na face. Não cobre o pescoço e os ombros, podendo ou não proporcionar proteção da cabeça contra impacto e penetração.

Necessidade de comunicação

Na escolha de certos tipos de respirador devem-se levar em conta o nível de ruído do ambiente e a necessidade de comunicação. Falar em voz alta pode provocar o deslocamento de algumas peças faciais[31].

Visão

Quando o usuário necessitar usar lentes corretivas, óculos de segurança, protetor facial ou outros tipos de proteção ocular ou facial, estes equipamentos não devem prejudicar a vedação. Não devem ser usados óculos com tiras ou hastes que passem na área de vedação do respirador com vedação facial de pressão positiva ou negativa. Existem armações especiais que se fixam dentro do respirador facial e permitem o uso de lentes corretivas com total segurança. Somente é permitido o uso de lentes de contato, quando o usuário do respirador está perfeitamente acostumado ao uso desse tipo de lente[31]. O trabalhador deve ensaiar o uso do respirador com as lentes de contato colocadas.

Temperaturas extremas

O desempenho do respirador pode ser prejudicado quando este é usado em temperaturas muito baixas (podem embaçar as lentes ou visores e o congelamento pode prejudicar a vedação das válvulas) ou muito altas (provocam estresse). Este fator deve ser avaliado na seleção dos respiradores[31]. Existem dispositivos especiais capazes de aquecer o ar comprimido usado nos respiradores de adução de ar sem consumo de energia elétrica.

Nos Anexos 10 e 11 do PPR/Fundacentro, constam informações sobre o uso dos respiradores em ambientes com baixas e altas temperaturas, respectivamente[31].

Problemas de vedação nos respiradores

O uso de outros equipamentos de proteção individual não deve interferir na vedação dos respiradores. Não devem ser usados gorros ou bonés com abas que interfiram na vedação da peça facial no rosto. Os tirantes dos respiradores com vedação facial não devem passar sobre as hastes de óculos[31].

Ensaios de vedação

Antes de ser fornecido um respirador para uma pessoa, ela deve ser submetida ao ensaio de vedação para verificar se aquele respirador proporciona boa vedação no seu rosto. Após esse teste preliminar, toda vez que colocar ou ajustar o respirador no rosto, a pessoa deve fazer a verificação da vedação, seguindo as recomendações constantes no Anexo 4 do PPR/Fundacentro. No item 7.1 do PPR, constam os requisitos do ensaio de vedação pelos testes de pressão positiva e negativa, além da freqüência e repetição do ensaio. No item 7.2, estão descritos os problemas de vedação e soluções alternativas. Este ensaio é realizado em uma sala fora da área de risco, onde uma pessoa espalha um agente não-tóxico ao redor do usuário e observa suas respostas. No Anexo 5 do PPR/Fundacentro, estão descritos os procedimentos para a realização dos ensaios de vedação, qualitativos e quantitativos, utilizando vapor de acetato de isoamila (óleo de banana), névoa de sacarina, névoa de Bitrex (benzoato de denatônio) ou fumos irritantes[31].

No ensaio de vedação, é necessário que se tenham à disposição tamanhos e modelos diferentes de EPR, para que o usuário possa escolher o que melhor se adapte ao seu rosto. Devem-se considerar, também, os fatores que influenciam a aceitação do respirador pelo usuário, como resistência à respiração, conforto, interferência no campo visual, dificuldade de comunicação e peso do respirador[31]. A OSHA e a IN nº 01/94, do Ministério do Trabalho no Brasil, também requerem que todos os usuários de respiradores façam ensaios de vedação usando o respirador selecionado, pois não adianta um respirador ter filtro eficiente, se não vedar bem no rosto. Este ensaio deve ser realizado quando da escolha do modelo do respirador a ser usado, e repetido anualmente[5].

Tipos de respirador

Basicamente, existem dois grupos de respiradores conforme a ABNT/NBR 12543/1999[31]:

— respiradores de adução de ar: recebem o ar de uma fonte externa ao ambiente de trabalho. Pertencem a esta categoria as máscaras autônomas, os respiradores de linha de ar comprimido, os respiradores de linha de ar comprimido com cilindro auxiliar para fuga e os respiradores de ar natural;

— purificadores de ar: filtram o ar do ambiente local com a ajuda de filtros específicos acoplados (filtros químicos, mecânicos ou os dois combinados), removendo aerossóis, gases, vapores ou a combinação desses. Nos respiradores de pressão negativa, a cobertura das vias respiratórias é do tipo com vedação facial e são disponíveis em peças quarto facial, semifacial, facial inteira ou bocal. Os respiradores purificadores de ar motorizados podem ser com ou sem vedação facial, sendo disponíveis em peça facial, capuz, ou capacete.

Neste capítulo, constam os detalhes dos respiradores comumente utilizados em laboratórios. Cabe ao técnico que administra o PPR verificar o tipo de respirador mais apropriado, baseado nos riscos que se pretende evitar. Pessoas sem conhecimento de proteção respiratória não devem selecionar respiradores.

Respiradores com adução de ar

São EPRs que fornecem ao usuário uma atmosfera respirável independente do ar ambiente, onde o ar respirável vem de outra fonte. Os respiradores com adução de ar deverão ser utilizados, quando houver deficiência de oxigênio, concentrações elevadas de poeiras[31], fumos, névoas, gases ou vapores. São usados em locais ou situações em que os respiradores purificadores de ar não podem ser utilizados[10]. A norma brasileira NBR-12543 define os requisitos para o ar comprimido utilizado nestes respiradores. Deve-se observar que nos ambientes laboratoriais tais situações dificilmente se aplicam, pois se deve dispor de medidas coletivas de proteção, para minimizar os riscos. Situações de emergência, como derrame de líquidos voláteis que geram vapores perigosos, vazamento de gases e manipulação de materiais radioativos e de agentes patogênicos de alto risco, representam as situações mais prováveis para o uso destes respiradores em laboratórios.

Purificadores de ar

Os purificadores de ar fornecem ao usuário o ar próprio para ser respirado, purificando o ar ambiente antes de ser inalado, ou seja, são equipamentos dependentes do oxigênio do ar[15]. Neste tipo de respirador, o ar ambiente passa através de um filtro para a remoção do contaminante, antes de ser inalado. Pode ser motorizado, em que o respirador purificador de ar é equipado com bateria, motor e ventoinha, para forçar o ar ambiente até a cobertura das vias respiratórias, e transportado junto ao corpo do usuário[31] (Fig. 2.1).

Respiradores semifaciais

Sem manutenção

São conhecidos como peça semifacial filtrante (PFF), popularmente chamada de máscara

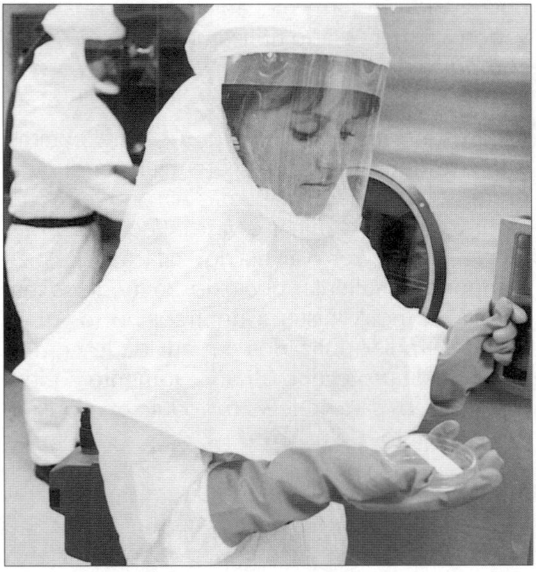

Fig. 2.1 — *Respirador purificador de ar motorizado.*

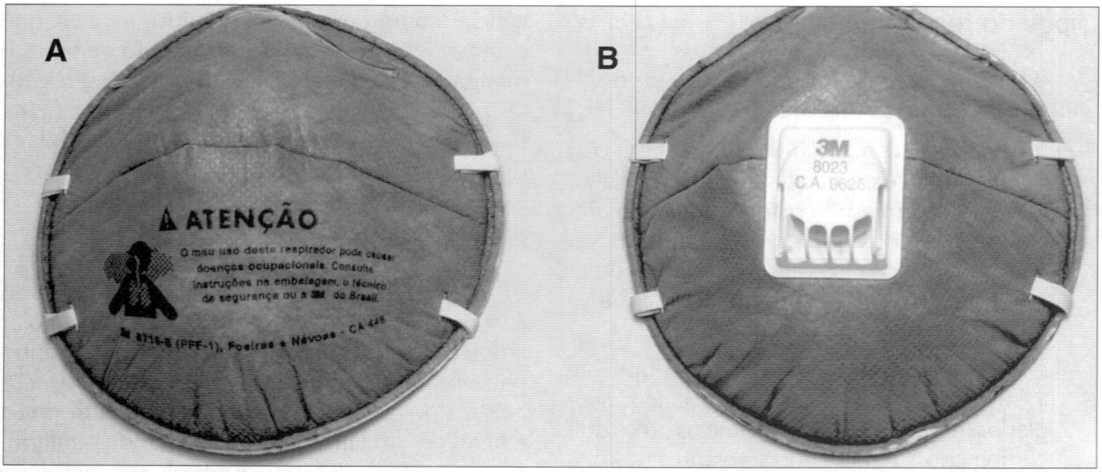

Fig. 2.2 — ***A.*** *Respirador purificador de ar semifacial sem válvula de exalação;* ***B.*** *respirador purificador de ar semifacial com válvula de exalação.*

descartável[31]. Estes respiradores cobrem o nariz e a boca, e, como qualquer outro respirador, devem ser ajustados, usados corretamente e inspecionados antes do uso. Será necessário trocá-los sempre que estiverem saturados, contaminados ou deformados. São autofiltrantes, podem ser destinados à proteção contra a inalação de partículas, gases ou vapores, dependendo do tipo do contaminante e filtro existente. Caso o contaminante seja uma partícula, será necessário um filtro mecânico. Para os gases e vapores, é necessário utilizar um filtro químico, composto de carvão ativado ou outro adsorvente[10].

Existem respiradores que são para poeiras, fumos e névoas, os quais oferecem adequada proteção para partículas, mas não servem para filtrar vapores orgânicos e gases. Podem ser oferecidos com ou sem válvula de exalação (Fig. 2.2). É importante salientar que existem modelos sem aprovação no Ministério do Trabalho, os quais não devem ser utilizados em atividade com finalidade de proteger o usuário, somente podendo ser usados para proteger o produto manipulado dos perdigotos do usuário.

Com manutenção

Normalmente, são compostos por uma peça feita de borracha, silicone ou outro elastômero[10]. Podem ser quarto facial, semifacial, facial inteira, semifacial filtrante ou bocal[31]. A purificação do ar é feita através da colocação de filtros mecânicos e/ou cartuchos químicos (Fig. 2.3).

Respiradores de peça facial inteira

São respiradores com manutenção, compostos por peça facial feita de borracha, silicone ou outro elastômero. A purificação do ar ocorre da

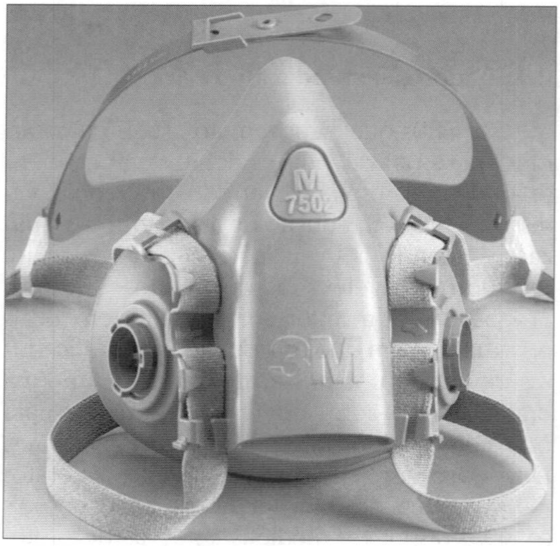

Fig. 2.3 — *Respirador purificador de ar semifacial.*

mesma forma que no respirador de peça semifacial, sendo recomendados para os ambientes com concentrações mais altas de contaminantes[10]. Podem ser utilizados com filtros para partículas, fumos, névoas, gases ou vapores (Fig. 2.4). Protegem não só o sistema respiratório como também todo o rosto do usuário. Desta forma, dispensam o uso de óculos de proteção. Os modelos mais modernos possuem uma mascarilha semifacial interna provida de válvulas de inalação que impede que o vapor de água e o CO_2 exalados pelo usuário embacem o visor.

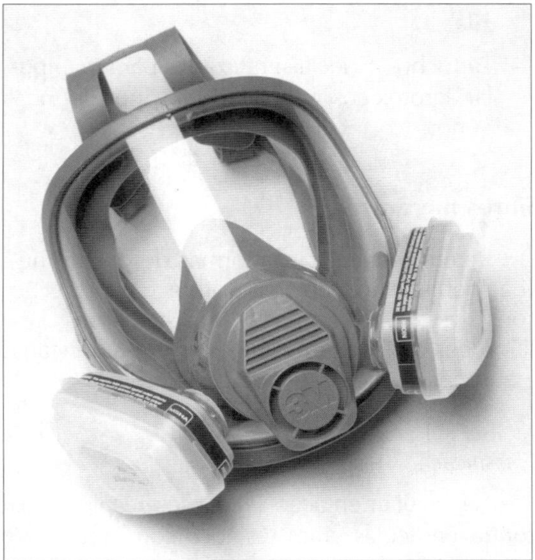

Fig. 2.4 — *Respirador purificador de ar facial inteira.*

Esse tipo de respirador reduz a concentração do contaminante no ambiente em 100 vezes. A melhor eficiência deve-se ao fato de que o respirador facial inteiro envolve todo o rosto, permitindo melhor vedação, visto que esta se dá na região da testa, uma superfície mais plana, se comparada ao nariz, que é a região onde se mostra mais crítica a vedação das peças semifaciais[10]. Para algumas substâncias, não devemos usar respirador tipo purificador de ar e sim de adução de ar, em virtude[18,30,31]:

— da alta toxicidade das substâncias utilizadas;

— das substâncias com fracas propriedades de alerta (característica das substâncias cujo odor, sabor ou efeitos irritantes não são detectáveis ou não persistem em concentrações abaixo do limite de exposição). Substâncias de difícil percepção: gás sulfídrico, tetracloreto de carbono, acetonitrila, ácido fórmico, benzeno, clorofórmio, dicloroetano, dimetilformamida, n-propano;

— da baixa capacidade de adsorção do carvão ativado. O filtro de carvão pode ser ineficaz (caso do ácido nítrico) ou apresentar vida útil baixa: metanol, brometo de etila, n-butano, dietilamina, éter etílico, n-propano.

Respiradores de fuga

São aparelhos destinados a proteger o usuário durante o escape, contra a inalação de ar contaminado ou de ar com deficiência de oxigênio, em situações de emergência, com risco de vida ou à saúde[31]. Jamais devem ser usados para entrar no ambiente contaminado, somente para fuga. Após a avaliação dos riscos potenciais, devem-se escolher respiradores de fuga que proporcionem proteção adequada, os quais devem ser mantidos, inspecionados e armazenados de modo que sejam facilmente acessíveis e estejam em condições de uso, quando necessário. São disponíveis em dois tipos: purificadores de ar e de adução de ar:

— respirador de bocal (purificador de ar): consiste em um bocal de borracha com filtros químicos e mecânicos adequados ao risco provável, bem como uma espécie de pinça para prender as narinas[31]. É usado exclusivamente para fuga, sendo sua eficiência baixa para altas concentrações de contaminantes. Foi criado para as situações de pequenos vazamentos ou acidentes com frascos em laboratórios, e não para os vazamentos grandes em plantas industriais. Os cartuchos químicos devem ser descartados imediatamente após o uso;

— respirador de capuz (de adução de ar): consiste em um capuz (tipo de cobertura das vias respiratórias que cobre completamente a cabeça, o pescoço, podendo cobrir parte dos ombros) de fácil colocação, ligado a um pequeno cilindro de ar comprimido, com duração mínima de cinco minutos. Por ser um respirador de pressão positiva, tem um nível de segurança maior que o modelo anterior, podendo ser usado para qualquer contaminante mesmo em situações de grandes vazamentos, porém sempre para fuga.

Tipos de filtro e de cartucho

Os filtros e cartuchos são dispositivos destinados a reter as impurezas específicas contidas no ar. Para que haja proteção contra os contaminantes, é muito importante que se utilize o filtro correto para cada situação, além de ajustar corretamente o respirador no rosto a cada utilização e examiná-lo, verificando se se encontra em perfeito estado de uso. Um filtro, ou cartucho, não protege contra todos os gases e vapores tóxicos. É específico para cada substância ou classe de substâncias[15]. Desta forma, são necessários diferentes filtros para remover diferentes contaminantes. A escolha do filtro ou cartucho para as peças semifaciais e faciais vai depender da substância ou grupo de substâncias que serão utilizadas. Podem-se utilizar cartuchos químicos, filtros mecânicos ou os dois acoplados.

Cartuchos químicos

São utilizados para a retenção de gases e vapores[15], a qual se dá pela adsorção das moléculas nos poros do carvão ativado ou por reação química com substâncias apropriadas, presentes no carvão do filtro[30]. Não proporcionam proteção contra contaminantes na forma de aerossóis[31]. Existem cinco classes de filtros e cartuchos químicos, variando o tamanho e a durabilidade do filtro, conforme a NBR-13696/96, da ABNT. A Tabela 2.2 indica a máxima concentração de uso de um filtro químico.

A máxima concentração, na qual pode ser utilizado o respirador purificador de ar, depende da eficiência do filtro mecânico, da capacidade do filtro químico (de baixa capacidade, cartucho pequeno, médio ou grande) e do tipo da peça facial, isto é, do fator de proteção atribuído[31]. A seguir, alguns exemplos para o emprego de filtros/cartuchos químicos para os respiradores purificadores com manutenção[18]:

— vapores orgânicos: para uso em acetato de etila, formaldeído, acetona, ácido acético, aldeído acético, ácido fórmico, tolueno;

— gases ou vapores ácidos: para uso em ácido clorídrico, cloreto de enxofre, bromato de hidrogênio, dióxido de enxofre;

— gases ou vapores alcalinos: para uso em amônia, butilamina, metilamina;

— vapor orgânico mais gases ácidos: para uso com bromo, cloreto de benzoíla e de benzila;

— cartuchos especiais: utilizados para manipular agrotóxicos, formaldeído, vapor de mercúrio.

Filtros mecânicos

Retêm partículas nas formas de poeira, névoa, neblina e fumo. Não oferecem proteção contra os gases e vapores[15, 31]. Existem duas classificações de filtros mecânicos: norte-americana e européia, sendo esta adotada no Brasil.

Classificação norte-americana

Na regulamentação antiga, os respiradores contra partículas eram testados com materiais, como poeira de sílica, fumos de chumbo e DOP (dioctilftalato) e classificados como aprovados para "poeira e névoa", "poeira, névoa e fumo" ou "poeira, névoa, fumo e radionuclídeos" (HEPA — *high efficiency particulate air*)[5]. Em 8 de junho de 1995, foi publicada a nova regulamentação de referência NIOSH — 42 CFR 84. Esta regulamentação classifica os respiradores nas séries N (não resistente a óleos), R (resistente a óleos) e P (à prova de óleos), seguidas por um número que indica a sua eficiência de filtração, que pode ser 95, 99 ou 100 (99,97%), totalizando, assim, nove classes. Na nova norma norte-americana (42 CFR 84), N significa que o respirador é resistente a aerossóis em base aquosa e P que o respirador, além de resistente aos fluidos em base aquosa, é também à prova de né-

Tabela 2.2
Classes e tipos de filtro químico

Classes	*Tipos*	*Concentração máxima[b,c] (ppm)*	*Tipo de peça facial compatível*
Filtro de baixa capacidade FBC-1	• Vapores orgânicos[a] • Gases ácidos[a,c]	50 50	Semifacial filtrante, quarto facial e semifacial
Filtro de baixa capacidade FBC-2	• Vapores orgânicos[a] • Cloro	1.000 10	Semifacial, facial inteira ou conjunto bocal (fuga)
Classe I: Cartucho pequeno	• Vapor orgânico[a,b,c] • Amônia • Metilamina • Gases ácidos[a,b] • Ácido clorídrico • Cloro	1.000 300 100 1.000 50 10	Quarto facial, semifacial, facial inteira ou conjunto bocal (fuga)
Classe II: Cartucho médio	• Vapor orgânico[a,b,c] • Amônia • Metilamina[a,b] • Gases ácidos	5.000 5.000 5.000 5.000	Facial inteira
Classe III: Cartucho grande	• Vapor orgânico[a,b,c] • Amônia • Gases ácidos[a,c]	10.000 10.000 10.000	Facial inteira

Fonte: PPR – Fundacentro 2002.
[a]Não usar contra vapores orgânicos ou gases ácidos com fracas propriedades de alerta, ou que passam gerar alto calor de reação com o conteúdo do cartucho.
[b]A concentração máxima de uso não deve ser superior à concentração IPVS.
[c]Para alguns gases ácidos e vapores orgânicos, esta concentração máxima de uso é mais baixa.

voas oleosas. A classificação 100 significa que no ensaio de laboratório para aprovação devem ter no mínimo eficiência de 99,997%[24].

Os filtros são testados em fluxo de ar de 85 litros/minuto, superior ao fluxo de ar que um profissional de saúde alcança durante a respiração, estimado em 50 litros/minuto, mesmo executando atividades que exijam grandes quantidades de ar. A classe N é testada contra as partículas de cloreto de sódio com diâmetro médio de 0,3m. As classes R e P são testadas contra um fluxo de ar contendo partículas de dioctilftalato com diâmetro médio de 0,3μ[4]. As partículas mais difíceis de serem retidas por filtros mecânicos são as que possuem tamanho entre 0,3 e 0,6μ[24] devido ao seu comportamento aerodinâmico, que consiste em acompanhar o fluxo de ar que contorna as fibras do filtro, desviando-se delas. As partículas menores que 0,3μ apresentam comportamento aerodinâmico errático, desviando-se como num ziguezague, que facilita o impacto e captura pelas fibras dos filtros. As partículas maiores que 0,6μ também são capturadas facilmente por impacto direto nas fibras, pois sua inércia maior não permite que acompanhem o fluxo de ar entre as fibras, chocando-se com elas no interior do filtro. Por isso, os testes usam partículas de 0,3 a 0,6μ e as fibras dos filtros (geralmente de polipropileno) são carregadas com cargas eletrostáticas que atraem essas partículas magneticamente para as fibras.

As névoas oleosas descarregam as fibras mais rapidamente, por isso são usadas nos testes. Um filtro P 95 filtra o mesmo que um N 95, só que mantém sua eficiência filtrante mesmo que o contaminante seja uma névoa oleosa. Na prática, para os contaminantes biológicos o fato de provavelmente não existir névoa oleosa faz com que um N 95, em determinadas situações, seja suficiente para uma boa proteção respiratória.

Na Tabela 2.3, está disposta a classificação norte-americana para os filtros mecânicos.

Tabela 2.3
Classificação americana para os filtros mecânicos

Classe de filtros	*Resistência a névoas oleosas Eficiência mínima de filtragem (%)*		
N	95	99	100
R	95	99	100
P	95	99	100

Fonte: Normas norte-americanas — 42 CFR 84.

Classificação brasileiro-européia

Nas normas brasileiras (NBR), foram adotados critérios de testes de filtros para as partículas derivados das normas européias, classificando os filtros em[23, 31]:

— P-1, P-2 e P-3 (substituíveis): ABNT/NBR 13697/96, conforme a Tabela 2.4;

— PFF-1, PFF-2 e PFF-3 (constituem a própria cobertura das vias respiratórias, como as peças semifaciais filtrantes): ABNT/NBR 13698/96, conforme a Tabela 2.5.

As condições dos testes são contra partículas de cloreto de sódio com diâmetro de 0,4 a 0,6μ em fluxo de 95 litros/minuto, com eficiência mínima de 80%, 94% e 99,95%, respectivamente[23].

Algumas vezes, fala-se em eficiência mínima do filtro, noutras em penetração máxima. Trata-se da mesma medida, porém de um ponto de vista contrário. Assim, como exemplo, se um filtro possui eficiência mínima de 80%, sua penetração máxima é de 20%[23]. A seguir, alguns exemplos de classes para o emprego de filtros mecânicos para a retenção de contaminantes químicos (com exceção de gases e vapores)[18]:

Tabela 2.4
Classificação brasileiro-européia para os filtros mecânicos

Classe	*Penetração máxima inicial do aerossol de ensaio (%)*[a]	
	Cloreto de sódio[b]	*Óleo de parafina*[c]
P-1	20	-
P-2	6	2
P-3	0,05	0,01

Fonte: Curso de proteção respiratória: Maurício Torloni (ABNT/NBR 13697/98).
[a]95 litros/mininuto.
[b]Diâmetro médio mássico aerodinâmico = 0,6μ.
[c]Salienta-se que na Europa há adicionalmente o teste com óleo de parafina para P2 e P3, além de os filtros serem classificados em adequados para somente líquidos (L), sólidos (S) bem como sólidos e líquidos (SL).

Tabela 2.5
Classificação para os respiradores descartáveis

Classe[a]	*Penetração máxima inicial do aerossol de ensaio (%)*[a]	
	Cloreto de sódio[b]	*Óleo de parafina*[c]
PFF-1	20	-
PFF-2	6	2
PFF-3	3	1

Fonte: NBR 13698.
[a]PFF = peça facial filtrante.
[b]Diâmetro médio mássico aerodinâmico = 0,6μ.
[c]Salienta-se que na Europa há adicionalmente o teste com óleo de parafina para P2 e P3, além de os filtros serem classificados em adequados para somente líquidos (L), sólidos (S) bem como sólidos e líquidos (SL).

— classe P1 ou PFF-1: para manipular o ácido crômico, ácido sulfúrico, ácido fosfórico, ácido pícrico, estearatos, sais solúveis de ferro, hidróxidos de cálcio, sódio e potássio, hipoclorito de sódio, sílica gel, uréia;

— classe P2 ou PFF-2: para manipular os fumos metálicos, óxidos de ferro, fumos de parafina;

— classe P3 ou PFF-3: para manipular os compostos inorgânicos de mercúrio, radionuclídeos.

A classe P1 ou PFF-1 não apresenta similares nos EUA. A classe P2 ou PFF-2 equivale à N 95, pois os parâmetros de teste são praticamente idênticos, e a classe P3 ou PFF-3 equivale às classes N 99, N 100, R 99 e R 100, com pequenas diferenças nos testes.

Cartuchos químicos acoplados aos filtros mecânicos

Podem-se combinar cartuchos químicos e mecânicos em diversas configurações nos respiradores com manutenção, existindo respiradores descartáveis que combinam filtros químicos e mecânicos, conforme a necessidade[31]. Exemplo vapor orgânico mais filtro mecânico P1: para névoas contendo peróxido de benzoíla, trietanolamina e ácido oxálico[18].

Validade dos filtros recambiáveis

A duração de um filtro é limitada. O período de tempo durante o qual o usuário está protegido depende do tipo de filtro (mecânico ou químico), da concentração do contaminante no ambiente, da temperatura, da umidade relativa do ar e do nível de esforço desenvolvido pelo usuário[15,31]. Segundo o fabricante, a partir do momento em que foi retirado o lacre, o tempo máximo para iniciar o uso de um filtro químico é de seis meses, ou seja, pode-se tirar o filtro do lacre e guardá-lo em uma gaveta ou armário sem usá-lo no máximo por seis meses. Após esse prazo, deve-se descartá-lo mesmo sem uso, pois a umidade do ar já terá comprometido o meio filtrante. É um equívoco afirmar que os filtros duram seis meses em uso, pois a duração deles depende dos fatores anteriormente citados. A partir do momento em que foi iniciado o uso, os filtros devem ser trocados periodicamente, considerando a sua vida útil[31] e sempre que estiverem saturados. A saturação dos filtros é percebida, quando:

— a respiração tornar-se difícil (filtro mecânico);

— o usuário sente o cheiro ou gosto do contaminante (filtro químico), mesmo utilizando corretamente o respirador, acoplado ao filtro mais indicado para o caso. Salienta-se que se deve efetuar a substituição do filtro antes de o usuário começar a sentir o cheiro ou gosto dos contaminantes. Na troca dos filtros químicos, devem-se considerar, principalmente, a concentração dos contaminantes, o nível de esforço do usuário e a umidade do ar[31].

No caso dos contaminantos com fracas propriedades de alerta, deve-se desenvolver um plano para a troca de filtros, levando em conta o tempo de uso deles, ou então utilizar filtros com indicadores de fim de vida útil. Sempre que for possível, a validade do filtro deverá ser feita estimando a concentração do contaminante e o tempo de trabalho[31].

Existem programas de computador de acesso gratuito nos sites dos fabricantes norte-americanos (inclusive no Brasil) que calculam a vida útil dos cartuchos químicos de forma bastante precisa, se forem alimentados com dados, como o nome do contaminante, o tipo de cartucho usado, a concentração ambiental, a umidade relativa do ar, a temperatura média de uso e o tipo de trabalho realizado (leve, médio ou pesado). Esses programas são obrigatórios nos EUA, onde o fabricante tem de informar exatamente o tempo máximo de uso dos cartuchos químicos. Para os filtros mecânicos, é possível checar a sua saturação enviando amostras aos fabricantes, identificadas com tempos de uso diferentes, de modo a verificar quais ainda estão dentro dos parâmetros da norma.

Cuidados com os filtros

É recomendável que os filtros sejam submetidos aos seguintes cuidados:

— os filtros a serem utilizados, devem obedecer à validade (tempo de estoque em prateleira, sem uso) fornecida pelo fabricante;

- ao colocar um filtro novo no respirador, anotar a data de início da utilização do filtro, a fim de estabelecer um controle da vida útil dele;
- não deixar ou guardar filtros químicos sem uso em ambiente onde haja gases ou vapores no ar, pois eles capturam os contaminantes, mesmo que não estejam no rosto do usuário;
- a colocação do filtro deve obedecer às instruções do fabricante;
- os cartuchos e filtros devem ser descartados de acordo com as normas ou regulamentos da instituição.

Escolha de respiradores

Para a escolha do respirador adequado, seguir as normas da Instrução Normativa nº 01, de 11 de abril de 1994, da Secretaria de Segurança e Saúde do Trabalhador[27], e do PPR da Fundacentro[31].

Na escolha dos filtros, levar em conta os contaminantes presentes e as condições de trabalho, seguindo sempre as recomendações do PPR da Fundacentro[31] bem como as orientações dos fabricantes do respirador escolhido, pois para cada marca existem filtros específicos, não sendo possível usar o respirador de um fabricante e o filtro de outro. Os programas de seleção dos respiradores de acesso gratuito nos sites de alguns fabricantes indicam as configurações mais adequadas ao risco e emitem relatórios justificando a escolha. É necessário saber os tipos e concentração dos contaminantes presentes (calcula, inclusive, com misturas de contaminantes), a possibilidade de falta de oxigênio no ar, a temperatura e umidade média de uso, bem como a taxa de trabalho do usuário. Para a escolha e uso dos respiradores é recomendável:

- observar as instruções do fabricante e suas limitações;
- que os respiradores nacionais ou importados tenham aprovação do Ministério do Trabalho e da Administração, bem como o número de aprovação (CA) deve ser impresso na embalagem, conforme determinado pela NR-6[27];
- não usar respiradores tipo purificadores de ar em atmosferas IPVS (imediatamente perigosas à vida e à saúde). Nesses casos, devem-se utilizar respiradores de adução de ar (máscara autônoma de demanda com pressão positiva ou linha de ar comprimido com cilindro auxiliar de escape)[31].

Área hospitalar

Muitos questionamentos podem surgir sobre os equipamentos de proteção respiratória contra os agentes biológicos. Os profissionais de saúde sempre utilizaram máscaras cirúrgicas, com o objetivo de proteger os pacientes pós-operatórios de gotículas contendo aerossóis patogênicos[19]. Os patógenos transportados pelo ar felizmente nem sempre estão presentes. Por isso, o conhecimento do modo dos transmissão dos patógenos é fundamental para a escolha entre uma máscara cirúrgica e um respirador.

Nos hospitais, são muito comuns procedimentos que geram névoas, formadas por gotículas de diferentes diâmetros. Gotículas maiores de 100μ assentam-se sobre superfícies, não chegando geralmente às vias respiratórias. Por outro lado, gotículas menores que 100μ evaporam rápido, formando núcleos com diâmetro de 1 a 4μ. Estes núcleos são mantidos suspensos na atmosfera por longos períodos, aumentando, assim, a chance de serem inalados. Atualmente, uma das maiores preocupações do profissional de saúde é com a transmissão do bacilo da tuberculose[33]. De 1990 a 1992, os CDC constatou um significativo aumento dos casos de tuberculose, com aumento também da taxa de mortalidade, decorrente de os bacilos estarem mais resistentes às multidrogas[6, 33]. A maior exposição dos profissionais de saúde à tuberculose ocorre em processos clínicos geradores de altas concentrações de aerossóis, como a autópsia, broncoscopia, fisioterapia respiratória, intubação e aspiração endotraquial (administração de drogas na forma de aerossóis a pacientes)[19,33]. Embora não haja, ainda, método de ensaio para determinar a eficiência de respirador contra o bacilo da tuberculose, existem estudos que mostram que o tamanho do perdigoto da tuberculose é de 1 a 5μ e que tais microrganismos não possuem mobilidade própria. Com base nisso, tem sido recomendado o uso de respiradores com eficiência mínima de 95% de filtração contra tais microrganismos[6]. Os respiradores que atendem ao referido requisito são aprovados segundo a nova regulamentação americana (42CFR, parte 84) como N95 (o que significa 95% de eficiência e N de não aprovado contra névoas oleosas, mas apenas aquosas)[6].

No mercado brasileiro, encontram-se respiradores com filtros da classe P2 e PFF-2, ou seja, têm eficiência mínima de filtragem 94%, quando testados frente a partículas de cloreto de sódio entre 0,4 e 0,6μ. Embora pareça contrário ao esperado, as partículas menores não penetram tão facilmente através do filtro como nesta faixa de diâmetro. Por isso, respiradores testados em tais condições retêm partículas de outros diâmetros no mínimo com a mesmo eficiência. O perdigoto que pode conter o bacilo da tuberculose é bem maior do que as condições de teste (1 a 5μ)[4]. Outro ponto importante a considerar, com relação à proteção respiratória na tuberculose, é que, quando pacientes necessitam utilizar respiradores, como, por exemplo, durante o transporte, não são recomendados respiradores sem manutenção com válvulas de exalação, pois permitem a saída de partículas infecciosas para o ar ambiente através do ar exalado. Deve-se, também, considerar, durante a seleção deste respirador, a importância da vedação facial que ele proporciona, pois sem vedação eficiente mesmo os melhores filtros de nada adiantam[14]. É o que ocorre quando uma máscara cirúrgica plana é utilizada (mesmo as que possuem filtros)[6].

Quimioterápicos

Durante a manipulação, os quimioterápicos na forma de pó liofilizado podem, acidentalmente, expor o profissional às partículas do pó ou névoas produzidas. Neste caso, recomenda-se o uso de respiradores para a proteção contra material particulado na forma de pó ou névoas (P2, PFF-2, N95, P3 ou PFF-3)[7]. Durante a administração da droga ao paciente, alguns profissionais queixam-se do odor, e, se há odor perceptível, isso é sinal de exposição. Em tal caso, não há produção de material particulado nem de névoas, pois o pó já está dissolvido e não há saída de líquido sob pressão. Recomenda-se um respirador com filtro de carvão, uma vez que o carvão atua como filtro químico capaz de "capturar" estes vapores tóxicos[7].

Síndrome respiratória aguda grave (SRAG)

É uma doença emergente, grave, compatível com pneumonia atípica. Sua via de transmissão se dá através de pessoas ou materiais infectados (exemplo: secreção respiratória). A manipulação de pacientes com suspeita clínica de SRAG deve obedecer às normas gerais de biossegurança não só para os profissionais de saúde envolvidos no atendimento ao paciente, como para os técnicos de laboratório que irão manipular as amostras biológicas.

Os técnicos de laboratórios devem seguir as precauções universais e usar procedimentos de barreiras de contenção e de proteção. A designação dos níveis de biossegurança e das boas práticas deve seguir a avaliação de risco dos procedimentos a serem utilizados no laboratório (NB2 com práticas NB2, NB2 com práticas NB3 ou NB3 com práticas NB3). Recomenda-se para proteção respiratória[13a] o uso de respirador purificador de ar, semifacial N-95 (com eficácia mínima de filtração de 95% de partículas de até 0,3μm) ou respiradores purificadores de ar motorizados com filtros HEPA (alta eficiência para material particulado no ar).

Vírus altamente patogênicos e trabalho de campo

Neste tipo de atividade, principalmente quando houver geração de aerossóis, devem-se envolver profissionais da instituição, com experiência em segurança e proteção, para a seleção dos tipos de respirador e de filtro adequados ao agente manipulado. São recomendados os seguintes tipos de equipamento de proteção respiratória:

— respiradores sem manutenção (descartáveis) da série PFF-3, N 100 e P 100;

— respiradores com manutenção semifaciais com filtros P 100. Estes respiradores são encontrados em tamanhos diferentes (P, M, G) e podem ser reutilizáveis, desde que corretamente higienizados e que os filtros sejam trocados, quando contaminados ou saturados;

— respiradores motorizados, com filtros P3 combinados com pressão positiva dentro das coberturas faciais. Além do conforto, quando se trata de vírus altamente patogênico, estes respiradores aumentam o fator de proteção atribuído de 25 para 1.000, fornecendo maior segurança às pessoas que os utilizam. No mercado, existe uma série de opções para a cobertura do rosto e cabeça (toucas com visores, capuzes e capacetes com visor).

Eficiência do respirador

Para que o respirador seja adequado e garanta uma eficiente proteção respiratória, deve-se considerar[32]:

— a eficiência do filtro: a qualidade do elemento filtrante é muito importante para a adequada proteção respiratória. Deve-se escolher o filtro apropriado para cada situação e contaminante;

— a vedação: um respirador que não se ajusta bem à face não propicia boa vedação, o que permite a penetração dos contaminantes, e, portanto, não protegendo o usuário;

— o tempo de uso: o respirador deve ser usado durante todo o tempo em que o usuário permanecer no ambiente contaminado. Estudos indicam que a eficiência de proteção é reduzida, quando o respirador é retirado durante a jornada de trabalho.

Recomendações para o uso dos respiradores[31]

— Nunca substituir ou omitir peças especificadas pelo fabricante.

— Antes de entrar em uma área contaminada, verificar se o respirador não está danificado. Observar se existem rachaduras, rasgos, deformação ou sujeira (principalmente em peças como válvulas de inalação e exalação).

— Verificar se os tirantes para cabeça estão intactos.

— Jamais usar barbas, cavanhaque, bigodes ou costeletas que possam atingir a área de vedação do respirador no rosto, pois mesmo as barbas raspadas num dia podem, dois dias depois, afetar a vedação.

— Utilizar somente respiradores perfeitamente ajustados à face, pois a eficácia do respirador pode ser diminuída, caso ele não esteja devidamente ajustado.

— As cicatrizes ou modificações na face, como remoção múltipla de dentes ou emagrecimento rápido e acentuado, podem, também, afetar a vedação.

Cuidados com o respirador

Para que o respirador possa ter um bom tempo de duração e conservação, são necessários alguns cuidados pelo usuário[10], tais como:

— no caso dos respiradores com filtros recambiáveis, retirar os filtros, desmontar e lavar o respirador em água corrente com detergente neutro, ou como indicam as instruções do fabricante, retirando as peças, se necessário;

— a desinfecção pode ser feita com solução de hipoclorito de sódio, solução aquosa de iodo ou sais quaternários de amônia, conforme recomendações do PPR ou do fabricante;

— caso os filtros e cartuchos estejam saturados, trocá-los por novos. Jamais tentar reciclá-los para uso;

— não sujar nem danificar a parte interna do respirador, que ficará em contato com as regiões da boca e do nariz. Se tiver de manusear o respirador com as mãos sujas, pegá-lo pela parte externa;

— não deixar o respirador sobre equipamentos ou lugares sujeitos a poeiras ou a contaminantes ou outros agentes, como frio calor e umidade excessivos;

— ao término do trabalho ou nos intervalos de descanso, guardar o respirador em embalagem própria e colocá-lo em lugar apropriado (gaveta, armário); nunca deixá-lo exposto ao ambiente contaminado;

— caso haja dificuldade na respiração, cheiro ou gosto do produto que está trabalhando, pode ser que esteja na hora de trocar o respirador por um novo (respiradores sem manutenção), ou substituir os filtros (respiradores com manutenção).

Colocação dos respiradores

Segundo o fabricante, são recomendados os passos indicados a seguir para a colocação dos respiradores[10].

Respiradores semifaciais sem manutenção

— Levar o respirador ao rosto, apoiando-o inicialmente no queixo e depois cobrindo a boca e o nariz. Puxar o elástico superior, ajustando-o bem acima das orelhas. Depois, fazer o mesmo com o elástico de baixo, passando-o pela cabeça e ajustando-o na nuca.

— Com dois dedos de cada mão, pressionar o clipe nasal de alumínio, de maneira a moldá-lo ao formato do nariz.

— Para verificar o ajuste, colocar as mãos na frente e laterais do respirador, cobrindo toda a sua superfície e exalando com força. O ar não deve passar pelas laterais, indicando que houve vedação.

— Sempre que os óculos do usuário (de grau ou de segurança) estiverem embaçando ao usar um respirador, isso indicará falha de vedação na região do nariz.

Respiradores semifaciais com manutenção

— Colocar o respirador no rosto e posicionar o elástico superior sobre a cabeça.

— Encaixar os elásticos inferiores, ligando as presilhas atrás do pescoço.

— Puxar para trás as extremidades dos elásticos superiores, e depois os inferiores, para fazer o ajuste do respirador ao rosto.

— Verificar se houve vedação[31]:

- com pressão positiva: colocar a palma da mão sobre a válvula de exalação, bloqueando completamente a saída de ar, e exalar suavemente várias vezes. A peça facial deverá se expandir (inflar) suavemente, sem ocorrer vazamento (o usuário sentirá ligeira pressão dentro do respirador);
- com pressão negativa: colocar as mãos sobre os cartuchos e/ou filtros, bloqueando a entrada de ar, e inalar suavemente e segurar a respiração. A peça facial deverá comprimir levemente contra o rosto, sem ocorrer vazamento.

Manutenção, inspeção e guarda

O PPR define que o programa de manutenção deve incluir limpeza, higienização, inspeção de defeitos, manutenção, reparos, guarda e garantia de qualidade do ar respirável. A manutenção deve ser realizada de acordo com as instruções do fabricante, obedecendo a um procedimento que garanta a cada usuário um respirador limpo, higienizado e em boas condições de uso. O usuário deve examinar o respirador, antes de colocá-lo, para verificar se está em boas condições de uso. O respirador deve ser guardado em local conveniente, limpo e higiênico, e protegido contra vibração, luz solar, choque, calor, frio extremo, umidade excessiva e principalmente livre de contaminação química. Deve ser guardado de modo que as partes de borracha ou outro elastômero não se deformem. Os respiradores de emergência devem ficar em local acessível e ser inspecionados no mínimo uma vez por mês[31].

A inspeção tem por finalidade verificar se o EPR está em boas condições de uso. O item 8.2 do PPR/Fundacentro estabelece os itens a serem inspecionados. Caso seja detectada alguma anormalidade, deve-se encaminhar o respirador para reparo ou substituição, sendo esta executada somente por pessoal treinado ou, dependendo do caso, pelo fabricante[31].

Limpeza de respiradores

O PPR/Fundacentro estabelece que o respirador deve ser usado por uma só pessoa e ser limpo e higienizado freqüentemente. A Instrução Normativa nº 1/94 permite que o EPR, em situações específicas, pode ser utilizado por mais de uma pessoa (como em situações de emergência). Portanto, atenção especial deve ser fornecida na limpeza e higienização destes respiradores. O PPR/Fundacentro estabelece que estes EPRs devem ser limpos e higienizados após cada uso, para que o próximo usuário encontre o respirador em perfeitas condições de higiene. Os respiradores podem ficar contaminados com substâncias tóxicas. Os procedimentos normais de limpeza podem ser insuficientes, necessitando, então, de procedimentos especiais de descontaminação, antes de efetuar a limpeza e a higienização[31]. No Anexo 3 do referido PPR, consta sugestão de procedimentos para limpeza e higienização de respiradores, a seguir descritos, em que o EPR deve ser desmontado para uma perfeita limpeza[31].

— Antes da limpeza e higienização, remover, quando aplicável: filtros mecânicos e químicos, diafragma de voz, membrana das válvulas e qualquer outro componente conforme recomendado pelo fabricante. Descartar ou reparar componente com defeito.

— A seguir, lavar a cobertura das vias respiratórias com uma solução aquosa de detergente para limpeza ou com a solução recomendada pelo fabricante (no máximo a 43°C). Para remover a sujeira, usar escova cujos fios não sejam metálicos.

— Enxaguar com água limpa, morna (no máximo 43°C), em abundância, preferencialmente água corrente.

— Limpar e higienizar todas as partes retiradas do respirador conforme indicação do fabricante (com exceção dos filtros ou cartuchos).

— Secar manualmente com auxílio de um pano de algodão seco que não solte fiapos.

— Montar as partes do respirador conforme orientação do fabricante.

— Recolocar os filtros, se necessário.

— Verificar se todos os componentes do respirador estão funcionando perfeitamente. Substituir quando necessário.

— Guardar adequadamente.

Alguns fabricantes sugerem a utilização do banho ultra-som, evitando o desmonte do respirador e garantindo uma limpeza eficiente. Cuidados devem tomados com as concentrações das soluções de limpeza e higienização, pois em concentrações elevadas podem danificar o equipamento. O PPR recomenda as seguintes soluções para higienização dos respiradores, para dois minutos de imersão:

— solução de hipoclorito (50ppm de cloro);

— solução aquosa de iodo (50ppm de iodo);

— outra solução recomendada pelo fabricante, como, por exemplo, os sais quaternários de amônia.

Um tempo maior de imersão do que o indicado pode danificar o respirador, quando se utilizam soluções de iodo ou hipoclorito para higienização. No caso dos compostos quaternários de amônia, cuidados devem ser tomados durante o enxágüe do respirador, pois resíduos destes compostos provocam irritações na pele.

Conforme citado no item Legislação, referente ao EPR deste capítulo, os respiradores, ao serem adquiridos, devem estar acompanhados de instruções dos fabricantes para higienização e limpeza, as quais devem ser seguidas, para evitar que o equipamento seja danificado durante tais procedimentos. No caso de respiradores contaminados, pode ser necessário empregar procedimentos especiais de descontaminação, antes de efetuar a limpeza e higienização[31].

Treinamento dos usuários de respiradores

Conforme determinado pela Instrução Normativa nº 1/94, do Ministério do Trabalho, e pelo

PPR/Fundacentro, todo usuário de respirador deve receber treinamento inicial e periódico. A Fundacentro define os itens do treinamento, o qual deve incluir expansão e discussão sobre[31]:

— o risco respiratório e efeito sobre o organismo, se o respirador não for usado de modo correto;
— o modo correto de usar o respirador durante a realização do trabalho;
— o modo de colocar o respirador e de verificar se está colocado corretamente no rosto;
— as medidas de controle coletivo e administrativo que estão sendo adotadas e a necessidade do uso de respiradores, para proporcionar a proteção adequada;
— as razões que levaram à seleção de um tipo específico de respirador;
— o funcionamento, as características e as limitações do respirador selecionado;
— os cuidados de manutenção, inspeção e guarda, quando não estiver em uso;
— o reconhecimento de situações de emergência e como enfrentá-las;
— as exigências legais sobre o uso de respiradores para certas substâncias.

Resumindo, o principal no programa de proteção respiratória é:

— para selecionar o respirador, é necessário conhecer a contaminação do ar, ou seja, as características do processo (exemplo: reações químicas, líquidos em névoa sob pressão), qual é o contaminante e qual sua concentração, medida ou estimada;
— se existe limite de tolerância para o contaminante presente. No Anexo 11, da NR 15 do Ministério do Trabalho[27], estão estabelecidos os limites de tolerância para diversos agentes químicos, constando, ainda, o valor teto, o qual não deve ser ultrapassado em momento algum durante a jornada de trabalho, a absorvição também para pele (exigindo o uso de outros EPIs) e o grau de insalubridade a ser considerado no caso de os limites serem ultrapassados. O NIOSH e a ABHO (Associação Brasileira dos Higienistas Ocupacionais), em convênio, editam anualmente um livreto com os limites de tolerância (TLVs) e indicadores biológicos de exposição (BEIs) que complementam a NR 15 (legalmente inclusive, de acordo com a NR 9) e podem ser adquiridos nos respectivos *sites*;
— selecionar o respirador de acordo com os critérios da Instrução Normativa nº 1, de 1/4/94, do Ministério do Trabalho[27];
— verificar se o respirador escolhido é adequado ao usuário. É obrigatória a realização do ensaio de vedação, para confirmar se o tamanho e o formato do respirador são adequados ao usuário;
— verificar se o trabalhador está usando e mantendo adequadamente o respirador. A conscientização do uso e das etapas para a manutenção do equipamento pode ser alcançada com treinamento.

Luvas de proteção

As luvas são de uso obrigatório para todos aqueles que trabalham em ambientes laboratoriais onde se manipulam microrganismos patogênicos, coleta de amostras para análise, esterilização, operação com materiais quentes ou frios, manuseio de animais, lavagem de material, preparação de reagentes, manipulação, transporte e estocagem de produtos químicos, ou em qualquer outra atividade com risco conhecido ou suspeito.

Legislação

Na área de proteção para os membros superiores, encontram-se normas brasileiras e internacionais.

Normas brasileiras

Nas normas da ABNT, listadas a seguir, constam os requisitos de dimensão, mecânicos, de desempenho e microbiológicos.

— Norma NBR-13391 — luva cirúrgica.

— Norma NBR-13392 — luva para procedimentos não cirúrgicos.

— Norma NBR-13393 — Luva à base de borracha natural.

Normas internacionais

— OSHA *standard* 29 cfr 1910.138 — proteção para as mãos.

— ASTM-F739 — teste de impermeabilidade em imersão total por oito horas.

— ASTM-1383 — teste para exposições intermitentes em imersão de um a dez minutos por período de quatro horas;

— ASTM-F23 — resistência química com exposições durante quatro horas, com intervalos de cinco, 30, 60 e 240 minutos.

Ao adquirir luvas de proteção, verificar o certificado no Ministério do Trabalho (CA) e, no caso de produtos importados, também o registro do importador, exigidos pela legislação brasileira[27].

Tipos de luva

As luvas devem ter formato anatômico, boa resistência bem como fornecer conforto e destreza ao usuário, conferindo, sempre que possível, maneabilidade e flexibilidade. O interior da luva pode ser liso ou flocado com algodão. Podem apresentar cano longo ou curto, com ou sem palma antiderrapante. A flexibilidade das luvas depende da estrutura delas[17]:

— estrutura leve: possuem grande maneabilidade e flexibilidade; indicadas para trabalhos leves;

— estrutura média: fornecem boa maneabilidade; indicadas para trabalhos que exijam proteção mediana à abrasão, cortes, etc.;

— estrutura pesada: as luvas são mais grossas e há perda de maneabilidade; indicadas para trabalhos pesados ou proteção a altas temperaturas.

Existe no mercado uma grande variedade de materiais, dos quais as luvas são confeccionadas, e diferentes custos. A seguir, estão relacionados alguns tipos de luva, com características e empregos diversos.

Luvas butílicas: alto custo[11]. Possuem excelente impermeabilidade[17]. São usadas no contato com cetonas e ésteres. A proteção é inferior frente a solventes clorados e hidrocarbonetos[11].

Luvas de borracha natural: baixo custo[11]. São conhecidas no mercado brasileiro como luvas de látex[17]. Possuem boas propriedades físicas e são usadas para trabalhos gerais, manipulações de bases, álcoois, soluções aquosas diluídas, aldeídos e cetonas[11]. Podem ser descartáveis ou reutilizáveis:

— luvas de látex descartáveis: podem ser estéreis (luvas cirúrgicas) ou não estéreis (luvas de procedimento). Usadas em trabalhos que necessitem de proteção contra materiais potencialmente infectantes (sangue, secreções e excreções);

— luvas de látex reutilizáveis: usadas em trabalhos gerais, como lavagem de material ou procedimentos de limpeza. Possuem excelente maneabilidade e resistência física a rasgos e cortes. São também resistentes a detergentes. Seu interior pode ser flocado, o que facilita o calçar e absorve suor, proporcionando ventilação. Seu exterior deve ter a palma antiderrapante.

Luvas Kevlar® (marca registrada da DuPont): são confeccionadas 100% em fibra de Kevlar®, sendo estas fibras cinco vezes mais resistentes que o aço. Segundo os fabricantes, apresentam proteção superior às luvas similares de algodão e couro. Possuem resistência e tenacidade, proporcionando conforto ao usuário. Fornecem proteção contra cortes, abrasão e calor. Permitem o uso contínuo em temperaturas de até 250ºC e resistem a breves exposições às temperaturas de até 700°C. Podem ter aplicações de PVC nas palmas e dedos, para torná-las antiderrapantes. Utilizadas em trabalhos com autoclaves, estufas elétricas (punho curto e aplicações de PVC nas palmas e dedos) e muflas (punho longo).

Luvas de Neoprene (borracha de policloropropeno): custo médio[11]. Propriedades físicas e resistência química média. Excelentes para ácidos e álcalis. Possuem resistência a vários solventes leves[17]. Usadas também na manipulação de ácidos, oxidantes, anilinas, fenóis e éter glicólico[11].

Luvas Nitrílicas: baixo custo[11]. Oferecem destreza ao usuário. Possuem excelente propriedade física, caracterizada pela resistência mecânica do seu filme à abrasão, perfuração e corte. Segundo os fabricantes, são três vezes mais resistentes às perfurações do que as luvas de látex ou vinil, e superam também o couro. Excelente resistência a derivados de petróleo, graxas e a vários solventes. Usadas também na manipulação de químicos alifáticos, percloroetileno, tricloroetano, xileno e outros. A proteção é inferior frente a muitas cetonas, benzeno, tricloroetileno, cloreto de metileno e tolueno (média proteção)[11]. São indicadas também para o transporte de material químico perigoso.

Luvas de PVA (polivinilálcool): alto preço. Boas propriedades físicas e resistência a uma gama de orgânicos, como aromáticos, alifáticos, solventes clorados, ésteres, éteres e cetonas (exceto acetona). Entretanto, são sensíveis à água[11].

Luvas de PVC (cloreto de polivinila): custo médio, com ótima propriedade física e excelente resistência à abrasão, corte e perfurações, bem como resistência química média. Usadas no contato com bases e ácidos fortes, soluções aquosas, sais e álcoois[11]. O inconveniente é sua baixa resistência aos solventes[17].

Luvas Spectra: constituídas de um fio produzido através da fibra de vidro, com excelente resistência a abrasão e cortes[17].

Luvas de vinil: luvas de látex sintético, não-estéreis. Não possuem a proteína natural do látex, sendo uma alternativa para os usuários alérgicos a ela, substituindo as luvas de procedimento.

Luvas Viton® (elastômero fluorado — marca registrada da DuPont): extremamente caras e com fracas propriedades físicas. Usadas no manuseio de aromáticos, solventes clorados, também alifáticos e álcoois. Não recomendadas frente a algumas cetonas, ésteres e aminas[11].

Seleção de luvas

Uma vez estabelecida a necessidade do uso de luvas, elas devem ser escolhidas levando em consideração os requisitos de resistência (química, física ou ambas), sensibilidade, conforto e tamanho. Os tamanhos das luvas a serem adquiridas devem ser definidos. Alguns fabricantes colocam na embalagem um quadro para a escolha do tamanho adequado (P, M, G ou XG). A resistência das luvas depende do tipo de material empregado na sua confecção, podendo conferir[17]:

— resistência física: proporciona proteção das mãos ao corte leve, onde o objeto cortante (vidro, estilete, faca) não está associado à pressão, bem como abrasão, perfuração, calor e frio;

— resistência química: proporciona proteção das mãos a produtos químicos. A resistência química depende, além do material empregado, de fatores externos, como tempo de contato e concentração dos agentes químicos, temperatura, espessura da luva, cuidados do técnico com o EPI;

— resistência física e química: onde existem riscos mecânicos associados a riscos químicos, deve-se primeiramente avaliar a impermeabilidade do material, com relação ao produto a ser manipulado, e posteriormente a construção física da luva e a proteção mecânica oferecida.

Em resumo, a seleção das luvas deve ser baseada nas suas características, condições e duração de uso, bem como nos perigos presentes[11]. Recomenda-se consultar o fabricante, sempre que necessário, para a escolha do material mais indicado.

Luvas de proteção para o manuseio de produtos químicos

O tipo de luva para proteção química deve ser escolhido de acordo com o produto químico a ser manipulado ou, ainda, de acordo com a especificação do fabricante. Em caso de dúvida quanto à agressividade dos produtos químicos a serem manipulados, consultar o fabricante do produto químico bem como o das luvas, para selecionar o tipo de luvas adequado. A Tabela 2.6 demonstra a resistência química de alguns tipos de luva frente a diversos produtos químicos.

Luvas de proteção à abrasão e ao corte

Para resistência à abrasão, podem-se utilizar luvas de couro, nitrílicas, Kevlar® e Spectra. Para proteção ao corte, podem-se usar luvas de malha fina, como as de Kevlar®, Spectra ou luvas de fio de aço revestido com fibras resistentes ao corte (Kevlar®, Spectra e náilon)[17].

Luvas de proteção ao calor

Normalmente são empregadas luvas fabricadas em couro ou fibra Kevlar®, associadas a fibras naturais ou sintéticas, para serem utilizadas em atividades que envolvam a manipulação de objetos aquecidos[17]. Também são indicadas luvas de lã para o manuseio de peças quentes e de raspas de couro para trabalhos em fornos, estufas, em temperaturas de até 60ºC. As luvas de amianto não devem ser utilizadas, visto que provocam asbestose, causada pelas fibras do asbesto (amianto), provocando redução na capacidade de transferência de oxigênio para o sangue, além de câncer[10].

Luvas de proteção ao frio

Luvas fabricadas com náilon impermeabilizado, ou tecido emborrachado com revestimento interno de fibras naturais ou sintéticas, podem ser utilizadas em tarefas que envolvam a manipulação de objetos com baixa temperatura[17]. As luvas fabricadas em lã são utilizadas também para o manuseio de objetos frios em temperaturas inferiores a 15ºC.

Luvas de proteção para manuseio de material biológico

As luvas de proteção devem ser utilizadas em todos os procedimentos com exposição a sangue, hemoderivados e fluidos orgânicos[21]. A partir da publicação de um artigo na revista *Nature*, em 1989, sobre a possível ineficácia de algumas espécies de luvas como barreiras a certos tipos de vírus, o FDA passou a adotar critérios mais rigorosos quanto aos padrões de qualidade dessas luvas[25]. Em estudo desenvolvido, comparou-se a eficácia das luvas de polietileno, PVC e de látex quanto à permeabilidade ao vírus bacteriófago *Lambda* em duas situações: antes e após a desinfecção das luvas com álcool etílico a 70%. As luvas de polietileno e PVC demonstram ser ineficazes contra o vírus em 40% e 22%, respectivamente. Essa ineficácia, após a exposição ao etanol, eleva-se para 94% e 56%. As luvas de látex têm um índice de ineficácia de 1% a 2%. Embora esse estudo não tenha envolvido patógenos humanos específicos, serve como alerta ao processo de seleção de luvas para o manuseio de materiais de risco[25].

Em 1988, os CDC elaboraram as seguintes recomendações para a seleção de luvas[25]:

— usar luvas estéreis para os procedimentos que envolvam contato com áreas normalmente estéreis do corpo;

— utilizar luvas de exame para os procedimentos envolvendo contato com membranas mucosas no tratamento de pacientes e para os procedimentos de diagnóstico que não requeiram o uso de luvas estéreis;

— utilizar luvas de serviços gerais (exemplo: luvas caseiras de borracha) para os processos de limpeza de instrumentos e descontaminação.

Boas práticas no uso de luvas[21]

— Calçar as luvas com as mãos limpas e secas.

— Sempre colocar as luvas sobre o punho do avental; nunca deixar as mangas soltas sobre as luvas.

— Quando apresentar ferimentos nas mãos, protegê-los com material apropriado (tipo curativo adesivo ou gaze). Salientamos que um pequeno ferimento sem proteção pode ser agravado pelo uso das luvas devido ao atrito provocado por ele;

Tabela 2.6 Resistência química de luvas				
Produto químico	*Neoprene*	*Látex natural*	*Butílica*	*Nitrílica*
Acetaldeído*	MB	B	MB	B
Acetato de amila*	R	NR	R	NR
Acetato de butila	B	R	R	NR
Acetato de etila*	B	R	B	R
Acetona*	B	MB	MB	NR
Ácido acético	MB	MB	MB	MB
Ácido clorídrico	MB	B	B	B
Ácido crômico a 50%	R	NR	R	R
Ácido fórmico	MB	MB	MB	MB
Ácido fosfórico	MB	B	MB	MB
Ácido nítrico*	B	R	R	R
Ácido oxálico	MB	MB	MB	MB
Ácido perclórico a 60%	MB	R	B	B
Ácido sulfúrico	B	B	B	B
Álcool butílico	MB	MB	MB	MB
Álcool etílico	MB	MB	MB	MB
Álcool isopropílico	MB	MB	MB	MB
Álcool propílico	MB	MB	MB	MB
Anilina	B	R	R	NR
Benzaldeído*	R	R	B	B
Benzeno*	R	R	R	NR
Brometo de metila	B	R	B	R
Cetonas	B	MB	MB	NR
Cloreto de metila*	NR	NR	NR	NR
Cicloexanol	B	R	B	MB
Clorobenzeno*	R	NR	R	NR

Tabela 2.6 (cont.)
Resistência química de luvas

Produto químico	*Neoprene*	*Látex natural*	*Butílica*	*Nitrílica*
Clorofórmio*	B	NR	NR	NR
Diisobutilcetona	NR	R	B	NR
Dimetilformamida	R	R	B	B
Dioctilftlato	B	NR	R	MB
Dioxano	MB	B	B	B
Éter etílico	MB	B	MB	B
Etilenoglicol	MB	MB	MB	MB
Fenol	MB	R	B	R
Formaldeído	MB	MB	MB	MB
Hexano	R	NR	NR	B
Hidróxido de amônia	MB	MB	MB	MB
Hidróxido de potássio	MB	MB	MB	MB
Hidróxido de sódio	MB	MB	MB	MB
Metanol	MB	MB	MB	MB
Metilamina	R	R	B	B
Metiletilcetona*	B	B	MB	NR
Metilisobutilcetona*	R	R	MB	NR
Peróxido de hidrogênio a 30%	B	B	B	B
Tetracloreto de carbono*	R	NR	NR	B
Tolueno*	R	NR	NR	R
Trietanolamina	MB	B	B	MB
Tricloroetileno*	R	R	NR	B
Xileno*	NR	NR	NR	R

Fonte: Biosafety Information. Julho de 1998. Modificada (CDC).
MB: muito bom; B: bom; R: regular; NR: não-recomendável.
**Uso limitado.*

— Nunca abrir portas e atender a telefonemas usando luvas.

— No contato com diferentes pacientes, fazer a troca de luvas.

— Não usar luvas fora da área do ambiente laboratorial. Utilizá-las somente nos procedimentos onde são necessárias.

— Nunca reutilizar as luvas descartáveis. Dispensá-las da forma adequada, conforme as normas da instituição.

— As luvas reutilizáveis devem ser guardadas em local próprio, seco e livre de contaminantes.

— O uso de luvas não substitui a necessidade de lavar as mãos logo após sua retirada.

Procedimento para calçar luvas

— Manusear as luvas com as mãos limpas e secas.

— Verificar se as luvas não apresentam rasgos ou furos.

— No caso das luvas de proteção química ou de serviços gerais (como para limpeza etc.), verificar o interior delas, observando se há a presença de manchas. Isso indica que a luva se tornou permeável a algum produto e deve ser descartada. O mesmo deve ser feito quando forem observadas mudanças visíveis, como descoloração, endurecimento ou amolecimento das luvas, decorrentes de degradação[11].

— Calçar as luvas devagar, ajustando cuidadosamente cada dedo, para evitar que se rasguem.

— Nas luvas descartáveis de látex, esse cuidado deve ser redobrado, pois podem ocorrer fissuras imperceptíveis, comprometendo a sua eficiência.

— Preferencialmente, calçar uma luva descartável (de procedimento) sob a luva reutilizável.

— Colocar as luvas sobre o punho do avental.

Procedimento para retirar luvas

Luvas descartáveis[8]

— Puxar uma das luvas pelo punho, de modo que seja retirada pelo lado do avesso e sem que a parte externa toque na sua pele.

— Manter a luva retirada bem presa na mão ainda enluvada.

— Pegar com a mão descoberta a outra luva, pelo lado de dentro do punho, e retirar também pelo avesso, envolvendo completamente a primeira luva.

— Descartá-las imediatamente.

— Lavar as mãos.

Nota: Não lavar nem desinfetar luvas descartáveis para reutilização. O processo de lavagem pode ocasionar a dilatação dos poros e aumentar a permeabilidade das luvas, e os agentes desinfetantes podem causar a deterioração delas[25].

Luvas reutilizáveis

Para o manuseio de luvas reutilizáveis, as quais foram usadas em procedimentos, como lavagem de material, trabalhos de limpeza e manipulação de resíduo, recomenda-se[8]:

— puxar uma das luvas pelo punho, de modo que seja retirada pelo lado avesso e sem que a parte externa toque na sua pele;

— colocar essa luva em recipiente próprio para desinfecção;

— pegar com a mão descoberta a outra luva pelo lado de dentro do punho e retirá-la também pelo avesso;

— colocar essa luva para ser desinfetada com produto apropriado.

Nota: As luvas de serviços gerais podem ser descontaminadas e reutilizadas, mas devem ser descartadas, se apresentarem evidência de deterioração.

Para o manuseio de luvas para proteção química, física (cortes, abrasão, frio, calor) e para procedimentos de limpeza em geral, recomenda-se:

- antes de retirar as luvas, se o material empregado na confecção delas permitir (e se necessário), lavá-las sob água corrente com sabão ou detergente neutro, e enxaguar abundantemente em água corrente;
- secar bem com papel-toalha e só então retirá-las;
- puxar uma das luvas pelos dedos, de modo que seja retirada pelo lado direito e sem que a parte externa toque na pele;
- pegar com a mão descoberta a outra luva, pelo lado de dentro do punho, e retirá-la, ou então proteger a mão descoberta com papel-toalha e tirar a luva puxando pelos dedos;
- colocá-las em local adequado para secagem;
- lavar as mãos;
- quando secas, guardá-las em local apropriado, longe do calor, luz solar direta, umidade e de fontes de contaminação (química ou biológica);
- só reutilizar as luvas depois de se certificar de que estão limpas, secas e descontaminadas, conforme o caso.

Nota: Seguir sempre as recomendações do fabricante, pois, dependendo do tipo de material empregado na fabricação das luvas, elas podem-se deteriorar nos processos de lavagem e descontaminação.

Manutenção e descarte

A vida útil das luvas depende do tipo de atividade desenvolvida, da qualidade do material empregado na confecção das luvas e do uso correto do EPI. Para aumentar a vida útil das luvas reutilizáveis, recomenda-se vestir primeiramente uma luva descartável, o que protege também as mãos de possíveis exposições fúngicas, já que a parte interna das luvas pode se contaminar devido ao suor excessivo do próprio usuário. As luvas reutilizáveis devem ser descartadas sempre que necessário, seguindo as normas da instituição. No caso das luvas para proteção química, a imersão ou o contato prolongado com produtos químicos não são comuns em laboratórios. Conseqüentemente, essas luvas não necessitam de troca freqüente.

Óculos de proteção

Equipamento de proteção individual, destinado à proteção dos olhos, que, conforme o tipo de lente empregada, confere proteção contra respingos de material infectante, substâncias químicas, partículas ou outros que possam causar irritação nos olhos ou lesões, bem como para trabalhos com radiações ultravioleta ou infravermelha. Deve ser utilizado nas tarefas que ofereçam riscos aos olhos. Os óculos de proteção devem ser compatíveis com os demais EPIs, permitindo o uso em conjunto com respiradores ou máscaras, quando necessário. Devem ser confortáveis, leves, resistentes e maleáveis, construídos de forma a proteger completamente os olhos, sem comprometer o campo visual, e assentar confortavelmente sobre o nariz. Precisam possuir proteção lateral, podendo esta ser de plástico, resina ou tela metálica inoxidável[15].

Os óculos de proteção devem atender aos requisitos mínimos descritos em normas específicas. A armação dos óculos de proteção deve resistir ao teste de flamabilidade. No caso de impacto, não deve haver o desprendimento das lentes e, no caso de quebra, não pode ocorrer a formação de arestas cortantes e sim pequenos pedaços que não venham a afetar os olhos[15].

Tipos e modelos de óculos de proteção

Existem diversos modelos e aplicações dos óculos de proteção. Cabe ao técnico selecionar o modelo mais indicado e que melhor se adapte às atividades desenvolvidas, levando em consideração o risco a que está exposto. Há modelos que apresentam proteção adicional para a região das sobrancelhas, outros que permitem o uso sobre óculos de lentes corretivas, etc. Podem apresentar sistema de ventilação por válvulas ou perfuração na lateral. Alguns modelos permitem a substituição de peças danificadas, evitando a troca do equipamento em sua totalidade. Os óculos de proteção podem ter hastes ajustáveis ou cinta de fixação, sendo, neste caso, o ajuste executado por meio de elástico, o qual deve fornecer perfeita selagem dos óculos à face do usuário. As lentes podem ser antiembaçantes, com tratamento anti-risco, e resistentes a impactos. Podem ser confeccionadas em policarbonato, resina orgânica, cristal de vidro ou filtro de luz soldane, podendo ser incolores ou coloridas. As coloridas são disponíveis em diversas tonalidades (amarela, cinza, azul, verde). As lentes não podem causar distorção de imagem, devendo ser suficientemente transparentes, a fim de permitir perfeita visualização. Para as lentes que não sejam antiembaçantes e não possuam tratamento anti-risco, existem no mercado produtos líquidos antiembaçantes para limpar e evitar o embaçamento das lentes, além de proteger contra riscos, aumentando a vida útil delas.

Óculos de proteção contra radiação ultravioleta

São fabricados com lentes de cristal de vidro ótico revestido ou policarbonato, as quais conferem proteção contra a radiação ultravioleta. A Tabela 2.1, conforme a NR-6, relaciona os valores de transmitância para as diferentes tonalidades de lentes às radiações ultravioleta, infravermelha e visível[27]. Segundo o fabricante, as lentes podem ser incolores, verdes ou amarelas. O usuário pode testar se as lentes absorvem os raios ultravioleta com o auxílio do espectrofotômetro, colocando diretamente a lente no caminho do feixe de luz e efetuando uma varredura na região do UV.

Óculos de proteção contra gases e vapores

São indicados óculos com vedação completa, em forma de concha ou planos, com armação de borracha, vinil ou similar[15]. Não podem ter sistema de ventilação.

Óculos de proteção contra produtos químicos

As lentes devem ser resistentes a produtos químicos e a impactos. Há fabricantes que possuem uma tabela relacionando os tipos de lente e sua resistência frente a diversos solventes, facilitando sua escolha.

Óculos de proteção contra aerodispersóides

Devem ser construídos em material que permita a desinfecção. As lentes devem ser inteiriças e resistentes a impactos[15].

Cuidados com os óculos de proteção

Para prolongar a vida útil dos óculos de proteção, devem-se ter alguns cuidados básicos com eles, tais como:

— colocar e remover os óculos com as duas mãos[15], para evitar desalinhar as hastes;

— ao retirar os óculos no intervalo de um procedimento, não deixá-los próximo a fontes de calor ou de contaminação;

— guardá-los em local adequado e com as lentes para cima, protegidos do calor, impacto e contato com produtos químicos ou biológicos.

Limpeza e desinfecção

A limpeza deve ser realizada sempre ao término das atividades, pois a atmosfera do local de trabalho contribui para o desgaste do equipamento e propicia contaminações. Efetuar a desinfecção sempre que necessário. Para estes procedimentos, recomenda-se utilizar somente os produtos indicados pelos fabricantes, de modo a não agredir as lentes. A limpeza deve ser efetuada da seguinte forma:

— lavar com água fria e sabão ou detergente neutro. Para uma limpeza perfeita, alguns fabricantes recomendam a utilização do banho de ultra-som;

— enxugar com tecido ou papel macio, para evitar a formação de riscos nas lentes;

— guardar adequadamente.

Protetor auditivo

Equipamento destinado a prevenir a perda auditiva provocada por ruídos. Deve ser utilizado em situações em que os níveis de ruído sejam considerados prejudiciais ou nocivos em longa exposição, tais como banhos de ultra-som e em trabalhos realizados em locais em que o nível de ruído seja superior ao estabelecido nos Anexos I e II da NR 15[27]. No organismo, além dos efeitos psicológicos, o ruído provoca efeitos fisiológicos, cumulativos e normalmente irreversíveis[15]. Por isso, é de grande importância diminuir os ruídos nos ambientes laboratoriais e utilizar corretamente protetores auditivos.

Existem dois tipos principais de protetor auditivo: circum-auriculares (tipo concha) e de inserção[15]. Nos ambientes laboratoriais o modelo mais utilizado é o de inserção, motivo pelo qual somente tal modelo é descrito neste capítulo.

Protetor auditivo de inserção

O protetor auditivo de inserção só pode ser utilizado em ouvidos que não apresentam enfermidades[15]. Deve permitir a higienização, possuindo preferencialmente superfície lisa, para evitar o acúmulo de poeira. Precisa ser confortável, de fácil remoção, flexível e permitir o ajuste perfeito. O usuário deve consultar um especialista, para avaliar seu canal auditivo, o que permitie a escolha correta do tamanho do protetor de inserção. Quando da aquisição, o técnico deve especificar, além do modelo e tamanho desejados, o nível de redução de ruído necessário à proteção adequada. Os fabricantes fornecem uma tabela de atenuação, indicando a freqüência (Hz) do ruído e a atenuação (dB) conseguida com o uso correto do EPI. Preferencialmente, devem ser adquiridos com os seguintes opcionais:

— cordão de segurança: facilita o manuseio e evita a perda do EPI;

— estojo: para guardar adequadamente o protetor auditivo, evitando contaminação.

Para oferecer uma proteção efetiva, um protetor auditivo deve:

— ser especificado corretamente;

— ser colocado de maneira correta;

— ser utilizado durante todo o tempo de exposição ao ruído;

— efetuar a substituição sempre que necessário.

Tipos de protetor auditivo de inserção

Os protetores auditivos de inserção podem ser pré-moldados (reutilizáveis) ou moldáveis (não-reutilizáveis)[15].

Protetores auditivos moldáveis

Não possuem forma definida[15], sendo normalmente disponíveis em tamanho único. Não são reutilizáveis e, por isso, torna-se adequado colocar o protetor e removê-lo somente ao término das atividades. Para esse tipo de protetor, cuidados especiais devem ser tomados quando da inserção no canal auditivo, a fim de assegurar um ajuste perfeito. Deve-se introduzi-los adequadamente, seguindo as orientações do fabricante. Podem ser fabricados em diversos tipos de material, como fibras, ceras[15], espuma de poliuretano, etc.

Protetores auditivos pré-moldados

Possuem forma definida, sendo disponíveis em tamanho único ou em três tamanhos diferentes, conforme o modelo e fabricante, permitindo um melhor ajuste com máxima atenuação possível, além de conforto ao usuário. O modelo tipo *pluge*, tamanho único, é auto-ajustável. O modelo de três flanges é encontrado em três tamanhos diferentes. São fabricados em diversos materiais, como silicone e polímeros. Recomenda-se que o material permita a esterilização do EPI, quando necessário[15].

Manuseio e conservação

A falta de higiene no manuseio dos protetores auditivos pode causar irritação e otite. Por isso, é importante que o técnico efetue a limpeza deles periodicamente, sendo recomendado o seguinte procedimento:

— lavá-los com água e sabão neutro; recomenda-se, também, que semanalmente os protetores sejam fervidos por 15 minutos em água potável[15], desde que o material empregado em sua confecção o permita;

— guardá-los na embalagem original e em local adequado quando, não estiver em uso;

— manuseá-los sempre com as mãos limpas;
— quando perderem a elasticidade, devem ser substituídos[15].

Protetor facial

São equipamentos de proteção de face e olhos contra as lesões causadas por respingo de material infectante e de substância química, partículas, vapores de produtos químicos. O protetor facial deve ser leve, ter boa resistência mecânica, com visor em acrílico incolor, totalmente transparente e isento de ondulações[15], para não provocar distorções de imagem. Caso possua partes em metal, este deve ser resistente à corrosão. Deve possuir um anteparo específico que possibilite ajuste, pois ele deve ser usado perfeitamente ajustado à cabeça. O protetor facial não deve ser utilizado juntamente com respiradores tipo semifacial com filtros. Neste caso, usar óculos de proteção que se adapte ao respirador, devendo os óculos ficar sobre os tirantes de elástico, para não comprometer a vedação do respirador. Dependendo do grau de proteção necessária, podem-se utilizar máscara facial inteira ou óculos de proteção.

Roupas de proteção

As roupas de proteção devem ser utilizadas em todas as atividades em que se manipulem agentes danosos e que possam vir a provocar doenças ocupacionais. A partir da determinação sobre a necessidade do uso da roupa de proteção, o profissional deve selecionar a que ofereça proteção para a atividade desenvolvida. O objetivo do uso de roupa de proteção é evitar o contato de contaminantes com a pele, eliminando ou minimizando, em alguns casos, as possibilidades de doença, lesão ou intoxicação. Servem para garantir a segurança do funcionário desde contra uma simples sujeira não-tóxica até um gás mortal[2]. As roupas de proteção devem ser confeccionadas em material apropriado ao risco a que o profissional está exposto. Conforme o tipo de material empregado em sua confecção, podem ser reutilizáveis ou descartáveis. Precisam oferecer conforto na temperatura do ambiente em que o técnico estará utilizando a roupa. O tamanho deve ser compatível com o tipo físico do usuário, não devendo interferir nos movimentos[15].

Avental

Nos laboratórios, o EPI para a proteção da pele comumente utilizado é o avental (jaleco), motivo pelo qual somente tal tipo é detalhado neste capítulo. O avental é de uso obrigatório para todos os que trabalham nos ambientes laboratoriais onde ocorra a manipulação de microrganismos patogênicos, manejo de animais, lavagem de material, esterilização, manipulação de produtos químicos, estocagem, transporte e preparação de reagentes. Deve ser exclusivamente de manga longa, devendo cobrir, além dos braços, o dorso, as costas e a parte das pernas acima dos joelhos. Preferencialmente, utilizá-lo com calças compridas. Dependendo do tipo de material empregado na fabricação, o avental atua como barreira de proteção para a roupa e a pele contra a exposição a sangue, fluidos corpóreos, respingos de material biológico ou produto químico[21].

Existem diferentes modelos de avental, confeccionados em diversos materiais. Em trabalhos que envolvam lavagem de materiais, vidraria, preparo de grandes volumes de reativos e corantes, deve-se utilizar avental frontal impermeável e avaliar a necessidade de usar, também, proteção impermeável para o antebraço. Para a área técnica, o avental deve ser escolhido de acordo com a atividade desenvolvida, podendo ser confeccionado em tecido como o algodão, em fibra sintética não-inflamável, ou ainda ser descartável (não-tecido). O sistema de fechamento deve permitir a remoção do avental rapidamente em situações de emergência, como, por exemplo, no derramamento ou respingos de um produto químico.

Cuidados devem ser tomados, ao escolher o avental, quando se trabalha em locais onde a liberação de fibras não é aceitável ou com equipamentos que exijam avental com tratamento antiestático (por exemplo, as de balanças analíticas). Nestes casos, quando for adquirir o avental, especificar as características que ele deve possuir, para atender aos requisitos necessários, relacionados com tais exigências.

Como usar adequadamente o avental

— O avental deve permanecer fechado. Quando usado aberto, não fornece proteção adequada e pode provocar acidentes.

— Nunca arregaçar as mangas, para não expor a pele em contato com agentes infecciosos ou químicos.

— Só usar o avental nas áreas de exposição a risco. Ao deixar o ambiente de trabalho, o técnico deve retirá-lo, recolocando-o quando retornar ao trabalho. Nunca usar o avental fora das áreas laboratoriais, como em refeitórios, bibliotecas, administração e outros locais públicos.

— O avental não deve ser guardado em armários juntamente com objetos pessoais.

— Deve ser retirado/substituído, quando contaminado ou sujo.

Manutenção e limpeza

Os aventais devem ser lavados periodicamente, a fim de remover o acúmulo de resíduos e de contaminantes oriundos do ambiente. No caso de os aventais apresentarem contaminação (microbiológica ou química), deve-se proceder à descontaminação, antes de os enviar para lavagem. Segundo a NR-6, são obrigações do empregador as responsabilidades sobre a higienização dos EPIs[27]. Assim, ele deve dar condições para que os aventais possam ser limpos e lavados. Desta forma, sugere-se que os laboratórios tenham suas próprias lavanderias ou contratem serviços especializados. Devem, também, garantir a desinfecção, quando esta for necessária.

Toucas

Nos ambientes laboratoriais, os cabelos longos devem ficar presos, para evitar acidentes, e, dependendo da atividade desenvolvida, devem ser protegidos por toucas (gorros), especialmente em locais onde há poeiras ou microrganismos em suspensão. As toucas têm a função de proteger os cabelos dos contaminantes existentes no local, ou de evitar que os cabelos contaminem uma área estéril.

A touca deve ser colocada corretamente, de modo a envolver todo o cabelo, permitir o ajuste perfeito, para evitar seu deslizamento durante o uso, e ser de tamanho adequado, a fim de permitir o completo envolvimento dos cabelos longos. Pode ser fixada com tiras de tecido, para amarrar ao redor dos cabelos, ou com elástico (modelo tipo capuz).

Existem no mercado toucas protetoras confeccionadas em diferentes materiais, os quais devem permitir a oxigenação do couro cabeludo. As toucas podem ser reutilizáveis ou não. No caso das reutilizáveis, devem ser confeccionadas em material adequado, que permita a lavagem e desinfecção periódica.

Roupas de proteção pessoal para risco biológico em laboratórios clínicos

Os laboratórios clínicos recebem amostras clínicas que requisitam grande variedade de diagnósticos e serviços de apoio clínico. Geralmente, a natureza infecciosa do material clínico é desconhecida, e as amostras são freqüentemente submetidas a ampla solicitação de exames microbiológicos com relação aos múltiplos agentes. A combinação das práticas e técnicas de laboratório, os equipamentos de segurança e a instalação do laboratório indicam os níveis de biossegurança exigidos, divididos em quatro categorias: NB-1, NB-2, NB-3 e NB-4. As recomendações dos CDC para o uso de EPIs nos diferentes níveis de biossegurança estão relacionadas a seguir[13].

Nível de Biossegurança 1 (NB-1)

— Recomenda-se o uso de aventais ou uniformes próprios, para evitar a contaminação da roupa.

— Recomenda-se o uso de luvas e óculos protetores na execução dos procedimentos que produzam respingos de microrganismos ou de materiais perigosos.

Nível de Biossegurança 2 (NB-2)

— Devem ser utilizadas roupas apropriadas, como aventais, toucas ou uniformes de proteção.

— Devem ser usadas luvas, quando houver contato direto com materiais e superfícies potencialmente infecciosos ou equipamentos contaminados.

— Recomenda-se proteção para o rosto (máscara de proteção ou respirador descartável, protetor facial, óculos de proteção) para os procedimentos que produzam respingos ou a formação de aerossóis provenientes de materiais infecciosos.

— Botas, sapatilhas ou pró-pés devem ser avaliados e usados onde forem indicados.

Nível de Biossegurança 3 (NB-3)

— Devem ser usadas roupas de proteção, como aventais com a frente inteira, macacão ou uniforme.

— Usar luvas, quando manusear materiais infecciosos, animais infectados e equipamentos contaminados.

— Quando o procedimento não puder ser conduzido dentro de uma cabine de segurança biológica (CSB), devem ser utilizadas combinações apropriadas de EPIs (por exemplo, respiradores, protetores faciais) com dispositivos de contenção física (por exemplo, centrífugas de segurança).

— A proteção facial e o respirador devem ser usados, quando a equipe se encontre dentro de salas contendo animais infectados.

— Botas, sapatilhas ou pró-pés devem ser avaliados e usados onde são indicados, como, por exemplo, em trabalhos com animais infectados.

Nível de Biossegurança 4 (NB-4)

— A roupa comum deve ser trocada (nos vestiários externos) por roupa protetora completa e descartável, e retirada (no vestiário interno) para autoclavação.

— Todos os procedimentos dentro do laboratório devem ser conduzidos em CSB de classe III ou CSB de classe II usadas em associações com roupas de proteção pessoal com pressão positiva e ventiladas por sistema de suporte de vida.

Roupas especiais e proteção pessoal para incidentes químicos

À medida que ocorre o aumento da exigência de proteção decorrente do manuseio ou contato com agentes químicos, aumenta a necessidade de um maior grau de proteção dado pelos EPIs. Para tanto, devem ser avaliados o agente químico utilizado, o grau de contato do funcionário com tal agente (tipo de contato, tempo de exposição, etc.), a quantidade, o estado físico em que esse produto pode estar presente e os efeitos adversos provocado por ele, se em contato com os seres humanos, entre outros[2].

Regulamentações e padronizações

São de extrema importância para a seleção e uso das roupas de proteção química. Empregadores e empregados devem conhecê-las e compreendê-las, de modo a facilitar a escolha das roupas de proteção, e garantir a segurança dos funcionários que as utilizarão[2]. Ao adquirir roupas de proteção, como avental, macacão, jaqueta, calça, botas, etc., solicitar ao fabricante especificações com relação à qualidade, resistência a produtos químicos e umidade, respirabilidade, emissão de fiapos, peso, resistência à decomposição, bolor, sujeira e aos raios ultravioleta; se não causam reações alérgicas e oferecem, por meio de testes laboratoriais, a proteção adequada para cada agente químico de acordo com a necessidade[2].

Legislação brasileira para as roupas de proteção

A legislação brasileira não requer teste ou laudo para a obtenção do certificado de aprovação (CA). Para obter o CA para roupas de proteção, o Ministério do Trabalho exige que o fabricante do equipamento emita um documento, declarando que se responsabiliza pela qualidade e eficiência da roupa que está comercializando. Deste modo, as regulamentações internacionais podem servir como base para que os consumidores obtenham dos fabricantes essa garantia[2].

Regulamentos da OSHA e da EPA

A OSHA preconiza que os produtos danosos devem ser afastados do contato com o trabalhador. Tal afastamento deve ser realizado, preferencialmente, modificando o processo produtivo, seja pela troca de um agente danoso por outro menos tóxico, seja através da implantação de mecanismos coletivos de proteção. No entanto, quando não for possível realizar essas mudanças, o uso de roupas de proteção e outros EPIs deverá ser considerado. Para tanto, avaliar o agente químico presente, o grau de contato deste agente com o trabalhador, tipo e tempo de contato, quantidade e estado físico do agente, bem como os efeitos danosos dele à saúde do trabalhador. A partir de tal avaliação, consultar os fabricantes sobre especificações, como resistência química, à umidade e à degradação* do material, bem como solicitar os teste de permeação** a produtos químicos[2].

Além do teste de permeabilidade, os produtos (roupas e materiais de proteção) europeus devem passar por teste de cabine, em que são avaliados a partir da simulação da atividade física do trabalhador. Nesse teste, uma pessoa entra na cabine com a roupa a ser testada e direciona-se um jato de água com tensoativo ou partículas diretamente na roupa. Após o teste, é feita a medição da passagem do líquido ou partículas através da roupa[2].

Outro órgão norte-americano envolvido na proteção do trabalhador é a EPA, que, através de um manual, definiu quatro níveis de proteção contra agentes químicos tóxicos: A,B,C e D. Os níveis variam do menor (nível D) para o maior (nível A)[2].

Padrões da sociedade norte-americana para testes de materiais (ASTM)

A ASTM, através do comitê F23 para vestimentas de proteção, composto por usuários, fabricantes e consultores, desenvolveu vários testes químicos e físicos, para mensurar o desempenho das roupas de proteção química, determinando, entre outros itens, seus níveis de resistência a rasgos, perfurações e abrasões, bem como sua flexibilidade. Destacam-se os seguintes testes ASTM[2]:

— ASTM F739-91: teste de permeabilidade — indica quanto tempo o material resiste ao agente químico, sem oferecer risco ao funcionário;

— ASTM F1052: teste de pressão — tem a capacidade de detectar pequenos vazamentos nas costuras e emendas das roupas de proteção para situações de extrema segurança, e, desta forma, corrigir defeitos, para que seu poder de vedação seja mantido.

Níveis de proteção estabelecidos pela EPA

Nível A: nível máximo de proteção

É o grau máximo possível de exposição do trabalhador a materiais tóxicos, necessitando de proteção total para a pele, além das vias respiratórias e olhos. É considerado nível A, quando[2]:

— após mensurar ou analisar o potencial de uma alta concentração atmosférica de vapores, gases ou partículas;

— em locais de trabalho ou situações envolvendo alto risco de imersão, derramamentos ou exposição a vapores, gases ou partículas de materiais que sejam extremamente danosos à pele ou que possam ser absorvidos por ela;

— no contato ou suspeita de contato com substâncias que provoquem alto grau de lesão à pele;

*Redução de uma ou mais propriedades físicas de um material devido ao contato com o produto químico.

**o processo pelo qual um produto químico pode passar através de uma película protetora sem que haja microfuros, poros ou aberturas visíveis.

— em operações executadas em locais confinados e/ou pouco ventilados onde existia a presença de materiais tóxicos.

Devem ser empregados os seguintes equipamentos de proteção:

— roupa totalmente encapsulada para proteção química;

— proteção facial total através de capuz que permita a utilização de tanques de ar autônomos ou suprimento de ar externo mandado, e que permita manter pressão positiva;

— luvas internas e externas com resistência química;

— botas com resistência química;

— outros componentes opcionais.

Nível B: nível alto de proteção

O nível B requer o mesmo nível de proteção respiratória que o nível A, porém um nível menor para a proteção da pele. A grande diferença entre os níveis A e B é que o nível B não exige roupa de proteção totalmente encapsulada para proteção contra gases/vapores. O nível B é solicitado para proteção contra derramamento de e contato com agentes químicos na forma líquida. As roupas de proteção para esse nível podem ser apresentadas de duas formas: encapsulada ou não-encapsulada. É considerado nível B, quando[2]:

— na presença imediata de concentrações químicas de certas substâncias que possam colocar em risco a vida de pessoas, através de inalação, mas que não representem o mesmo risco quanto ao contato com a pele;

— em atmosfera que contenha menos que 19,5% de oxigênio ou na presença de vapores não totalmente identificados, mas detectados em instrumentos de medição de vapores com leitores de vapores orgânicos. Cabe lembrar que, para tal nível de proteção, esses vapores não devem ser encontrados em quantidade suficiente para lesar a pele ou ser absorvidos por ela.

Devem ser empregados os seguintes equipamentos de proteção:

— macacões quimicamente resistentes;

— proteção respiratória semelhante ao nível A;

— capuz quimicamente resistente (totalmente encapsulado ou não-encapsulado);

— luvas internas e externas;

— botas quimicamente resistentes.

Nível C: nível médio de proteção

No nível C, exigem-se menor proteção respiratória e menor proteção da pele. A grande diferença entre os Níveis B e C é o tipo de equipamento respiratório exigido. É considerado nível C, quando[2]:

— os contaminantes presentes na atmosfera, derramamentos de líquidos ou outro tipo de contato direto com a pele não provocam lesão e não são absorvidos pela pele;

— os tipos de contaminante foram identificados, as concentrações foram medidas, a ventilação e a purificação do ar são suficientes para remover os contaminantes, e todos os critérios de purificação de ar estão em ordem.

Devem ser empregados os seguintes equipamentos de proteção:

— macacões quimicamente resistentes ou roupas com duas peças (jaqueta e calça);

— respirador total ou parcial com purificação de ar;

— luvas quimicamente resistentes;

— botas quimicamente resistentes.

Nível D: menor nível de proteção

Para o nível D, exige-se o menor nível de proteção respiratória e de proteção para a pele. É a menor proteção possível, quando há manipulação de qualquer agente químico. É considerado nível D, quando[2]:

— a atmosfera não contém produtos tóxicos;

— o trabalho não implica contato com derramamentos, imersões ou inalações inesperados com produto químico.

Devem ser empregados os seguintes equipamentos de proteção:

— macacões ou conjuntos de jaqueta e calça;
— botas quimicamente resistentes;
— óculos de proteção;
— outros componentes opcionais.

Níveis de proteção segundo a classificação européia

Através do Comitê de Padronização de Produtos para o Mercado Comum Europeu, foi estabelecida uma classificação para as roupas de proteção química, o qual apresenta seis níveis de proteção, que variam do tipo 1 (maior nível de proteção) ao Tipo 6 (menor nível de proteção)[2]:

- Tipo 1 — mais alto nível de proteção: vestimentas de proteção contra gases;
- Tipo 2 — alto nível de proteção: vestimentas de proteção exceto para gases;
- Tipo 3 — nível médio de proteção: vestimentas de proteção contra líquidos;
- Tipo 4 — nível regular de proteção: vestimentas de proteção contra respingos;
- Tipo 5 — baixo nível de proteção: vestimentas de proteção contra partículas;
- Tipo 6 — mais baixo nível de proteção: vestimentas de proteção contra leves respingos.

Uma vez contaminada com agente químico, conforme o caso, a roupa de proteção não-descartável deve sofrer um processo de descontaminação. No caso de derramamento de determinados produtos perigosos, a primeira etapa é enxaguar a roupa ainda vestida com o máximo possível de água corrente, tomando sempre o cuidado de tratar a água contaminada conforme exigências específicas, antes do descarte final. Em seguida, deve-se fazer uma neutralização do agente químico no tecido da roupa. Após a neutralização, a roupa deve ser submetida a lavagem e a testes laboratoriais que indicarão se ainda existe resíduo no material descontaminado e lavado. Cabe lembrar que a manutenção de uma roupa de proteção exige cuidados e detalhes minuciosos, que, às vezes, passam a inviabilizar financeiramente o processo. Por isso, deve-se analisar a opção de descartá-la uma vez contaminada[2].

Roupas especiais e proteção pessoal para incidentes biológicos

Existe uma crescente preocupação sobre o possível uso de materiais biológicos, químicos e radioativos como agentes de terrorismo. A dispersão dos agentes biológicos (vírus, bactérias, toxinas) por meio de ataque bioterrorista pode expor as pessoas a infecções por inalação, ingestão ou contato com a membrana mucosa através de partículas aerodispersantes[12].

Há recomendações para proteção respiratória no uso de respiradores purificadores de ar semifacial ou facial inteiro com filtros particulados com eficiência N95 (para tuberculose pulmonar) até P100 (para hantavírus) como um nível mínimo de proteção para os trabalhadores. Os CDC têm recomendado à equipe responsável, diante das ameaças por aerossóis biológicos, a seleção e uso de roupas de proteção em conjunção com os respiradores adequados. Deve-se avaliar o nível de exposição do risco associado às diferentes situações, bem como o tipo de agente, concentração de partículas aerodispersantes e rota de exposição.

São recomendados os seguintes equipamentos de proteção individual[12]:

- nível máximo e alto de proteção: roupas de proteção níveis A ou B, juntamente com a proteção facial total, através de capuz que permita a utilização de tanques de ar autônomo ou suprimento de ar externo mandado. Proteção para mãos e pés;
- nível médio de proteção: roupas de proteção e respiradores faciais inteiros com filtro P100 ou respiradores purificadores de ar motorizados com filtro HEPA (alta eficiência para material particulado no ar). Proteção para os pés e mãos.

Equipamentos de proteção coletiva

Os equipamentos de proteção coletiva (EPCs) visam proteger o meio ambiente, a saúde e a integridade dos ocupantes de determinada área, diminuindo ou eliminando os riscos provocados pelo manuseio de produtos químicos, principalmente tóxicos e inflamáveis, além de agentes microbiológicos e biológicos. Podem ser de uso rotineiro ou para situações de emergência, devendo estar instalados em locais de fácil acesso e devidamente sinalizados.

Tipos de EPC

Conforme as atividades desenvolvidas no laboratório, devem ser disponíveis os seguintes EPC: cabine de segurança biológica, cabine de segurança química, chuveiro de emergência, lava-olhos, equipamentos de combate a incêndios e *kit* para derramamento de produtos químicos. Todos estes equipamentos devem ser mantidos em boas condições de funcionamento, sendo recomendado um programa para inspeção periódica. Os técnicos do laboratório devem ser treinados para manuseá-los corretamente, principalmente os utilizados em situação de emergência.

Cabine de Segurança Química (CSQ)

A CSQ é um equipamento de contenção que visa proteger o operador e o meio ambiente, quando da manipulação de substâncias químicas que liberam vapores tóxicos, irritantes e perigosos. Esse tipo de equipamento deve ser construído em material resistente e possuir sistema de exaustão, sistema de iluminação, visor de proteção e bancada de trabalho com entrada para água e esgoto. Pode ter também entrada para gás. O exaustor deve ser dimensionado de modo a expulsar para o exterior os vapores gerados na manipulação de substâncias voláteis. O sistema de exaustão deve garantir que os vapores sejam conduzidos para a parte externa do prédio, sem atingir as outras dependências do laboratório. Aconselha-se que sejam acoplados na saída do exaustor filtros químicos, com a finalidade de diminuir a concentração de tóxicos expelidos diretamente na atmosfera. O visor de proteção pode ser do tipo guilhotina, transparente, rígido e de fácil movimentação. A superfície da bancada de trabalho deve ser de material resistente a solventes orgânicos e ácidos, bem como com bordas laterais para a contenção de líquidos no caso de derramamento.

O grau de proteção do operador e do meio ambiente no uso das CSQs depende da capacitação do técnico e do bom funcionamento delas. Desta forma, é importante a existência de um programa de manutenção periódica de tais equipamentos, assegurando anualmente o certificado do equipamento, avaliando a *performance*, sistema de exaustão, velocidades faciais e os ductos de descarga, regulagens dos baffles e dampers, ruído, iluminação, rede elétrica e hidráulica, bem como a corrosão dos demais componentes[1].

Boas práticas no uso das CSQs

Ao iniciar a atividade na CSQ, certificar-se de que[20]:

— o sistema de exaustão esteja funcionando;

— o visor frontal de proteção encontre-se em perfeito funcionamento;

— o piso e o visor estejam limpos; verificar se os equipamentos ou utensílios no interior da câmara não estão bloqueando a circulação do ar;

— inspecionar as ferragens da janela, para evitar acidentes decorrentes da oxidação delas por vapores químicos;

— para os trabalhos que exijam aquecimento dentro da cabine, certificar-se previamente de que os produtos inflamáveis tenham sido retirados;

— estar sempre consciente de que esse local não é destinado ao armazenamento de produtos. Antes de iniciar o trabalho, remover o material desnecessário, principalmente os tóxicos e perigosos.

Para trabalhar com segurança no equipamento, devem-se:

— limitar as atividades próximas da área, quando estiver trabalhando na CSQ;

— colocar todos os materiais necessários no interior do equipamento ou deixá-los nas proximidades, evitando, assim, interrupções do trabalho;

— usar EPIs: avental de manga longa, óculos ou protetor facial, para trabalhar no equipamento, e, quando for necessário, utilizar o respirador e luvas de proteção adequados ao risco;

— os movimentos dos braços devem ser limitados, com movimentos retilíneos para dentro e para fora, evitando que estes sejam rápidos;

— manter o visor frontal no ponto de segurança ou o mais baixo possível[20] nas operações em que não for possível trabalhar com o visor no ponto de segurança ou quando o sistema de exaustão não estiver operando em condições de total segurança. É aconselhável usar respiradores contra gases, vapores e aerossóis com filtros específicos;

— nas operações que envolvam a pulverização de líquidos perigosos na forma de névoas, é também aconselhável o uso de respiradores e filtros específicos.

— trabalhar pelo menos a 15cm de distância da borda externa da câmara, evitando colocar o rosto dentro do equipamento;

— ao término do serviço, não desligar de imediato a exaustão da cabine, para que os vapores perigosos ainda existentes sejam eliminados (esperar aproximadamente 15 a 20 minutos após o término das atividades, para desligar o sistema);

— após o fim da operação, executar a limpeza no interior da câmara e remover todo o material, para que outra pessoa que venha a trabalhar com o equipamento não se contamine;

— deixar dentro da cabine vidrarias contaminadas para a evaporação de substâncias tóxicas, mantendo o sistema de exaustão ligado;

— lavar as mãos e antebraços com água e sabão, secando com papel-toalha, no início e no final do trabalho.

Ao sinal de paralisação do sistema de exaustão por defeito do aparelho ou queda de energia, ter os seguintes cuidados[20]:

— interromper o serviço dentro da CSQ;

— manter fechado ao ponto máximo o visor de proteção do equipamento;

— avisar imediatamente o pessoal do laboratório próximo à área e comunicar ao supervisor;

— no caso de estar trabalhando com produtos em concentração perigosa, colocar respiradores com filtros específicos e só então continuar trabalhando, a fim de paralisar as operações, caso o sistema de exaustão não volte a funcionar imediatamente.

Chuveiro de emergência

Equipamento de proteção coletiva destinado à lavagem das roupas e da pele do técnico, quando esta for atingida acidentalmente por grande quantidade de produtos químicos, material biológico ou, ainda, quando as vestimentas estiverem em chamas. O chuveiro de emergência pode ter acionamento manual ou automático. Entretanto, deve-se observar a altura de instalação, permitindo que todos os funcionários possam acioná-lo.

Cuidados com o chuveiro de emergência

Deve ser testado periodicamente, para assegurar o perfeito funcionamento em situação de emergência, ou seja, ao ser acionado deve ser alimentado com água potável e em quantidade suficiente para dar uma boa relação vazão/pressão e com jato dirigido, sem dispersão da água, possibilitando a remoção imediata do contaminante presente nas roupas e pele da vítima. O cuidado deve ser redobrado, quando se tratar de instalação antiga, com encanamentos de ferro, ou quando há ponto morto, propiciando a contaminação microbiana devido à existência de água parada. Pode-se adquirir um modelo que venha com um filtro de linha, para diminuir a contaminação. Recomenda-se testálo periodicamente e efetuar um registro, constando data, responsável, se o funcionamento foi adequado ou não, e observações importantes. Caso o funcionamento não seja satisfatório, comunicar imediatamente ao responsável, para que as medidas corretivas sejam tomadas com a máxima urgência.

Lava-olhos

Destinado à lavagem dos olhos no caso de terem sido atingidos acidentalmente por produtos químico ou material biológico.

Tipos de lava-olhos

Tipo pissete

O lava-olhos tipo pissete tem as vantagens de ser barato e não exigir local especial para instalação. Deve-se ter o cuidado de abastecê-lo com água destilada e trocar a água periodicamente, para evitar contaminação microbiana, principalmente com fungos. Deve, também, disponibilizar local predeterminado para a sua localização, de modo a facilitar sua busca em situação de emergência.

Equipamentos propriamente ditos

São formados por dois chuveiros pequenos, cujos jatos de água são direcionados de maneira a atingir os olhos da vítima. O modelo a ser escolhido deve ser compatível com o *layout* do laboratório. Podem ser de bancada, de coluna, de parede e ser acoplados ou não ao chuveiro de emergência. O acionamento pode ser manual (através de alavanca, com o auxílio dos pés ou das mãos) ou automático (através de plataforma). Podem ser construídos em aço inoxidável ou com pintura epóxi, e possuir regulador de vazão/pressão.

Cuidados com os lava-olhos

Basicamente, deve-se ter os mesmos cuidados descritos para o chuveiro de emergência. É muito importante verificar a pressão de saída da água, pois, se esta for excessiva, poderá prejudicar o globo ocular da vítima.

Equipamentos de combate a incêndio

Os incêndios em seu início são facilmente controlados e extintos. Quanto mais rápido for o ataque às chamas, maiores serão as possibilidades de reduzi-las ou até eliminá-las[9]. Quando ocorre um princípio de incêndio, é importante que ele seja combatido de forma eficiente, para minimizar suas conseqüências. Para que esse combate seja eficaz, é necessário que[9, 22]:

— existam equipamentos de combate a incêndios em quantidade suficiente e adequados ao tipo de material em combustão;

— os trabalhadores estejam preparados para combater o princípio de incêndio o mais rápido possível, devendo eles:

— conhecer os agentes extintores;

— saber utilizar os equipamentos de combate a incêndios;

— saber avaliar as características do incêndio, o que determinará a melhor atitude a ser tomada;

— saber localizar, de imediato, o equipamento de combate ao fogo;

— manter disponível os números dos telefones das chefias do laboratório, comissão de biossegurança e corpo de bombeiros.

Como os incêndios são de diversos tipos, as soluções são diferentes bem como os equipamentos de combate empregados.

Tipos de equipamento para o combate de incêndios

Chuveiros automáticos

Dispositivo destinado a projetar água em forma de chuva, dotado de elemento sensível à elevação de temperatura, à fumaça ou aos gases resultantes de um princípio de combustão[26]. Os registros devem ser mantidos abertos e só poderão ser fechados em casos de manutenção ou inspeção, com ordem do responsável, conforme determina a NR-23[27]. A NBR-6135 e 6125 fixa as condições técnicas mínimas a que devem satisfazer os chuveiros automáticos para a extinção de incêndio.

Extintores

É necessário conhecer os tipos de extintores, pois para cada classe de incêndio há um agente extintor mais indicado. Como agentes extintores, temos a água, espuma, pó químico seco, gás carbônico e gases halogenados[26]. Um erro na escolha de um extintor pode tornar inútil o esforço de combater as chamas ou piorar a situação, aumentando as chamas, espalhando-as ou criando novas causas de fogo[22]. Os tipos de extintores a serem adquiridos, quantidade e locais para instalação são definidos pelo corpo de bombeiros a partir de uma vistoria, a qual é obrigatória.

Segundo a NR-23, só devem ser utilizados extintores de incêndio que obedeçam às normas brasileiras ou regulamentos técnicos do Instituto Nacional de Metrologia, Normalização e Qualidade Industrial (INMETRO). Todos os estabelecimentos, mesmo dotados de chuveiro automáticos, devem ser providos de extintores portáteis, a fim de combater o fogo em seu início. Tais aparelhos devem ser apropriados à classe do fogo a extinguir. No Item 23.13 da NR-23, constam os tipos de extintor portátil e as classes de fogos nas quais devem ser utilizados. Os extintores portáteis são os mais indicados para combater o fogo em seu início, mesmo quando há outros sistemas disponíveis, como chuveiros automáticos (*sprinklers*)[27].

Uma das características a serem consideradas, ao adquirir um extintor portátil, é o peso, o qual deve ser leve o suficiente para que os usuários possam manuseá-lo sem dificuldade[16]. Todo extintor deve possuir o selo da ABNT nas cores verde e amarela, devendo, conforme determina a NR-23, os extintores estar em local de fácil visualização e acesso, em que haja menos probabilidade de o fogo bloquear o acesso. O piso deve ser demarcado na cor vermelha, com área mínima de 1m^2, a qual não pode ser obstruída de forma alguma. Os extintores não devem estar localizados nas paredes das escadas[27].

Recarga e manutenção

Para assegurar a qualidade dos extintores, os serviços de recarga e manutenção, devem ser executados por empresas idôneas e que possuam certificação junto ao INMETRO. A NBR-12962, da ABNT, fixa as condições mínimas aceitáveis para inspeção, manutenção e recarga de extintores de incêndio. A recarga e manutenção executadas de forma incorreta podem ocasionar problemas sérios ao extintor e riscos ao usuário. Caso a recarga seja insuficiente, corre-se o risco de não apagar o fogo como o previsto. Uma recarga em excesso pode não expelir totalmente a carga, comprometendo a eficiência do combate ao fogo, além de danificar a estrutura do extintor com riscos da sua explosão[16].

Kit para o derramamento de produtos químicos

O controle de um derramamento de produto químico perigoso pode ser prejudicado pela falta de material adequado e pessoal treinado. Assim, em locais de risco é importante dispor do *kit* para agilizar o controle da situação. A limpeza pode ser mecânica (aspiração), química (neutralizante) ou por absorção com sorventes orgânicos, inorgânicos ou sintéticos. Além do *kit*, é necessário definir planos detalhados de emergência que contenham, de forma detalhada, todos os procedimentos para as ações de controle, e dispor de pessoal qualificado para agir com rapidez e eficiência no caso de um derramamento. Cuidados especiais devem ser tomados, quando há derramamento de voláteis, pois há o risco de incêndio até mesmo ao se acionar um interruptor de luz.

O *kit* para o derramamento de produtos químicos deverá ser utilizado quando substâncias químicas tóxicas ou inflamáveis forem derramadas sobre pisos e bancadas, para impedir que elas atinjam outras áreas e facilitar a limpeza do local. Cuidados especiais devem ser tomados, quando há ralo próximo à área de derramamento, devendo ser bloqueados com absorventes, para impedir que o líquido atinja as outras dependências do laboratório.

O *kit* para o derramamento de produtos químicos pode conter: absorventes como areia, mantas ou absorventes granulados, além de pá, vassoura, sacos plásticos, etiquetas auto-adesivas, baldes plásticos, solução de bicarbonato de sódio e gluconato de cálcio. Deve conter, ainda, os EPIs adequados, como óculos de proteção, respiradores, luvas resistentes, etc.

Os sorventes são originados de materiais orgânicos, inorgânicos ou sintéticos. Os orgânicos (serragem, panos, estopa) e inorgânicos (vermiculita, areia, terra diatomácea) são de baixo custo e facilmente encontrados, porém proporcionam baixa absorção ou são ineficientes para vários líquidos, demandam muito trabalho para o uso e geram grandes volumes de resíduos, dificultando o descarte. Os sintéticos são leves, fáceis e práticos de manusear, e o volume de resíduo gerado é menor do que o provocado pelos absorventes orgânicos e inorgânicos. Entretanto, são caros[3]. Existem no mercado diversos tipos de absorvente específico, destinados a conter o derramamento de óleos, produtos químicos em gerais, etc., e em diferentes formatos: cordões, mantas, rolos, almofadas, granulados, pós, etc. O *kit* para derramamento deve ser colocado em pontos estratégicos de risco e intervenção.

Ao utilizar areia para conter um líquido derramado, deve-se iniciar pelas bordas, cobrir o centro, recolher com pá e acondicionar adequadamente para posterior descarte. No caso de pós, recolher com pá e limpar o local com pano úmido, desde que o produto não reaja com a água. Salienta-se que a limpeza do produto derramado e do resíduo gerado deve ser efetuada por pessoal treinado e que conheça os riscos a que está exposto. Devem-se usar os EPIs adequados ao risco. O descarte dos absorventes deve ser feito de acordo com as normas da instituição, considerando o grupo da substância contida nele.

Todos os técnicos que possam estar envolvidos em um derramamento devem ser treinados e autorizados a usar os *kits* se necessário, sem autorização prévia de chefia.

Considerações finais

O uso correto dos EPIs tem sido alvo de contínua preocupação dos empregadores e profissionais dos laboratórios químicos e biológicos. Entretanto, para que se tenha uma proteção efetiva, é imprescindível uma reciclagem contínua desses profissionais através de treinamento e disponibilização das informações atualizadas quanto ao uso adequado dos EPIs e EPCs, bem como a criação de uma comissão de biossegurança, para promover a disponibilização dos EPIs, além de buscar informações atualizadas quanto aos modelos existentes no mercado. Salienta-se que tais equipamentos, se utilizados inadequadamente, propiciam um risco ainda maior, pois o trabalhador se acha protegido e pode estar exposto aos contaminantes, visto que há situações em que o EPI pode oferecer limitações, ou estar com sua integridade comprometida, devido a condições inadequadas de manuseio, conservação e guarda.

Agradecemos a colaboração do Sr. Emílio Carlos Pereira de Gouvêa, pertencente à 3M do Brasil Ltda., que nos auxiliou e forneceu os dados técnicos dos equipamentos de proteção respiratória.

Referências bibliográficas

1. Boletim informativo. Capelas. Grupo Vidy.
2. Boletim informativo. Roupas de proteção Tyvek. Exclusivo DuPont, 3-7, 1999.
3. Boletim técnico informativo. Sorbents. Produtos para segurança e proteção à saúde. 3M do Brasil Ltda.
4. Boletim técnico informativo. Novas diretrizes para tuberculose. Departamento e Soluções para Saúde Ocupacional e Segurança Ambiental da 3M do Brasil Ltda.
5. Boletim técnico informativo. Proteção respiratória — respiradores para particulados. Área hospitalar. Departamento e Soluções para Saúde Ocupacional e Segurança Ambiental da 3M do Brasil Ltda.
6. Boletim técnico informativo. Proteção respiratória para profissionais da saúde. Departamento e Soluções para Saúde Ocupacional e Segurança Ambiental da 3M do Brasil Ltda.
7. Boletim técnico informativo. Quimioterápicos. Máscaras e respiradores. Departamento e Soluções para Saúde Ocupacional e Segurança Ambiental da 3M do Brasil Ltda.
8. Brasil. Ministério da Saúde. Coordenação Nacional de Doenças Sexualmente Transmissíveis e AIDS. Biossegurança em unidades hemoterápicas e laboratórios de saúde pública. Brasília (Série TELELAB), 1999.
9. Camilo Jr AB. Manual de prevenção e combate a incêndios. 2ª ed., São Paulo: Senac/São Paulo, 1999.
10. Cartilha de proteção respiratória 3M.
11. CDC. Chemical glove guidelines. Disponível: http// www.orcbs.msu [29/05/02].
12. CDC. Issues interim guidelines for clothing and respirators. Disponível: http.//cdc.gov/documents App/anthrax/ protective/asp/> [24/10/01].
13. Centers for Disease Control and Prevention and National Institutes of Health (CDC/NIH). Biosafety in microbiological and biomedical laboratories, 4ª ed., Washington DC., U.S Government Prenting Office, 1999.

13a. Centers for Disease Control and Prevention. Interim Laboratory Biosafety Guidelines for Handling and Processing Specimens Associated with Severe Acute Respiratory Syndrome (SARS). Disponível em: http://www.cdc.gov/incidod/sars/sarslabguide.htm > (02/04/2003).
14. Chen S, Vesley D, Brosseau LM, Vicent JH. Evaluation of single use masks and respirators for protection of health care workers against mycobacterial aerosols. American Journal of Infection Control, v. 22, 65-74, 1994.
15. Equipamentos de proteção individual. São Paulo: Fundacentro, 1981. 92p.
16. Especial Extintores em movimento. Rev. Proteção, n. 108, 28-41, dez. 2000.
17. Figueiredo EA. A luva adequada. Rev. Proteção, M.P.F. Publicações, 57-60, março de 1997.
18. Guia de seleção de respiradores 3M. 2000. 88p.
19. Jarvis WR, Bolyard E, Bozzi CJ, Burwen DR, Dooley SW, Martin LS et al. Respirators, recommendations, and regulations: The controversy surrounding protection of health care workers from tuberculosis. Annals of Internal Medicine, v. 122, 142-146, 1995.
20. Laboratório Central do Estado do Paraná. Manual de biossegurança e segurança química em laboratório de saúde pública. Curitiba, 2000. 158p.
21. Lima e Silva F. Barreira de contenção. In:Oda, L et al. Biossegurança em laboratório de saúde pública. Brasília, Editora Fiocruz 31-56,1998.
22. Manual de prevenção e combate a incêndio. Senai/PR.
23. Meusburger VF. O que é respirador com filtro contra partículas N-95? Revista CIPA. 247:04; 2000.
24. National Institute for Occupational Safety And Health. NIOSH. Guide to the selection and use of particulate respirators. DHHS (NIOSH) Publication; 96-101, 1996.
25. Oda LM, Rocha SS, Teixeira P. AIDS como doença ocupacional. In: Biossegurança: uma abordagem multidisciplinar. Teixeira P, Valle S (eds.). Rio de Janeiro: Editora Fiocruz, 56, 1998.
26. Reis JS. Manual básico de proteção contra incêndios. São Paulo: Fundacentro. 57p.
27. Segurança e Medicina do Trabalho. 49. ed. São Paulo: Atlas, 2001.
28. Soto Gana MJ et al. Riscos químicos. Fundacentro: São Paulo: 1989. 100p
29. Teixeira PS, Valle S. Riscos biológicos em laboratórios de pesquisa. In: Biossegurança: uma abordagem multidisciplinar. Rio de Janeiro: Editora Fiocruz; 41-64, 1998.
30. Torloni M, Vieira VA. Curso de proteção respiratória. Fundacentro.
31. Torloni M. Programa de proteção respiratória, seleção e uso de respiradores. Coordenação de Maurício Torloni. São Paulo: Fundacentro, 2002.
32. Torloni, M. Desmistificando o PPR. Rev. Proteção, M.P.F. Publicações. nº 78; 28-29, junho de 1998.
33. Weber A, Willeke K, Marchioni R, Myojo T, Mckoy R, Donnelly J, Liebhaber F. Aerosol penetration and leakage characteristics of masks used in the health care industry. American Journal of Infection Control, v. 21; 167-73, 1993.

Capítulo 3

Cabines de Segurança Biológica: Recomendações para Certificação

Ivan de Toledo Santos
Marco Fabio Mastroeni

Introdução

O ar, como veículo de dispersão de contaminantes, é reconhecido tanto pela capacidade de transportar elementos infectantes — devido ao seu comportamento tipicamente circulatório em quaisquer ambientes —, quanto pelo seu caráter indispensável ao ser humano e a vários objetos do seu trabalho. Através do ar, podem ser contaminados com seres patogênicos e outros elementos indesejáveis não apenas pessoas (por exemplo, trabalhadores de um laboratório) mas também recursos físicos, como aparelhos, instrumentos, meios de cultura, etc.

Com a intenção de prevenir contaminações que tenham o ar como veículo, foi desenvolvida uma série de equipamentos de proteção coletiva (EPCs) denominados *cabines de segurança biológica*, conhecidos também como *capelas de fluxo laminar,* ou, ainda, popularmente, *capelas*. Cabe lembrar que esta última denominação freqüentemente arremete à confusão com as *capelas químicas*, fundamentalmente diferentes. Tais aparelhos valemse de recursos, como a exaustão, filtração, confinamento e laminaridade do fluxo de ar, para a criação de um ambiente delimitado em que as condições de contaminação do trabalhador, do ambiente circunvizinho e/ou dos organismos e materiais trabalhados em seu interior sejam minimizadas.

Tais equipamentos — doravante denominados *cabines* — possuem a função primordial de reter partículas contaminantes de dimensões microscópicas. Com o uso dos seus sentidos, o ser humano não tem como perceber imediatamente quaisquer irregularidades nesta atividade de filtração, e somente utilizando aparelhagem sofisticada e de elevado custo tal "vigilância" pode ser efetuada.

Para assegurar a confiabilidade das cabines, vêm sendo estabelecidas diversas sistemáticas de certificação que se destinam a comprovar a adequação da cabine às suas características de projeto e de uso.

Devido à inexistência de disposição normativa no Brasil a respeito da certificação de cabines, este capítulo abordará normas brasileiras correlatas, além de recomendações constantes nas literaturas nacional e internacional, com o objetivo de propor critérios para a investigação e avaliação das condições operacionais dos referidos aparelhos.

Este capítulo tem como objetivo geral a investigação do material normativo brasileiro (normas, instruções, portarias, etc.) que trate especificamente ou que seja indiretamente aplicável às cabines. A bibliografia reunida, além de constituir subsídio técnico para o uso das cabines e de outros equipamentos de controle de ambientes, permite o desenvolvimento dos objetivos específicos, que são:

— propor recomendações concernentes à certificação periódica de cabines classe II (conforme definidas em FUNASA, 2001[8]);

— apresentar informações úteis para o gerenciamento destes equipamentos.

Os objetivos descritos destinam-se a incrementar a confiabilidade tanto do desempenho quanto do registro operacional e do controle dos aparelhos. Outro motivo para a proposição das recomendações para certificação é o fato de os métodos biológicos para o teste de cabines serem proibitivamente caros e trabalhosos[12].

O estudo de material normativo exclusivamente nacional deve-se à dificuldade de obtenção de normas estrangeiras e ao seu alto custo. Infelizmente, as instituições normativas evidenciam ao mundo a necessidade e os benefícios da padronização, dificultado de forma paradoxal, o livre acesso às normas — o que, sem dúvida, contribuiria sobremaneira para a aceitação e a consolidação delas.

O foco nas cabines classe II se deu em razão de permitirem o trabalho com uma grande variedade de agentes (grupos 1, 2 e 3), sem apresentar o nível de exigência e a complexidade das cabines classe III, e porque a metodologia de certificação pode ser facilmente adaptada às cabines classe I.

COMO CERTIFICAR A CABINE?

Primeiramente, deve-se determinar o que é recomendável avaliar, para que, posteriormente, possa-se estimar como fazer a avaliação. Em observação ao descrito por Silva em 1996[12] e divulgado pelos fabricantes de cabines nos seus manuais assim como em publicidade, podem-se dividir os parâmetros de avaliação em dois grupos principais. Cada um deles reúne parâmetros específicos, conforme mostrado a seguir.

a) Qualidade do ar no circuito:

1. Contaminação do ar insuflado.
2. Caracterização do fluxo de ar (laminar ou turbulento).
3. Contenção do fluxo de ar (circuito estanque).

b) Qualidade operacional do aparelho:

4. Nível de ruído.
5. Iluminação interior.
6. Segurança elétrica.
7. Lâmpada germicida.

Cada um destes parâmetros é discutido individualmente adiante e, com base nas normas pertinentes, são propostos os seus respectivos métodos de avaliação. Também são avaliadas as contribuições oferecidas pelas normas de gestão/garantia da qualidade (ABNT, NBR ISSO-9001:2000[5] e ABNT, NBR ISSO-10012-1/1993[4]) e de excelência laboratorial (ABNT, NBR ISO/IEC-17025/2001[6]).

QUALIDADE DO AR NO CIRCUITO

Contaminação do ar insuflado

De todos os parâmetros de controle listados, este é o de mais imediata relevância, pois constitui a função primária da cabine: promover um ambiente controlado, em que a disseminação de agentes de risco seja minimizada.

A mais importante referência normativa nacional sobre o assunto é a norma NBR-13700/1996[1], Áreas Limpas — Classificação e Controle de Contaminação, que dispõe sobre as classes de ambientes controlados e orienta sobre como executar a avaliação deles. Porém, em seu Item 1, Objetivos, há a seguinte observação: "Exceto pela quantificação e classificação por tamanho, esta norma não pretende caracterizar a natureza física, química, radiológica ou viável das partículas em suspensão no ar. Nenhuma relação universal foi estabelecida entre a concentração das partículas em suspensão no ar e a concentração das partículas viáveis. Além da necessidade de que o fornecimento de ar limpo seja monitorado quanto à contaminação pelo particulado global e que atenda aos limites estabelecidos, outras exigências especiais são necessárias para monitoramento e controle de outras formas de contaminação".

Em princípio, tal afirmação faz crer que o propósito de controlar os microrganismos viáveis não seja contemplado pela norma. Contudo, a observação da Tabela 3.1, extraída dessa mesma fonte, leva a conclusões otimistas.

Os menores seres vivos capazes de se reproduzirem por conta própria são as bactérias e outros procariotas, cujos tamanhos se situam entre 1μm e 20μm (os vírus, como agentes de risco, são considerados *a posteriori* neste mesmo texto). Conseqüentemente, apenas as menores espécies de bactérias (menores que 5mm) são tão pequenas quanto as partículas que podem escapar do sistema de filtragem.

Pode-se comprovar, na Tabela 3.1, que a cada duas classes o número de partículas de um determinado tamanho é multiplicado (ou dividido no sentido inverso) por 10. Portanto, por exemplo, em um ambiente classe M3, o número de partículas de 1μm é 10.000 vezes menor que em um ambiente classe M7 (a título de explicação, vale mencionar que a numeração das classes tem o seguinte significado: o número após a letra M é o expoente de potenciação a que deve ser elevado o número 10, para saber qual a quantidade máxima de partículas de 0,5μm por m^3 que a classe permite. Por exemplo: a classe M3 permite um máximo de 10^3 partículas de 0,5μm por m^3, ou seja, 1.000 partículas de 0,5μm/m^3).

Suponha-se que o ar ambiente seja equivalente ao de uma área classe M7 (que já é um ambiente controlado, o que significa considerar um ar ambiente de boa qualidade). Se a área de trabalho da cabine for mantida na classe M3, a probabilidade de que ocorra algum tipo de contaminação será reduzida a 0,01% da probabilidade ao ar ambiente. Some-se a isso o fato de organismos maiores que 5mm já terem sido retidos pelo sistema de filtragem, o que representa mais uma considerável redução das chances de contaminação.

Seguindo a metodologia para a avaliação do ambiente proposta pela norma, podem-se obter as seguintes condições, aplicáveis a uma larga faixa de modelos de cabines (há de levar em conta que os fabricantes nacionais oferecem como padrão as cabines classe M3,5):

— número de pontos para a contagem de partículas: 10 pontos, distribuídos de forma eqüidistante sobre a mesa da área de trabalho da cabine, conforme a Fig. 3.1;

— volume mínimo de ar aspirado pelo aparelho contador de partículas: 0,006m^3 (seis litros de ar) para cada ponto;

— critério de aprovação: cada leitura deve indicar, no máximo, 3.530 partículas de 0,5μm por m^3 de ar (100 partículas de 0,5mm por pé cúbico).

Caso as dimensões da cabine sejam muito diferentes das normalmente encontradas no mercado, deve-se usar a metodologia proposta na norma, a fim de avaliar o número de pontos para a contagem de partículas e volume mínimo de ar aspirado em cada amostragem.

A NBR-13700/1996[1] também fornece informações complementares sobre os tipos de instrumento que podem ser utilizados na contagem de partículas, condições especiais de amostragem e métodos alternativos de avaliação da contaminação do ambiente, o que a torna um importante referencial para quem se propuser a realizar a certificação de cabines.

Os vírus, cujo tamanho se situa entre 0,005μm e 0,05μm, são muito menores que as partículas consideradas na Tabela 3.1. Observando as quantidades de partículas de tamanho diferente para uma mesma classe, percebe-se que a quantidade delas é tanto maior quanto menor o seu tamanho. Isso leva à conclusão de que as

Tabela 3.1
Limite de número de partículas por volume de ar para cada classe de ambiente[1]

Classe		*Limites de classes*									
		0,1mm		*0,2mm*		*0,3mm*		*0,5mm*		*5,0mm*	
SI	*Sistema inglês*	*Unid.* (m^3)	*Vol.* ($pé^3$)	*Unid.* (m^3)	*Vol.* ($pé^3$)	*Unid.* (m^3)	*Vol.* ($pé^3$)	*Unid.* (m^3)	*Vol.* ($pé^3$)	*Unid.* (m^3)	*Vol.* ($pé^3$)
M1		350	9,91	75,7	2,14	30,9	0,875	10,0	0,283		
M1,5	1	1.240	35,0	265	7,50	106	3,00	35,3	1,00		
M2		3.500	99,1	757	21,4	309	8,75	100	2,83		
M2,5	10	12.400	350	2.650	75,0	1.060	30,0	353	10,0		
M3		35.000	991	7.570	214	3.090	87,5	1.000	28,3		
M3,5	100			26.500	750	10.600	300	3.530	100		
M4				75.700	2.140	30.900	875	10.000	283		
M4,5	1.000							35.300	1.000	247	7,0
M5								100.000	2.830	618	17,5
M5,5	10.000							353.000	10.000	2.470	70
M6								1.000.000	28.300	6.180	175
M6,5	100.000							3.530.000	100.000	24.700	700
M7								10.000.000	283.000	61.800	1.750

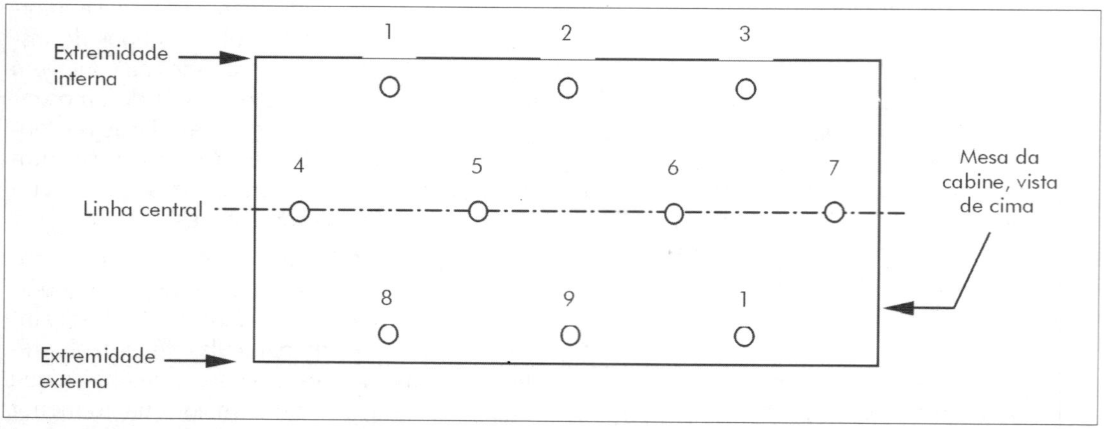

Fig. 3.1 — *Distribuição dos pontos para a contagem de partículas.*

partículas de dimensões comparáveis aos vírus são ainda mais abundantes, em qualquer classe de ambiente, que as menores partículas computadas.

Segundo Silva (1996)[12], as cabines são dotadas de filtros HEPA (*high efficiency particulate air*), que têm uma eficiência de 99,93% para partículas de 0,3μm. Já os filtros ULPA (*ultra low particulate air*) têm eficiência de 99,999% para partículas de 0,1mm.

Como se pode observar, não há referência quanto à eficiência destes filtros para partículas do tamanho de vírus, o que leva à indefinição sobre a contenção ou não dos vírus pelo sistema de filtragem, e sobre a redução da probabilidade de contaminação, ainda que as cabines utilizassem filtros Ulpa.

De imediato, espera-se que a redução do número de partículas da faixa de dimensões dos vírus, conforme a classe do ambiente, seja similar à mostrada na Tabela 3.1. Contudo, o que se pode afirmar com certeza é que o desempenho do controle dos vírus em uma cabine requer estudos mais aprofundados para que se comprove que o sistema de filtração do ar reduz o risco de contaminação por vírus ou, em caso negativo, que se proponham alternativas confiáveis de controle.

Caracterização do fluxo de ar

Em uma cabine, é imprescindível que o fluxo de ar tenha:

— velocidade suficientemente grande para arrastar os agentes e contaminantes;

— perfil laminar, ou seja, esteja isento de turbulências que possam causar contaminação cruzada[12] ou escape de ar contaminado para fora da área de trabalho, colocando em risco o operador.

Para tanto, é necessário que a velocidade do fluxo de ar seja uniforme ao longo de sua seção transversal, e sua velocidade esteja entre 75fpm e 100fpm (0,38m/s e 0,51m/s)[8, 12]. Quatro situações típicas do fluxo de ar são mostradas na Fig. 3.2. Também são possíveis outros perfis, oriundos da combinação entre as situações mostradas. Cabe ressaltar que qualquer configuração do fluxo de ar que seja distinta da ideal é inadequada.

O número e a localização dos pontos para medição da velocidade do ar deve ser tais que possibilitem a detecção de gradientes de velocidade que comprometam a uniformidade do perfil de velocidades. Ou seja, os pontos de medição devem permitir a identificação de um perfil sem uniformidade, conforme mostrado na Fig. 3.2 (exemplo inferior esquerdo).

A absoluta maioria de cabines disponíveis comercialmente não apresenta grandes diferenças em suas dimensões, especialmente quanto à área de trabalho, o que torna a seleção de pontos para contagem de partículas também adequada à medição da velocidade do ar. Esta adaptação igualmente favorece a simplificação da verificação da cabine, por não exigir posicionamentos distintos dos sensores nas duas tarefas.

As velocidades medidas em cada ponto não podem exceder a faixa de adequação (menores que 0,38m/s ou maiores que 0,51m/s). Se todas as velocidades medidas estiverem dentro da faixa de adequação, mas apresentarem diferenças entre si, este fato deverá ser relatado e deve-se avaliar, junto com os operadores da cabine, se estas diferenças comprometem ou não a segurança do operador, do produto ou do ambiente.

Contenção do fluxo de ar

Entenda-se por "contenção do fluxo de ar" a capacidade de manter o ar potencialmente contaminado em confinamento, ou seja, sem contato com o ar ambiente, até que ele tenha passado pelo(s) filtro(s) de exaustão — ou, no caso de cabines com recirculação de ar (classes II A, B1 e B3), pelo(s) filtro(s) de insuflamento.

A percepção da importância deste item é imediata, uma vez que qualquer falha na contenção do ar no circuito (frestas ou orifícios que possibilitem o escape de ar para o ambiente) representa a chance de disseminação do agen-

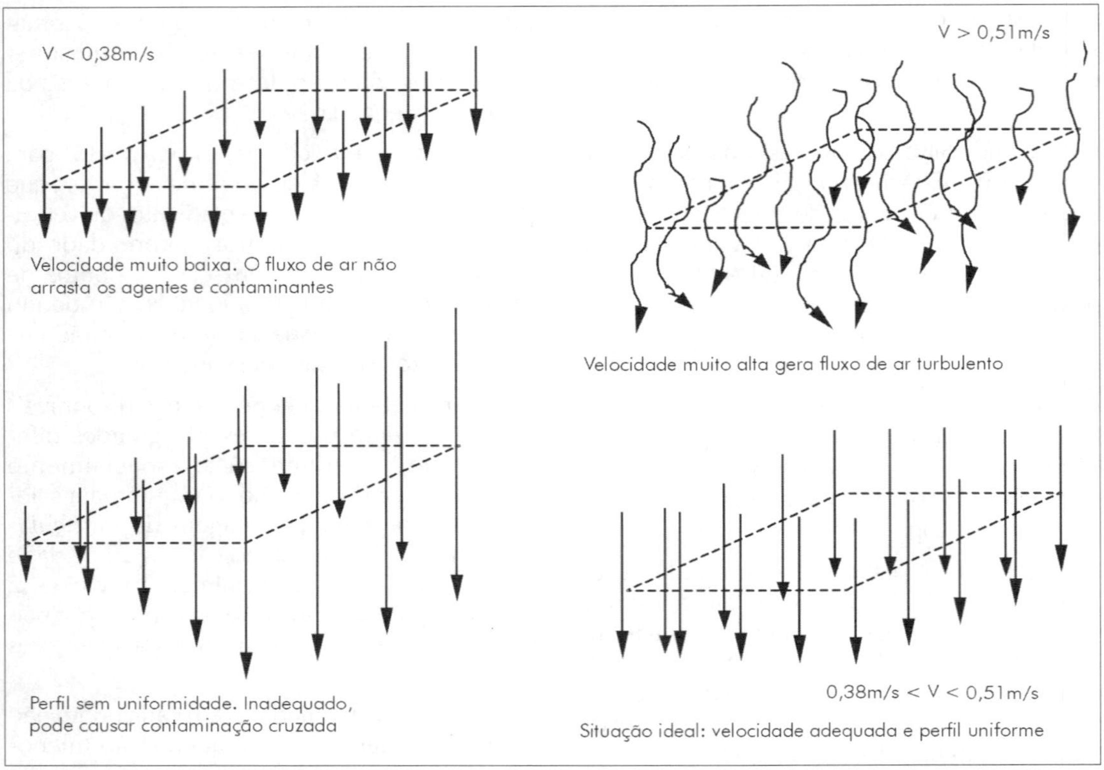

Fig. 3.2 — *Quatro diferentes configurações do fluxo de ar na área de trabalho da cabine.*

te de risco no laboratório, no ambiente externo ou, ainda, no interior do próprio equipamento — como exemplo deste último, considere-se o vazamento de um combustível volátil para regiões do gabinete da cabine em que, eventualmente, possa ocorrer alguma fagulha elétrica.

Contudo, apesar da pesquisa desenvolvida durante a realização deste trabalho, não foi encontrada referência normativa nacional quanto a ensaios de estanqueidade aplicáveis aos propósitos aqui tratados.

Alguns fabricantes de cabines e equipamentos correlatos mencionam, em seus manuais de operação e material publicitário, a recomendação normativa DW 143, da *Heating and Ventilation Contractors' Association* (HVCA, Reino Unido) e o manual HVAC — *Air duct leakage test manual*, da *Sheet Metal and Air Conditioning Contractors' National Association* (SMACNA, EUA).

A adoção das metodologias propostas nessas fontes representa a única alternativa frente à inexistência de conteúdo nacional semelhante. Faz-se necessário frisar que, na impossibilidade de acesso a qualquer uma das fontes citadas anteriormente, o certificador deve adotar algum procedimento de verificação de vazamentos comercialmente disponível, tendo em vista a fundamental importância deste critério.

Qualidade operacional do aparelho

Nível de ruído

O ruído constante provocado pelo(s) motor(es) elétrico(s) e pelo(s) ventilador(es), responsáveis pela circulação do ar, pode causar — ou agravar — o desconforto e o estresse do operador, levando-o a distrações e, fatalmente, a acidentes. É necessário que se mantenha um nível de ruído que não comprometa a concentração do operador, de quem se encontre nas adjacências da cabine e dos outros ocupantes do laboratório.

A Norma Regulamentadora 17, do Ministério do Trabalho e Emprego[11], Ergonomia, estabelece que o nível de ruído para efeito de conforto deve ser de, no máximo, 65dB(A).

Em complementação, a NR 15 — MTE[10], Atividades e Operações Insalubres, define como insalubre a atividade desenvolvida em um ciclo diário de oito horas com um nível de ruído, contínuo ou intermitente superior a 85dB(A).

É importante considerar os seguintes fatores:

— dificilmente um operador se submete a uma jornada ininterrupta de oito horas de trabalho com uma cabine;

— a estrutura da cabine comporta-se como uma barreira à propagação do ruído produzido internamente;

— em virtude de a dissipação da pressão sonora ser proporcional à distância da fonte de ruído, pode-se considerar que, se o ruído estiver adequado ao operador (pessoa mais próxima da fonte), ele também estará adequado aos demais ocupantes do laboratório.

Em vista disso, o método para avaliação de ruído pode ser definido como segue: posiciona-se o sensor a uma altura entre 1,5m e 1,7m do chão, e a uma distância entre 20cm e 30cm da vidraça, alinhado com o centro da cabine (eqüidistante das suas laterais), conforme mostrado na Fig. 3.3. Este posicionamento visa simular a localização dos ouvidos do operador. O nível de ruído não deve ultrapassar 85dB(A).

Iluminação interior

O trabalho com as cabines requer um nível mais intenso de iluminação, se comparado com o trabalho na bancada do laboratório, pois a distância dos olhos do operador ao material trabalhado é maior, e este último requer maior cuidado e atenção, por ser potencialmente danoso e/ou suscetível de danos.

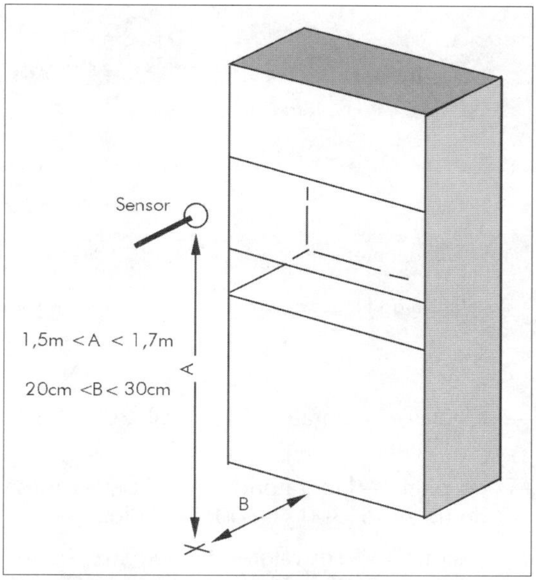

Fig. 3.3 — *Posicionamento do sensor acústico para a medição do nível de ruído da cabine.*

Segundo a norma NBR-5413/1992, Iluminância de Interiores[3], deve-se, primeiramente, fazer a soma algébrica dos pesos referentes às características descritas na Tabela 3.2.

Por motivo de segurança e desconhecimento das circunstâncias de uso de cada cabine, assume-se o maior peso para todas as características, o que resulta uma soma algébrica de +3 (= 1 + 1 + 1). Esta norma também prescreve o uso da maior soma quando: "erros são de difícil correção", "o trabalho visual é crítico" e "alta produtividade ou precisão são de grande importância".

Para cada tipo de atividade, a norma recomenda três valores de iluminância: um menor, um médio e um maior. A seleção de um deles depende da soma obtida da Tabela 3.2. Como neste caso a soma obtida foi a maior, usar-se-á sempre a maior iluminância apresentada. São mostrados, a seguir, os três tipos de ambiente e tarefas que mais se aplicam ao caso estudado, com suas respectivas iluminâncias:

— iluminação adicional para tarefas visuais difíceis (tarefas visuais exatas e prolongadas (...): 2.000 — 3.000 — 5.000lux;

Tabela 3.2 Valores para a ponderação da iluminância adequada[3]			
Características da tarefa e do observador		*Peso*	
	–1	*0*	*+1*
Idade	Inferior a 40 anos	40 a 55 anos	Superior a 55 anos
Velocidade e precisão	Sem importância	Importante	Crítica
Refletância do fundo da tarefa	Superior a 70%	30 a 70%	Inferior a 70%

— escolas — laboratórios — local: 300 — 500 — 750lux;

— hospitais — laboratórios de análises — mesa de trabalho: 300 — 500 — 750lux.

Assim, têm-se os valores de 5.000lux, 750lux e novamente 750lux. Nota-se uma grande diferença do primeiro para o segundo valor, igual ao terceiro. Para evitar as grandes distorções que certamente haveria com a adoção de uma destas iluminâncias individualmente, adota-se a média aritmética das três condições como a mínima iluminância requerida para a área de trabalho da cabine. Assim, resulta que a iluminância deve ser, no mínimo, de 2167lux. Por segurança, arredonda-se este valor para 2.200lux.

A norma NBR-5382/1985, Verificação de Iluminância de Interiores — Procedimento, estabelece, em seu item 2, Aparelhagem: "Deve ser usado um instrumento com fotocélula com correção do co-seno e correção de cor, com temperatura ambiental entre 15°C e 20°C, sempre que possível"[2].

Esta mesma norma também prescreve o número e a localização dos pontos para a leitura dos valores de iluminância. Porém, para fins de simplificação e por suficiente semelhança, considerar-se-á que o sensor pode ser posicionado nos mesmos pontos empregados para a contagem de partículas sobre a mesa da área de trabalho da cabine[2].

Segurança elétrica

Ao contrário do que normalmente se imagina, a proteção contra descargas elétricas não beneficia apenas o operador da cabine — pois, se este recebe um choque elétrico, enquanto trabalha com material de risco (cultura de microrganismos patogênicos, tecidos infectado, etc.), certamente ocorrerão movimentos bruscos que podem causar tombamento de frascos ou mesmo projeção de objetos, recipientes ou do próprio material de risco para fora da área de trabalho da cabine. Dessa forma, tanto o operador como o ambiente e o material trabalhado seriam prejudicados.

As normas publicadas pela ABNT, bem como as normas regulamentadoras do Ministério do Trabalho e Emprego, tratam da segurança de aparelhos elétricos com rigor e critério, porém têm seu conteúdo dirigido ao projeto, fabricação e instalação dos equipamentos. Conseqüentemente, de forma análoga ao parâmetro contenção do fluxo de ar, não foi encontrada referência normativa nacional que discorresse a respeito do assunto.

Contudo, conforme descreve Silva (1996)[12], os aspectos de segurança relativos à eletricidade podem ser agrupados em três critérios:

— inspeção dos circuitos elétricos;

— medição das tensões e correntes de acionamento;

— verificação de fugas de corrente.

Tais critérios são abordados pela prática tradicional de manutenção de equipamentos, ou seja, constituem atividades consolidadas na rotina técnica de manutenção e que podem ser executadas com grande facilidade por pessoal treinado em manutenção, sem requerer o uso de ferramental sofisticado.

Cabe ressaltar que a inspeção dos circuitos elétricos (avaliação dos fios, contatos e demais componentes) requer especial atenção ao circuito de aterramento da cabine, freqüentemente citado nas normas de projeto, fabricação e instalação (por exemplo, NR 12 — MTE, Máquinas e Equipamentos[9]). Este circuito garante que, em caso de contato acidental de um circuito energizado com a carcaça ou algum outro componente da cabine, a eletricidade seja conduzida ao circuito de terra, resguardando o operador de choques elétricos.

A medição das grandezas elétricas da cabine é prática periódica recomendada em vários manuais de operação dos fabricantes, e assegura a detecção de possíveis defeitos em componentes, como o motor do ventilador, a iluminação interior, etc.

A verificação de fugas de corrente é uma tarefa que reforça a inspeção do circuito de aterramento, porque permite perceber se há alguma parte da cabine que esteja acidentalmente energizada — especialmente as partes que entram em contato com o operador, como as paredes frontal e lateral da cabine — evidenciando provável falha no aterramento do aparelho.

Lâmpada germicida

A lâmpada germicida é um acessório presente na absoluta maioria das cabines de segurança biológica, sendo considerada normalmente item indispensável na fabricação destes equipamentos. Tal peça merece destaque nesta discussão por duas razões: é freqüentemente utilizada na esterilização das superfícies da área de trabalho da cabine e dos materiais a serem trabalhados nela (amostras, instrumentos, etc.), e, em contrapartida, não é oficialmente aceita como uma ferramenta adequada à tarefa de esterilização de superfícies.

A constituição destas lâmpadas é relativamente simples: trata-se de lâmpadas fluorescentes comuns (néon), sem a cobertura interna de pó de vidro, instaladas ao lado das lâmpadas de iluminação. Essa cobertura, que deixa a parede interna das lâmpadas fluorescentes com a característica coloração branca, é responsável por transformar a radiação ultravioleta, produzida pela lâmpada, em luz visível. Sem a cobertura, a lâmpada passa a emitir apenas a radiação ultravioleta, que mata os microrganismos que estiverem nas superfícies expostas a tal radiação.

Normalmente, antes da manipulação de materiais que requerem condições de esterilidade, recomenda-se deixá-los sobre a área de trabalho da cabine, recebendo a radiação ultravioleta da lâmpada germicida, pelo menos por 20 minutos[12]. Contudo, esta prática, corriqueira em diversos tipos de laboratório, é desaprovada pela Portaria nº 930/92[7], do Ministério da Saúde, que estabelece, em seu Anexo V, Normas para limpeza, desinfecção, esterilização e antisepsia em estabelecimentos de saúde, item 4.1.3: "Radiação ultravioleta: Seu uso não é permitido com a finalidade de desinfecção e esterilização de superfícies ou artigo."

Embora a mencionada Portaria seja dirigida a estabelecimentos de saúde, pode-se, por precaução, estender a restrição a outros tipos de laboratório, como, por exemplo, industriais ou científicos. Como alternativa à radiação ultravioleta, podem-se adotar os métodos físicos e químicos preconizados por essa mesma Portaria, pela legislação ou por outras referências pertinentes.

É cabível considerar que o uso da radiação ultravioleta como meio de esterilização de superfícies deva ser estudado melhor, uma vez que esta tem comprovados efeitos sobre os microrganismos, e, sob condições adequadas, o seu uso pode representar um útil recurso em circunstâncias sob as quais os demais métodos se mostrem menos eficientes ou aplicáveis.

Adicionalmente, recomenda-se aos usuários questionar as implicações devidas ao fato de os fabricantes das cabines incluírem as lâmpadas germicidas como item regular na fabricação destes aparelhos, a despeito da existência de legislação que veta o uso delas.

CONTRIBUIÇÕES DE OUTRAS NORMAS

A norma NBR ISO 9001:2000, Sistemas de Gestão da Qualidade — Requisitos[5], traz, em seu item 7.6, Controle de Dispositivos de Medição e Monitoramento, importantes recomendações aplicáveis ao controle das cabines (que, neste caso, podem ser consideradas como tais dispositivos), conforme mostrado a seguir:

"Quando for necessário assegurar resultados válidos, o dispositivo de medição deve ser:

a) calibrado ou verificado a intervalos especificados ou antes do uso, contra padrões de medição rastreáveis a padrões de medição nacionais ou internacionais; quando esse padrão não existir, a base usada para calibração ou verificação deve ser registrada,

b) ajustado ou reajustado, quando necessário,

c) identificado para possibilitar que a situação da calibração seja determinada,

d) protegido contra ajustes que possam invalidar o resultado da medição, e

e) protegido de dano e deterioração durante o manuseio, manutenção e armazenamento

(...) Registros dos resultados de calibração e verificação devem ser mantidos".

Cada uma das recomendações citadas linhas atrás é abordada adiante, com a adição de conteúdo de outras normas que também tratam deste assunto.

Com relação ao citado na letra a, cabe, primeiramente, fazer a distinção entre calibração e verificação, sob alguns aspectos práticos. Ambas são realizadas com o uso do mesmo material (padrões de medição, explicados *a posteriori*, neste mesmo texto), mas, enquanto a verificação é feita tomando leituras simples dos valores de referência de cada parâmetro, a calibração requer leituras repetidas (no mínimo, três vezes) de cada valor de referência. Além disso, os resultados da calibração devem ser expressos com o uso de uma metodologia estatística para o cálculo das incertezas de medição, o que não ocorre com a verificação. Conseqüentemente, de imediato pode-se constatar que a operação de verificação é muito mais simples e igualmente válida para a certificação das cabines, sendo, por isso, o procedimento recomendado para tal.

A determinação da periodicidade das verificações dos equipamentos é tratada no Anexo A da norma NBR ISO 10012-1/1993[4], que afirma:

"Um grande número de fatores influencia a freqüência de comprovação. Os mais importantes entre estes são:

a) tipo de equipamento;

b) recomendações do fabricante;

c) dados de tendência conseguidos por registros de aferição anteriores;

d) registro histórico de manutenção e assistência técnica;

e) extensão e severidade de uso;

f) tendência a desgaste e derivação;

g) freqüência de verificação cruzada com outros equipamentos de medição, em especial padrões de medição;

h) freqüência e formalismo das aferições em uso;

i) condições ambientais (temperatura, umidade, vibração, etc.);

j) exatidão pretendida na medição;

k) conseqüências de um valor medido incorretamente ser aceito como correto devido a defeito do equipamento.

De modo geral, não se pode ignorar o custo ao se determinar os intervalos de comprovação, tornando-se este, portanto, um fator limitador. Por todos os fatores relacionados, é óbvio que seria impossível elaborar uma listagem de intervalos de comprovação aplicável universalmente".

Certamente, o certificador não dispõe de todas estas informações a respeito do equipamento, o que fatalmente delega a responsabilidade de estabelecer a periodicidade das verificações ao proprietário ou o usuário da cabine. Nesse mesmo documento, o proprietário/usuário encontra recomendações para a escolha inicial dos intervalos entre as verificações e cinco métodos para a análise crítica dos intervalos de certificação. Assim, é recomendável que os responsáveis pelo controle da cabine tenham conhecimento e acesso à norma citada.

Deve-se ressaltar que a cabine deve ser certificada antes do uso, ou seja, após a sua montagem, no local de operação e antes de sua primeira atividade.

A mesma norma também estabelece, no item 4.9, Equipamento de Medição Não-conforme[4]:

> "Qualquer equipamento de medição
>
> — que tenha sofrido algum dano,
>
> — que tenha sido sobrecarregado ou manuseado impropriamente,
>
> — que apresente algum mau funcionamento,
>
> — cujo funcionamento está sujeito a dúvidas,
>
> — que tenha ultrapassado o intervalo estabelecido para a comprovação, e
>
> — cuja integridade do lacre foi violada,
>
> deve ser retirado de operação, segregado, e identificado ou etiquetado de forma bem visível.
>
> Este equipamento não deve retornar ao uso até que as causas da não-conformidade tenham sido eliminadas, e até ser ele novamente comprovado."

Ou seja, deverá haver nova verificação sempre que a cabine for submetida a alguma das condições listadas anteriormente, mesmo que o período de validade da última certificação ainda não tenha expirado.

A cabine também deve ser novamente certificada, quando for deslocada ou sofrer manutenção de rotina ou reparos[12].

A execução de ajuste ou reajuste, quando necessário, aplica-se exatamente às ocasiões das verificações periódicas, quando for detectado o eventual desvio de algum valor; e das não-conformidades, em que a cabine deve ser ajustada e novamente verificada.

Tendo já abordado a necessidade de calibração ou verificação, e a especificação dos intervalos de comprovação, deve-se tratar um aspecto particularmente importante para a garantia da confiabilidade da cabine: o uso de padrões de medição rastreáveis a padrões de medição nacionais ou internacionais.

A NBR ISO 10012-1/1993[4] traz as seguintes definições:

> "Padrão (de medição): Medida material, instrumento de medição, material de referência ou sistema de medição que definem, concretizam, conservam ou reproduzem uma unidade, ou um ou mais valores de uma grandeza, para transferi-los a outros instrumentos de medição, por comparação,
>
> Exemplos:
>
> a) massa-padrão de 1kg;
>
> b) bloco-padrão;
>
> c) resistência-padrão de 100W;
>
> d) padrão de referência de césio atômico;
>
> e) solução de cortisol, em soro humano, como padrão de concentração.
>
> Padrão (de medição) internacional: Padrão reconhecido por um acordo internacional para servir, internacionalmente, como a base para a fixação do valor de todos os outros padrões da referida grandeza.
>
> Padrão (de medição) nacional: Padrão reconhecido por uma decisão nacional oficial para servir, em um país, como a base para a fixação do valor de todos os outros padrões da referida grandeza".

Pode-se ter melhor idéia do que significam estas definições através de um exemplo simplificado, como o mostrado na Fig. 3.4.

Esta mesma norma também traz a definição de rastreabilidade:

> "Propriedade do resultado de uma medição pela qual esta pode ser relacionada com os padrões de medição apropriados, geralmente internacionais ou nacionais, através de uma cadeia ininterrupta de comparações.
>
> *Nota:* A cadeia ininterrupta de comparações é chamada de 'cadeia de rastreabilidade' ".

Fig. 3.4 — *Exemplos de padrão de medição, padrão nacional e padrão internacional.*

Em seu item 4.15, Rastreabilidade, a norma afirma:

> "Todo equipamento de medição deve ser aferido utilizando-se padrões de medição que sejam rastreáveis a padrões de medição internacionais ou nacionais compatíveis com as recomendações da Conferência Geral para Pesos e Medidas (CGPM). (...)
>
> Todos os padrões de medição empregados no sistema de comprovação devem estar cobertos por certificados, relatórios ou folhas de dados para o equipamento, que atestem a fonte, data, incerteza e as condições sob as quais os resultados foram obtidos. Cada documento deve estar assinado por signatário aprovado que ateste a exatidão dos resultados.
>
> O fornecedor deve manter evidências documentadas de que cada aferição da cadeia de rastreabilidade foi executada. (...)
>
> O fornecedor pode prover a evidência documentada de rastreabilidade pela obtenção de suas aferições por uma fonte formalmente credenciada".

O último parágrafo da citação estabelece uma alternativa à cadeia de rastreabilidade: ela pode ser tanto a ligação entre o padrão de medição e o padrão nacional ou internacional quanto à ligação entre o padrão de medição e uma instituição credenciada a um instituto nacional de metrologia. No Brasil, o INMETRO mantém credenciada uma série de laboratórios de calibração que constitui a rede brasileira de calibração (RBC — INMETRO).

A questão da rastreabilidade pode, assim, ser sintetizada em dois casos típicos, como mostrados a seguir (serão usados os mesmos exemplos da Fig. 3.4):

— rastreabilidade — caso 1: uma balança foi calibrada usando como padrão de medição massa-padrão de 1kg da empresa certificadora A, calibrada em uma balança da empresa certificadora B, calibrada com a massa-padrão de 1kg classe E1 do INMETRO. Este caso de rastreabilidade também estaria completo se, em vez da massa-padrão do INMETRO (padrão nacional), tivesse sido usado o quilograma-padrão do BIPM, França (padrão internacional). O número de intermediadores (neste caso, as empresas certificadoras) não afeta a cadeia de rastreabilidade, desde que ela leve a um padrão nacional ou internacional.

— rastreabilidade — caso 2: uma balança foi calibrada usando como padrão de medição massa-padrão de 1kg da empresa certificadora A, calibrada em uma balança da empresa certificadora B, calibrada com a massa-padrão de 1kg do laboratório C, que pertence à RBC. Neste caso, a cadeia estaria igualmente completa, se o laboratório C fosse um órgão credenciado ao instituto nacional de metrologia de outro país, também não importando o número de intermediadores.

A Fig. 3.5 ilustra as duas hipóteses mostradas linhas atrás:

Como se pode perceber, a confiabilidade da cabine depende da cadeia de rastreabilidade de todos os padrões de medição utilizados na sua certificação. Se algum dos padrões não tiver a cadeia completa, não se pode afirmar que o parâmetro verificado por esse instrumento é confiável e, conseqüentemente, não se pode assumir que a cabine esteja adequada ao uso, exceto nas condições complementares apresentadas pela NBR ISO 10012-1/1993[4]:

"Nos casos em que não existam padrões de medição nacionais ou internacionais (...), a rastreabilidade deve ser estabelecida em relação a outros padrões de medição (por exemplo, materiais de referência apropriados, padrões de medição de consenso, ou padrões de medição industriais) que sejam aceitos internacionalmente no campo respectivo".

Esta situação também é abordada pela norma NBR ISO/IEC 17025:2001, Requisitos Gerais para Competência de Laboratórios de Ensaio e Calibração[6], como se segue:

"Existem certas calibrações que atualmente não podem ser estritamente realizadas nas unidades SI. Nestes casos, a calibração deve fornecer confiança nas medições pelo esta-

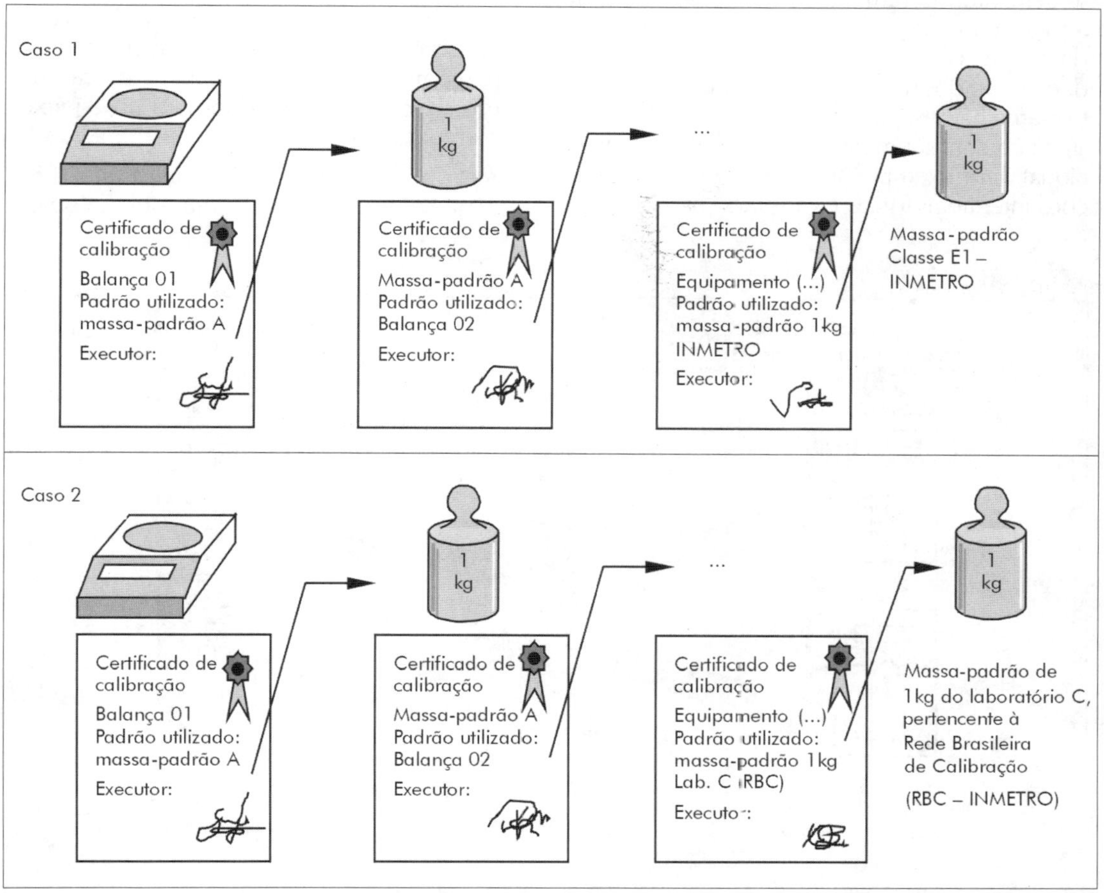

Fig. 3.5 — *Dois casos típicos de cadeia de rastreabilidade.*

belecimento da rastreabilidade a padrões apropriados, tais como:

— o uso de materiais de referência certificados, provenientes de um fornecedor competente, de forma a dar uma caracterização confiável, física ou química, de um material;

— o uso de métodos especificados e/ou padrões consensados que estejam claramente descritos e acordados com todas as partes envolvidas.

A participação em um programa de comparações interlaboratoriais apropriado é requerida sempre que possível".

Ambas as citações são fundamentalmente semelhantes, porém a última apresenta uma alternativa a mais: as comparações interlaboratoriais, que consistem em ciclos periódicos e documentados de comparação entre instrumentos semelhantes, para que sejam avaliados entre si, e não contra um padrão nacional ou internacional. Um exemplo simplificado de comparações interlaboratoriais é mostrado na Fig. 3.6.

As alternativas mostradas linhas atrás, não raramente constituem a única solução para uma série de equipamentos de cujas grandezas de medição os institutos nacionais de metrologia não dispõem de um padrão primário e, conseqüentemente, não têm possibilidade de completar a cadeia de rastreabilidade.

Após a verificação da cabine ter sido executada, utilizando padrões com rastreabilidade assegurada segundo algum dos métodos descritos linhas atrás, deve ser identificada de modo a determinar a situação da sua certificação. Novamente, encontra-se a orientação para esta tarefa na norma NBR ISO 10012-1/1993[4], item 4.10, Etiqueta de Comprovação:

"O fornecedor deve assegurar que todo equipamento de medição seja, de maneira segura e durável, etiquetado, codificado ou identificado de outra forma quanto ao seu estado de comprovação. Qualquer limitação na comprovação, ou qualquer restrição de uso deve também ser indicada no equipamento. (...)

A etiquetagem pode ser feita utilizando uma etiqueta auto-adesiva segura, uma etiqueta

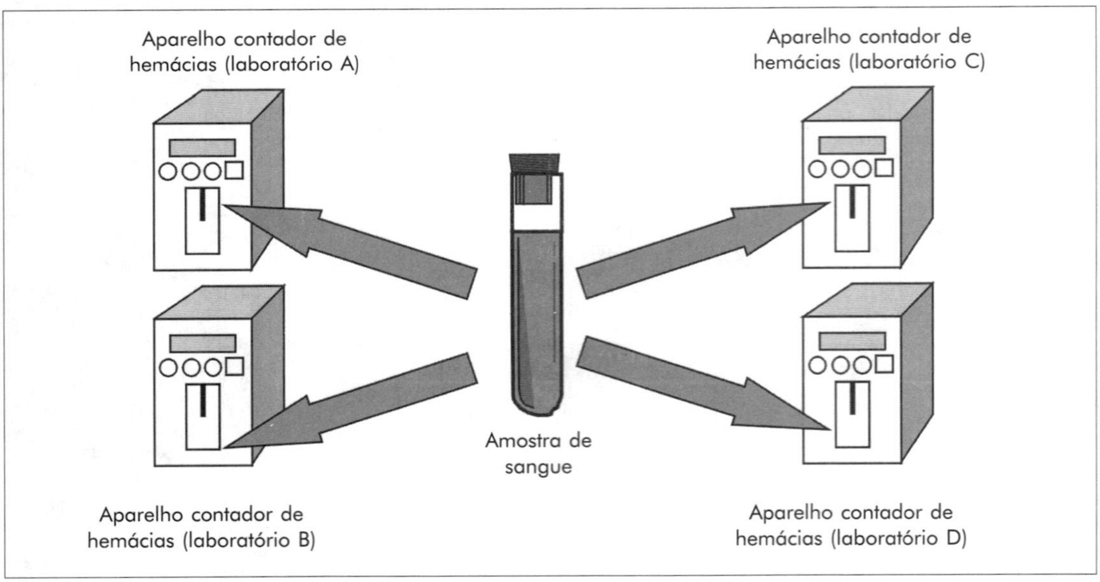

Fig. 3.6 — *Esquema simplificado de uma comparação interlaboratorial. A mesma amostra é submetida a vários equipamentos semelhantes, pertencentes a diversos laboratórios.*

amarrada ao equipamento ou uma marcação durável no equipamento de medição.

Qualquer etiqueta de comprovação deve indicar claramente, a próxima data da comprovação de acordo com o sistema do fornecedor, (...) e a data da última comprovação".

Portanto, é suficiente para isso uma etiqueta em que constem as datas da última e das próximas verificações, bem como eventuais observações de alerta. A cabine deve ser protegida contra ajustes que possam invalidar o resultado da medição assim como contra danos e deterioração durante o manuseio, manutenção e armazenamento. A proteção contra os danos e a deterioração excede os propósitos da certificação e o controle do certificador, sendo cabível aos usuários o zelo com o equipamento e o uso das boas práticas. Quanto aos ajustes indevidos, a NBR ISO 10012-1/1993[4] prescreve, no item 4.12, Lacre de Integridade:

"O acesso a dispositivos no equipamento de medição, cujo ajuste afete seu desempenho, deve ser lacrado ou protegido de outra maneira, no estágio apropriado da comprovação, a fim de evitar adulterações por pessoal não autorizado. Os lacres devem ser projetados de tal modo que qualquer adulteração seja claramente notada. (...)

As decisões sobre (...) que materiais devem ser utilizados para o lacre, tais como etiquetas, solda, arame, tinta, etc., são, normalmente, deixadas a cargo do fornecedor".

As cabines geralmente não apresentam qualquer tipo de dispositivo externo que permita ajuste, mas o uso dos lacres é necessário para evitar o acesso às partes internas do aparelho, como os ventiladores, motores, dutos de ar e filtros. Como vários componentes da cabine podem ser considerados potencialmente contaminados, o acesso impróprio a eles deve ser evitado.

A observação da condição de potencial contaminação de partes da cabine (especialmente os filtros, que retêm agentes contaminantes e infecciosos) vale, para além da certificação, às atividades de manutenção. É prudente realizar a descontaminação da cabine, antes de executar quaisquer manutenções ou verificações, seguindo algum dos métodos propostos por Silva (1996)[12]. Os filtros usados devem ser examinados, manipulados e dispostos adequadamente como material contaminado.

Os registros dos resultados das verificações (relatórios de verificação) devem ser armazenados, para que constituam uma base de dados sobre o histórico de funcionamento da cabine. O acesso a estes relatórios é um importante subsídio à atividade de controle e gerenciamento do aparelho, permitindo avaliar o comportamento da cabine ao longo do tempo e, até mesmo, antecipar situações por inferência.

A norma NBR ISO/IEC 17025:2001[6] prescreve as informações que os relatórios de verificação devem conter:

"Cada relatório de ensaio ou certificado de calibração deve incluir, a menos que o laboratório tenha razões válidas para não fazêlo, pelo menos, as seguintes informações:

a) um título (por exemplo: 'Relatório de ensaio' ou 'Certificado de calibração');

b) (...);

c) identificação unívoca do relatório de ensaio ou certificado de calibração (tal como número de série), e em cada página uma identificação que assegure que a página seja reconhecida como uma parte do relatório de ensaio ou do certificado de calibração, e uma clara identificação do final do relatório de ensaio ou certificado de calibração;

d) o nome e o endereço do cliente;

e) identificação do método utilizado;

f) uma descrição, a condição e identificação não ambígua, do(s) item(ns) ensaiado(s) ou calibrado(s);

g) (...) a(s) data(s) da realização do ensaio ou calibração;

h) referência ao plano e procedimentos de amostragem utilizados pelo laboratório ou por outros organismos, quando estes forem pertinentes para a validade ou aplicação dos resultados;

i) os resultados do ensaio ou calibração com as unidades de medida, onde apropriado;

j) o(s) nome(s), função(ões) e assinatura(s) ou identificação equivalente da(s) pessoa(s) autorizada(s) para emissão do relatório de ensaio ou do certificado de calibração;

k) onde pertinente, uma declaração de que os resultados se referem somente aos itens ensaiados ou calibrados.

Nota 1 — Convém que os relatórios de ensaio e certificados de calibração impressos incluam também o número da página e o número total de páginas.

Nota 2 — É recomendado que os laboratórios incluam uma declaração especificando que o relatório de ensaio ou o certificado de calibração só deve ser reproduzido por completo. Reprodução de partes requer aprovação escrita do laboratório".

A mesma norma apresenta informações necessárias, especificamente, aos certificados de calibração, que aqui se aplicam aos relatórios de verificação:

"...os certificados de calibração, onde necessário para a interpretação dos resultados da calibração, devem incluir o seguinte:

a) as condições (por exemplo: ambientais) sob as quais as calibrações foram feitas, que tenham influência sobre os resultados da medição;

b) (...) uma declaração de conformidade a uma especificação metrológica identificada ou seção desta;

c) evidência de que as medições são rastreáveis (...).

O certificado de calibração deve se referir somente a grandezas e a resultados funcionais. Se for feita uma declaração de conformidade a uma especificação, ela deve identificar quais as seções da especificação que são ou não atendidas. (...)

Quando um instrumento para calibração for ajustado ou reparado, devem ser relatados os resultados das calibrações realizadas antes e depois do ajuste ou reparo, se disponíveis".

Outras informações referentes aos relatórios de ensaio são igualmente aplicáveis aos relatórios de verificação:

"Quando são incluídas opiniões e interpretações, o laboratório deve documentar as bases nas quais as opiniões e interpretações foram feitas. As opiniões e interpretações devem ser claramente destacadas como tais, no relatório de ensaio.

Nota 1 — (...)

Nota 2 — As opiniões e interpretações incluídas em um relatório de ensaio podem incluir, mas não estar limitadas ao seguinte:

— uma opinião sobre a declaração de conformidade/não-conformidade dos resultados aos requisitos; (...)

— recomendações sobre como utilizar os resultados;

— orientações a serem usadas para melhorias".

Cabe salientar que, apesar do aparente rigor, as recomendações apresentadas fazem parte da sistemática que os laboratórios de calibração adotam, para que possam fazer parte da RBC. Ou seja, são diretrizes de excelência que não podem ser negligenciadas por quem trate da certificação da confiabilidade dos aparelhos de segurança, como as cabines.

A NBR ISO 10012-1/1993[4] recomenda adicionalmente — não para o propósito da certificação, mas como uma contribuição ao usuário/proprietário para o seu sistema de controle das cabines — que sejam feitas auditorias periódicas aos certificadores, segundo o item 4.4, Auditoria Periódica e Análise Crítica do Sistema de Comprovação:

"O fornecedor deve executar, ou mandar executar, auditorias periódicas e sistemáticas da qualidade do sistema de comprovação para garantir sua contínua e efetiva implementação e conformidade com os requisitos desta NBR ISO 10012-1.

Baseado nos resultados da auditoria da qualidade e outros fatores pertinentes, tais como realimentação por parte dos compradores, o fornecedor deve analisar criticamente o sistema e modificá-lo, quando necessário.

Os planos e procedimentos para a auditoria da qualidade e análise crítica devem ser documentados. A condução da auditoria da qualidade e da análise crítica bem como as ações corretivas subseqüentes devem ser registradas".

Por fim, equipamentos de tamanha importância requerem profissionais de manutenção e certificação que disponham do conhecimento e habilidade apropriados. A norma NBR ISO 10012-1/1993[4] prescreve:

"O fornecedor deve assegurar que todas as comprovações são realizadas por uma equipe com as qualificações, treinamento, experiência, aptidão e supervisão adequados".

A norma NBR ISO/IEC 17025:2001[6] também faz referência ao tema:

"A gerência do laboratório deve assegurar a competência de todos que operam equipamentos específicos, realizam ensaios e/ou calibrações, avaliam resultados e assinam relatórios de ensaio e certificados de calibração. Quando for utilizado pessoal em treinamento, deve ser feita uma supervisão adequada. O pessoal que realiza tarefas específicas deve ser qualificado com base na formação, treinamento, experiência apropriados e/ou habilidades demonstradas, conforme requerido.

Nota 1 — (...).

Nota 2 — Convém que o pessoal responsável pelas opiniões e interpretações incluídas em relatórios de ensaio, além das qualificações, treinamento, experiência apropriadas e conhecimento satisfatório do ensaio realizado, também tenha:

— conhecimento pertinente da tecnologia usada para a fabricação dos itens, materiais, produtos, etc. ensaiados, ou o modo como estes são usados ou a forma como se pretende usá-los, e os defeitos ou degradações que possam ocorrer durante ou em serviço;

— conhecimento dos requisitos gerais expressos na legislação e nas normas; e

— um entendimento da importância dos desvios encontrados, referentes ao uso normal dos itens, materiais, produtos etc. em questão."

Considerações finais

Os critérios e valores definidos nesta obra foram obtidos, como já dito, de referências normativas que eram apenas correlatas ou aplicáveis às condições encontradas na construção, funcionamento e operação das cabines. Portanto, o conteúdo apresentado não tem a pretensão de constituir um referencial definitivo para a certificação destes aparelhos. Pelo contrário, foi feita uma abordagem primária do assunto, que requer estudo aprofundado e dirigido especificamente ao tema. Assim, poderão ser obtidos referenciais verdadeiramente adequados ao tema e, por conseqüência, uma referência normativa nacional, e de acesso simplificado.

Caso as recomendações aqui propostas sejam adotadas, modificações poderão ser consensadas entre os certificadores e os usuários das cabines, desde que baseadas em referências normativas, legais, ou na comprovada experiência.

Merece ênfase e ratificação o comentário feito sobre o acesso a normas: as instituições normalizadoras devem pleitear a adoção e o respeito às normas técnicas pelo benefício que a padronização oferece à sociedade, e não pelo benefício comercial que a venda de normas lhes proporciona. Os valores dos títulos pesquisados — sem pretender, de forma alguma, depreciar seu conteúdo — excedem o custo de qualquer publicação didática; e não há por que entender ser o valor da literatura normativa superior ao da literatura didática, visto que ambas levam ao aprimoramento das técnicas e à excelência do profissional.

Referências bibliográficas

1. ASSOCIAÇÃO BRASILEIRA DE NORMAS TÉCNICAS. NBR-13700: Áreas limpas — Classificação e controle de contaminação. Rio de Janeiro, 1996.
2. ASSOCIAÇÃO BRASILEIRA DE NORMAS TÉCNICAS. NBR-5382: Verificação de iluminância de interiores — Procedimento. Rio de Janeiro, 1985.
3. ASSOCIAÇÃO BRASILEIRA DE NORMAS TÉCNICAS. NBR-5413: Iluminância de interiores. Rio de Janeiro, 1992.
4. ASSOCIAÇÃO BRASILEIRA DE NORMAS TÉCNICAS. NBR ISSO 10012-1: Requisitos de garantia da qualidade para equipamento de medição. Parte 1: Sistema de comprovação metrológica para equipamento de medição. Rio de Janeiro, 1993.
5. ASSOCIAÇÃO BRASILEIRA DE NORMAS TÉCNICAS. NBR ISO 9001: Sistemas de gestão da qualidade — Requisitos. Rio de Janeiro, 2000.
6. ASSOCIAÇÃO BRASILEIRA DE NORMAS TÉCNICAS. NBR ISO/IEC 17025: Requisitos gerais para competência de laboratórios de ensaio e calibração. Rio de Janeiro, 2001.
7. Brasil. Leis, etc. Portaria nº 930, de 27 de agosto de 1992. Dispõe sobre normas para controle das infecções hospitalares. Diário Oficial da União, Brasília, Seção 1, pp.12279-81, 4 de setembro de 1992.
8. Brasil. Ministério da Saúde. Fundação Nacional de Saúde. Níveis de biossegurança laboratorial. In: Biossegurança em laboratórios biomédicos e de microbiologia. Santos AR, Millington MA, Althoff, MC, organizadores. Brasília, MS-FUNASA: 2001.
9. Norma Regulamentadora nº 12 (NR 12). Máquinas e equipamentos. Ministério do Trabalho e Emprego. Disponível em <URL: http://www.mte.gov.br/Temas/SegSau/Legislacao/Normas/conteudo/nr12/default.asp/>. [2002 Dez 20]
10. Norma Regulamentadora nº 15 (NR 15). Atividades e operações insalubres. Ministério do Trabalho e Emprego. Disponível em <URL: http://www.mte.gov.br/Temas/SegSau/Legislacao/Normas/Download/NR_15.pdf/>. [2002 Dez 20]
11. Norma Regulamentadora nº 17 (NR 17). Ergonomia. Ministério do Trabalho e Emprego. Disponível em <URL: http://www.mte.gov.br/Temas/SegSau/Legislacao/Normas/conteudo/nr17/default.asp/>. [2002 Dez 20]
12. Silva, F. H. A. L. Equipamentos de contenção. Teixeira P, Valle S, organizadores. In: Biossegurança. Uma abordagem multidisciplinar. Rio de Janeiro, Editora Fiocruz: 163-89, 1996.

Capítulo 4

Níveis de Contenção Física e Classificação dos Microrganismos por Classes de Risco

Francelina Helena Alvarenga Lima e Silva
Gisela Rover

Introdução: o risco

O risco é a manifestação física do perigo provável. Sua interferência na vida do homem pode ter como origem qualquer fonte, e este pode ser inteiramente alheio ao seu conhecimento e vontade. O risco, segundo sua natureza, pode ser físico, químico, biológico, ergonômico e de acidentes, os quais podem envolver as várias nuances dos aspectos de ordem sociocultural, política, psicológica e ética. Em cada passo dado pelo ser humano, este se depara com situações de risco inimagináveis.

O desenvolvimento de estratégias de procedimento adequadas, a observação constante, a informação e a vontade de levar a efeito as normas de biossegurança permitem a minimização do risco, visto que a ausência de situações de risco é algo utópico, sendo portanto, o risco zero inexistente.

A noção do conceito de risco sofreu transformações significativas no decorrer do século XX, e com certeza ainda passará por profundas mudanças neste novo milênio. No final do século XIX, com o advento das descobertas nos campos da química e da microbiologia, alavancadas por Pasteur e Roux na França, por Koch e Behring na Alemanha, bem como por Oswaldo Cruz e Adolfo Lutz no Brasil, os relevantes avanços científicos nestas áreas levaram os cientistas a viver uma nova fase da Ciência, na qual os acidentes laboratoriais passaram a ter papel relevante. Em 1949, Sulkin e Pike, publicaram suas pesquisas sobre infecções ocorridas e associadas às atividades laboratoriais. Eles constataram 222 infecções virais, 21 das quais levaram trabalhadores de saúde ao óbito. Em 1951, fizeram uma segunda publicação, baseada em um questionário enviado a 5.000 laboratórios, obtendo 1.342 casos citados na literatura[13]. Em 1976, promoveram uma atualização dos dados, mostrando um total de 3.921 casos, sendo brucelose, tifo, taluremia, tuberculose, hepatite e encefalite eqüina venezuelana as infecções laboratoriais mais comumente relatadas[13]. Na revisão efetuada em 1979, Pike concluiu que as instituições de pesquisa e os trabalhadores já dispunham de conhecimento técnico-científico e de equipamentos de proteção individual e coletiva que permitissem o desenvolvimento das atividades laboratoriais com maior segurança. Neste período, nos Estados Unidos, não havia publicação com os códigos e padrões de boas práticas laboratoriais que fornecesse detalhes das técnicas, recomendações sobre o uso de equipamentos laboratoriais e equipamentos voltados para a proteção do trabalhador de saúde em suas atividades laboratoriais que envolvessem microrganismos patogênicos de diversas origens.

A publicação, em 1974, de um folheto desenvolvido pelos *Centers for Disease Control and Prevention* (CDC) de Atlanta, nos Estados Unidos, foi denominada *Classificação dos agentes etiológicos com base no grau de risco*[7], tendo sido utilizada como referência para as atividades laboratoriais com microrganismos. No referido folheto, o conceito de classificação dos microrganismos e das atividades laboratoriais que os envolvem foi dividido em quatro classes e níveis. Este material serviu de base para uma outra publicação dos CDC denominada *Biossegurança em laboratórios biomédicos e microbiológicos*, que descrevia as práticas microbiológicas, instalações e desenho laboratorial, bem como os equipamentos necessários que garantiam a segurança do trabalho nos quatro níveis de biossegurança laboratorial nos quais eram manipuladas as quatro classes de microrganismos[13].

Com base nos levantamentos realizados por Pike, este relatou que, antes dos anos 90 do século XX, o risco mais comum de adquirir uma infecção laboratorial estava relacionado com os microrganismos causadores da febre Q e brucelose. Depois dessa época, maior ênfase tem sido dada à tuberculose, hepatite B e AIDS[10]. No trabalho realizado por Bulhões (1996) sobre os riscos encontrados no ambiente hospitalar, destaca-se o risco biológico, ao qual as enfermeiras e auxiliares estão constantemente expostas. O manuseio dos pacientes, suas secreções, dejetos, roupas, etc. podem levar estas enfermeiras a doenças infecciosas, parasitoses bem como reações tóxicas e alérgicas. Segundo suas pesquisas, as infecções mais facilmente encontradas são: "(...) a hepatite B, *Cytomegalovirus (CMV)* e a AIDS. Mas existem outras como rubéola, meningite, difteria, *Herpes simplex, Varicella zoster,* febre tifóide, gastroenterite infecciosa, parotidite, querato-conjuntivite epidêmica e infecções respiratórias por vírus. Além de doenças originadas pelo *Staphylococcus aureus, Escherichia coli, Salmonellae, Pseudomonas, Proteus*, causadoras das infecções hospitalares"[4].

A manipulação dos microrganismos deve ter como base as informações, precauções e práticas padrões, devendo ser realizada em instalações que garantam aos trabalhadores de saúde, nas áreas de pesquisa, produção, análises clínicas e atendimento aos agravos à saúde, a minimização dos riscos associados com estas atividades. O risco biológico inclui também, para o trabalhador de saúde, o risco de alergia e o tóxico igualmente representados nas atividades laboratoriais. As características dos microrganismos, como sua virulência, modo de penetração no organismo e interação com as defesas do hospedeiro, é que podem determinar o aparecimento de uma patologia. Os modos de prevenção e a estrita obediência às recomendações de biossegurança podem, hoje em dia, diminuir consideravelmente o risco biológico nas atividades laboratoriais.

Classificação dos microrganismos com base no risco apresentado

No Brasil, a Portaria do Ministério do Trabalho nº 3.214, de 8 de junho de 1978, classifica os riscos gerais e outros específicos a cada área de atividade ligada ao trabalho nas instituições de saúde, definindo risco biológico: "Consideram-se agentes de risco biológico as bactérias, fungos, parasitos, vírus, entre outros"[14].

Com o avanço da ciência e as novas descobertas científicas, verificamos que a referida Portaria se encontra defasada, visto que as clamídias, riquétsias, micoplasmas e *príons* não estão contemplados. Para melhor entendê-la, devemos definir agentes de risco biológico[6] como os microrganismos, as culturas celulares, os endoparasitas humanos e animais suscetíveis de provocar uma infecção humana ou animal, uma alergia ou intoxicação, devendo-se incluir, nesta definição, os microrganismos geneticamente modificados. Também podemos definir como microrganismo[6] uma entidade microbiológica, celular ou não, capaz de se reproduzir ou de transferir seu material genético.

O Brasil dispõe da Lei nº 8.974, de 5 de janeiro de 1995, a qual estabelece normas para o uso das técnicas de engenharia genética e liberação no ambiente de organismos geneticamente modificados (OGMs). Nesta Lei, encontramos a Instrução Normativa nº 7 (IN7), publicada no *Diário Oficial da União* nº 133, de 9 de junho de 1997, que trata das *Normas para Trabalho em Contenção com Organismos Geneticamente Modificados (OGMs).* Na IN7, seu escopo define que "estas normas se aplicam ao trabalho em contenção com microrganismos (incluindo bactérias, fungos, vírus, clamídias, riquétsias, micoplasmas), linhagens celulares, parasitos e organismos afins, geneticamente modificados"[5]. Para a produção de um OGM, que pode ser classificado em grupo I e grupo II, é necessário considerar a classe de risco e as características do organismo receptor ou parental (hospedeiro), que é o microrganismo original, não transformado pelo processo de engenharia genética. A classe de risco do organismo que irá originar o OGM está na IN7, classificada no Apêndice 2, que trata da *Classificação de Agentes Etiológicos Humanos e Animais com Base no Risco*[5].

Os microrganismos desta classificação foram distribuídos em quatro classes, de um a quatro, por ordem crescente de risco, segundo os seguintes critérios:

— patogenicidade do microrganismo, incluindo a incidência e a gravidade da doença. Quanto mais grave a potencialidade da doença adquirida, maior o risco;

— via de transmissão (vias parenteral, aérea, ingestão) dos microrganismos, a qual pode não ser definitivamente estabelecida. A transmissão via aerossol é a forma mais comum de infecção laboratorial;

— estabilidade do microrganismo, que envolve não somente a infectividade dos aerossóis mas também a capacidade de sobreviver por mais tempo no ambiente em condições desfavoráveis;

— dose infecciosa, a qual pode variar de uma a milhares de unidades;

— concentração do número de microrganismos infecciosos por unidade de volume, sendo importante na determinação do risco (exemplo: aerossol formado por manipulação de tecido, sangue, escarro, meio de cultura líquido);

— a disponibilidade de medidas profiláticas eficazes estabelecidas ou a intervenção terapêutica são outros fatores importantes a serem considerados. A imunização é a forma mais usada de profilaxia e faz parte do gerenciamento de risco;

— disponibilidade de tratamento eficaz através da intervenção terapêutica com antibiótico ou antiviral, particularmente importante nas condições de campo;

— endemicidade;

— conseqüências epidemiológicas;

— vigilância médica, a qual faz parte do gerenciamento de risco e assegura que as normas de segurança surtam os resultados esperados. Nela está incluído o exame admissional, periódico, demissional, além do monitoramento das condições de saúde do trabalhador de saúde e a participação em um gerenciamento pós-exposição.

Classe de risco 1

Constituído por microrganismos não suscetíveis de causar enfermidades no homem e animais. São considerados de baixo risco individual e para a comunidade. Como exemplo, representam os agentes não incluídos nas classes 2, 3 e 4 do Apêndice 2 da IN7. A não inclusão de um microrganismo nestas três classes superiores não quer dizer que o microrganismo esteja automaticamente na classe de risco 1, devendo, desta forma, ser efetuada uma avaliação de risco segundo os critérios estabelecidos e com base em extensa investigação científica.

Classe de risco 2

Integrado por microrganismos capazes de provocar enfermidades no homem e em animais.

Podem constituir risco para os trabalhadores de saúde, caso sua manipulação não seja realizada de acordo com as boas práticas laboratoriais nem seguidas as precauções universais de biossegurança. Sua propagação na comunidade, entre os seres vivos e o meio ambiente, é considerada de menor risco. Geralmente, para os microrganismos desta classe de risco existe profilaxia e/ou tratamento. Considera-se que o risco individual é moderado e o risco para a comunidade limitado. Exemplos: *Staphylococcus aureus, Leishmania braziliensis, Paracoccidoides braziliensis,* hepatites A, B, C, D e E.

Classe de risco 3

Composto por microrganismos capazes de provocar enfermidades graves no homem e em animais. Constituem sério risco para os trabalhadores de saúde. Geralmente para os microrganismos desta classe de risco existem tratamento e profilaxia. O risco individual é elevado, sendo limitado para a comunidade. Exemplos: *Mycobacterium tuberculosis, Hystoplasma capsulatum, Hantavirus.*

Classe de risco 4

Constituída por microrganismos que produzem enfermidades graves no homem e em animais, representando grande risco para os trabalhadores de saúde, sendo alto o risco de transmissibilidade na comunidade. Não existem profilaxia nem tratamento eficazes. Apresentam elevado risco individual e para a comunidade. Exemplos: vírus de Marburg, vírus Sabiá, vírus Ebola, *Mycoplasma agalactiae*.

Níveis de biossegurança (NB)

Existem quatro níveis de contenção laboratorial ou níveis de biossegurança denominados NB-1, NB-2, NB-3 e NB-4. Tais níveis estão em ordem crescente de risco e correspondem as classes de risco biológico dos microrganismos, permitindo ao trabalhador de saúde exercer suas atividades em segurança. A manipulação de outros produtos biológicos deve seguir regulamentação específica que determine o nível de biossegurança adequado. A contenção primária envolve a proteção pessoal e a proteção imediata do meio ambiente laboratorial através das boas práticas laboratoriais, bem como do uso de equipamentos de proteção individual e coletiva que tenham sido apropriadamente desenhados, usados, mantidos e que façam parte de um programa de manutenção. A contenção secundária envolve a proteção do meio ambiente externo ao laboratório dos microrganismos manipulados. A contenção secundária é promovida, ainda, pela combinação das técnicas e práticas laboratoriais, equipamento, equipamentos de segurança individual e coletiva, assim como instalações laboratoriais.

Requerimentos mínimos para o projeto arquitetônico

"As medidas gerais de segurança, aplicáveis a qualquer edificação em que se desenvolvem atividades humanas na área da saúde, devem andar lado a lado com as de biossegurança[11]." O elenco de normas que contribuem para um projeto arquitetônico deve ser analisado levando em conta os seguintes critérios[11]:

- escolha e localização geográfica do terreno;
- determinação das despesas operacionais;
- dimensão da área física de trabalho x atividade exercida (laboratório, administração, recepção de amostras, almoxarifado, biotério, apoio, atendimento, etc.);
- demanda e qualidade do trabalho;
- número de trabalhadores por m^2;
- quantidade de equipamentos necessários por espaço físico útil;
- otimização do posicionamento dos equipamentos em função do fluxo de trabalho;
- compatibilidade das atividades desenvolvidas em áreas próximas;
- facilidade de acesso;
- poluição ambiental;

— níveis de ruídos e vibrações;
— segurança das instalações;
— dimensionamento da rede elétrica;
— garantia de fornecimento de água;
— dimensionamento e tratamento da rede de esgoto;
— localização do abrigo para contêineres de resíduos.

Laboratório nível de biossegurança 1 ou laboratório básico

Compreende o NB-1 e tem em vista o desenvolvimento de atividades com agentes de risco biológico classe 1. Este laboratório não requer característica especial no desenho arquitetônico, a não ser um bom planejamento e funcionabilidade. O trabalho pode ser desenvolvido em bancada aberta, e a contenção está baseada nas boas práticas laboratoriais (BPL) e no uso adequado dos equipamentos de proteção individual (EPI). Cabines de segurança biológica (CSB) não são requeridas, mas podem ser utilizadas para procedimentos que exijam manipulação de um produto em ambiente estéril. O NB-1 é apropriado para o treinamento educacional secundário e universitário, treinamento de técnicos e de professores de técnicas laboratoriais em laboratórios onde linhagens definidas e caracterizadas de microrganismos viáveis e conhecidos por não causarem enfermidade no homem e animais são manipuladas, constituindo postos de saúde de primeira linha. O laboratório NB-1 geralmente não é separado das demais dependências do edifício (Fig. 4.1). É importante observar que jovens, idosos ou pessoas imunossuprimidas podem apresentar processos patológicos oportunistas causados por microrganismos de risco biológico classe 1[11,13].

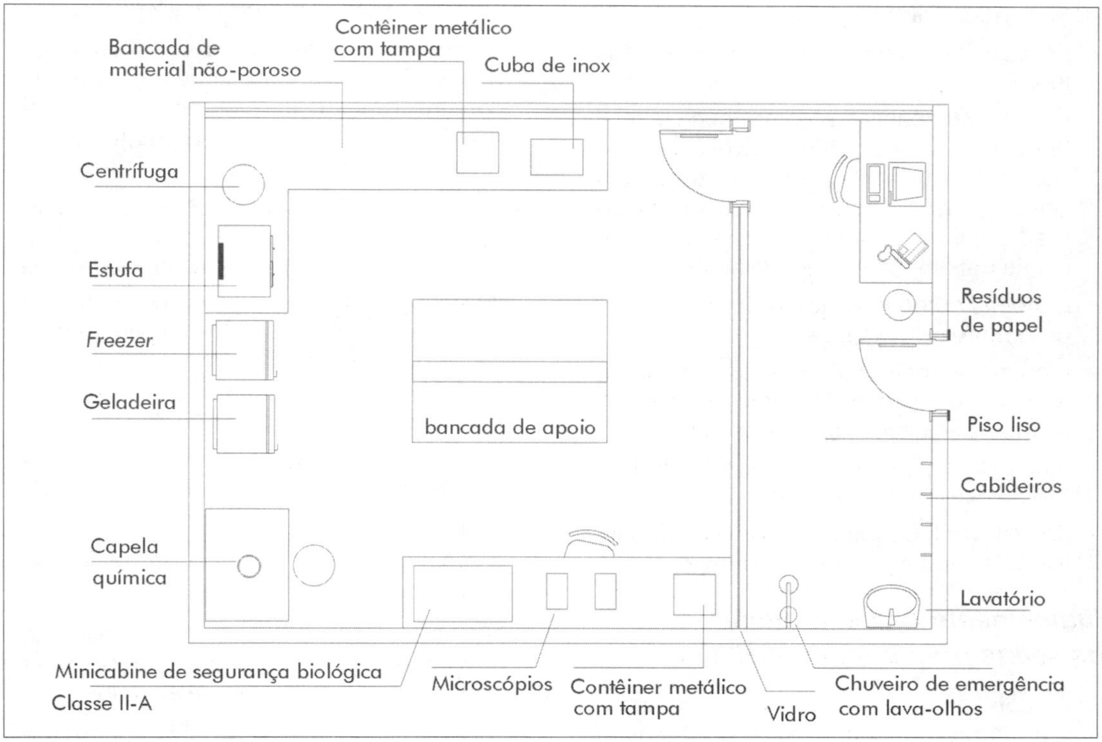

Fig. 4.1 — *Laboratório nível de biossegurança 1 ou laboratório básico. Planta baixa ilustrativa.*

Detalhes da planta NB-1 (barreiras secundárias)

Deve obedecer aos seguintes critérios:

— as salas devem ser separadas das áreas públicas de passagem por porta, que deve permanecer fechada;

— não há restrição a localização do laboratório próximo a corredores onde exista passagem constante de trabalhadores;

— a cobertura de tetos, paredes, piso e mobiliário deve ser confeccionada com materiais que permitam fácil limpeza;

— se as janelas do laboratório forem abertas para o exterior, devem conter tela protetora contra insetos e não ser abertas diretamente para as áreas de trabalho ou em direção aos equipamentos de contenção, como CSB;

— não existem exigências com relação à ventilação;

— deve possuir pia para lavagem das mãos, preferencialmente próxima à saída;

— deve possuir instalação de lava-olhos;

— deve ter local adequado à colocação de jalecos;

— deve possuir bancadas com superfície resistente, não-porosa, impermeável à água, resistente aos calores, solventes orgânicos, ácidos, álcalis e outros produtos químicos usados para a descontaminação da superfície de trabalho e dos equipamentos;

— o mobiliário do laboratório deve suportar o peso dos equipamentos;

— o espaço entre as bancadas, os equipamentos e a CSB deve ser suficiente para permitir a limpeza e a circulação de pessoas;

— a autoclave pode estar localizada em local próximo ao laboratório NB-1;

— deve haver local para a disposição de objetos pessoais e vestiário no edifício[3,13].

Equipamentos de contenção (barreiras primárias) no NB-1

— As CSB não são exigidas. Recomenda-se a sua utilização, quando práticas estéreis forem necessárias.

— É recomendado o uso de EPIs, como jalecos de mangas longas, aventais, uniformes compostos de calça e blusa de manga longa; luvas descartáveis; óculos de proteção.

Práticas especiais no NB-1

— Todo material deve ser descontaminado, antes de sair do laboratório para ser descartado.

— Todo material após descontaminação deve ficar contido em um recipiente fechado, à prova de vazamento, para ser transportado ao local adequado.

— Um programa de exterminação de insetos e roedores deve ser estabelecido[5].

Práticas padrões no NB-1

— O acesso ao laboratório deve ser permitido somente aos trabalhadores dele quando experimentos ou trabalhos com culturas e amostras estiverem sendo realizados.

— As mãos devem ser lavadas após manuseio de substância, meio de cultura ou amostra contendo microrganismos, antes da colocação de luvas e após o seu uso, e antes de sair do laboratório.

— Não é permitido comer, beber, fumar, maquiar-se, pentear os cabelos, manusear lentes de contato, armazenar alimentos em geladeiras ou *freezers*, aquecer alimentos em bicos de Bunsen, forno elétrico para esterilização ou forno de microondas. Deve haver uma área específica fora da área laboratorial para as refeições e guarda de alimentos.

— Os trabalhadores que usam lentes de contato devem usar óculos de proteção ou protetor facial.

— É proibido pipetar com a boca; devem-se usar dispositivos mecânicos.

— São necessárias precauções na realização dos procedimentos laboratoriais, a fim de evitar ou minimizar a formação de aerossóis.

— Deve haver treinamento e normas para o uso de agulhas e outros perfurocortantes.

— As superfícies de trabalho devem ser descontaminadas antes e depois das manipulações, e sempre que houver qualquer tipo de derramamento, salpico ou borrifo de material contendo microrganismos ou material suspeito.

— Especificar o modo de uso de desinfetantes, sua natureza, utilização, tempo de contato e concentração.

— O uso de jaleco deve ser restrito à área laboratorial e nunca ser usado em restaurantes, bibliotecas, serviços administrativos, ônibus, agências bancárias ou na via pública.

— O símbolo de risco biológico deve ser colocado na entrada do laboratório onde o microrganismo estiver sendo utilizado. Este sinal de alerta deve indicar a classe do microrganismo e o nome do responsável pelo laboratório. Para o caso de urgência, deve conter o telefone do responsável, de sua residência e outros telefones para contato[5, 13, 15].

Laboratório nível de biossegurança 2

Compreende o NB-2 (Fig. 4.2), e têm em vista o desenvolvimento de atividades com agentes de risco biológico classe 2 em laboratórios clínicos, de diagnóstico, laboratórios-escolas, universidades e outros estabelecimentos similares, onde o trabalho executado envolve uma gama de microrganismos associados a patologias humanas e animais de risco limitado. Podem ser manipulados em bancada aberta, mas, dependendo da demanda de amostras, do volume do microrganismo e da possibilidade de formação de aerossóis, recomenda-se o uso de CSB e de centrífugas com copos de segurança. Além dos elementos de contenção física, as BPLs e o uso de EPIs fornecem proteção adequada. Neste nível, deve ser realizado trabalho que envolva microrganismo de risco biológico classe 2, sangue humano, líquidos corporais, tecidos ou linhagens de células humanas primárias.

Deve-se ter atenção especial com tecidos ou linhagens de células humanas primárias, visto que este material pode conter microrganismos desconhecidos. Cuidados especiais com o uso de perfurocortantes, treinamento específico dos trabalhadores na manipulação de microrganismo bem como acesso controlado e limitado durante os procedimentos laboratoriais são procedimentos a serem adotados[11, 13].

Detalhes da planta NB-2 (barreiras secundárias)

Além dos detalhes descritos na planta do laboratório NB-1, deve-se acrescentar o seguinte no NB-2:

— o laboratório NB-2 deve ser localizado fora de áreas públicas de passagem, escritórios e área de atendimento a pacientes;

— as portas devem ser resistentes, possuir visores, trancas para fechamento automático e maçanetas adequadas;

— sinalização de risco biológico deve ser colocada fora do visor da porta indicando a classe de risco biológico manipulado além dos nomes e telefones de dois responsáveis; devem ser feitas as imunizações necessárias; devem ser utilizados EPIs e adotados procedimentos para a saída do laboratório NB-2;

— deve ser projetado de modo que exista espaço suficiente à execução segura do trabalho, assim como para limpeza, desinfecção e manutenção;

— as paredes, o forro e os pisos devem ser lisos, fáceis de limpar, impermeáveis aos líquidos bem como resistentes aos produtos químicos e aos desinfetantes. Os pisos não devem ser escorregadios e devem ter cantos arredondados. Os canos e os tubos aparentes não devem aderir às paredes;

— a iluminação deve ser adequada para todas as atividades. Convém evitar os reflexos indesejáveis e a luz ofuscante;

— a bancada de trabalho deve ficar colada à parede, não possuir fios elétricos soltos e benjamins na sua superfície, além de ser impermeável à água e resistente à ação de desinfetantes, ácidos, álcalis, solventes orgânicos e ao calor moderado;

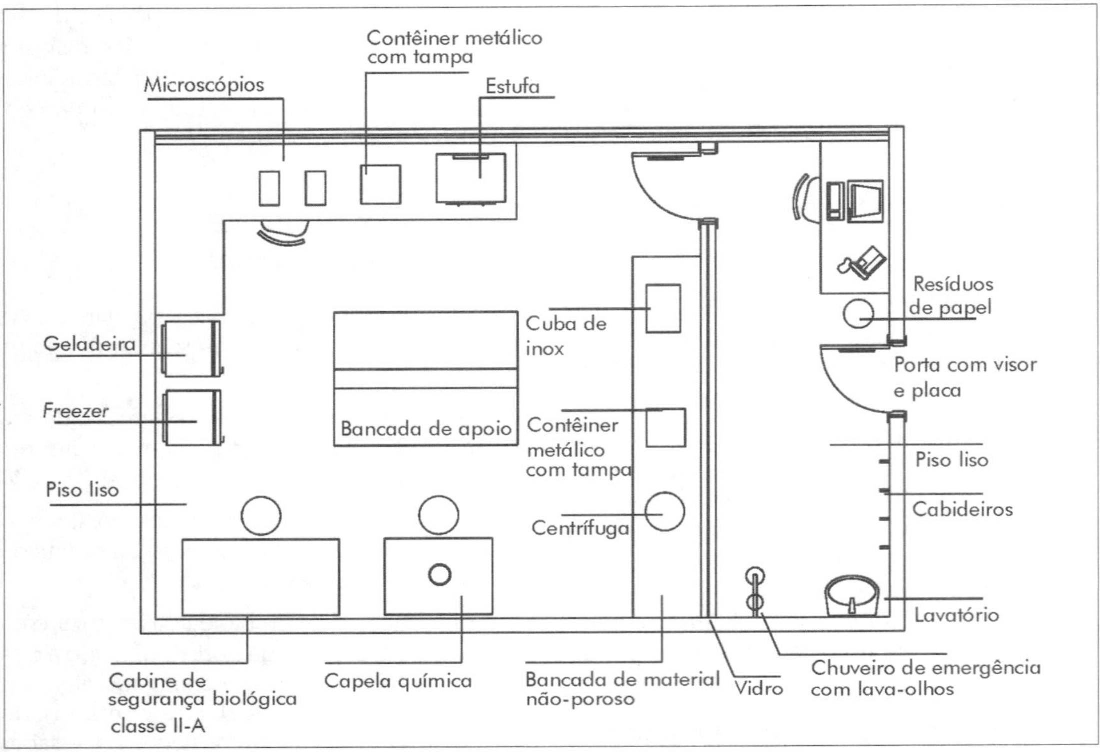

Fig. 4.2 — *Laboratório nível de biossegurança 2. Planta baixa ilustrativa.*

— o mobiliário do laboratório deve ser firme e resistente. Os espaços abertos que existem entre as mesas, as cabines de segurança biológica e os equipamentos, assim como debaixo deles, devem ser acessíveis à limpeza. Os bancos e cadeiras devem ser revestidos com material que permita limpeza e descontaminação;

— a área para a guarda de materiais necessários para uso imediato precisa ser adequada, de modo a evitar prateleiras, armários sob móveis e pia abarrotados, além do congestionamento de mesas, prateleiras e armários nos corredores.

— é necessário um almoxarifado planejado e organizado para armazenamento em longo prazo, de preferência fora das áreas de trabalho;

— cada laboratório NB-2 precisa ter um lavatório para a lavagem das mãos, com acionamento automático ou que seja acionado com o pé, joelho ou cotovelo, e esteja preferencialmente localizado próximo à porta;

— deve haver uma autoclave dentro do edifício que abriga o laboratório NB-2 ou no seu interior ou sala anexa. A autoclave deve ser revisada e testada periodicamente através de controle biológico;

— a instalação das CSBs deve atender a requisitos que não alterem a entrada e saída de ar da sala nem provoquem alterações nos padrões de contenção do seu funcionamento. As CSBs devem estar localizadas longe de portas, janelas que possam ser abertas, áreas de passagem no interior do laboratório e locais com grande quantidade de equipamentos que produzam turbulência do ar. Os parâmetros de fluxo de ar no interior da CSB devem ser mantidos e observados. A CSB deve ser testada e certificada pelo menos a cada ano ou ao perfazer 1.000 horas de uso. Caso necessite ser removida, há necessidade de teste e certificação[12];

— deve haver lava-olhos acoplados à pia ou ao chuveiro de emergência;

— quanto à ventilação, recomenda-se instalar um sistema mecânico que garanta o influxo de ar para dentro do laboratório, sem que seja recirculado. Na falta de ventilação mecânica, as janelas que se abrem para o exterior devem apresentar tela de proteção contra insetos;

— as instalações para a guarda de roupas e objetos pessoais, bem como o refeitório do pessoal precisam estar localizados fora da área de trabalho;

— deve-se destinar uma área fora das instalações para o manuseio seguro e o armazenamento de solventes, materiais radioativos e gases comprimidos ou liquefeitos;

— deve haver sistemas de segurança e sinalização de alerta visual, sonoro e luminoso de proteção contra fogo, emergências elétricas e outras;

— é indispensável o fornecimento constante de água de boa qualidade. Não devem existir ligações cruzadas entre a água potável e destinada ao laboratório. O sistema de fornecimento de água pública deve ser protegido por um dispositivo anti-refluxo;

— o fornecimento de eletricidade deve ser planejado e dimensionado para atender às necessidades atuais e futuras. Deve haver iluminação de emergência que permita a saída do laboratório sem dificuldade. O laboratório deve dispor de um gerador para as emergências, a fim de manter o funcionamento dos equipamentos indispensáveis (fornos elétricos para esterilização, congeladores, refrigeradores, cabines de segurança biológica, etc.);

— o fornecimento de gás de rua ou gás engarrafado precisa ser adequado e garantido. As respectivas instalações fora da área laboratorial (central de gases) devem estar em condições de perfeito funcionamento e manutenção permanente;

— a instituição onde exista um laboratório NB-2 deve ter um serviço de atendimento de primeiros-socorros com uma sala devidamente equipada e de fácil acesso[11,13].

Equipamentos de contenção (barreiras primárias) no NB-2

— CSBs de classe II devem ser usadas para manipulação que envolva microrganismos de risco biológico classe 2 e manipulações que envolvam a formação de aerossóis. Devem ter registro diário do seu uso, que inclui tempo de utilização, nome do usuário, data, etc. Também deve haver o registro do uso da lâmpada ultravioleta (UV), caso ela conste como equipamento da cabine.

— Centrifugação, trituração, homogeneização, agitação forte, mistura, ruptura de células por sonicação ou pérolas de vidro, abertura de recipientes contendo material com risco biológico cuja pressão interna pode ser diferente da pressão ambiental, cultura de tecidos humanos ou animais que podem estar infectados, ovos embrionados, inoculações intranasais em animais devem ser realizadas em CSB devido ao elevado potencial de formação de aerossol.

— Grandes volumes ou altas concentrações de meio de cultura contendo microrganismos ou outro agente de risco biológico só poderão ser centrifugados fora da CSB, se o procedimento for efetuado em centrífugas de segurança com copos de segurança, os quais devem ser abertos no interior da CSB.

— Máscaras de proteção, óculos de proteção, protetor ou escudo facial devem ser usados para prevenir aerossóis, respingos e borrifos provenientes da manipulação fora da CSB de materiais que possam conter microrganismos. Recomenda-se o uso de óculos de proteção, quando se estiver usando a CSB.

— É recomendado o uso de EPIs, como as roupas protetoras compostas de jalecos de mangas longas, aventais de material autoclavável, touca, uniformes que incluem calça e blusa de manga longa; luvas descartáveis; e, se necessário, sapatilha descartável.

— Ao sair do laboratório para áreas externas, a roupa protetora deve ser retirada e deixada na área laboratorial, ou encaminhada à lavanderia da instituição em recipiente apropriado para descontaminação e lavagem. É impróprio e arriscado levar a roupa protetora para ser lavada em casa.

— As luvas devem ser usadas todas as vezes que houver chance de manipulação de materiais infecciosos, superfícies ou equipamentos contaminados. Não devem ser lavadas ou reutilizadas. Deve haver um treinamento para aprendizagem da sua colocação e retirada, evitando, assim, uma possível contaminação. Não devem ser usadas fora do laboratório. Nunca atender ao telefone, digitar no teclado do computador, abrir portas, etc. Devem ser oferecidas luvas sem talco para as pessoas alérgicas e luvas de outro material, que devem ser usadas sob as luvas de látex para os alérgicos ao látex.

— Lavar as mãos e antebraços sempre antes da colocação das luvas e após a sua retirada.

— Manter líquidos anti-sépticos disponíveis para serem usados nas mãos e antebraços[11,13].

Práticas especiais no NB-2

— Acesso ao laboratório limitado aos trabalhadores ou segundo normas estabelecidas pela instituição.

— As normas e procedimentos devem ser amplamente informados aos trabalhadores, os quais devem estar informados sobre qual a classe de risco biológico que está associada ao seu trabalho e os requisitos específicos para sua permanência no ambiente laboratorial (imunização, controle sorológico, exames periódicos, teste cutâneo, etc.).

— As pessoas contratadas para o serviço terceirizado de limpeza e o pessoal de manutenção da instituição devem ser informados dos riscos inerentes ao trabalho nos laboratórios NB-2. Devem, obrigatoriamente, usar EPI, receber imunizações e ter vigilância médica.

— Recomenda-se, dependendo do microrganismo classe de risco biológico 2 manipulado, para referência futura manter amostras sorológicas colhidas periodicamente dos trabalhadores do laboratório e de outras pessoas que possam estar expostas ao risco biológico.

— No laboratório NB-2, deve ser disponível um manual de biossegurança e de procedimentos operacionais padrão.

— Treinamento anual em biossegurança, treinamento em BPL e treinamento em procedimentos específicos de acordo com a área de atuação.

— Cuidados especiais e treinamento no uso de objetos perfurocortantes, como, por exemplo, seringas, agulhas, bisturis, tesouras, vidraria com defeito ou lascada (deve ser adequadamente descartada), lâminas e lamínulas, tubos capilares, pipeta Pasteur, etc.

— As seringas com agulhas fixas, ou agulha e seringa em uma única unidade, devem ser usadas preferencialmente e descartadas, sem serem desmontadas, em recipiente rígido à prova de vazamento, com tampa e localizado em local de fácil acesso. Caso a agulha necessite ser separada da seringa, deve-se utilizar uma pinça para fazê-lo. Recomenda-se a esterilização antes do descarte final.

— Os objetos perfurocortantes não-descartáveis devem ser colocados em recipientes rígidos à prova de vazamento, com tampa e alça para transporte até o local onde ocorrerá esterilização por meio químico ou físico.

— Descontaminar a vidraria quebrada e perfurocortantes antes do descarte final de acordo com as normas locais, estaduais ou federais.

— Os equipamentos devem ser descontaminados antes da manutenção ou antes de serem enviados para conserto. Atenção especial deve ser dada à descontaminação da CSB.

— Culturas de microrganismos, tecidos humanos e animais, fluidos corpóreos humanos e animais, bem como dejetos potencialmente infecciosos devem ser colocados em recipiente com tampa, à prova de vazamento durante a coleta, armazenamento, transporte e descarte (seguir a regulamentação para o acondicionamento, rotulagem e transporte de agentes biológicos e amostras clínicas — IATA, ICAO, WHO).

— Comunicar e registrar qualquer acidente envolvendo exposição a microrganismos ou outro agente de risco biológico. A avaliação médica, a vigilância e o tratamento devem ser providenciados imediatamente.

— É proibida a admissão de plantas, animais, aquários ornamentais, pessoas estranhas ao trabalho (visitantes, vendedores, etc.), crianças, gestantes, bem como pessoas imunodeprimidas no laboratório NB-2[5,13].

Práticas padrões no NB-2

Correspondem a procedimentos semelhantes aos praticados no laboratório NB-1, com o seguinte acréscimo:

— todos os resíduos (culturas de microrganismos, tecidos humanos e animais, fluidos corpóreos humanos e animais, dejetos, etc.) gerados durante as atividades do laboratório NB-2 devem ser descontaminados, antes de serem descartados. O método de esterilização por pressão e calor úmido (autoclave) é o de escolha, ou outro método aprovado. Todos os resíduos devem ser embalados em sacos adequados com o símbolo de risco biológico e rotulados, antes de serem levados ao seu destino final;

— o pessoal do laboratório deve ter a responsabilidade de montar um esquema de rotina de limpeza das instalações laboratoriais em intervalos regulares, com a seleção do desinfetante eficaz para o microrganismo manipulado[13].

Laboratório nível de biossegurança 3 ou laboratório de contenção

Compreende o NB-3 e tem em vista o desenvolvimento de atividades com agentes de risco biológico classe 3 em laboratórios clínicos, de diagnóstico, laboratórios de ensino superior, de pesquisa ou de produção, e outros onde o trabalho executado envolva microrganismos associados a patologias humanas e animais ou manipulação de grandes volumes e altas concentrações de microrganismos de risco biológico classe 2. O microrganismo manipulado neste nível de biossegurança pode provocar enfermidades humanas e animais graves, podendo propagar-se de uma pessoa infectada para outra. Entretanto, existem profilaxia e/ou tratamento para essas enfermidades.

Os microrganismos de risco biológico classe 3 acarretam elevado risco individual e baixo risco para a comunidade. No laboratório NB-3, trabalha-se com microrganismos que apresentam potencial de transmissão por via respiratória e que podem causar infecções sérias e potencialmente letais. Este nível exige desenho arquitetônico e construção mais elaborada. No NB-3, destacam-se as barreiras primárias e secundárias que devem proteger os trabalhadores de áreas contíguas, a comunidade e o meio ambiente contra a exposição aos aerossóis (Fig. 4.3). Todas as manipulações devem ser efetuadas em CSB ou outro equipamento de contenção física. O uso de EPI é obrigatório em todas as fases do trabalho. Alguns laboratórios não apresentam as características arquitetônicas de suas instalações compatíveis com a manipulação de microrganismos de risco biológico Classe 3. Desta forma, deve-se observar que, para maior segurança no trabalho de rotina, como, por exemplo, o diagnóstico envolvendo a reprodução de microrganismos para identificação, tipagem, teste de suscetibilidade, etc., as condições de biossegurança podem ser alcançadas em um laboratório NB-2 com as práticas padrões, práticas especiais, EPIs e equipamentos de proteção coletiva (EPCs) do NB-3.

A decisão de modificar as recomendações do NB-3 é de responsabilidade do diretor da instituição em conjunto com o responsável pelo laboratório, e a comissão interna de biossegurança (CIBio). O NB-3 ou nível de contenção exige a intensificação dos programas de procedimento e segurança que valem para os laboratórios NB-1 e NB-2. Os laboratórios pertencentes a este nível devem ser registrados junto às autoridades sanitárias locais, estaduais e/ou nacionais[11,13].

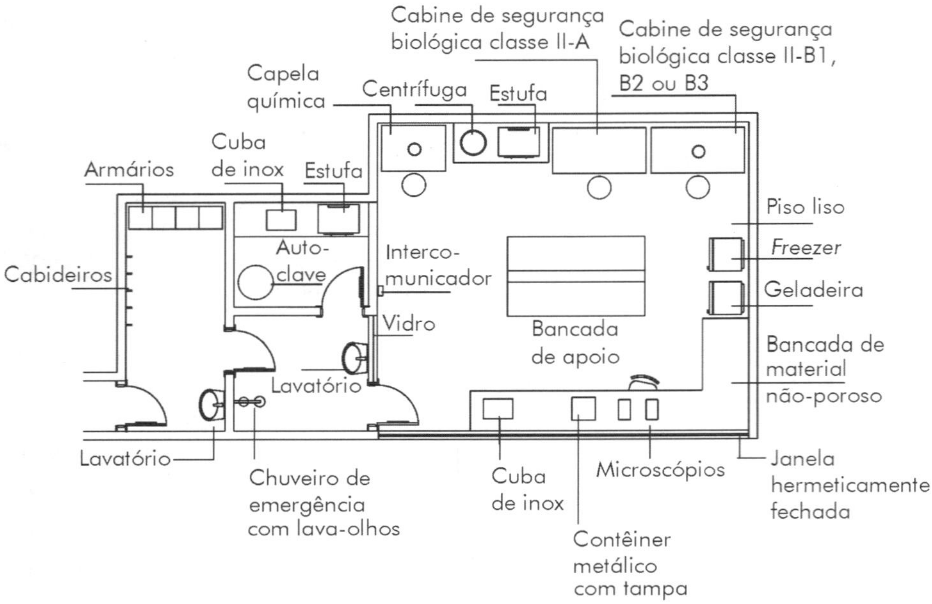

Fig. 4.3 — *Laboratório nível de biossegurança 3 ou laboratório de contenção. Planta baixa ilustrativa.*

Detalhes da planta NB-3 (barreiras secundárias)

— O laboratório NB-3 deve estar isolado com relação às áreas de circulação dentro do prédio. A separação pode ser feita, localizando-o na extremidade cega do corredor com divisória, usando uma ante-sala ou através do laboratório NB-2, sempre com dupla porta controlada.

— As portas que dão acesso ao laboratório devem possuir sistema de intertravamento automático, devendo ter fechaduras com cartão-chave ou outro dispositivo de segurança.

— A entrada deve ser efetuada por uma câmara ou vestíbulo (entrada através de duas portas).

— Uma sala para troca de roupa deve ser incluída no desenho laboratorial.

— O acesso à área do laboratório assim como as aberturas existentes precisam ser planejados de maneira a não facilitar a entrada de insetos, outros invertebrados e roedores.

— As superfícies das paredes, pisos e tetos devem ser resistentes aos líquidos e produtos químicos bem como serem fáceis de limpar. Superfícies horizontais ou reentrâncias devem ser evitadas, visto que isso pode levar ao acumulo de poeira. As aberturas existentes (por exemplo, para a passagem de canos e tubos) devem estar lacradas, com a finalidade de facilitar a desinfecção do ambiente, não permitindo escapes. O piso deve ser monolítico e antiderrapante.

— Verificar, de acordo com o microrganismo manipulado, qual o desinfetante adequado e o tempo de contato para posterior limpeza.

— O recinto do laboratório deve ser hermeticamente fechado para fins de desinfecção. Os sistemas condutores de ar precisam ser construídos de maneira a permitir a desinfecção gasosa.

— Deve haver saídas de ar com dispositivos (*dampers*) manuais, que possam ser fechadas, caso seja requerida uma descontaminação gasosa.

— As janelas devem ficar hermeticamente fechadas.

— Próximo de cada uma das portas de saída, deve haver um lavatório para a lavagem das mãos cuja torneira possa ser acionada com o pé, joelho, cotovelo ou por dispositivo automático.

— O mobiliário do laboratório deve ser em número reduzido, firme, resistente e impermeável. Os bancos e cadeiras devem ser revestidos com material que permita limpeza e descontaminação.

— O método de descontaminação de todos os materiais, equipamentos e resíduos gerados deve ser efetuado no interior do próprio laboratório NB-3 por autoclave, desinfecção química, incineração ou outro método aprovado e certificado.

— Deve haver uma autoclave no interior do laboratório NB-3 e tanques de imersão (*dunk tank*) para os materiais que não podem ser autoclavados.

— O sistema de fornecimento de água deve ser provido de dispositivo anti-refluxo.

— Drenos para pisos não devem ser instalados.

— Nas pias e lavatórios, os drenos devem ter encanamento separado dos encanamentos da instituição, sifões com desinfetantes, sistema anti-refluxo e ser obrigatoriamente identificados.

— Os efluentes líquidos devem ser tratados quimicamente em cuba de retenção, antes de serem eliminados através do sistema geral de esgoto.

— A instalação das CSBs deve atender a requisitos que não alterem a entrada e saída de ar da sala nem provoquem alterações nos padrões de contenção do seu funcionamento. As CSBs devem estar localizadas longe de portas e das áreas de passagem no interior do laboratório, bem como de locais com grande quantidade de equipamentos que produzam turbulência do ar. Os parâmetros de fluxo de ar no interior da CSB devem ser mantidos e observados. A CSB deve ser testada e certificada pelo menos a cada ano ou ao perfazer 1.000 horas de uso.

— Deve haver lava-olhos acoplados à pia ou ao chuveiro de emergência.

— A iluminação deve estar dentro dos padrões que evitem reflexo ou brilho que possam ofuscar a visão. As lâmpadas fluorescentes e os reatores devem ser colocados fora da área de biocontenção do laboratório NB-3.

— O laboratório deve ser equipado com luzes de emergência.

— Todos os circuitos e controles devem ser rotulados.

— O sistema elétrico deve estar acoplado ao gerador de emergência.

— O laboratório deve ser equipado com sistema de intercomunicação (da área NB-3 para a área de suporte e vice-versa).

— As bombas de vácuo portáteis devem ter filtros HEPA (*high efficiency particulate air*) em linha ou dispositivo equivalente e sifões com desinfetantes.

— O laboratório deve ser equipado com alarme e extintores de incêndio.

— O sistema de ar do laboratório NB-3 deve ter pressão negativa e ser independente, com ventilação unidirecional das áreas de acesso para o interior do laboratório.

— O sistema de exaustão de ar não deve permitir a recirculação para outras áreas do prédio. O ar que sai do laboratório através do sistema de exaustão (não o ar das CSB) precisa ser dirigido diretamente para fora do edifício, de maneira a ser disperso longe de prédios habitados e de entradas de ar. Deve ser exaurido através de filtro absoluto ou HEPA.

— Os dutos de insuflação e exaustão de ar devem ser independentes e acessíveis pelo espaço técnico do laboratório NB-3.

— Deve haver monitoramento visual que confirme o direcionamento do ar no interior do laboratório (teste de fumaça com gelo seco feito rotineiramente).

— O ar proveniente das CSBs da classe II, tipos B1, B2 ou B3, deve ser eliminado por um sistema de exaustão independente através de filtro absoluto ou HEPA diretamente para o exterior. Os filtros absolutos ou HEPA devem ser instalados de maneira a permitir a desinfecção gasosa e a realização da prova do aerossol.

— Alarme sonoro deve ser instalado para avisar sobre possível falha no sistema de ar pressurizado do laboratório. O sistema de controle deve garantir que o laboratório NB-3 não se torne positivamente pressurizado com relação às áreas adjacentes.

— Centrífugas de fluxo contínuo ou outros equipamentos que possam gerar aerossóis devem ter dispositivos que liberem o ar produzido através de filtro absoluto ou HEPA, antes de serem liberados no interior do laboratório[2,11,13].

Equipamentos de contenção (barreiras primárias) no NB-3

— Uso obrigatório de EPI, composto de macacão, jaleco tipo cirúrgico descartável (abertura na parte posterior), gorro, óculos de proteção, protetor (escudo) facial, luva descartável (dependendo da situação, dois pares são recomendados e deve haver trocas freqüentes), máscara descartável, respirador, pró-pé ou sapatilha descartável. O EPI deve ser descontaminado antes de ser lavado ou descartado.

— Todas as manipulações, como o cultivo de microrganismos, necropsias de animais infectados, coleta de tecidos ou líquidos de animais infectados ou ovos embrionados, etc., devem ser efetuadas em CSBs classe II, tipos B1, B2 e B3, ou classe III. As CSBs são extremamente úteis na contenção dos microrganismos, tendo o objetivo de proteger o produto, o operador e o meio ambiente. No laboratório NB-3, não deve ser usada a CSB de fluxo horizontal de ar.

— Devem ser usados respiradores e protetores faciais, bem como outros EPIs e EPCs (centrífugas de segurança, copos de segurança, etc.), quando os procedimentos não puderem ser realizados na CSB.

— Devem ser utilizados respiradores e protetores faciais, bem como outros EPIs no laboratório de experimentação animal NB-A3.

— As autoclaves devem ser testadas periodicamente através de controle biológico.

— Devem ser usados centrífugas com copos de segurança, sendo necessários, rotores de centrífuga selados para todas as atividades envolvendo aerossóis patogênicos no NB-3. Os copos de segurança e rotores devem ser abertos no interior da CSB. Não havendo os equipamentos como copos de segurança e centrífugas seladas, deve-se esperar um período de cinco a dez minutos para a abertura da centrífuga[8, 13].

Práticas especiais no NB-3

As práticas especiais apropriadas ao o laboratório NB-2 também são para o NB-3, com os seguintes acréscimos:

— o símbolo de risco biológico deverá ser colocado na porta de entrada do laboratório onde o microrganismo de risco biológico classe 3 estiver sendo utilizado. Este sinal de alerta deve indicar, além da classe do microrganismo, o nome do responsável pelo laboratório. Para o caso de emergência, devem ser disponíveis o telefone particular de dois responsáveis e o endereço completo, além dos requisitos especiais necessários à entrada no laboratório, como imunização, uso de respiradores bem como outras medidas de proteção individual e coletiva. As geladeiras, *freezers* e fornos elétricos para esterilização que possam conter microrganismo de risco biológico classe 3 devem apresentar o símbolo de risco biológico visível.

— Todo microrganismo ou outros materiais de risco biológico classe 3 devem ser guardados dentro das instalações do laboratório NB-3.

— Os trabalhadores do laboratório NB-3 devem receber treinamento semestral em biossegurança como também no manuseio de microrganismos patogênicos de risco biológico classe 3 e outros materiais, no uso de equipamentos de segurança, procedimentos técnicos, manuseio correto de resíduos contaminados e resposta de emergência.

— Nenhum objeto pessoal deve ser levado para o interior do laboratório NB-3.

— As trocas de vestimenta obrigatória por EPI devem ser realizadas em sala ou ante-sala do NB-3.

— Os procedimentos operacionais padrões, manual de biossegurança, protocolo de descarte de resíduos, protocolo de descarte de rejeitos, procedimentos de limpeza, desinfecção e esterilização, bem como emergência laboratorial devem ser e disponíveis para todos os trabalhadores do NB-3.

— Dever haver um programa de vigilância médica para todos os que trabalhem no NB-3. Pode-se estabelecer um controle sorológico dos trabalhadores do NB-3, no qual as amostras de soro de todos os trabalhadores e das pessoas expostas ao risco biológico sejam coletadas e armazenadas em uma soroteca como referência futura, além das amostras coletadas em exames periódicos.

— Deve haver um sistema de registro de acidentes e exposição ao agente patogênico, além de um sistema de registro de incidentes e ocorrências incomuns nas operações laboratoriais.

— Os funcionários da manutenção da instituição ou o técnico de manutenção de equipamentos de firma especializada devem usar EPI e ser acompanhados durante a sua atuação por um membro do laboratório.

— As instalações, sistemas e equipamentos do laboratório NB-3 devem ser testados, com relação à sua capacidade de contenção e funcionamento, pelo menos uma vez por ano.

— Os desinfetantes devem ser escolhidos de acordo com a sua eficiência e características frente à natureza do microrganismo.

— Somente os trabalhadores treinados e identificados, submetidos à vigilância médica, e que preenchem os requisitos necessários para o trabalho bem como seguem as normas para acesso e saída do ambiente laboratorial, podem exercer atividades no laboratório NB-3.

— Deve haver treinamento e cuidados especiais com o uso de perfurocortantes. Deve-se fazer uso de seringas somente com agulhas fixas ou rosqueáveis. As agulhas descartáveis usadas não devem ser dobradas, quebradas, reutilizadas, removidas da seringa ou manipuladas, antes de serem descartadas em recipientes rígidos à prova de vazamento, os quais devem ser esterilizados em autoclave antes do descarte final.

— Os recipientes plásticos devem ser preferencialmente utilizados no lugar dos de vidro. A vidraria quebrada ou rachada não deve ser utilizada. Quando ocorrer quebra, os cacos deverão ser removidos por meios mecânicos com vassoura, pá de lixo, pinça para um recipiente rígido, e devem ser autoclavados juntamente com o material utilizado para o recolhimento. O uso de EPI é obrigatório.

— Todas as manipulações com microrganismos ou outros materiais devem ser realizadas no interior da CSB. O uso de toalhas absorventes com uma face plastificada auxilia na contenção de salpicos e possíveis derramamentos sobre a área de trabalho da CSB. As toalhas absorventes utilizadas devem ser descartadas ao final do experimento, junto com os resíduos sólidos infectantes, em recipientes rígidos à prova de vazamento, os quais devem ser esterilizados em autoclave antes do descarte final.

— Deve haver um esquema de rotina de limpeza da área laboratorial, superfícies de trabalho e equipamentos, utilizando desinfetante eficaz.

— Planos de emergência devem ser elaborados e informados a todos os trabalhadores do laboratório NB-3 que atuarão caso ocorram quebras, derramamentos, vazamentos, fugas e escapamentos com a obrigatoriedade da sua notificação.

— Todas as amostras que incluem culturas, fluidos corpóreos humanos ou animais, ou resíduos devem ser acondicionadas em recipiente que evite vazamento durante a coleta, manuseio, processamento, armazenamento, transporte ou embarque[9,13].

Práticas padrões no NB-3

Semelhantes às praticadas nos laboratórios NB-1 e NB-2, com os seguintes acréscimos:

— acesso limitado aos trabalhadores do laboratório NB-3. Outras pessoas só terão acesso com a permissão do responsável pelo laboratório e do diretor da instituição;

— práticas de higiene, como a lavagem das mãos antes e depois do uso de luvas, bem como antes da entrada e saída do laboratório, devem fazer parte da rotina do trabalhador;

— utilização de dispositivos mecânicos ou elétricos para pipetagem;

— o chuveiro de emergência na área laboratorial NB-3 deve ser testado quanto ao seu funcionamento semanalmente, assim como os lava-olhos;

— é recomendado chuveiro em área anexa para higiene pessoal[13].

Laboratório nível de biossegurança 4 ou laboratório de contenção máxima

Compreende o NB-4 e tem em vista o desenvolvimento de atividades com agentes de risco biológico classe 4, que apresentam elevado risco individual e comunitário. Os microrganismos de risco biológico classe 4 representam um grande perigo para as pessoas e animais. São de fácil transmissibilidade por aerossóis, não existindo profilaxia e tratamento, podendo levar a pessoa infectada ao óbito. Os agentes pesquisados que possuam relação antigênica próxima ou idêntica aos microrganismos incluídos na classe de risco biológico 4 devem ser manipulados no laboratório NB-4, até que se obtenham dados suficientes e confiáveis para a confirmação da continuidade do trabalho neste nível ou em laboratório de nível de biossegurança inferior.

O laboratório NB-4 representa o mais alto nível de contenção e funciona em unidade geograficamente isolada de outros laboratórios ou áreas. Este laboratório exige barreiras de contenção que incluem instalações com desenho especial e equipamentos de proteção tecnologicamente mais sofisticados, além de procedimentos especiais de segurança. Todas as manipulações devem estar restritas às CSBs classes II ou III, as quais devem ser utilizadas com roupa de pressão positiva, sendo ventiladas por sistema de suporte de vida. Os trabalhadores do NB-4 devem possuir treinamento completo e específico, direcionado à manipulação de microrganismos altamente perigosos, e compreenderem as funções de contenção primária e secundária, as práticas padrões específicas, os equipamentos de contenção e o planejamento do laboratório com as suas características. As atividades dos trabalhadores devem ser supervisionadas por profissional experiente na área e treinado em biossegurança. Tais laboratórios só devem funcionar sob o controle das respectivas autoridades sanitárias nos níveis local, estadual e nacional[11,13].

Detalhes da planta NB-4 (barreiras secundárias)

O laboratório NB-4 (Fig. 4.4), ou de contenção máxima, deve apresentar as características do laboratório NB-3, acrescidas de outros itens.

As instalações do laboratório NB-4 são divididas em dois modelos: *laboratório cabine*, onde todos os microrganismos são manipulados em CSB classe III, e *laboratório traje ou escafandro,* onde as manipulações são executadas em CSB classe II, mas são utilizados trajes pressurizados positivamente. Pode-se construir o laboratório NB-4 baseado em um dos dois modelos, ou uma junção dos dois, mas mantendo os requisitos e características do NB-4.

Laboratório NB-4: modelo cabine

O laboratório NB-4 deve ser separado fisicamente das outras unidades laboratoriais ou consistirem uma zona isolada de construção

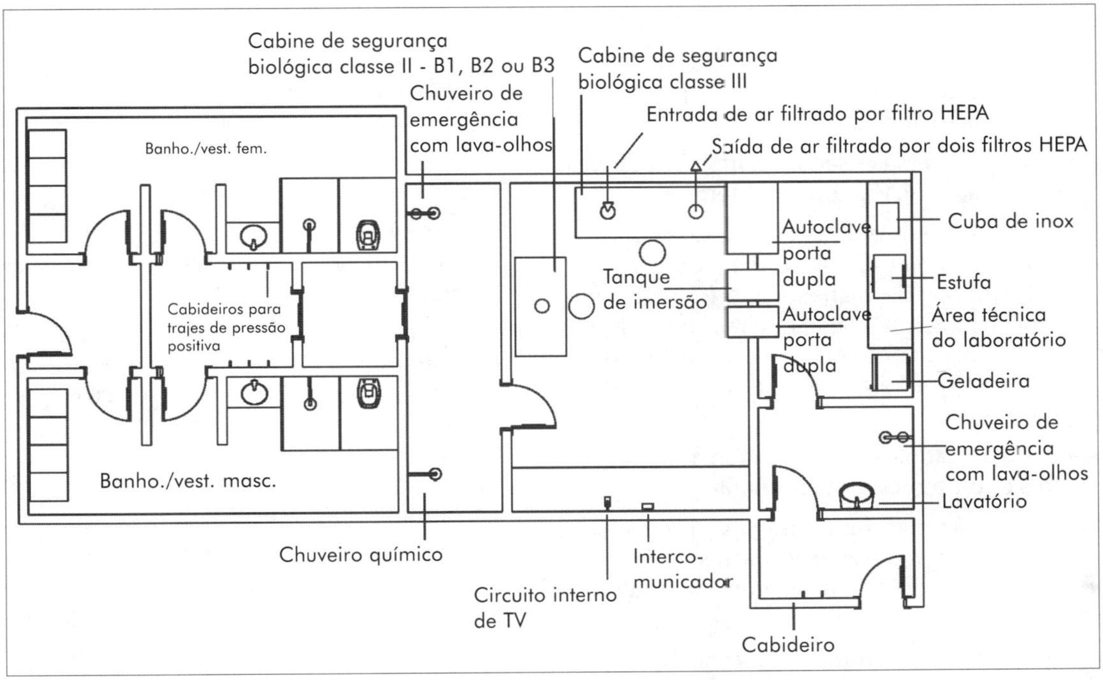

Fig. 4.4 — *Laboratório nível de biossegurança 4 ou laboratório de contenção máxima. Planta baixa ilustrativa.*

monolítica, com todas as penetrações de piso, as paredes e os tetos selados com seladores que não sofram encolhimento.

— Acesso controlado. Portas com sistema de abertura por cartão eletrônico, identificação digital, identificação de íris, identificação de voz e outras que garantam a segurança. A entrada e a saída de pessoas e materiais devem ser feitas através de uma ante-sala ou sistema de passagem.

— Deve ser desenhado para acomodar o mínimo de duas equipes todo o tempo.

— A sala onde está a CSB classe III deve ser projetada para assegurar a passagem através de um *airlock* ou sistema de passagem com porta dupla, com intertravamento elétrico.

— Deve haver câmaras de entrada e saída dos trabalhadores, com vestiário e chuveiro, onde possam trocar de roupa.

— Desinfecção eficiente dos líquidos que deixam o laboratório. Todos os líquidos que deixam o laboratório, incluindo a água do chuveiro, vasos sanitários, pias, lavatórios e autoclaves, devem ser drenados e descontaminados preferencialmente por calor, antes de serem definitivamente descartados. O processo de descontaminação dos resíduos líquidos deve ser validado física e biologicamente.

— Todos os acessos de ar feitos por canos e linhas de ventilação devem ter filtros absolutos ou HEPA.

— Autoclave de porta dupla com todos os comandos no interior do laboratório NB-4, a qual só deve ser aberta na área externa com o ciclo concluído. Autoclave de porta dupla acoplada à CSB classe III para descontaminação de todo material que seja manipulado no interior da CSB classe III.

— Tanque de imersão com desinfetante para a passagem de equipamentos, câmara de fumigação ou ante-sala ventilada para a descontaminação de materiais ou equipamentos que entraram no laboratório.

— Inspeção diária de todos os parâmetros de contenção, como fluxo de ar, pressão, funcionamento da CSB, serviços, etc.

— Serviço de gás filtrado por filtro absoluto ou HEPA ou dispositivo que evite refluxo.

— Sistema de suprimento de água provido de dispositivo anti-refluxo.

— Todas as janelas seladas, com vidros duplos à prova de quebra ou vidro temperado.

— os pisos, tetos e paredes das salas onde ficam as cabines e os vestiários devem ser construídos de maneira que formem uma concha interna selada, que facilitem a fumigação bem como que evitem a entrada de insetos e roedores, além do escape dos experimentos.

— Pisos resistentes, sem reentrâncias, laminares e resistentes a deslizamento.

— Tetos com estrutura reforçada, preenchida primeiramente com material resistente, sem reentrâncias e finalizada com pintura adequada.

— Paredes com estrutura de alvenaria reforçada e concreto reforçado, finalizada com pintura adequada.

— Portas para as áreas públicas trancadas, com fechamento automático, intertravamento pneumático ou elétrico nas portas dos *airlocks* ou sistema de passagem da área de maior para a menor biocontenção. Portas de construção sólida a prova de fogo e de tamanho que permita a passagem adequada de equipamentos e pessoas. As aberturas ao redor das portas devem ser seladas, para facilitar a descontaminação.

— Lavatórios com acionamento automático, localizado próximo às portas de saída das salas e dos vestiários internos.

— Todas as saídas devem ser demarcadas e iluminadas.

— As saídas de incêndio devem ser sinalizadas e iluminadas. Estas não devem atravessar as áreas de risco. Deve-se traçar a rota de fuga de acordo com a legislação local.

— É recomendado que na área de biocontenção, caso ocorra incêndio, os bombeiros só penetrem nela para salvar vidas, não permanecendo para extinguir o fogo, o qual deve ser controlado de fora, para prevenir a sua expansão.

— O laboratório NB-4 deve possuir um sistema de alarme de incêndio.

— Deve ser equipado com cabines adequadas para a estocagem de materiais e refrigeradores à prova de explosão.

— Estocagem de líquidos inflamáveis fora do laboratório NB-4.

— A central de vácuo não deve ser utilizada por áreas fora das salas das CSB. Filtros absolutos ou em série devem ser colocados próximos aos pontos de utilização ou próximo da válvula de serviço. Devem ser instalados de maneira a facilitar a descontaminação e substituição.

— Os cilindro de gás comprimido devem ser estocados fora do laboratório.

— Toda a fiação e os conduítes elétricos devem ser selados com material que não sofra enrugamento.

— As lâmpadas fluorescentes, reatores e controle de circuitos devem ficar fora da área NB-4.

— Todos os circuitos e controles devem ser etiquetados e identificados.

— Deve haver sistema de segurança integrado com a segurança laboratorial e sistema de monitoramento.

— São recomendados 750lux de intensidade luz sobre a superfície de trabalho.

— Todo o sistema elétrico e equipamentos devem estar ligados a um gerador.

— O laboratório NB-4 deve ser equipado com intercomunicador de dupla via, situado entre a área onde se encontram as CSBs e a área de suporte.

— É recomendado haver circuito interno de TV para monitorar o laboratório NB-4.

— Todos os resíduos sólidos gerados devem ser autoclavados.

— Não deve existir recirculação de ar. O fluxo de ar deve ser da área de menor risco para a de maior risco e monitorado constantemente. O diferencial de pressão de fluxo unidirecional deve ser monitorado e ter um alarme sonoro que indique modificação na pressão diferencial existente. O dispositivo visual que indica o diferencial de pressão deve ficar acondicionado fora das salas onde se encontram as CSBs.

— Deve haver suprimento e exaustão de ar filtrado através de filtro absoluto ou HEPA.

— Todos os dutos de suprimento e exaustão de ar devem ser selados com *dampers* que permitam os procedimentos de descontaminação, filtros absolutos ou HEPA de fácil acesso pelo espaço técnico do laboratório.

— A exaustão do laboratório deve ser no mínimo de dez volumes da sala por hora.

— O ar exaurido por dutos verticais na parte superior do laboratório deve ser de 12 metros por segundo e estar localizado longe de edifícios ou de suas entradas de ar.

— Minimização dos espaços mortos onde possa haver acúmulo de ar contaminado.

— Ventilação suficiente para remover os vapores de líquidos inflamáveis e produtos químicos perigosos, antes de formarem concentrações perigosas.

— Testes para verificar a ausência de perfuração nos dutos devem ser realizados rotineiramente.

— As CSBs classe III devem ser conectadas diretamente ao sistema de exaustores próprio da cabine. Estas cabines são totalmente fechadas e ventiladas, à prova de escape, com pressão negativa e suprimento de ar filtrado por filtro absoluto ou HEPA. A exaustão é feita por dois filtros absolutos em série ou um filtro absoluto e um incinerador, antes de o ar exaurido ser liberado no meio ambiente. Possui luvas conectadas ao painel frontal e dispõe de todos os serviços (geladeiras, *freezers*, incubadoras, forno elétrico para esterilização, autoclave porta dupla, tanques de imersão ou *dank tank* para os materiais que não podem ser autoclavados), etc.

— Todos os filtros absolutos ou filtros HEPA devem ser testados e certificados anualmente. Devem ser descontaminados *in situ*, antes de serem removidos em recipiente ou embalagem de contenção para serem levados incineração. A vida média do filtro absoluto ou HEPA pode ser prolongada com o uso de pré-filtros, que devem sofrer o mesmo tipo de descontaminação antes da sua retirada.

— O laboratório NB-4 deve sofrer inspeção rigorosa antes do início do seu funcionamento. Todos os sistemas devem ter registros do monitoramento por escrito. Inspeções periódicas devem ser realizadas[1,11,13].

Laboratório NB-4: modelo traje ou escafandro

Esse tipo de laboratório deve possuir todos os requisitos do laboratório NB-4 modelo cabine, além das seguintes características:

— deve estar em um edifício separado ou área demarcada e isolada dentro do prédio. As salas devem ser construídas de maneira a assegurar a passagem obrigatória dos trabalhadores através dos vestiários para a área de descontaminação, antes da sua entrada na sala onde se manipulam microrganismos de risco biológico classe 4 ou com características semelhantes;

— deve haver vestiários interno e externo com chuveiro (banho obrigatório);

— a área onde o traje pressurizado é utilizado deve ser construída com as mesmas características que proporcionam segurança ao laboratório NB-4 modelo cabine;

— neste tipo de laboratório, é obrigatório o uso de um traje de peça única com pressão positiva, o qual possui sistema de suporte de vida com filtro absoluto ou HEPA;

— o sistema de suporte de vida inclui compressores de respiração de ar, alarmes e tanques de ar de reforço para emergência;

— a entrada deve ser feita através de uma câmara de compressão adaptada com portas herméticas;

— um chuveiro químico para a descontaminação do traje de pressão positiva deve ser instalado na saída da área onde as CSBs estão instaladas;

— o gerador deve ser ligado a todos os equipamentos e ao sistema de suporte de vida, alarmes, iluminação, controles de entrada e saída, bem como CSB;

— todas as aberturas e penetrações dentro da sala do traje e da sala do chuveiro químico devem ser seladas;

— a inspeção diária de todos os parâmetros de contenção (fluxo de ar direcionado, pressão, CBS, chuveiros químicos) e dos sistemas de suporte de vida deve ser concluída antes que o trabalho no laboratório se inicie, garantindo, assim, a segurança do trabalho.

— Os lavatórios devem ter funcionamento automático, sem acionamento com as mãos, devendo ser instalados próximo à área do traje. Deve haver vestiários interno e externo com lavatórios;

— as portas internas e externas do chuveiro químico devem ter intertravamento;

— o suprimento de ar que abastece a área do traje, do chuveiro químico e da câmara de compressão deve ser filtrado por filtro absoluto ou HEPA. O ar exaurido da área do traje, do chuveiro químico e da câmara de compressão deve ser filtrado por dois filtros absolutos ou HEPA em série;

— o ar exaurido tratado e o liberado das CSBs classe II, no local onde os trabalhadores vestem o traje de pressão positiva, deve ser exaurido por dutos exaustores com filtros absolutos ou HEPA, e não deve interferir no equilíbrio de ar do ambiente e das CSBs;

— as CSBs classe II, utilizadas no NB-4, são dos tipos B1, B2 e B3, devendo ser sempre usadas com o traje de pressão positiva com sistema de suporte de vida[13].

Equipamentos de contenção (barreiras primárias) no NB-4

Todos os procedimentos devem ser executados no interior de CSB classe II, com traje de pressão positiva com sistema de suporte de vida. Em muitos laboratórios NB-4 modelo cabine, onde existe CSB classe III, utiliza-se o traje de pressão positiva para maior segurança.

Práticas especiais no NB-4

As práticas especiais apropriadas ao laboratório NB-4 também são para o NB-3, com os seguintes acréscimos:

— acesso permitido somente sob a responsabilidade do diretor da instituição e do chefe do laboratório. As pessoas autorizadas devem cumprir com exatidão as instruções recebidas, além de cumprir os procedimentos aplicáveis à entrada e saída do laboratório NB-4. Deve haver um registro, por escrito, da entrada e saída de pessoal, com data, horário e assinaturas;

— o símbolo universal de risco biológico deve ser colocado em todas as portas com as informações pertinentes;

— o diretor da instituição deve ser o responsável por assegurar que os trabalhadores do NB-4 recebam treinamento adequado, antes de iniciar suas atividades, e demonstrem experiência comprovada nas técnicas e práticas microbiológicas, bem como em práticas e operações especiais específicas para esse tipo de laboratório;

— os trabalhadores do NB-4 devem receber imunizações para as patologias conhecidas e relacionadas com o trabalho laboratorial;

— deve ser feito o controle sorológico dos trabalhadores do NB-4. As amostras de soro dos trabalhadores expostos ao risco biológico devem ser coletadas e armazenadas em soroteca como referência futura, além de amostras coletadas em intervalos regulares que podem estar relacionadas ou não com os exames periódicos. No programa de avaliação sorológica, deve-se considerar a disponibilidade de métodos para a avaliação do anticorpo especifico do agente de risco biológico ou outros agentes associados;

— os trabalhadores do NB-4 devem ser treinados periodicamente nas áreas relativas às suas atividades. Devem ser avaliados quanto à percepção do risco inerente ao trabalho laboratorial e receberem treinamento adequado, caso mudanças sejam introduzidas nas técnicas laboratoriais e no uso de equipamentos;

— toda roupa comum deve ser trocada no vestiário externo por roupa protetora completa e descartável. As roupas usadas, incluindo roupas de baixo, meias, calças blusas ou macacões, sapatos, luvas, etc., devem ser fornecidas e utilizadas por todos os trabalhadores. Ao sair do laboratório, os trabalhadores devem retirar a roupa no vestiário interno, antes de se dirigirem ao banho, devendo as roupas usadas serem autoclavadas antes de lavadas;

— os materiais e suprimentos necessários para o laboratório devem ser descontaminados em autoclave de porta dupla, câmara de fumigação ou sistema de antecâmara pressurizada (para equipamentos e materiais que não resistem a temperaturas elevadas), antes de serem utilizados, e as portas devem ter intertravamento de segurança.

— cuidado especial deve ser tido com o uso e descarte de perfurocortantes;

— o material biológico viável ou intacto, que necessite ser removido da CSB classe III ou do laboratório NB-4 (só com permissão especial), deve ser acondicionado em recipiente de contenção primária lacrado, inquebrável e à prova de vazamento, devendo estar contido em um segundo recipiente lacrado, inquebrável e à prova de vazamento, que deve passar por um tanque de imersão contendo desinfetante, câmara de fumigação ou por câmara pressurizada planejada para este fim;

— todos os outros materiais, com exceção do que deve permanecer viável para estudo ou estoque, devem ser destruídos por autoclavação, antes de ser removidos do NB-4;

— derramamentos, vazamentos ou qualquer outro tipo de incidente/acidente com materiais contendo microrganismos de risco biológico classe 4 devem ser contidos e limpos por uma equipe especializada em emergência laboratorial do próprio laboratório NB-4;

— o sistema de notificação de acidentes, exposições laboratoriais, absenteísmo de trabalhadores e doenças associadas ao trabalho laboratorial deve ser monitorado e acompanhado pelo sistema de vigilância médica;

— deve haver uma unidade de quarentena, isolamento e cuidados médicos especiais para os trabalhadores possivelmente contaminados do NB-4[1,13].

Práticas padrões no NB-4

Semelhantes às praticadas no laboratório NB-3, mas acrescidas de cuidados especiais devido à complexidade e ao risco neste nível de biossegurança.

Considerações finais

A biossegurança atualmente se tornou uma área da Ciência que deve ser considerada de forma especial, visto que envolve tanto o fator humano quanto o espaço onde as operações laboratoriais são realizadas e, conseqüentemente, o meio ambiente que os engloba. Este encadeamento de fatores que interatuam com as práticas padrões e especiais, o uso de equipamentos de proteção individual e coletivo na rotina do trabalho laboratorial, o desenho arquitetônico como barreira de proteção e principalmente, a disseminação da informação em biossegurança, além do conhecimento sobre a classificação dos microrganismos com base no risco apresentado para os trabalhadores da área de saúde e para a sociedade, levarão os laboratórios e serviços de saúde a dar um salto qualitativo, de modo a garantir os objetivos para os quais foram criados e assegurar respostas eficientes aos novos desafios.

Referências bibliográficas

1. Biosafety Guidelines. Caps. 4 e 5. Containment level 4. Disponível em http://duke.usask.ca/~whiterv/bioman5c.html. Resgatado em 10/10/01.
2. Biosafety Guidelines. Cap. 4. Containment level 3. Disponível em http://duke.usask.ca/~whiterv/bioman5c.html. Resgatado em 10/10/01.

3. Biosafety Manual. Containment facilities. Disponível em http://www.safety.ucb.ca/Biosafety/manual2000/containment.htm. Resgatado em 10/10/01.
4. Bulhões I. Check-up na saúde. Revista Proteção, fev. de 1996.
5. Cadernos de Biossegurança 1. Legislação. Instrução normativa nº 7. Biossegurança, Comissão Técnica Nacional de Biossegurança CTNBio. MCT. Março de 2000.
6. Cantineau A, Perrin T. Prévention des affections professionnelles dans les laboratoires d'analyses médicales. Disponível em www.sdv.fr/aimt67/dossier/risquebio1.htm. Resgatado em 3/5/2001.
7. Centers for Disease Control, Office of Biosafety. Classification of etiologic agents on the basis of hazards. 4ª ed., U. S. Department of Health, Education and Welfare, Public Health Service. 1974.
8. Containment Facilities. Containment level III. Disponível em http://www.safety.ubc.ca/Biosafety/manual2000/containment.htm. Resgatado em 10/10/01.
9. Containment Facilities. Containment level III. Disponível em http://www.safety.ubc.ca/Biosafety/manual2000/containment.htm. Resgatado em 10/10/01.
10. Kruse RH, Puckett WH, Richardson JH. Biological safety cabinetry. Clinical Microbiology Reviews, abril de 1991.
11. Lima e Silva FHA. Barreiras de contenção. In: Oda LM, Ávila SM. (orgs.). Biossegurança em laboratório de saúde pública. Rio de Janeiro: Fundação Oswaldo Cruz, 1998.
12. Lima e Silva FHA. Equipamentos de contenção. In: Teixeira P, Valle S. (orgs.). Biossegurança: uma abordagem multidisciplinar. Rio de Janeiro: FIOCRUZ, 1996.
13. Richmond J, Mc kinney RW, Santos AR, Millington MA, Althoff M. (orgs.) Biossegurança em laboratórios biomédicos e de microbiologia. Brasília: Ministério da Saúde, Fundação Nacional de Saúde, 2000.
14. Rocha SS. Conceitos básicos em biossegurança. In: Oda LM, Ávila SM. (orgs.). Biossegurança em laboratório de saúde pública. Rio de Janeiro: Fundação Oswaldo Cruz, 1998.
15. Simons J, Sotty P. Risques biologiques. Paris: Inserm, 1991.

Capítulo 5

Estrutura e Organização no Laboratório

Maria Cristina Troncoso Ribeiro Pessoa

Introdução: Bioinstalações

Este tema foi desenvolvido a partir de conhecimentos adquiridos em meus 18 anos de trabalho na concepção e/ou adaptação e/ou ampliação de ambientes biomédicos, bem como dos debates com os alunos dos cursos de biossegurança na Fundação Oswaldo Cruz — FIOCRUZ. De posse da experiência e da observação crítica e técnica, bem como do manuseio de bibliografia existente sobre o assunto, finalizei as pesquisas para dissertação de mestrado e dei início à tese de doutorado. Aquela foi apresentada na Faculdade de Arquitetura e Urbanismo — FAU, e a outra encontra-se em fase de elaboração no doutorado na Coordenação dos Programas de Pós-graduação de Engenharia — COPPE, ambas na Universidade Federal do Rio de Janeiro/UFRJ.

Investiguei os aspectos de biossegurança que devem ser incorporados ao projeto de laboratório, objetivando o cerceamento ou minimização dos efeitos nocivos que porventura advenham da inadequação desse tipo de construção, e que possam influenciar o ser humano, o meio ambiente e a própria pesquisa laboratorial. Constatei que grande parte dos problemas detectados na fase de execução, do uso e manutenção das edificações pode ser evitada, com cuidados específicos no momento da concepção do projeto. Ora, é nesta etapa de concepção do projeto que se planeja a edificação no papel. Assim, esta deve conter todos os detalhes que elucidem a construção.

Nunca é demais lembrar que qualquer lacuna que permaneça no projeto será levada para a execução da obra, o que implica improvisos, os quais geralmente resultam em pontos vulneráveis à ocorrência de erros. A Tabela 5.1 vem ratificar esta realidade.

Ao conceber tal ambientes de trabalho como um produto final saudável, há que buscar a harmonia entre as partes; a preservação do meio ambiente, a credibilidade do resultado das pesquisas e a saúde do trabalhador. Assim, necessário se faz reconhecer cada um dos fatores de risco bem como as implicações que estes possam acarretar ao ambiente construído. De posse de tais dados, avança-se no processo de construção, com vistas a chegar a instalações que atendam aos requisitos da biossegurança — bioinstalações. Para tanto, traçarei os parâmetros a serem adotados no projeto, referentes à construções biomédicas de classes de risco 1, 2 e 3.

É importante frisar que, durante a concepção dos projetos, deve ser pensado que a edifi-

Tabela 5.1 Origens dos problemas patológicos na construção civil[4]	
Origens dos problemas	*Índice (%)*
Projeto	60,0
Construção	26,4
Equipamentos	2,1
Outros	11,5
Total	100,0

Fonte: Abrantes citado por Pessoa MCTR (1999).

cação malconcebida pode trazer doenças ocupacionais. Neste sentido, estou apresentando alguns projetos em que as soluções construtivas levam em conta o bem-estar do usuário.

Finalmente, espero que, por meio deste estudo, haja contribuído para que os profissionais da área tenham acesso a estas informações, não somente os que atuam diretamente com a saúde mas também os que, de uma maneira ou de outra, estejam envolvidos com segurança e/ou riscos advindos de tais ambientes.

Biossegurança no contexto dos projetos de engenharia

A biossegurança tem a conotação de perseguir e favorecer a saúde dos homens, do meio ambiente e dos animais. Desta maneira, enfocando a biossegurança sob o ponto de vista de projetos de ambientes laboratoriais, devem-se considerar alguns pontos, tais como:

— analisar o microrganismo que será manipulado no laboratório/biotério com relação ao nível de risco que este provoca, antes da elaboração das plantas de arquitetura, a fim de verificar em que nível de biossegurança as salas se enquadram;

— elaborar o mapeamento do risco, a fim de que tais espaços de trabalho onde se manipulam microrganismos de níveis mais elevados permaneçam em setores resguardados e em pavimentos baixos;

— verificar e quantificar o número de pessoas que vão trabalhar e quais os tipos de animal que serão utilizados nas pesquisas, antes de dimensionar os laboratórios e os biotérios;

— observar o impacto que o novo laboratório pode causar em seu entorno, para que a sua localização não venha a prejudicar alguma outra atividade que funcione na vizinhança;

— estudar os fluxos de acesso, de modo a favorecer o escape de pessoas e a aproximação de carros de bombeiro em caso de incêndio;

— seguir as normas de biossegurança, sabendo que foram, em princípio, elaboradas no intuito de normalizar os laboratórios em que se manipulam transgênicos, e que, posteriormente, foram estendidas para os laboratórios biomédicos e biotérios;

— dimensionar os espaços de forma racional, não apenas para evitar que a manutenção destas áreas controladas seja demasiadamente dispendiosa mas também para propiciar melhor controle de contaminação;

— projetar os espaços técnicos verticais e/ou horizontais, inclusive nas bancadas, para permitir a passagem dos principais dutos de infra-estrutura. Este procedimento auxilia a manutenção, pois propicia que qualquer reparo seja executado de forma mais rápida e, em grande parte, no exterior do laboratório;

— conceber a estrutura da edificação atentando para o tipo de uso, devendo ter de antemão a listagem dos equipamentos com os seus respectivos pesos;

— verificar, nos casos de projetos de instalações complementares, as necessidades reais de cada equipamento, para alcançar o adequado funcionamento, ou seja, investigar as exigências quanto ao tratamento de esgoto, carga elétrica, gases, lógica, entre outros itens;

— aplicar questionários para captar as necessidades dos técnicos e pesquisadores, a fim de elaborar levantamento de dados, para garantir que:

- o fluxo do trabalho seja rigorosamente obedecido;
- a execução das tarefas se dê nos locais adequados;
- os equipamentos (autoclave, cabine de segurança biológica-CSB, etc.) sejam corretamente utilizados;
- os sistemas de infra-estrutura, cujos equipamentos subordinados não possam parar, estejam ligados à instalação elétrica de emergência e à emergência do gerador, a exemplo do ar condicionado, envolvendo filtragem, exaustão e diferença de pressão.

A complexidade no desenvolvimento de projetos de laboratórios manifesta-se devido às especificidades inerentes a esse tipo de construção. Portanto, é fundamental que participem de tais empreendimentos profissionais multidisciplinares experientes, e que a compatibilização de todos os projetos seja realizada antes da construção. Neste sentido, define-se, a seguir, o conjunto de itens que compõem o projeto executivo: projetos de arquitetura, ar condicionado e exaustão, estrutura, instalações hidráulica, elétrica, de esgoto, de águas pluviais, incêndio, lógica, gases, especificação dos materiais, pára-raios, planilha de custo e cronograma físico-financeiro.

As normas de biossegurança estabelecem os procedimentos e ações que visam a prevenir, minimizar ou eliminar os riscos provenientes das atividades de pesquisa com risco biológico. Os requisitos recomendados ou obrigatórios para as áreas físicas e instalações de laboratórios biomédicos estão listados nas Tabelas 5.2 e 5.3, de acordos com os níveis de biossegurança — NB.

Ressalte-se que, nesse tipo de construção, são necessários empenho e precaução, visando a evitar contaminações, sendo o papel do projeto de arquitetura e engenharia o de favorecer a proteção ambiental e prevenir a transmissão das doenças ocupacionais. Para tanto, as especificações dos materiais devem ser objeto de preocupação desde a fase de planejamento e concepção. É importante que as especificações sejam sucintas, objetivas e claras, abordando as características consideradas importantes para obter um bom desempenho do material durante a execução da obra e no momento do uso da edificação.

As instalações físicas e a biossegurança

Sabe-se que a preocupação com a biossegurança não se restringe aos ambientes de saúde. Hoje, existe uma tendência de mudança cultural em nível mundial com relação à obtenção de novos padrões de comportamento direcionado à preservação do meio ambiente e da própria vida. A Conferência Mundial do Rio, em 1992, foi um dos encontros internacionais que demonstraram o entendimento pelos governos de que a visão ecológica deve ser encarada de maneira sistêmica. Cada país passou a ter sua responsabilidade bifurcada, abrangendo sua atuação individual e, concomitantemente, integrada ao mundo.

Ressalta Valle (1996) que se devem conhecer "as características peculiares dos agentes microbiológicos, dentre as quais se destacam o grau de patogenicidade, o poder de invasão, a resistência a processos de esterilização, a virulência, a capacidade mutagênica". É mister que todos os profissionais estejam conscientes dos riscos a que estão expostos para, assim, adotarem procedimentos de segurança na sua rotina de trabalho.

Segundo Grist (1995), os laboratórios são classificados de acordo com as respectivas classes de risco (1, 2, 3 e 4), referentes aos perigos relativos aos microrganismos infecciosos. No que concerne aos da classe 1 de risco, os microrganismos devem ser manipulados em laboratórios básicos. Note-se, com respeito à matéria, que estes dificilmente contaminam os homens e animais, plantas e meio ambiente.

Na seqüência, citem-se os da classe 2 de risco, cujos microrganismos devem ser manipulados em laboratórios de nível de biossegurança 2. São os germes patogênicos que provocam doenças em seres humanos. A exposição pode tra-

Tabela 5.2
Requisitos recomendados ou obrigatórios para a área física, conforme o nível de biossegurança[1]

Área física	*NB-1*	*NB-2*	*NB-3*	*NB-4*
Identificação do nível de biossegurança e do microrganismo	R	O	O	O
Laboratório afastado de passagens públicas	R	O	O	O
Laboratório em sala própria	R	O	O	O
Laboratório separado por antecâmara	R	O	O	O
Janelas vedadas e inquebráveis	R	O	O	O
Acesso controlado	R	O	O	O
Acesso restrito a pessoas autorizadas	R	O	O	O
Revestimentos lisos de fácil limpeza, sem juntas, resistentes a desinfetantes	R	O	O	O
Mínimo de móveis e equipamentos no laboratório	R	O	O	O
Móveis e equipamentos de fácil limpeza	R	O	O	O
Portas automáticas	R	O	O	O
Portas trancáveis interdependentes	R	O	O	O
Área na antecâmara para aventais de uso	R	O	O	O
Áreas separadas para roupas/sapatos	R	R	O	O

R – recomendado; O – obrigatório.
Fonte: Comissão Técnica de Biossegurança da FIOCRUZ (1998).

zer contágio por doenças infecciosas, mas o tratamento é eficaz e de baixa propagação.

Quanto aos da classe 3 de risco, os microrganismos devem ser manipulados em laboratórios de nível de biossegurança 3. São germes patogênicos que geralmente provocam doenças graves no homem e nos animais. Existem tratamento e medidas profiláticas eficazes.

Por fim, nos da classe 4 de risco, devem ser manipulados microrganismos em laboratórios de nível de biossegurança 4, nos quais se trabalha com germes altamente patogênicos que, em geral, provocam doenças graves no homem e nos animais, propagando-se com facilidade, de forma direta ou indireta. Geralmente, não existem tratamento ou prevenção satisfatória.

Antes de elaborar um projeto de arquitetura ou de engenharia, faz-se necessária uma avaliação quanto à classificação de risco em consonância com os tipos de laboratório existentes. Somente após tomar ciência sobre a realidade da rotina de trabalho destes ambientes, é que será possível chegar a um programa de necessidades que subsidie a solução de um espaço físico compatível e seguro.

De acordo com Karman (1994), a "humanização, manutenção, segurança, prevenção de incêndio, de invasão, de infecção hospitalar e outros devem ser objeto de preocupação e planejamento desde a fase de concepção da futura instalação". Para prevenir a criação de um edifício doente e garantir a manutenção dessas insti-

Tabela 5.3
Requisitos recomendados ou obrigatórios para instalações, conforme o nível de biossegurança[1]

Instalações	*NB-1*	*NB-2*	*NB-3*	*NB-4*
Sistema de emergência de energia elétrica	R	O	O	O
Dutos de fiação elétrica selados	R	R	R	O
Dutos acessíveis à manutenção	R	O	O	O
Iluminação de emergência	R	O	O	O
Laboratório com ventilação própria		R	O	O
Pressão negativa no laboratório		R	O	O
Ventilação separada para antecâmara		R	O	O
Filtros HEPA em todas as entradas e saídas de ar		R	O	O
Exaustão de ar independente da CSB		R	O	O
Pia no laboratório perto da saída	R	O	O	O
Pia automática com pedais na antecâmara	R	O	O	O
Lava-olhos no laboratório	R	O	O	O
Ralos no laboratório		R	O	O
Esgoto tratado antes de juntar-se ao esgoto geral		R	O	O
Tanque de desinfecção emergencial entre o esgoto do laboratório e o esgoto geral		R	O	O
Sistema para a prevenção de refluxo: ar e esgoto		R	O	O
Água sob pressão baixa, para evitar refluxo		R	O	O
Canos de água selados		R	O	O
Perfurações seladas nas paredes/janelas/teto/chão		R	O	O

R – recomendado; O – obrigatório; filtro HEPA: retém partículas $\geq 0,3\mu m$.
Fonte: Comissão Técnica de Biossegurança da FIOCRUZ (1998).

tuições de saúde, há que refletir no momento mesmo da concepção do projeto arquitetônico. Um edifício doente é aquele em que 20% dos seus ocupantes se mantêm com sintomas, como "dor de cabeça, irritação nos olhos, nariz e garganta, problemas no tórax, fadiga, anormalidades na pele e falta de concentração no trabalho", podendo esses sintomas desaparecer ou não, quando os trabalhadores se retiram do ambiente de trabalho[2].

Portanto, de maneira conjunta, os pesquisadores e projetistas devem unir os seus conhecimentos, a fim alcançar um projeto de laboratório que traduza o desempenho adequado à edificação. O conceito de desempenho de uma edificação durante a sua vida útil, considerando o caso em estudo, abrange a elaboração de projetos de laboratórios, em que a ótica aponta um produto final que contemple as normas de biossegurança. O projeto deve atender às exigências construtivas, observando a saúde do trabalhador e do meio ambiente. É importante que, através do projeto, diminuam-se e/ou controlem-se os riscos, proporcionando condições de trabalho que venham a ajudar a credibilidade dos resultados das pesquisas.

Projetos de laboratórios e de salas de apoio

Especificação dos materiais dos laboratórios

Devido à existência de uma gama de materiais utilizáveis para construir uma edificação, faz-se necessário que, antes da especificação, sejam pesquisadas as características do ambiente a ser edificado. Tal atitude leva os projetistas a escolherem os materiais que atendam às normas de segurança e, por conseguinte, proporcionem aos seus usuários um local de trabalho seguro.

A padronização desses materiais, de acordo com as exigências laboratoriais, otimiza os serviços de projeto e manutenção, porque se evita um estoque diversificado de materiais. Outra facilidade é a adoção de um caderno de encargos previamente definido, a fim de não perder tempo com pesquisas individuais. Assim, a padronização dos materiais e dos detalhes construtivos ajuda primeiro no seu armazenamento e, consecutivamente, na diminuição da complexidade dos trabalhos a serem executados.

Exemplificando alguns materiais de acabamento para laboratórios, elaborei uma pesquisa, principalmente no âmbito da FIOCRUZ, listando os mais utilizados nos seus laboratórios

Tabela 5.4
Relação de revestimento dos laboratórios para piso, parede e teto, de acordo com os níveis de biossegurança 1, 2, 3 e 4

Tipo de laboratório	*Revestimentos mais utilizados*		
	Piso	*Parede*	*Teto*
NB-1	• Vinílico em placas • Vinílico em rolo • Alta resistência resinada	• Alvenaria de tijolo ou de concreto celular revestida com pintura acrílica • Divisória em gesso acartonado revestida com pintura acrílica	• Forros removíveis • Gesso com pintura acrílica • Laje de concreto ou pré-moldada e argamassa com pintura acrílica
NB-2	• Alta resistência resinada	• Alvenaria de tijolo ou de concreto celular revestida com pintura acrílica • Divisória em gesso acartonado revestida com pintura acrílica	• Gesso com pintura acrílica • Laje de concreto ou pré-moldada e argamassa com pintura acrílica • Gesso acartonado com pintura acrílica
NB-3	• Alta resistência resinada • À base de resina epóxi	• Alvenaria de tijolo ou de concreto celular revestida com pintura epóxi	• Gesso acartonado com pintura epóxi • Laje de concreto ou pré-moldada e argamassa com pintura epóxi
NB-4	• À base de resina epóxi	• Alvenaria de tijolo revestida com pintura epóxi	• Laje de concreto ou pré-moldada e argamassa com pintura epóxi

Fonte: Adaptado de Pessoa MCTR (1999).

de níveis 1, 2 e 3, e, de posse desse estudo, verifiquei os que se adaptariam aos laboratórios de nível 4. Tal abordagem mostra o leque de materiais que atendem às normas de segurança, inseridos nas Tabelas 5.4 e 5.5. Observe-se que esses materiais, definidos para os pisos, as paredes e os tetos, são utilizados de acordo com o tipo de nível de biossegurança de cada laboratório.

Principais materiais utilizados nos laboratórios

Ver Tabelas 5.4 e 5.5.

Os laboratórios e suas características

Passarei agora a elucidar, através de projetos, alguns tipos de ambiente da área biomédica. O intuito é o de, a partir destes dados, oferecer subsídios para que projetistas e usuários desse tipo de construção possam tomá-los como base na elaboração de novos projetos de ambientes afins. As Figs. 5.1 a 5.7 ilustram tais projetos.

É de ver que, para a elaboração destes projetos, são consideradas as normas de biossegurança concebidas para atender aos espaços onde se trabalhe nas pesquisas com manipulação de algum tipo de organismo geneticamente modificado. Assim, não é negligenciada a normalização existente como parâmetros indicados para o funcionamento adequado de um laboratório/biotério. Isso feito, proporciona-se um ambiente de trabalho cujas instalações trazem benefícios para a saúde do usuário e a credibilidade das pesquisas, a fim de evitar contaminações. As medidas de segurança levam, ainda, em conta a minimização do im-

Tabela 5.5
Relação de revestimento dos laboratórios para as esquadrias, de acordo com o nível de biossegurança

Tipo de laboratório	*Revestimentos mais utilizados*		
	Piso	*Parede*	*Teto*
NB-1	• Pintura a óleo • Laminado melamínico	• Pintura a óleo • Alumínio anodizado ou natural com vidro	• Alumínio anodizado ou natural com vidro simples
NB-2	• Pintura a óleo • Laminado melamínico	• Pintura a óleo • Alumínio anodizado ou natural com vidro	• Alumínio anodizado ou natural com vidro simples
NB-3	• Portas com intertravamento, maçaneta tipo de centro cirúrgico e com acabamento de vedação tipo câmara fria	• Sem janela para o exterior • Com janela para o exterior de alumínio anodizado ou natural com vidro à prova de bala	• Alumínio anodizado ou natural com vidro duplo
NB-4	• Portas com intertravamento, maçaneta tipo de centro cirúrgico e com acabamento de vedação tipo câmara fria	• Sem janela para o exterior • Com janela para o exterior de alumínio anodizado ou natural com vidro à prova de bala	• Alumínio anodizado ou natural com vidro duplo

Fonte: Adaptado de Pessoa MCTR (1999).

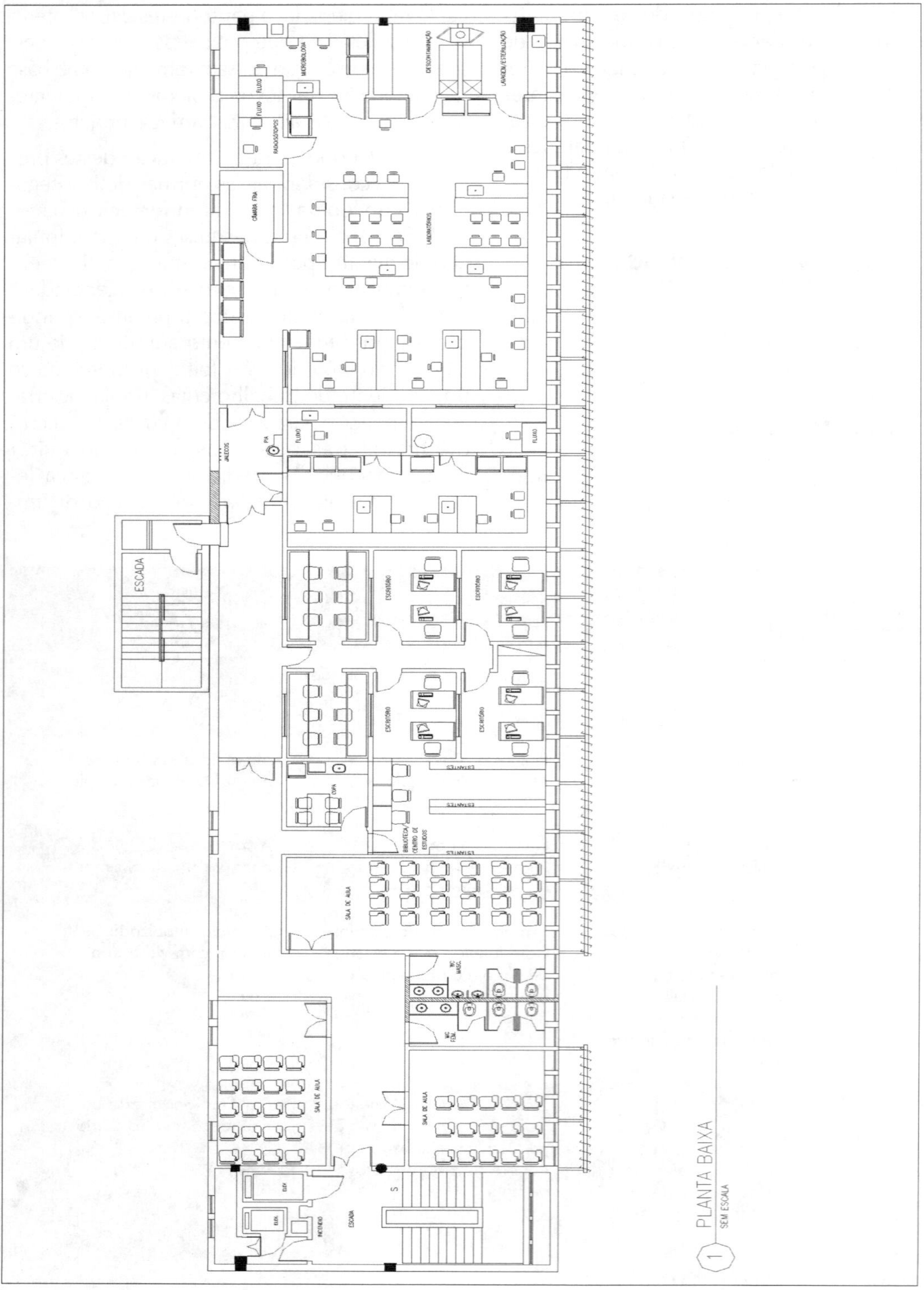

Fig. 5.1 — *Laboratório geral.*

Fig. 5.2 — *Laboratórios básicos.*

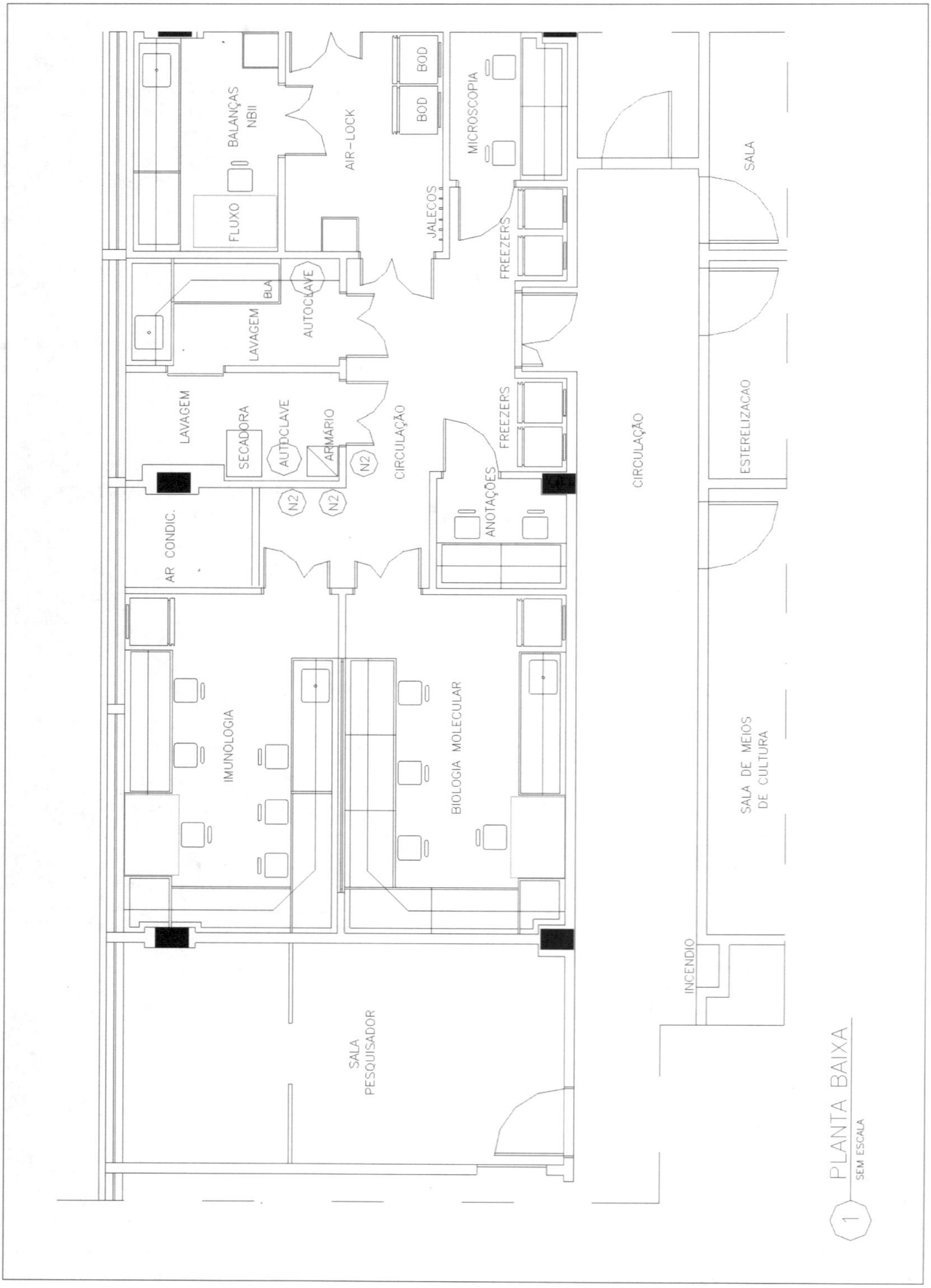

Fig. 5.3 — *Laboratório de leptospirose.*

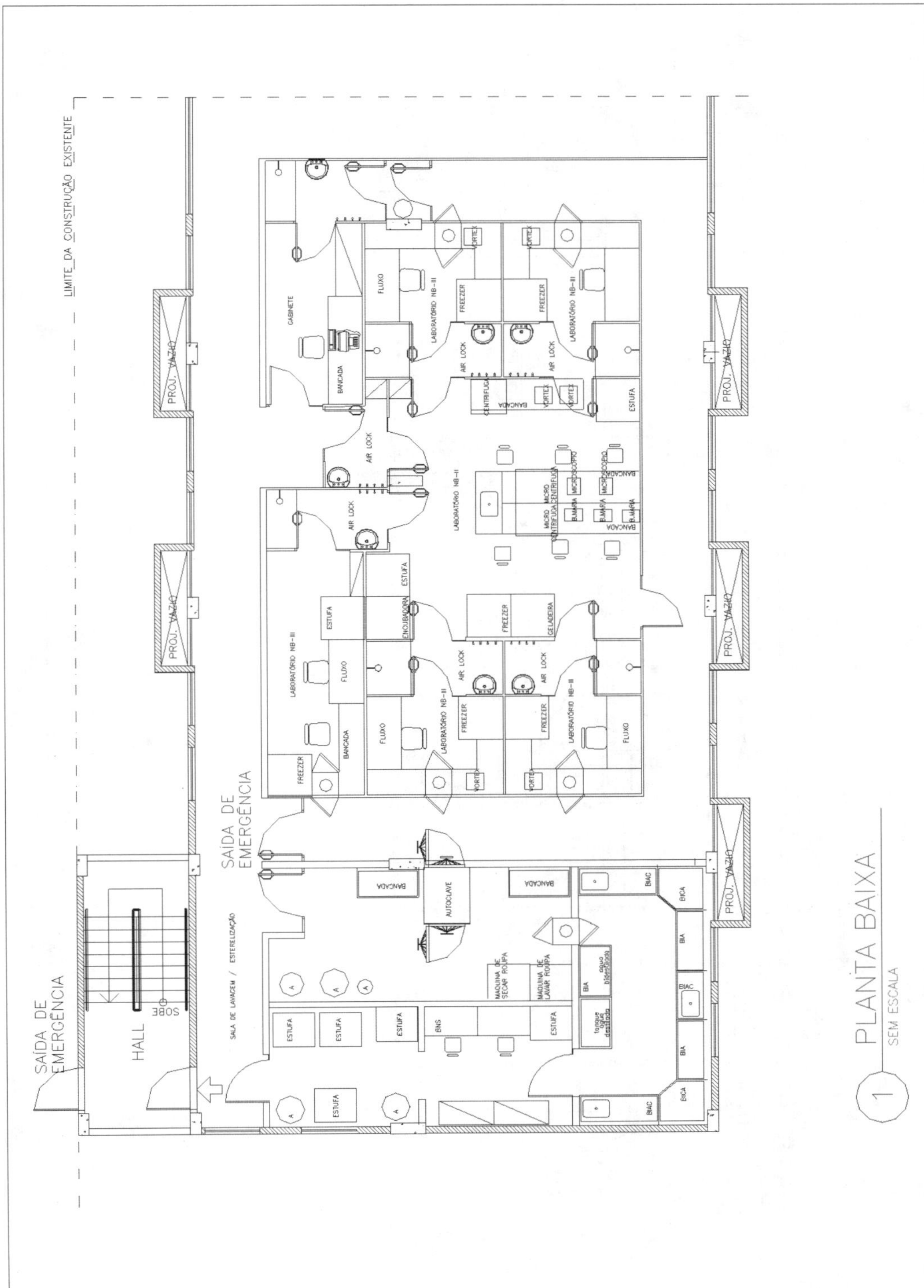

Fig. 5.4 — *Sala de lavagem e esterilização. Laboratórios NB-2 e NB-3.*

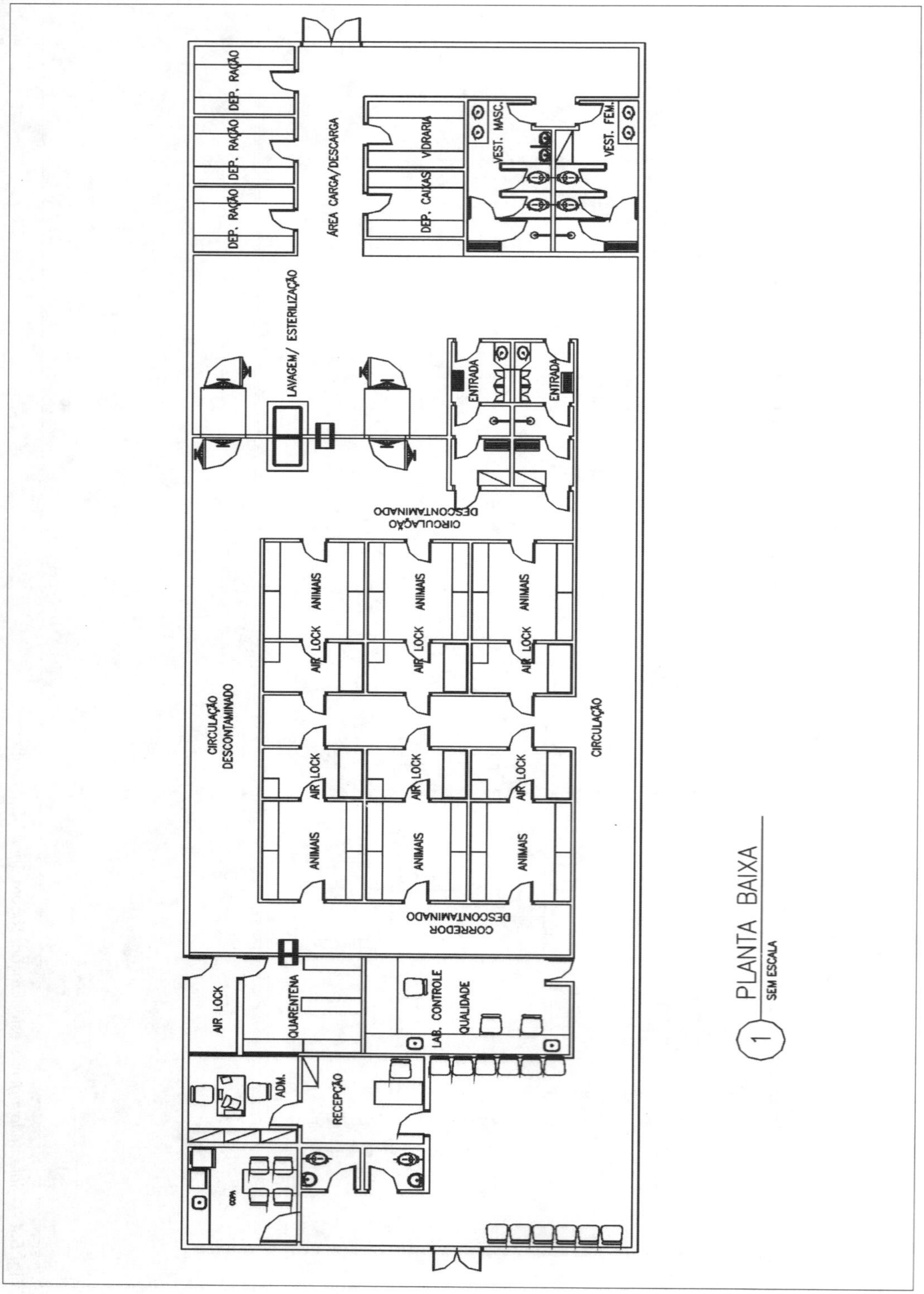

Fig. 5.5 — *Biotério de criação.*

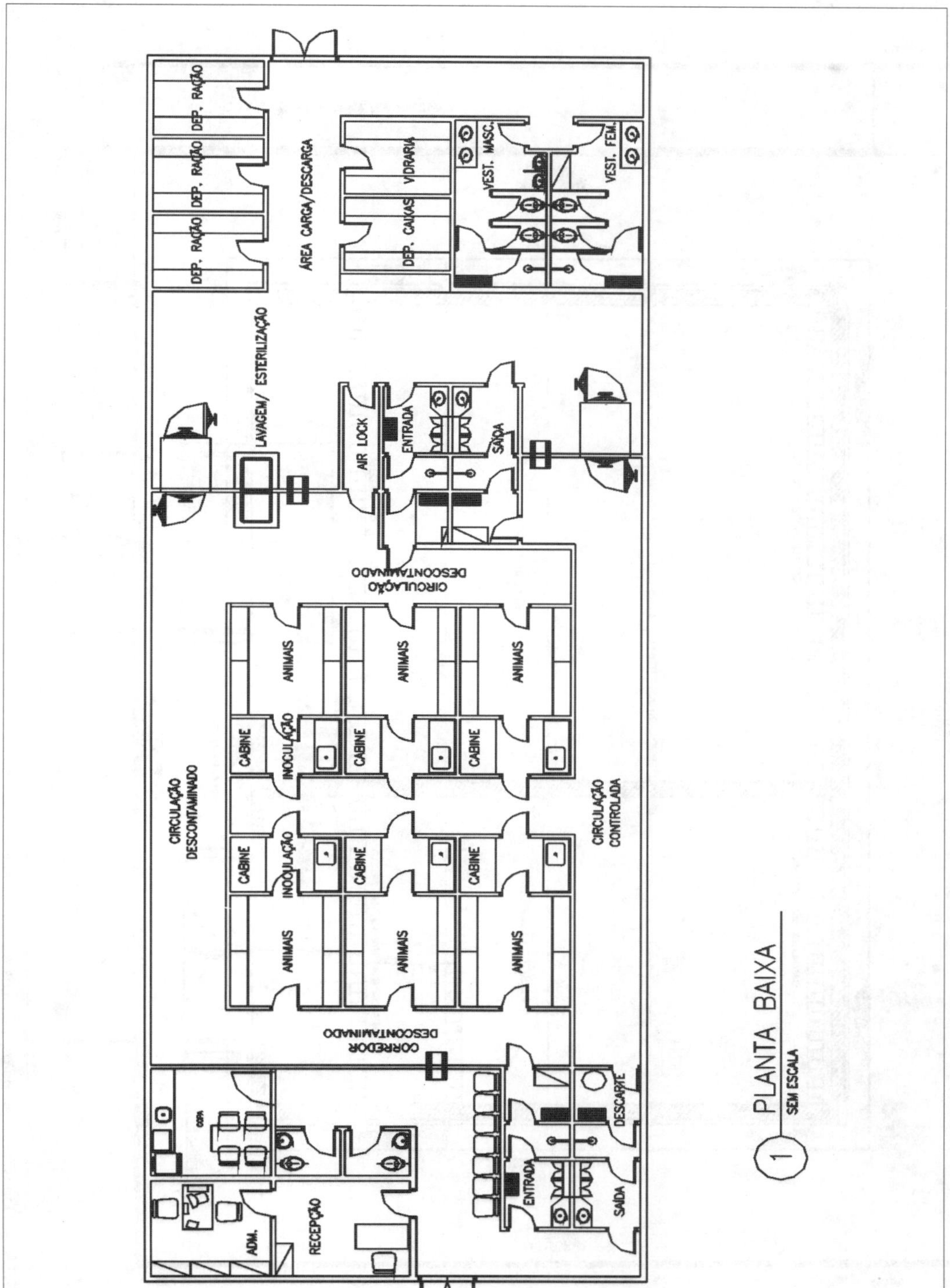

Fig. 5.6 — *Biotério de experimentação.*

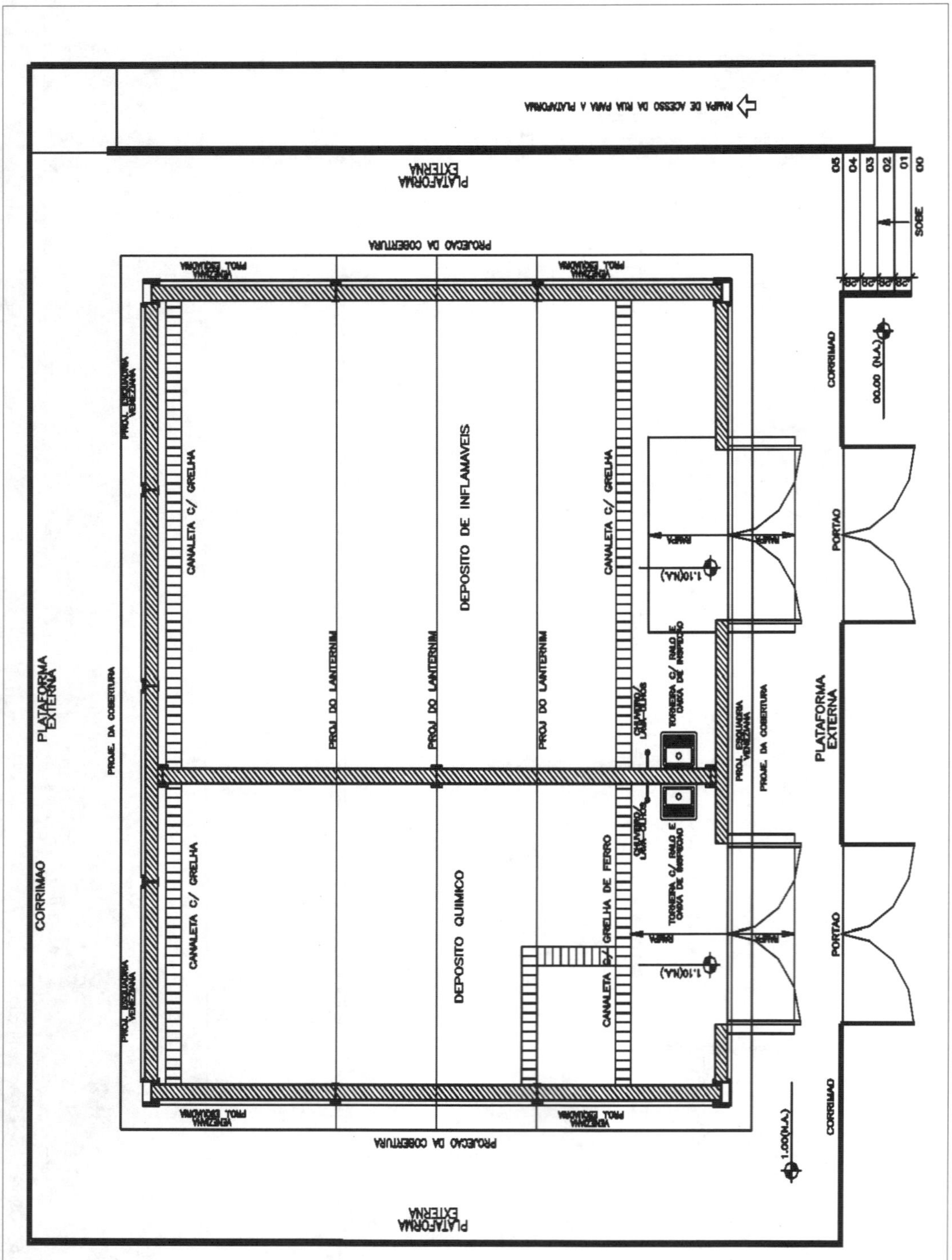

Fig. 5.7A — *Depósito de produtos químicos e inflamáveis: planta baixa.*

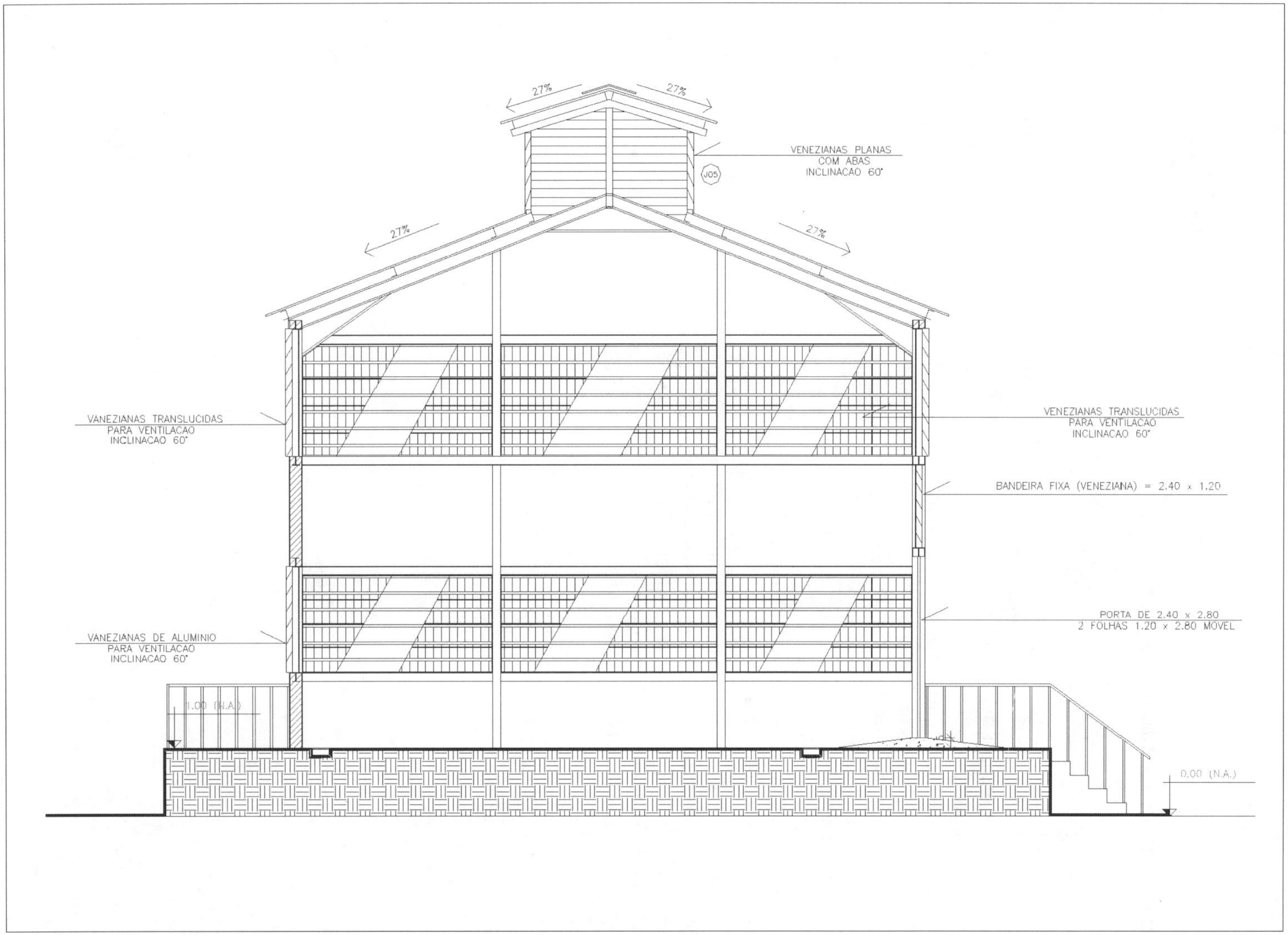

Fig. 5.7B — *Depósito de produtos químicos e inflamáveis: corte.*

pacto desse tipo de construção sobre o seu entorno, apresentando no projeto soluções que evitem danos ao meio ambiente.

Considerações finais

A partir do exposto, demonstrei que, na ambiência de laboratórios, é fundamental o emprego do conceito de biossegurança, considerando o trinômio: saúde, segurança e impacto ambiental. Enfatizei que existe relação entre o projeto e a saúde do trabalhador/meio ambiente e pesquisas. Assim, ficou claro o amplo papel do projeto de construção. Cabe-lhe auxiliar nas estratégias a favor da proteção ambiental e da credibilidade dos experimentos, bem como contra a transmissão das doenças ocupacionais (podendo estas ser infecções, problemas de visão e/ou emocionais, bem como outras, todas adquiridas no recinto de trabalho).

Finalmente, enfatizei a existência de uma inter-relação entre a proteção do trabalhador/pesquisa/meio ambiente e as construções dos laboratórios biomédicos. Portanto, antes de projetar devem ser conhecidos os parâmetros para a construção de laboratórios, de modo a garantir o controle dos riscos. Essa influência do projeto no desempenho dos ambientes construídos reflete-se, conseqüentemente, na saúde do trabalhador, na proteção do meio ambiente e na própria credibilidade das pesquisas, para as quais foram despendidos todos os esforços de concepção e execução laboratoriais.

Referências bibliográficas

1. Comissão Técnica de Biossegurança da FIOCRUZ. Procedimentos para manipulação de microrganismos patogênicos e/ou recombinados na FIOCRUZ. Rio de Janeiro: Editora FIOCRUZ, 1998.166 p.
2. Costa MAF. In: Biossegurança — Uma abordagem multidisciplinar. Rio de Janeiro: Editora FIOCRUZ, 1996. pp.123-131.
3. Grist NR. Laboratory biosafety manual. São Paulo, Livraria Santos Editora; 1995. 121 p.
4. Karman J. Manutenção hospitalar preditiva. São Paulo, Pini, 1994. 211p.
5. Pessoa MCTR. A qualidade do projeto e sua influência na produção e uso da edificação: estudo de caso dos laboratórios de pesquisa biomédicas da FIOCRUZ. Tese M.Sc., Mestrado em Arquitetura. Rio de Janeiro: UFRJ, 1999. 166p.
6. Valle S. Regulamentação da biossegurança em biotecnologia. Rio de Janeiro, Editora FIOCRUZ, 1996. 40p.

Capítulo 6

Mapa de risco

Ubirajara Aluizio de Oliveira Mattos
Paula Raquel dos Santos

Introdução

O objetivo deste capítulo é apresentar e discutir uma metodologia que possa ser utilizada na identificação e análise de riscos dos ambientes de trabalho. Trata-se do mapa de risco, ferramenta desenvolvida a partir da experiência operária, cujo intuito era melhorar as condições de trabalho nas fábricas e, assim, prevenir a ocorrência de acidentes e doenças ocupacionais.

A identificação e avaliação dos riscos, bem como a adoção de medidas preventivas requerem, freqüentemente, o uso de metodologias. Ressalta-se a importância do uso de metodologias que viabilizem a implantação de programas preventivos e auxiliem na integração deles, preconizados nas normas regulamentadoras NR-7 — Programa de Controle Médico e de Saúde Ocupacional (PCMSO), e NR-9 — Programa de Prevenção de Riscos Ambientais (PPRA), da Portaria nº 3.214, de 8/6/78, do Ministério do Trabalho e Emprego.

Inicialmente, neste capítulo, conceituam-se metodologia, riscos e metodologias para a identificação dos riscos, bem como discute-se o mapa de risco como um instrumento de mudança nas condições de trabalho. Apresenta-se uma aplicação desta metodologia em um setor de hemodinâmica de um hospital de cardiologia e, finalmente, tecem-se considerações finais acerca de tal metodologia.

Metodologias para a identificação de riscos

Método e metodologia

As metodologias são estudos dos métodos aplicados à solução de problemas teóricos e práticos. O termo método, deriva do conceito greco-latino *méthodos*, que significa caminho para alguma coisa; seguir alguma coisa e andar ao longo de um caminho.

O uso de metodologias faz-se necessário, quando se têm problemas complexos, impossíveis de serem resolvidos apenas com a experiência individual, necessitando de um desenvolvimento lógico sistemático.

Os métodos e as metodologias apresentam algumas limitações com relação aos seus usos. A metodologia é apenas um suporte lógico. O bom resultado é função da capacidade técnica e criativa de quem resolve o problema. Além disso, o uso indiscriminado de uma metodologia pode gerar mudanças de objetivos. Um método não é um instrumento neutro, autônomo. Ele é a manifestação de um pensamento, de uma ideologia.

Riscos ocupacionais e cargas de trabalho

O estudo dos fatores que levam à ocorrência dos acidentes e doenças pode ser feito através de duas abordagens distintas, porém complementares. A primeira, mais tradicional e oriunda da medicina, baseia-se no conceito de *riscos ocupacionais*; a outra, com origem na ergonomia, no conceito de *cargas de trabalho*.

Riscos ocupacionais

Os riscos ocupacionais consistem em fatores existentes no processo de trabalho com origem em seus componentes (materiais, máquinas/ferramentas, instalações, espaço físico, operações, métodos de trabalho, etc.) e na forma de organização do trabalho (espacial, temporal, etc.), capazes de gerar acidentes, doenças e outros agravos à saúde do trabalhador. Os riscos podem ser caracterizados segundo a natureza da fonte, a área de alcance ou ação, a relação com o exercício da atividade e a relação com o tipo de lesão (crônica ou aguda)[10].

A literatura apresenta diferentes classificações de riscos ocupacionais, o que pode gerar dúvidas ao leitor no momento da seleção. No caso dos laudos técnicos e/ou periciais, sugere-se o uso da classificação adotada pela Portaria 3.214, de 8/6/78, denominada Normas Regulamentadoras de Segurança e Medicina do Trabalho, do Ministério do Trabalho e Emprego[3].

Cargas de trabalho

A carga de trabalho é entendida como sendo a resultante de diversos elementos que interatuam dinamicamente no processo de trabalho[5]. Através desse conceito, procura-se expressar as condições de trabalho de forma mais integrada e global. As cargas de trabalho são consideradas em três dimensões: *físicas*, *cognitivas* e *psíquicas* — não havendo exatamente uma separação entre elas, pois, por exemplo, a existência de um fator relativo à carga física vai implicar cargas cognitivas e psíquicas, e vice-versa.

Para a ergonomia, as cargas de trabalho são determinadas por fatores relativos ao *processo de trabalho*, como a organização do trabalho e as condições ambientais, bem como por fatores relativos ao *indivíduo*, como o sexo, idade e condições de inserção na produção, nível de aprendizagem, condições de vida, estados de saúde e emocional, motivação e interesse.

Metodologias para o levantamento de riscos

Podemos caracterizar essas metodologias em dois grupos: as que se baseiam em antecedentes (fatos já ocorridos), chamadas de *retrospectivas*; as que possuem um caráter exploratório, que permite a antecipação (correção de falhas antes de se manifestarem concretamente, na forma de acidentes ou de doenças), denominadas *prospectivas*.

Os métodos retrospectivos mais conhecidos são a *lista de atos e condições inseguras* bem como a *árvore de causas*. Os métodos prospectivos que mais se destacam são o método LEST e mapa de risco. O mapa de risco tem sido a metodologia mais utilizada no mundo. Originada na Itália, esta metodologia foi desenvolvida por trabalhadores a partir da sua vivência nas fábricas, constituindo-se, como podemos ver a seguir, em um valioso instrumento para mudanças nas condições de trabalho.

O MAPA DE RISCO COMO INSTRUMENTO DE MUDANÇAS DAS CONDIÇÕES DE TRABALHO

Breve histórico

O mapa de risco (MR) não foi desenvolvido nos meios acadêmicos. Ele tem a sua origem no modelo operário italiano (MOI). O MR tinha como objetivo auxiliar os trabalhadores na investigação e controle dos ambientes de trabalho[1,7,9,11]. A sua importância técnica e política no processo de reforma sanitária italiana, ocorrido nos anos 70 do século XX, possibilitou a sua incorporação na legislação italiana através da Lei nº 833, de 23/9/78 que instituiu o *Serviço Sanitário Nacional* no seu artigo 20[11].

O MR tornou-se obrigatório no Brasil para todas as empresas do país que possuam empregados regidos pela Consolidação das Leis Trabalhistas (CLT), através da Portaria nº 5, de 17/8/92, do Ministério do Trabalho, que alterou a NR-9, atribuindo à Comissão Interna de Prevenção de Acidentes (CIPA) a sua confecção. Posteriormente, o texto original passou por uma revisão, sendo transferido da NR-9 para a NR-5 através da Portaria nº 25, de 29/12/94. Com esta modificação, foi introduzido o Anexo IV na NR-5, apresentando um roteiro para a construção do mapa de risco. Em 1999, a Portaria nº 25 foi alterada pela Portaria nº 8 (23/09/99) do MTE, modificando a NR-5 e retirando o Anexo IV. A nova NR-5 sugere que a construção do MR seja realizada através de outras metodologias, não impedindo, no entanto, o uso daquela estabelecida na antiga NR-5.

Definição

Existem diversas definições de MR. Originalmente, foi definido como "...um critério de abordagem da pesquisa do grupo operário para conhecimento e a definição científica das próprias condições de trabalho, um esquema de análise que possa enfrentar globalmente os problemas do ambiente e da prevenção do risco em todo o contexto social"[11].

Embora a definição legal considere o MR como "...uma representação gráfica do reconhecimento dos riscos existentes nos diversos locais de trabalho..."[4], entendemos que se trata de um processo educativo e organizativo que pode abrir espaço para que as pessoas envolvidas reflitam sobre o seu próprio trabalho e aprendam sobre o trabalho dos colegas, quebrando, parcialmente, o caráter fragmentado do processo de trabalho encontrado nas empresas. O caráter pedagógico é a essência deste modelo[1,6-9,11,14].

A partir das discussões em grupo, visita aos locais de trabalho, análise de casos de acidentes e doenças, bem como de outras atividades, os trabalhadores podem identificar os problemas comuns a todos e os específicos de cada local de trabalho, facilitando, assim, a formação de uma visão mais completa e integral do quadro das condições de trabalho da empresa, e afastando-se da antiga e incorreta visão de que a prevenção da saúde no trabalho é uma questão apenas individual[7,13].

Construção do MR

A supressão do Anexo IV da NR-5 tornou necessário um roteiro para quem pretende construir o MR. O roteiro consiste nas seguintes etapas:

— Levantamento e sistematização do processo de produção
  - Fluxograma de produção;
  - Descrição dos equipamentos e instalações;
  - Descrição dos produtos, materiais e resíduos;
  - Descrição das equipes de trabalho;
  - Descrição das atividades dos trabalhadores;
  - Preenchimento da tabela: grupos de riscos; local/atividade; sintomas/sinais; acidentes/doenças; recomendações;

— Construção da representação gráfica.

Estas etapas são abordadas considerando o processo de trabalho nos serviços de saúde[13].

Levantamento e sistematização do processo de produção

Fluxograma de produção

Visa a identificar e detalhar os passos do processo de trabalho dos produtos ou serviços executados no setor estudado. Descrevem-se as atividades executadas nos postos de trabalho. Para análise do trabalho no ambiente hospitalar, podem-se considerar os métodos de trabalho e as ações (operações, transportes, armazenagens, esperas e inspeções/verificações) envolvendo as técnicas e os procedimentos de preparação dos clientes, equipamentos/instrumentos e materiais, relacionados com consultas, exames e/ou cirurgias.

Descrição dos equipamentos e instalações

Visa a identificar os principais equipamentos as e instalações existentes em um setor e relacioná-los com os passos do processo de trabalho, apresentando suas dimensões, origem, características funcionais, o tipo de energia utilizada, sua capacidade produtiva e informações quanto ao seu funcionamento além de outras observações que sejam formas de se estabelecer o elo entre os equipamentos de trabalho de um setor hospitalar e o desenrolar de uma atividade. Para tal momento, é importante citar os riscos provenientes destes equipamentos, se são conhecidos, sua importância para o setor e as habilidades necessárias ao seu funcionamento. Quando se trata de equipamentos de origem estrangeira, deve-se também tecer considerações quanto aos aspectos antropotecnológicos envolvidos, que possam levar à incompatibilidades e inadequações ergonômicas. Os equipamentos que incorporam novas tecnologias têm sido uma constante nas unidades hospitalares, demandando novo comportamento dos trabalhadores de saúde frente às mudanças para um novo modo de trabalhar e de observar clinicamente um paciente, sem que haja a perda do saber avaliá-lo. Essas novas exigências e instalações, mobiliário e equipamento hospitalares trazem, também, outros riscos e cargas de trabalho, bem como requerem treinamentos e novos conhecimentos para um bom desempenho.

Descrição dos produtos, materiais e resíduos

Objetiva descrever os produtos resultantes de um processo de trabalho. Em um setor de esterilização, por exemplo, são executadas várias atividades. Para processar 200 pacotes de gaze estéril, os 200 pacotes de gaze estéril correspondem ao produto final do processo de esterilização.

Os materiais de consumo (descartáveis ou não) e os permanentes (como rouparia) requerem identificação, principalmente para o descarte dos utilizados em procedimentos bem como da lavagem e esterilização dos materiais permanentes a serem novamente utilizados em outros procedimentos em outras atividades. A listagem da matéria-prima para a atividade também é importante. No caso do serviço de enfermagem, os referidos materiais são conhecidos como a "bandeja contendo", uma linguagem própria de tais trabalhadores, que, para executar um procedimento, têm como norma organizar uma bandeja contendo todos os materiais de consumo e permanentes necessários, a fim de evitar perda de tempo, gasto desnecessário de energia, risco de iatrogenia e de contaminação para si e para o cliente, bem como a exposição desnecessária do cliente.

Deve-se atentar para os materiais auxiliares e os resíduos provenientes de um processo de trabalho em um setor hospitalar, uma vez que os resíduos hospitalares requerem normas específicas de biossegurança. Vale ressaltar a importância da sua identificação como sujo, contaminado e/ou infectado, de acordo com as normas do controle de infecção hospitalar, para evitar os riscos biológicos de contaminação por parte dos trabalhadores de saúde e dos demais trabalhadores no ambiente hospitalar.

O estoque é outro momento importante, pois obedece a uma demanda de serviços prestados, sendo o número de determinadas atividades de um processo específico de trabalho, como, por exemplo, a sonda vesical nº 16 para o cateterismo vesical feminino ou um jelco de nº 18 para uma punção venosa periférica, que garante um acesso venoso seguro e de grande volume para um cardiopata. Vale ressaltar a importância das quantidades estocadas, consumo semanal ou mensal, sua forma de armazenamento, grau de toxicidade, tempo de permanência para a vida útil e modo de tratamento para o seu reprocessamento, uma vez que este representa em si um novo processo.

Descrição das equipes de trabalho

Tem como objetivo identificar as equipes de trabalho (se possível, por equipamento) e o tipo de vínculo do trabalhador com a empresa. A grande maioria dos setores hospitalares possui suas equipes de trabalho formadas a partir do número necessário de funcionários, estabelecidos por um cálculo de funcionários que obedece à razão entre número de leitos de um setor, ou de atribuições e procedimentos, e o número de pacientes a serem atendidos.

O tipo de vínculo com o hospital é muito importante também, uma vez que estabelece o grau de organização dos trabalhadores e assegura os seus direitos trabalhistas, o que tem-se intensificado frente ao processo de terceirização das unidades hospitalares e dos seus funcionários. A caracterização do pessoal permite o levantamento do perfil da mão-de-obra deste setor do hospital, dando referência para os termos de quantidade de mão-de-obra, sexo, faixa etária, grau de escolaridade, vínculo empregatício, tempo de trabalho no hospital e no setor, bem como nível salarial.

É importante investigar quantas jornadas de trabalho possui os trabalhadores de saúde estudados, os setores em que já trabalharam e quantos empregos possuem, estabelecendo, assim, o fato de que o trabalhador de saúde que esteja em 36 horas consecutivas de trabalho não se encontra "inteiro" e completo em nenhuma delas, visto que é humanamente impossível estabelecer tantas horas seqüenciais de trabalho, sem que se tenham realizado os hábitos mais comuns de vida, como se alimentar e dormir.

Descrição das atividades dos trabalhadores

Visa a levantar as atividades e tarefas executadas por cada trabalhador, os locais onde são exercidas e sua freqüência de realização, bem como realizar um levantamento dos níveis de atenção e de responsabilidade envolvidos com a atividade executada, a jornada de trabalho, os turnos de trabalho e os esquemas de revezamento de turnos, quando for o caso.

Preenchimento da tabela: grupos de riscos; local/atividade; sintomas/sinais; acidentes/doenças; recomendações

Esta tabela sintetiza o quadro de condições de trabalho do processo de produção estudado. O seu preenchimento deve ser feito com a participação dos trabalhadores dos locais estudados.

Os *riscos* podem ser classificados em grupos, de acordo com as tipologias apresentadas na literatura existente da área. Quando se tratar de um laudo pericial, sugerimos que seja adotada a classificação utilizada pela legislação trabalhista brasileira:

- Grupo 1 — riscos físicos: identificados pela cor verde. Exemplo: ruído, calor, frio, pressões atmosféricas, umidade, radiações ionizantes e não-ionizantes, bem como vibração;
- Grupo 2 — riscos químicos: identificados pela cor vermelha. Exemplo: poeiras, fumos, gases, vapores, névoas, neblinas e substâncias compostas ou produtos químicos em geral;
- Grupo 3 — riscos biológicos: identificados pela cor marrom. Exemplo: fungos, bactérias, parasitas, vírus, protozoários e bacilos;
- Grupo 4 — riscos ergonômicos: identificados pela cor amarela. Exemplo: esforço físico intenso, levantamento e transporte manual de peso, controle rígido de produtividade, imposição de ritmos excessivos, trabalho em turno e noturno, jornadas de trabalho prolongadas, monotonia e repetitividade, bem como outras situações de estresse físico e/ou mental;
- Grupo 5 — riscos de acidentes: identificados pela cor azul. Exemplo: arranjo físico inadequado, máquinas e equipamentos sem proteção, iluminação inadequada, eletricidade, probabilidade de incêndio e explosão, armazenamento inadequado, animais peçonhentos e outras situações de risco que possam contribuir para a ocorrência de acidentes;

Os *locais*, nesta coluna da tabela, podem ser assinalados como setores, na forma de postos de trabalho ou outras fontes de geração do risco (máquinas/equipamentos/ferramentas/materiais).

Preencher a coluna *sintomas/sinais*, após ouvir os trabalhadores do setor e consultar a literatura médica sobre o assunto. O mercúrio, por exemplo, pode apresentar um sintoma de intoxicação, gerando alterações na coloração das mucosas e na gengiva. Por isso, pode ser importante a realização de exames clínicos e laboratoriais, para identificá-lo.

Os *acidentes/doenças* podem ser efeitos dos riscos identificados, necessitando, assim, de consulta a especialistas e/ou pesquisa na literatura sobre as doenças ocupacionais.

As *recomendações* consistem nas medidas de prevenção aos acidentes e doenças identificadas, bem como de proteção ao trabalhador. Torna-se necessário ouvir a opinião dos trabalhadores do local bem como consultar especialistas e/ou realizar pesquisa na literatura sobre segurança do trabalho, a fim de definir quais serão as melhores formas de intervenção para a eliminação e/ou controle dos riscos levantados. Como uma das referências para consulta, sugerimos o *Manual de segurança no ambiente hospitalar* do Ministério da Saúde[2].

Para um mesmo problema, podem existir diferentes formas alternativas de solução. Recomenda-se selecionar as consideradas como de melhor qualidade para a preservação da saúde e conforto dos trabalhadores, independente do investimento que possam requerer.

Construção da representação gráfica

Após o preenchimento da tabela relacionando os grupos de riscos; local/atividade; sintomas/sinais; acidentes/doenças e recomendações, deve-se proceder à etapa de construção da representação gráfica dos riscos que deverá ser feita sobre uma planta baixa que contenha o arranjo físico (*layout*) do setor. Os riscos devem ser indicados, de acordo com a sua gravidade, na forma de círculos coloridos, segundo o seu grupo, e em três diferentes tamanhos. Sugere-se que as dimensões dos círculos possuam as proporções 1, 2 e 4, respectivamente, para as gravidades pequena, média e grande. Existem, ainda, outras convenções que podem ser adotadas na construção do MR, entre as quais destacamos as seguintes:

- riscos diferentes com a mesma gravidade, existentes em um mesmo local ou fonte, podem ser representados por um círculo único, dividido pelas suas cores;
- os riscos que não tenham ação em pontos específicos, mas que estejam presentes em todo o ambiente, podem ser indicados fora do mapa, como poderá ocorrer quando se tratar de arranjo físico inadequado;
- para facilitar a identificação do risco no mapa, pode ser colocada uma numeração dentro do círculo correspondente, a qual, também, ser indicada na tabela.

Aplicação do Mapa de Risco: Estudo em um Setor de Hemodinâmica

Como exemplo, é apresentado um mapa de risco do setor de hemodinâmica de um hospital de cardiologia do Rio de Janeiro. Os dados foram obtidos e adaptados da dissertação de mestrado intitulada *Estudo do processo de trabalho da enfermagem em hemodinâmica: cargas de trabalho e fatores de riscos à saúde do trabalhador*[12].

O processo e a organização do trabalho no setor de hemodinâmica

O setor de hemodinâmica realiza atualmente as seguintes técnicas para diagnóstico: cateterismo cardíaco; arteriografia; e de tratamento, como a angioplastia. As técnicas utilizadas em maior freqüência são as de cateterismo cardíaco, pelo membro superior direito (artéria braquial) e pelos membros inferiores (artéria femoral).

São apresentados os riscos relativos ao processo de trabalho do exame de cateterismo cardíaco pela técnica de Sones, por ser o tipo de exame mais realizado e representar a grande parte do faturamento do setor.

Para ser admitido na sala cirúrgica, há um preparo prévio de todo o material cirúrgico e de uso para o exame (cateteres), devidamente exposto na posição e no local esperado, bem como o material de consumo, distribuído no setor e na mesa cirúrgica.

Neste setor exemplificado, trabalha uma única equipe de enfermagem, composta por oito funcionários públicos que se dividem em dois plantões de 12 horas semanais, com o início do plantão às 7h30min. Tal equipe é formada por dois auxiliares de enfermagem, cinco técnicos de enfermagem e um enfermeiro (diarista). Os auxiliares e técnicos de enfermagem são escalados nos diferentes dias da semana, tendo uma carga horária de 36 horas semanais. A equipe foi composta após um longo período de treinamento no serviço de cateterismo cardíaco da clínica especializada em hemodinâmica que presta serviços ao hospital.

Para cada plantão são distribuídos em torno de dois ou três funcionários de enfermagem. A equipe médica é composta por quatro médicos hemodinamicistas. Compõem, ainda, o serviço dois técnicos em raios X, e os demais funcionários são ligados ao serviço de secretaria (três funcionários terceirizados), serviço de copa (um funcionário) e um funcionário do serviço de limpeza, ambos também terceirizados. Os demais serviços são ligados aos serviços do hospital (nutrição, manutenção, segurança, transporte, suporte de emergências e transferências, etc.). O setor de Hemodinâmica possui uma manutenção exclusiva do seu equipamento de exame, feita por uma empresa argentina que o vendeu ao hospital. O setor funciona no horário comercial, o que não ocorre de fato devido à sua grande demanda. Está prevista a ampliação do seu horário de funcionamento para 24 horas, de segunda a sexta-feira.

Riscos ocupacionais e cargas de trabalho identificados na sala de exames

A seguir, são apresentadas as tabelas onde são identificados os grupos de riscos; local/atividade; sintomas/sinais; acidentes/doenças e recomendações, relativos à sala de exames do setor (Tabelas 6.1 a 6.5).

Tabela 6.1
Identificação dos riscos físicos, locais/atividades, sintomas/sinais, acidentes/doenças e recomendações para a sala de exames do setor de hemodinâmica

Riscos físicos	*Local/atividade*	*Sintomas/sinais*	*Acidentes/doenças*	*Recomendações*
1. Raios X	Salas de exame (durante o exame)	• Plaquetonia; leucopenia; perda ou decréscimo da capacidade reprodutiva do homem e da mulher • Efeitos teratogênicos ao feto durante gravidez	• Exposição direta sem o uso de EPI • Acidentalmente (entrada súbita e permanência na sala, preparando material sem que o técnico perceba que estão sem capotes de chumbo)	• Sinalização[1] • Controle hematológico do sangue[2] • Afastamento da sala de exames[2] • Uso de capote e colar de chumbo[3]; • Implementação urgente do dosímetro[4] • Rotatividade entre os funcionários[5] • Modernização dos equipamentos de raios X[6]
2. Ruídos (70dB (A), com o ar condicionado ligado)	• Salas de exame (durante o exame pelo equipamento de raios X, através da escopia; • No preparo do paciente na sala de exames através da solicitação de material entre a equipe)	• Irritação • Dispersão • Pouca concentração	• Erro técnico • Exposição a acidente perfurocortante • Estresse • Acidente pela troca de informações sobre os pacientes, podendo gerar iatrogenias	• Reduzir os níveis de intensidade dos ruídos através do controle das conversas.

Tabela 6.1 (cont.)
Identificação dos riscos físicos, locais/atividades, sintomas/sinais, acidentes/doenças e recomendações para a sala de exames do setor de hemodinâmica

Riscos físicos	*Local/atividade*	*Sintomas/sinais*	*Acidentes/doenças*	*Recomendações*
3. Frio (IBUTG = 19,4 °C)	• Salas de exame (durante o exame)	• Tosse, rouquidão e espirros	• Hipotermia • Problemas respiratórios agudos (rinites, resfriados)	• Climatização geral dos ambientes de todo o setor com regulagem da temperatura e da umidade

[1] *No momento da radiação.*
[2] *Durante o período gestacional, durante a realização de exames.*
[3] *Em estado adequado de uso, sem fissuras e dobras.*
[4] *Para todos os funcionários.*
[5] *Quanto à exposição à fonte geradora do risco (aparelho), no tocante ao tempo de exposição, com planejamento do número de exames e exposição que caberá a cada funcionário por semana.*
[6] *Reduzindo a exposição dos trabalhadores durante os exames (com maior controle da fonte geradora).*

Tabela 6.2
Identificação dos riscos químicos, local/atividade, sintomas/sinais, acidentes/doenças e recomendações para a sala de exames do setor de hemodinâmica

Riscos químicos	*Local/atividade*	*Sintomas/sinais*	*Acidentes/doenças*	*Recomendações*
4. Vapores anestésicos	• Salas de exame (antes do exame)	• Irritação nas mucosas nasal e ocular	• Doenças pulmonares	• Uso de máscaras com filtro de proteção
5. Líquidos inflamáveis	• Salas de exames (antes do exame)	• Inalação	• Dermatoses	• Uso de máscaras com filtro de proteção

Tabela 6.3
Identificação dos riscos biológicos, local/atividade, sintomas/sinais, acidentes/doenças e recomendações para a sala de exames do setor de hemodinâmica

Riscos biológicos	*Local/atividade*	*Sintomas/sinais*	*Acidentes/doenças*	*Recomendações*
6. Microrganismos (sangue e ambiente)	• Salas de exame (durante e após exame)	• Febre, mal-estar, dor no corpo, vômito	• Infecções diversas e desenvolvimento de patologias pulmonares	• Uso de protetor facial (visor de acrílico)

Tabela 6.4
Identificação dos riscos ergonômicos, físicos, local/atividade, sintomas/sinais, acidentes/doenças e recomendações para a sala de exames do setor de hemodinâmica

Riscos ergonômicos	*Local/atividade*	*Sintomas/sinais*	*Acidentes/doenças*	*Recomendações*
7. Atenção	• Sala de exames (cateterismo)	• Nervosismo	• Estresse	• Aumento do efetivo • Planejamento do número de exames e rotatividade para os funcionários
8. Vigilância	• Sala de exames (cateterismo)	• Ansiedade	• Estresse	• Aumento do efetivo • Planejamento do número de exames e rotatividade para os funcionários
9. Repetitividade	• Sala de exames (preparo de material para esterilização)	• Irritação • Fadiga	• Estresse • Esgotamento psíquico	• Aumento do efetivo • Planejamento do número de exames e rotatividade para os funcionários
10. Erguimento de paciente	• Sala de exames (após exame)	• Lombalgias • Dor nas pernas	• Desvio da coluna	• Equipamento para a sustentação e erguimento de pacientes
11. Transporte de material	• Da sala de repouso feminino para a sala de exames (esterilização do material)	• Lombalgias • Dor nas pernas • Dores na região cervical	• Comprometimento e lesões do sistema musculoesquelético	• Equipamento adequado para o transportes de cargas e admissão de funcionários para o serviço de transporte hospitalar
12. Posturas de trabalho bem como longa permanência em pé e intensos deslocamentos	• Sala de exames (antes de e durante exame)	• Longa permanência em pé • Dores nas pernas • Queimação e dores nos pés	• Lesões de tendões nos MMII • Deficiência na circulação (formação de varizes)	• Orientações para os funcionários; • Alongamentos e uso de cadeiras; • Mobiliário e espaço físico adequado[7] • Uso de palmilha de água[8]: • Ativação da circulação local com o uso de meias elásticas para a prevenção de varizes e promoção do conforto físico
13. Ritmo de trabalho intenso	• Hemodinâmica (diversas)	• Fadiga	• Esgotamento físico e mental: • Distúrbios gastrintestinal e neurovegetativo	• Redução do ritmo de trabalho: • Planejamento do número de procedimentos e das atividades de trabalho

Tabela 6.4 (cont.)
Identificação dos riscos ergonômicos, físicos, local/atividade, sintomas/sinais, acidentes/doenças e recomendações para a sala de exames do setor de hemodinâmica

Riscos ergonômicos	*Local/atividade*	*Sintomas/sinais*	*Acidentes/doenças*	*Recomendações*
14. Peso dos capotes de chumbo	• Salas de exame (durante exame)	• Lombalgias • Dor cervical	• Distúrbio musculoesquelético	• Adequação dos capotes (uso dos princípios antropométricos)
15. Esforço físico excessivo	• Hemodinâmica (diversas)	• Queixa de dores em diversos pontos do corpo	• Distúrbio musculoesquelético	• Organização do trabalho[9];
16. Trabalho em turno	• Hemodinâmica (diversas)	• Queixas inespecíficas de mal-estar geral: • Alterações dos ritmos circadianos • Alterações dos hábitos alimentares e do sono	• Distúrbios musculoesquelético, gastrintestinal e neurovegetativo	• Modificar a organização dos turnos, se possível, fixando os horários de trabalho
17. Controle rígido da produtividade	• Hemodinâmica	• Tensão musculoesquelética • Tensão psíquica e emocional	• Estresse	• Modificar a forma de incentivo à produtividade
18. Tomadas de decisões sobre pressão e com urgência	• Hemodinâmica (diversas)	• Fadiga • Esgotamento psíquico e mental	• Estresse	• Modificar os procedimentos pré-exame[10]: • Treinamento permanente da equipe[11] • Uso correto dos materiais de consumo e equipamentos[12]
19. Jornadas de trabalho prolongadas (horas extras)	• Hemodinâmica (diversas)	• Falência geral com extenuação e fadiga	• Baixa imunidade e distúrbios gerais do organismo, gerando falta de apetite, sono desencontrado, inapetência, hipovigília, desgaste físico, mental e psíquico	• Aumentar o efetivo • Reduzir a duração das jornadas de trabalho

[7]Com bancadas adequadas ao preparo da medicação e do material para esterilização. A cama do paciente não deve ser utilizada para preparo de material.
[8] Para a redução da pressão e distensão dos tendões dos pés.
[9] Prevendo o número de exames com a carga horária de trabalho e o número de exames a serem realizados.
[10] Com a introdução de consulta de enfermagem prévia para os pacientes a serem submetidos ao exame.
[11] Sobre as técnicas, manobras, sinais/sintomas e condutas para situações de emergência e urgência, com orientações para as prioridades e organização.
[12] Para as situações de emergência, como carrinho de PCR, desfibrilador, bombas infusoras, eletrocardiograma e outros itens.

Tabela 6.5
Identificação dos riscos de acidentes, local/atividade, sintomas/sinais, acidentes/doenças e recomendações para a sala de exames do setor de hemodinâmica

Riscos de acidentes	*Local/Atividade*	*Sintomas/Sinais*	*Acidentes/Doenças*	*Recomendações*
20. Perfuro-cortantes	• sala de exames (antes e após exame)	• Perfuração de tecidos e mucosas por objetos perfurocortantes	• Contaminação com agentes patogênicos, desenvolvimento de doenças como AIDS, hepatite C e outras	• Uso de bandejas[13] • Retirada do material perfurocortante das bandejas e mesas de exame[14] • Profilaxia para hepatite[15] • Orientações para os funcionários[16] • Uso do EPI[17].
21. Níveis de iluminância insuficientes (variando de 120/900 luxes)[18]	• Exceto sala de imagens (diversas)	• Forçar o globo ocular • Risco de acidente • Maior demanda de concentração e observação	• Distúrbios visuais • Tensão e ansiedade	• Modificar o sistema de iluminação artificial
22. Arranjo físico inadequado	• Hemodinâmica (diversas)	• Deslocamentos excessivos • Preocupação com os paciente distante • Falar mais alto • Atividades de deslocamento desnecessário	• Distúrbio musculoesquelético • Fadiga • Estresse • Desgaste físico	• Novo projeto de arranjo físico • Mudar a disposição dos equipamentos • Aumentar os espaços de circulação e movimentação

[13] *Para o procedimento de punção venosa.*
[14] *Sempre manter prioridade. Acondicioná-los em recipientes rígidos, estanques e adequados para tal procedimento, respeitando os limites de capacidade máxima*
[15] *Com a implementação da vacina a todos os funcionários.*
[16] *Sobre o protocolo para acidente biológico anti-HIV.*
[17] *Máscara, luvas, óculos de acrílico.*
[18] *Ausência de luz natural (luzes acesas), iluminação geral com lâmpadas fluorescentes, luminárias com quatro lâmpadas de luz do dia especial (40W cada uma). Medido em 16/12/2000, de 14h10min às 14h55min.*

Representação gráfica dos riscos ocupacionais e das cargas de trabalho identificados na sala de exames

Ver Fig. 6.1.

Considerações Finais

O MR é um modelo que sempre valoriza a participação dos trabalhadores nas questões relacionadas com a sua saúde a partir do reconhecimento do seu saber e papel no processo de trabalho[1]. Por isso, a sua eficácia como um instrumento voltado à melhoria das condições de trabalho depende da participação dos trabalhadores na sua construção. Trata-se de valiosa ferramenta que permite ao trabalhador descobrir o seu ambiente de trabalho e o dos seus colegas, bem como refletir sobre os problemas das condições de trabalho, o que lhe confere um caráter pedagógico.

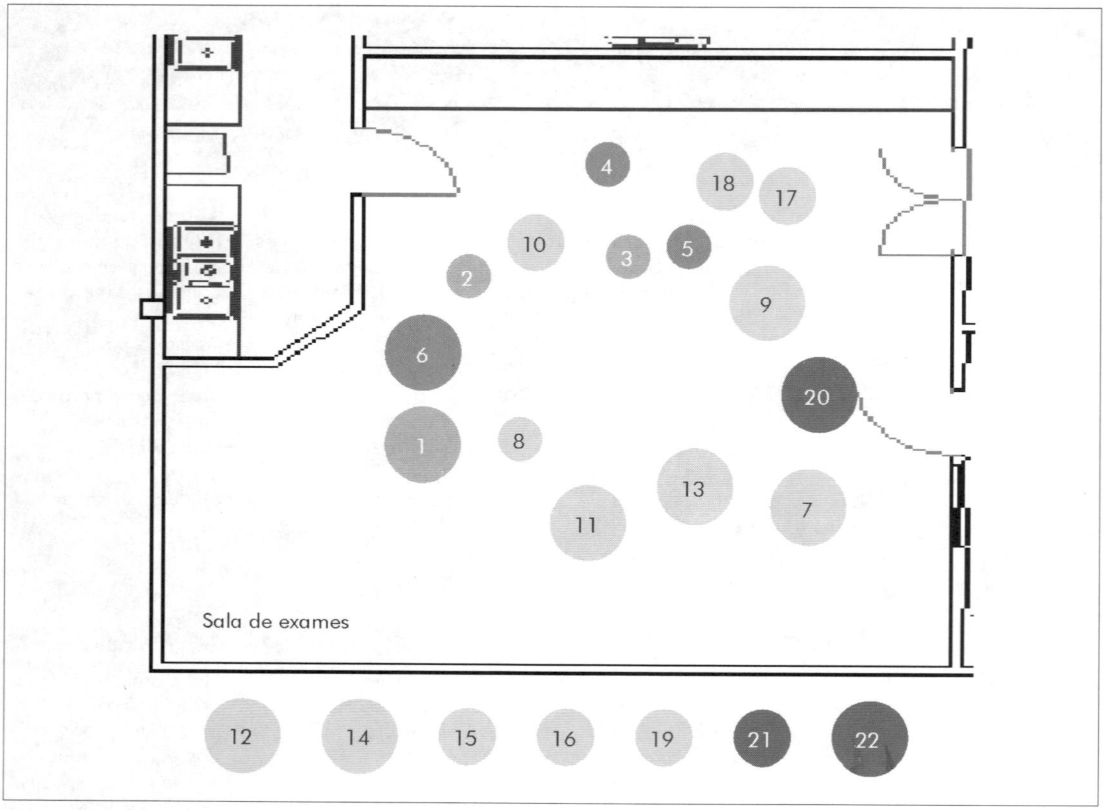

Fig. 6.1 — *Mapa de risco da sala de exames.*

Além disso, o MR é um instrumento político que permite a socialização dos problemas da relação trabalho–processo produtivo–riscos ambientais e de suporte nas negociações com a empresa, entidades e instituições locais, uma vez que pode ser aplicado também em estudos regionais[14].

Apesar destes atributos, é um método que possui limitações quanto à sua construção, aplicabilidade e abrangência[7, 9].

A utilização do MR não deve ser pensada apenas com relação a cada empresa e serviços, mas sim, deve-se procurar estabelecer programas de melhorias das condições de trabalho, integrando as empresas com processos produtivos semelhantes.

O MR é um instrumento técnico que permite estudar e propor intervenções, mas não consegue apreender a totalidade das questões encontradas dentro de uma empresa. Esta técnica deve fazer parte de um movimento mais amplo que crie condições políticas para que o conhecimento dos trabalhadores possa ser efetivamente utilizado para promover a saúde do trabalhador[7].

Finalizando, deve-se sempre considerar que esta ou qualquer outra metodologia, voltada à melhoria das condições de trabalho, somente terão sucesso efetivo, quando estiverem acompanhadas de condições objetivas para o exercício real da democracia e da cidadania nos ambientes de trabalho, com livre possibilidade de organização dos trabalhadores, com contratação coletiva de trabalho, com liberdade e autonomia sindical, conferindo a ambas as partes as condições propícias para o diálogo e o entendimento na organização do trabalho e da produção, fazendo com que o "risco" deixe de ser um fenômeno predeterminado socialmente.

Referências bibliográficas

1. Albert. Metodologia para elaboración del mapa de riesgos a nível de empresa. Madri INSHT, 1988; Doc. téc. 46: 88.
2. Brasil. Manual de segurança no ambiente hospitalar. Coord. Da Rede Física, Equipamentos e Materiais Médico hospitalares do Serviço de Engenharia. Ministério da Saúde (Departamento de Normas Técnicas). Brasília; 1995.
3. Brasil. Portaria nº 3.214 de 8/6/78. Normas regulamentadoras de segurança e medicina do trabalho. Ministério do Trabalho e Emprego, São Paulo: Atlas; 2000.
4. Brasil. Portaria 5 de 18/6/92. Ministério do Trabalho e Emprego, Brasília: DOU, 20/08/92, p.11327.
5. Brito JC, Porto MFS. Processo de trabalho, riscos e cargas à saúde. Rio de Janeiro: CESTEH/ FIOCRUZ, 1991. 23 p.
6. Lima DA. Livro do professor da CIPA. São Paulo. FUNDACENTRO,. 1993.
7. Mattos UAO, Freitas NBB. Mapa de risco no Brasil: As limitações da aplicabilidade de um modelo operário. Cad. Saúde Púb. 1994; 10(2): 251-8.
8. Mattos UAO, Queiroz A. Mapa de risco. In: Biossegurança: Uma abordagem multidisciplinar. Rio de Janeiro: FIOCRUZ: 111-122, 1996.
9. Mattos UAO, Simoni M. Roteiro para construção de mapa de risco. Rio de Janeiro. CESTEH/FIOCRUZ — COPPE/UFRJ, apost. 17 p., 1993.
10. Mattos UAO. Introdução a questão saúde e trabalho. Rio de Janeiro. Apost. 1996. 25 p.
11. Oddone I, Marri G, Gloria S, Briante G, Chiattela M, Re A. Ambiente de Trabalho: A luta dos trabalhadores pela saúde. São Paulo: HUCITEC: 53, 1986.
12. Santos PR. Estudo do processo de trabalho da enfermagem em hemodinâmica: cargas de trabalho e fatores de riscos à saúde do trabalhador. Rio de Janeiro, Escola Nacional de Saúde Pública, Fundação Oswaldo Cruz (ENSP/FIOCRUZ — Saúde Pública). Dissertação de Mestrado. 141 p. 2001.
13. Simoni M. Formação em segurança do trabalho e ergonomia para trabalhadores sindicalizados. In: Anais XII ENEGEP. São Paulo: ABEPRO. 1992.
14. Sivieri LH. Saúde no trabalho e mapeamento de riscos. In: Saúde, meio ambiente e condições de trabalho — conteúdos básicos para uma ação sindical. São Paulo: CUT/FUNDACENTRO: 75-111, 1996.

Capítulo 7

Gerenciamento de Resíduos Biológicos

Maria de Fátima Menezes Pedrozo
Arlindo Philippi Jr.

Introdução

Vários acidentes decorrentes da manipulação de material biológico foram descritos nos períodos de 1949 a 1979 e de 1960 a 1985, na Inglaterra e nos Estados Unidos. A maioria das infecções contraídas pelos analistas ingleses e americanos estava relacionada com *Chlamydia spp.*, *Brucella spp.* e *Mycobacterium spp.*[20]. Carvalho e Jales[9] realizaram, em alguns laboratórios oficiais da rede de saúde da cidade de São Paulo, um levantamento dos casos de acidentes e infecções ali ocorridos. Neste estudo, 171 casos foram informados, dos quais 115 sofreram enfermidade, e destes 106 tiveram completa recuperação, seis apresentaram incapacidade permanente em razão de acidentes com o *Trypanosoma cruzi*, vírus da hepatite, blastomicose e picadas de animal, e três foram a óbito, um por *Clostridium tetani* e dois por riquetsioses.

Ducreux e Azoloy, citados por Pelnier e cols.[17], estimam que o risco de infecção pelo vírus da AIDS em decorrência de picada por agulha contaminada seja de 0,3% e de 5% a 40% pelo contato com o vírus da hepatite B.

O advento da epidemia de AIDS no início da década de 1980, associado ao recrudescimento da tuberculose, renovou o interesse em estabelecer programas de segurança para os funcionários da saúde de modo geral. As medidas adotadas diminuíram os riscos ocupacionais dessa exposição, mas não os baniram[20]. A análise das causas de acidentes revelou a não observância das medidas de segurança, como o uso de jaleco, luvas, máscaras, óculos e pipetas automáticas, além de evitar a formação de aerossóis[17].

No final da referida década de 1980, cresceu a preocupação com a disposição destes resíduos, o que determinou a sua normatização inicialmente nos países desenvolvidos. Mesmo assim, estima-se que sete milhões de casos anuais de infecções microbianas ocorridos nos Estados Unidos sejam veiculados através de água contaminada com resíduos infectantes[7]. Deste modo, a manipulação adequada envolve também o correto descarte dos resíduos gerados. A adoção de tais procedimentos, além de garantir a segurança do analista, protege o meio ambiente e a saúde da coletividade.

Gerenciamento dos resíduos biológicos

A estratégia mais utilizada para o gerenciamento dos resíduos perigosos consiste no seu acompanhamento do local de geração até a sua disposição final, sendo aplicável também aos resíduos de laboratório. As distintas etapas processam-se dentro ou fora dos limites do estabelecimento gerador, considerado responsável por todas as etapas do gerenciamento, mesmo quando contrata os serviços de transporte, tratamento e disposição final dos seus resíduos, tornando-se co-responsável em caso de acidente[12,16,19].

Algumas etapas devem ser seguidas para o efetivo gerenciamento: caracterização, segregação, acondicionamento, tratamento, armazenamento, transporte e disposição final, concomitantemente, ao uso de equipamentos de proteção, conscientização e treinamento do pessoal para o manuseio seguro do ponto de vista de saúde pública e meio ambiente.

Caracterização

Os resíduos biológicos ou infectantes são classificados como Grupo A, segundo a Resolução RDC 306, da Agencia de Vigilância Sanitária – Anvisa, de 2004[8]. Este grupo engloba os resíduos que apresentam risco potencial à saúde pública e ao meio ambiente devido à presença de agentes biológicos. Segundo esta resolução, enquadram-se os seguintes subgrupos:

A1

— Culturas e estoques de microrganismos; resíduos de fabricação de produtos biológicos, exceto os hemoderivados; descarte de vacinas de microrganismos vivos ou atenuados; meios de cultura e instrumentais utilizados para transferência, inoculação ou mistura de culturas; resíduos de laboratórios de manipulação genética.

— Resíduos resultantes da atenção à saúde de indivíduos ou animais, com suspeita ou certeza de contaminação biológica por agentes classe de risco 4, microrganismos com relevância epidemiológica e risco de disseminação ou causador de doença emergente que se torne epidemiologicamente importante ou cujo mecanismo de transmissão seja desconhecido.

— Bolsas transfusionais contendo sangue ou hemocomponentes rejeitadas por contaminação ou por má conservação, ou com prazo de validade vencido e aquelas oriundas de coleta incompleta.

— Sobras de amostras de laboratório contendo sangue ou líquidos corpóreos, recipientes e materiais resultantes do processo de assistência à saúde, contendo sangue ou líquidos corpóreos na forma livre.

A2

— Carcaças, peças anatômicas, vísceras e outros resíduos provenientes de animais submetidos a processos de experimentação com inoculação de microrganismos, bem como suas forrações, e os cadáveres de animais suspeitos de serem portadores de microrganismos de relevância epidemiológica e com risco de disseminação, que foram submetidos ou não a estudo anatomopatológico ou confirmação diagnóstica.

A3

— Peças anatômicas (membros) do ser humano; produto de fecundação sem sinais vitais, com peso menor que 500 gramas ou estatura menor que 25 centímetros ou idade gestacional menor que 20 semanas, que não tenham valor científico ou legal e não tenha havido requisição pelo paciente ou familiares.

A4

— *Kits* de linhas arteriais, endovenosas e dialisadores, quando descartados.

— Filtros de ar e gases aspirados de área contaminada; membrana filtrante de equipamento médico-hospitalar e de pesquisa, entre outros similares.

— Sobras de amostras de laboratório e seus recipientes contendo fezes, urina e secreções, provenientes de pacientes que não contenham e nem sejam suspeitos de conter agentes Classe de Risco 4, e nem apresentem relevância epidemiológica e risco de disseminação, ou microrganismo causador de doença emergente que se torne epidemiologicamente importante ou cujo mecanismo de transmissão seja desconhecido ou com suspeita de contaminação com príons.

— Resíduos de tecido adiposo proveniente de lipoaspiração, lipoescultura ou outro procedimento de cirurgia plástica que gere este tipo de resíduo.

— Recipientes e materiais resultantes do processo de assistência à saúde, que não contenha sangue ou líquidos corpóreos na forma livre.

— Peças anatômicas (órgãos e tecidos) e outros resíduos provenientes de procedimentos cirúrgicos ou de estudos anatomopatológicos ou de confirmação diagnóstica.

— Carcaças, peças anatômicas, vísceras e outros resíduos provenientes de animais não submetidos a processos de experimentação com inoculação de microrganismos, bem como suas forrações.

— Bolsas transfusionais vazias ou com volume residual pós-transfusão.

A5

— Órgãos, tecidos, fluidos orgânicos, materiais perfurocortantes ou escarificantes e demais materiais resultantes da atenção à saúde de indivíduos ou animais, com suspeita ou certeza de contaminação com príons.

A identificação do local de geração e volume de cada tipo de resíduo ou mistura de resíduos permite dimensionar os espaços físicos necessários à manipulação deles, decidir satisfatoriamente sobre quais as alternativas técnicas viáveis à disposição de cada fração componente ou selecionar os equipamentos e dispositivos mais convenientes para tal propósito, a partir do que será possível segregar, acondicionar, tratar previamente — se houver a necessidade ou oportunidade, armazenar e transportar ao destino final[14,16,18,22].

Segregação

A segregação deve ser implantada no local de geração do resíduo, separando as frações infecciosas e perigosas das não-infecciosas e não-perigosas, o que permite a reutilização, recuperação ou reciclagem de alguns resíduos, e o encaminhamento à coleta municipal da fração considerada comum ou inerte[11, 21].

A minimização dos riscos é diretamente relacionada à segregação. É uma estratégia utilizada para a redução do volume total ou da toxicidade do resíduo gerado, antes de submetê-lo a tratamento ou descartá-lo. Este termo inclui a redução da quantidade de resíduos gerados no estabelecimento através da adoção de micrométodos; substituição dos produtos utilizados por outros de menor toxicidade; recuperação, reutilização ou reciclagem deles e pré-tratamento para a redução ou eliminação da periculosidade[4,12,16,18].

A efetiva segregação e conseqüente minimização dos resíduos gerados são fatores de segurança importantes para o pessoal que os manipula — interna e externamente ao estabelecimento —, para os indivíduos que operam as instalações de tratamento ou disposição, bem como para o público em geral.

Acondicionamento dos resíduos

Os resíduos segregados devem ser propriamente acondicionados para o armazenamento temporário até o tratamento, transporte ou disposição final. O acondicionamento, como definido pela Associação Brasileira de Normas Técnicas — ABNT, na NBR-12.807, é o *ato de embalar os resíduos de serviço de saúde — RSS, em recipientes, para protegê-los de risco e facilitar o seu transporte*, devendo ser executado no momento da sua geração, no seu local de origem ou próximo, e com a correta identificação.

Todos os resíduos biológicos devem ser acondicionados de forma a prevenir e proteger a sua liberação durante as etapas subseqüentes do gerenciamento até a disposição final, sendo devidamente identificados com o símbolo de resíduo infectante (Fig. 7.1). A triagem preliminar

Fig. 7.1 — *Símbolo internacional de resíduo infectante.*

dos diferentes tipos de resíduo biológico gerado permite definir o tratamento a ser realizado e, conseqüentemente, o modo como devem ser acondicionados.

O uso de saco plástico branco identificado com o símbolo de resíduo infectante, além de exigência legal, é recomendado por ser prático, eficiente, reduzir a exposição do manipulador no contato direto com os resíduos, bem como melhorar as condições de higiene e descarte. Para o seu fechamento, é necessário retirar o excesso de ar, cuidando para não inalá-lo, torcer e amarrar sua abertura com arame, nó ou barbante[3].

Os resíduos biológicos altamente infectantes, culturas líquidas e vacinas atenuadas ou não devem ser autoclavados. Para tanto, devem ser acondicionados em recipientes rígidos ou em sacos plásticos autoclaváveis[6,15,18,23,24].

Todas as culturas sólidas, placas de Petri ou qualquer outro material relacionado podem ser acondicionados em sacos plásticos até a descontaminação. Se houver a possibilidade de rompimento da embalagem ou vazamento, um saco plástico adicional deverá ser utilizado[6,15,18,23,24].

Os resíduos perfurocortantes devem ser acondicionados em recipientes rígidos com sistema de fechamento e identificação adequados, antes de serem lançados nos sacos plásticos[6,15,18,23,24].

A separação dos resíduos perfurantes e cortantes dos demais, em recipientes rígidos, é sempre recomendada devido ao perigo de acidentes em função da sua natureza e por estarem, com freqüência, em contato com material infectante[6,15,18,23,24].

Os resíduos classificados como comuns podem ser acondicionados em sacos plásticos de qualquer cor[3].

Tratamento dos resíduos

Com o objetivo de reduzir os riscos e facilitar a sua disposição final, os resíduos podem ser submetidos a processos, técnicas ou métodos de tratamento que alterem seu caráter ou sua composição, considerando a manipulação e custo. Estes procedimentos podem ocorrer no próprio local de geração ou externamente, sendo aplicáveis tanto aos resíduos químicos como aos infectantes.

Os métodos mais utilizados no tratamento de RSS são a esterilização a gás ou a vapor, desinfecção química por adição de peróxido de hidrogênio, hipocloritos, ácidos, álcoois, compostos de amônio quaternário ou cetona, e incineração após a compactação ou trituração dos resíduos, se necessário. Esses resíduos podem ainda ser tratados por ativação térmica, irradiação ou por plasma[6,15,18,23,24].

A esterilização consiste no uso de procedimentos físicos ou químicos para destruir todas as formas de vida microbiana, incluindo o elevado número de esporos bacterianos altamente resistentes. A desinfecção elimina todos os microrganismos reconhecidamente patogênicos, mas não todas as formas microbianas (príons e esporos bacterianos) em objetos inanimados[6,15,18,23,24].

A seleção do método de tratamento ou descontaminação depende de algumas variáveis[6,15,18,23,24]:

a. Natureza do item a ser descontaminado. Quanto mais áspera a superfície, maior o tempo de contato requerido;
b. Número de microrganismos presente. O número de microrganismos determina o tempo necessário para que a descontaminação ocorra;
c. Resistência dos microrganismos. Alguns microrganismos são mais resistentes à descontami-

nação do que outros. Em geral, a ordem do mais resistente ao menos resistente é a seguinte: príons, esporos bacterianos, microbactérias, vírus hidrofílicos, fungos, bactérias vegetativas e vírus lipofílicos;

d. Tipo e concentração do descontaminante a ser utilizado. Determinado microrganismo pode ser mais resistente a certo processo de descontaminação do que a outro. Por exemplo, o álcool isopropílico ou etílico é efetivo contra as bactérias vegetativas e para a maioria dos vírus lipofílicos, mas não eficaz contra os esporos bacterianos ou vírus hidrofílicos.

A concentração de um desinfetante em particular também afeta a descontaminação. Na maioria dos casos, quanto maior a concentração, maior o poder biocida e menor o tempo necessário à descontaminação.

Não obstante, alguns desinfetantes não são eficazes em concentrações elevadas. Os álcoois utilizados em concentrações maiores que 90% são menos eficientes, porque a água utilizada na diluição facilita a penetração do álcool no microrganismo. A concentração ótima varia entre 70% e 90%;

e. Presença de matéria orgânica. Sangue e derivados, outros fluidos biológicos e fezes contêm quantidade significativa de proteínas que se podem ligar, inativar ou retardar a ação de alguns desinfetantes. Desta forma, na presença de proteínas, maior concentração do desinfetante e maior tempo de contato são necessários para obter a descontaminação total;

f. Duração da exposição e temperatura. Quanto maior o tempo de contato entre o resíduo infectante e o processo de descontaminação adotado, maior a eficiência. Temperaturas elevadas elevam o poder biocida da maioria dos tratamentos empregados. O inverso também é verdadeiro.

Estas variáveis determinam a eficácia do tratamento empregado, como ilustra a Tabela 7.1. As vantagens e desvantagens das diferentes opções de tratamento estão apresentadas na Tabela 7.2.

Opções de tratamento

Autoclavação

A descontaminação ocorre pela exposição do resíduo infectante a alta temperatura e alta pressão. Se o tempo de contato for suficiente, inativará a maioria dos microrganismos. Para os esporos bacterianos, a temperatura mínima é de 121°C. O tempo de contato teórico é de 20 minutos a 121°C ou de cinco minutos acima de 134°C. Entretanto, estudos realizados têm demonstrado que a inativação de todos os microrganismos vegetativos e da maioria dos esporos bacterianos, em uma quantidade pequena de resíduo (de 5 a 8 kg), requer um ciclo de 60 minutos a 121°C, permitindo a completa penetração do vapor no material a ser autoclavado[6,15,18,23,24].

A eficiência deste processo depende do tipo e do tamanho dos recipientes a serem esterilizados, bem como da distribuição deles no interior da autoclave. Os recipientes devem apresentar boa permeabilidade aos vapores e ser dispostos de modo a permitir a livre circulação dos vapores. Indicadores biológicos, como os esporos do *Bacilus subtilis* ou *Bacillus stearothermophilus*, podem ser utilizados para avaliar a eficiência da descontaminação. Devem ser dispostos no centro da carga, por ser a área de maior dificuldade em se descontaminar. Após o ciclo de autoclavação, devem ser, então, inoculados em meio de soja-caseína e incubados pelo menos por 48 horas a 30°C para o *B. subtilis* e a 55°C para o *B. stearothermophilus*[6,15,18,23,24].

O processo, além de inapropriado para o tratamento de peças anatômicas e de carcaças de animais, tem sua eficiência condicionada às condições operacionais. No entanto, o investimento inicial, o custo operacional e o impacto ambiental são baixos, tornando este tratamento vantajoso e uma opção a ser considerada, quando a incineração não é praticável.

O *Centers of Diseases Control and Prevention* (CDC)[9] americano recomenda que a esterilização de extratos de cérebro de roedores com títulos elevados de príons seja realizada a 132°C por 4,5 horas. A desinfecção química também pode ser utilizada.

Tabela 7.1
Utilização e eficácia dos diferentes descontaminantes dos resíduos biológicos

	Parâmetros utilizados				*Eficácia*		
Descontaminante	*Concentração*	*Temperatura (°C)*	*Umidade relativa (%)*	*Tempo de contato (min)*	*Bactéria vegetativa*	*Vírus lipofílicos*	*Bacilos*
Autoclave							
1,05kg/cm²	Vapor saturado	121		50-90	+	+	+
1,90kg/cm²	Vapor saturado	132		10-20	+	+	+
Forno elétrico para esterilização		160-180		180-240	+	+	+
Incinerador		649-926		1-60*	+	+	+
Radiação UV (253,7nm)	40mW/cm²			10-30	+		+
Óxido de etileno	400-800mg/l	35-60	30-60	105-240	+	+	+
Composto de amônio quaternário	0,1-0,2%	4-50	< 30	8-60	+	+	+
Compostos fenólicos	0,2-3 %			10-30	+	+	+
Álcool etílico ou propílico	70-85%			10-30	+	+	+
Formaldeído[b]	4-8%			10-30	+	+	+
Glutaraldeído	2%			10-600	+	+	+
Peróxido de hidrogênio	6%			10-600	+	+	+
Composto à base de cloro		0,01-5%			10-30	+	+

Fonte: Modificado de Fleming e cols.[11]. *Nota: + = resposta positiva; ± = resposta moderada; espaço em branco = resposta negativa ou não-aplicável*

[a] *A radiação UV não penetra em solo e outros materiais;*

[b] *O odor pungente e característica irritante impossibilitam seu uso em derramamentos.*

Desinfecção química

A desinfecção química é mais adequada para o tratamento de resíduos líquidos, como o sangue, urina e efluentes hospitalares. Porém, os resíduos sólidos, incluindo culturas microbiológicas e *fomites*, podem ser desinfetados quimicamente, desde que se observem as limitações, além das superfícies e equipamentos que não podem ser autoclavados.

A escolha inicial do desinfetante químico depende da resistência do microrganismo. A maioria

Tabela 7.1 (cont.)
Utilização e eficácia dos diferentes descontaminantes dos resíduos biológicos

Eficácia			*Características relevantes*					
Vírus hidrofílicos	*Esporos bacterianos*	*Inativado por matéria*	*Residual*	*Corrosivo*	*Irritante dérmico*	*Irritante ocular*	*Irritante das vias respiratórias*	*Tóxico (absorvido ou ingerido)*
+	+							
+	+							
±	+							
+	+							
±		+[a]			+	+		
+	+	+		+		+	+	+
+	+	+		+	+	+	+	
±		±	+	+	+	+	±	+
±		+				+		+
+	±		+		+	+	+	+
+	+		+		+	+	+	+
+	+		+	+	+	+		
+	+	±	+	±	+	+	+	+ +

dos parasitas, como a *Giardia* e *Cryptosporidium spp.*, são significativamente resistentes à desinfecção. Como mencionado anteriormente, a velocidade e eficiência da desinfecção dependem do tipo e quantidade de substância utilizada, do tempo e extensão do contato entre o desinfetante e o resíduo, da quantidade de matéria orgânica presente no resíduo, da temperatura, umidade e pH[6,15,18,23,24].

As substâncias mais utilizadas como desinfetantes são os aldeídos, compostos à base de cloro, sais de amônio e compostos fenólicos. O óxido

Tabela 7.2
Vantagens e desvantagens de algumas opções de tratamento de resíduos de serviço de saúde

Método empregado	*Vantagens*	*Desvantagens*
Forno rotativo	Adequado para os resíduos infectantes, para a maioria dos químicos e farmacêuticos.	Alto investimento e custo.
Incinerador pirolítico	Eficiência de desinfecção elevada, adequado para todos os resíduos infectantes e para a maioria dos químicos e farmacêuticos.	Destruição incompleta de fármacos citotóxicos. Investimento e custo operacional relativamente alto.
Incinerador de câmara fixa	Eficiência de desinfecção boa. Redução drástica do volume e peso dos resíduos. Resíduos podem ser dispostos no aterro sanitário. Custos de investimento e operacional relativamente baixos.	Emissões significativas de poluentes para a atmosfera. Necessidade de remover periodicamente a escória e fuligem. Ineficiente na destruição de citotóxicos e algumas substâncias químicas.
Desinfecção química	Eficiência elevada na desinfecção, quando realizada em boas condições de operação. Alguns desinfetantes químicos são de baixo custo.	Inadequado para fármacos e substâncias químicas. Requer pessoal treinado para o processo. Algumas substâncias utilizadas no processo são perigosas.
Autoclavagem	Custos do investimento e operacional relativamente pequenos.	Inadequado para resíduos químicos, farmacêuticos, restos de animais, peças anatômicas e resíduos não permeáveis ao calor. Operação requer pessoal treinado.
Encapsulamento	Simples, baixo custo e seguro.	Recomendado para material perfurocortante.
Estabilização	Custo relativamente baixo.	Requer técnico habilitado e uso de EPI.

Fonte: Adaptado de Prüss e col.[18].

de etileno não é mais recomendado pelo risco decorrente da sua exposição.

Em geral, os desinfetantes mais potentes são mais perigosos e tóxicos, podendo causar dano à pele e mucosas. O uso de equipamentos de proteção individual (jaleco, luvas e óculos) é requerido durante a manipulação destas substâncias[6,15,18,23,24].

O formaldeído, o glutaraldeído e o peróxido de hidrogênio apresentam elevado poder de desinfecção, por inativar todos os microrganismos, exceto os esporos bacterianos em número elevado. Requerem cinco a dez minutos de exposição para a desinfecção. O glutaraldeído requer dez horas para inativar os esporos, e o formaldeído pode ser usado em resíduo sólidos (tempo de contato de 45 minutos). São irritantes e corrosivos[6,15,18,23,24].

Para os materiais contaminados com formas priônicas recomenda-se a desnaturação com solventes orgânicos como fenol ou isotiocianato de guanidina ou desnaturação alcalina anterior a autoclavação. As formas priônicas podem ser inativadas com NaOH 1N, cloridrato ou isocianato de guanidina 4,0 M. Os fluxos laminares devem ser descontaminados com NaOH 1N, seguido por HCL 1 N e lavagem (rinse) com água. Os filtros HEPA devem ser autoclavados e incinerados[9].

Tabela 7.3
Opções de tratamento para os resíduos de alguns desinfetantes químicos

Substância	*Tratamento/disposição*
Formaldeído	1. Diluir 1:10 a solução de formaldeído a 37% + NaClO, solução a 2% (25 NaClO:1 formaldeído). Misturar durante 20 minutos, desprezar na rede de esgoto com volume de água 50 vezes maior que o do resíduo. 2. Tratar com sais de amônia, para formar metenamina, menos tóxica. 3. Incinerar.
Glutaraldeído	1. Neutralizar a solução adicionando bissulfito de sódio ou amônia. 2. Incinerar.
Peróxido de hidrogênio	1. Adicionar à solução de peróxido diluída (5%) uma solução de metabissulfito de sódio a 50% (em excesso). A reação é exotérmica. Neutralizar e descartar na rede de esgoto.

Fonte: Adaptado de Armour MA[5], Lunn & Sansone[13].

Somente pequenas quantidades destes desinfetantes podem ser descartadas na rede de esgoto. Grandes quantidades podem ser tratadas como descrito na Tabela 7.3.

Os compostos fenólicos à base de iodo e cloro, bem como os álcoois apresentam eficiência intermediária de desinfecção. Inativam o *M. tuberculosis* variante *bovis* e todas as bactérias vegetativas, fungos e a maioria dos vírus. Requerem um tempo de contato mínimo de 20 minutos, para que a inativação seja completa. São menos irritantes que os aldeídos. O mais utilizado é o hipoclorito de sódio em concentrações que variam de 2% a 12%. Em geral, na desinfecção de superfícies utiliza-se a solução a 2%, nos derramamentos pequenos; a 10% e sem diluição, nos derramamentos grandes[6,15,18,23,24].

Tabela 7.4
Exemplificação dos custos dos tratamentos de RSS na Suíça

Tratamento empregado	*Custo (US$/tonelada)*
Incineração	380
Autoclavação através de calor úmido (121°C)	400
Desinfeção química	200

Fonte: Prüss e cols., 1999[18].

Os compostos de amônia quaternária apresentam baixa eficiência. Inativam a maioria das bactérias vegetativas e alguns fungos, porém não o *M. tuberculosis* variante *bovis*. O tempo de contato mínimo também é de 20 minutos[6,15,18,23,24].

Radiação

Radiações gama (por exemplo, ^{60}Co) podem ser utilizadas na descontaminação dos materiais sensíveis ao calor. A eficácia deste tratamento depende da penetração dos itens tratados pelos raios gama e, portanto, da densidade da substância a ser tratada bem como da potência da fonte de irradiação[6,15,18,23,24].

As microondas são bastante utilizadas na descontaminação de resíduos biológicos em muitos países. A maioria dos microrganismos é destruída pela ação das microondas à freqüência de 2.450MHz e comprimento de onda de 12,24nm. A água contida nestes resíduos é rapidamente aquecida durante o tratamento, e os agentes infectantes são destruídos por condução do calor. Entretanto, seu custo, é relativamente elevado.

A radiação ultravioleta (UV), tem um poder de penetração limitado, sendo eficaz na redução da contaminação do ar e de superfícies[6,15,18,23,24].

Incineração

A incineração é um processo de oxidação a elevada temperatura que reduz resíduo orgânico e combustível a inorgânicos, com significativa redução do peso e volume. É um processo selecionado para tratar resíduos que não podem ser reciclados ou reutilizados ou disposto nos aterros sanitários, como as carcaças de animais e resíduos de material anatômico[15,18,23,24].

Na maioria dos casos, os resíduos são incinerados fora da instituição geradora. Recomenda-se que os materiais a serem removidos para incineração sejam previamente descontaminados (autoclavagem), minimizando o risco de exposição durante o transporte.

A eficácia do processo depende do desenho do equipamento, do tempo de residência, da temperatura, da turbulência e da oxigenação para a completa oxidação e alimentação cuidadosa da unidade. Os incineradores modernos apresentam duas câmaras com uma temperatura ideal de ao menos 800°C na primeira câmara e de ao menos 1000°C na segunda. Resíduos com elevado teor de umidade podem diminuir a temperatura de processamento[18].

Durante a combustão de compostos orgânicos ocorre a emissão de gases, como vapor d'água, dióxido de carbono, óxidos de nitrogênio, material particulado, certas substâncias tóxicas presentes no resíduo a ser incinerado, como metais e ácidos halogênicos. Se as condições de combustão não são bem controladas pode haver, também, a emissão de monóxido de carbono. As cinzas e o efluente aquoso proveniente do processo podem conter as mesmas substâncias tóxicas e devem ser tratadas para evitar efeitos nocivos sobre a população e sobre o meio ambiente[18, 23, 24].

A estimativa de custo por tonelada, dependendo da opção de tratamento empregado para resíduos infectantes, é apresentada na Tabela 7.4.

Mistura de resíduos

O resíduo gerado em laboratório pode conter uma mistura de diferentes classes de rejeitos: biológico, químico e radioativo, requerendo, por isso, considerações especiais quanto aos métodos de tratamento a serem utilizados.

Com relação à mistura de resíduos químico e infectante, genericamente recomenda-se que o resíduo infectante seja inativado em primeiro lugar e depois se trate do ou se disponha adequadamente o resíduo químico. Entretanto, o método de tratamento escolhido para inativar o resíduo biológico pode ser inadequado para o tratamento do resíduo químico ou radioativo. Por exemplo, se o resíduo contém um solvente orgânico e um agente infectante, a autoclavação usualmente empregada para inativar o resíduo

Fig. 7.2 — *A e B: Locais de armazenamento externo de resíduos infectantes.*

biológico é inadequada neste caso, uma vez que concentrações significativas do solvente podem ser liberadas para a atmosfera durante o processo. A destruição térmica deve ser substituída pela desinfecção química[6,15,18,23,24].

A incineração é o método mais apropriado para a disposição de material biológico ou carcaças de animais contaminados ou contendo substâncias químicas, desde que estas não sejam metais.

Os mesmos princípios são válidos para a mistura de resíduos biológicos e radioativos. Faz-se a inativação do resíduo biológico através de desinfecção química e posterior armazenamento para o decaimento do radionucleotídeo[6,15,18,23,24].

O resíduo biológico nessa mistura pode ser tratado por esterilização térmica — autoclavação —, desde que se monitorem as emissões, verificando se estão estão abaixo dos valores requeridos, destine-se uma única autoclave para esta finalidade, restrinja-se à área durante o período de esterilização e se teste a eficiência da autoclave periodicamente[5,18,23,24].

Armazenamento

Os resíduos não tratados no estabelecimento gerador devem ser armazenados para posterior transporte ao local de tratamento ou ao destino final. Vários fatores estão envolvidos no armazenamento de resíduos: classe do gerador, compatibilidade, correto acondicionamento, opção pelo método de disposição, características do local de armazenamento e custo.

Dependendo do porte do estabelecimento gerador, poderá haver a necessidade dos dois tipos de abrigo: interno e externo. Os tipos de abrigo têm suas características definidas pela ABNT — NBR 12.809[2]. Na falta de um abrigo interno apropriado é preferível manter apenas o armazenamento externo dos resíduos sólidos gerados do que utilizar salas inadequadas para este fim.

O abrigo externo deve ser de alvenaria, fechado, com aberturas teladas que permitam a ventilação, ser revestido com material liso lavável e impermeável, ter ralo sifonado, ponto de esgoto sanitário, iluminação artificial externa e interna, bem como ser de fácil acesso para as operações de coletas interna e externa, como ilustra a Fig. 7.2. Deve ser projetado e construído levando em consideração o sistema de coleta de resíduo de serviços de saúde adotado no município, prevendo a separação das áreas, devidamente sinalizadas, para os resíduos infectantes e especiais, bem como os resíduos comuns.

O abrigo deve ser inspecionado regularmente por pessoal treinado. A freqüência de inspeção depende do nível de atividade e grau de periculosidade; geralmente é semanal. A inspeção inclui verificar se:

— As diretrizes estabelecidas para o armazenamento estão sendo seguidas;

— As condições dos contêineres atendem às normas de segurança, não ocorrendo corrosão ou vazamentos interno e externo deles;

— A segregação dos resíduos contempla os requisitos de compatibilidade;

— Os rótulos de identificação contêm data, rol dos resíduos e quantidades;

— Os equipamentos de segurança estão operando convenientemente.

Segundo as normas européias, o período de armazenamento dos resíduos infectantes não deve ser superior a 48 horas no período de inverno e a 24 horas no verão. Tanto a Resolução nº 283, do CONAMA, de 2001[8], como a Portaria CVS-01 de 2000[10] não fazem quaisquer referências ao período de armazenamento, quer para os resíduos infectantes, quer químicos, o que pode contribuir para situações de risco.

Transporte

Os resíduos. devidamente acondicionados/armazenados, devem ser transportados do local de geração ao local de armazenamento. O sistema de transporte geralmente pode empregar carrinhos, dutos de gravidade, tubos pneumáticos, elevadores ou carregamento manual. Para o transporte de quantidades superiores a 20kg, devem-se utilizar carrinhos específicos para transporte, atendendo às especificações da ABNT — NBR-12.810[3]. O transporte dos recipientes deve ser realizado sem esforço excessivo ou risco de acidente para o funcionário, e exige a utilização de equipamento de proteção individual.

A coleta e transporte externo, para fora do estabelecimento, para tratamento ou disposição final, requerem cuidados específicos e rígido controle sanitário.

Disposição final

A disposição final dos resíduos envolve o seu envio para aterros sanitários, seguindo as exigências técnicas e legais quanto ao correto acondicionamento e tratamento, lançamento na rede de esgoto ou liberação para a atmosfera.

Muitos resíduos de serviços de saúde têm sido dispostos diretamente na rede de esgoto. Estes resíduos líquidos incluem resíduos sólidos que foram triturados e resíduos líquidos provenientes de laboratórios de análises — urina, sangue e outros líquidos corporais, medicamentos, além de resíduos químicos[19,22].

Resíduos não-infectantes e substâncias químicas inócuas — as que não apresentam características de inflamabilidade, corrosividade, reatividade, toxicidade e patogenicidade, e não estão listadas como perigosas — podem ser dispostos como lixo comum ou na via hídrica. A disposição deve ocorrer com um volume de água 100 vezes maior ao que foi descartado. Os líquidos imiscíveis com a água ou inflamáveis — mesmo os hidrossolúveis — não devem ser dispostos na rede de esgoto.

A segregação e tratamento — autoclavação, desinfecção ou incineração e trituração dos resíduos no local de geração, antes do lançamento no esgoto ou disposição no aterro sanitário — devem ser realizados. O lançamento na rede de esgoto está sujeito à aprovação das autoridades competentes em vários países do Primeiro Mundo.

A liberação de agentes infectantes para a atmosfera também é inaceitável. As cabines de segurança biológica (CSB) devem apresentar filtros HEPA (*high efficency particulate air*), que exigem manutenção e avaliação periódicas, a fim de garantir a sua eficácia[6,15,18,23,24].

É importante lembrar que todas as etapas do processo de gerenciamento devem ser adequadamente registradas, sendo estes registros mantidos mesmo após a disposição final.

Nos Estados Unidos, tais registros são uma exigência legal que auxiliam na monitoração do programa de gerenciamento. Exige-se documentação comprovando a caracterização do resíduo, as quantidades geradas por mês e por ano. Outros registros úteis na avaliação do programa são: tipos e quantidades de resíduos gerados nos diferentes locais da instituição; custo da disposição dos vários tipos de resíduo e informação sobre tratamento e/ou procedimentos em caso de acidente ou extravasamento[23,24].

Minimização do risco

Os riscos decorrentes da exposição a agentes infectantes em laboratórios podem ser reduzidos através da adoção de procedimentos adequados e do treinamento dos envolvidos.

Os procedimentos a serem adotados dependem da classificação do laboratório. Nesta classificação, leva-se em consideração tanto o risco para o analista como o risco para a comunidade e meio ambiente determinados pela patogenicidade e virulência do microrganismo, sua resistência, modo de contaminação, existência de prevenção ou tratamento da doença e condições de manipulação[6,15,18,23,24].

Os procedimentos básicos são a proibição de pipetar com a boca, comer, beber, fumar ou guardar alimentos nas geladeiras e congeladores do laboratório; limitar ou restringir o acesso ao laboratório; descontaminar as superfícies de trabalho diariamente ou após derramamento de material viável; lavar as mãos após a manipulação de material biológico, dos animais e antes de deixar o laboratório e minimizar a formação de aerossóis[6,15,18,23,24].

Os laboratórios com níveis de biossegurança 1 e 2 devem utilizar adequadamente jaleco e luvas como equipamentos de proteção. Para os laboratórios do nível 3, as recomendações incluem o uso de equipamentos de proteção especiais como aventais de plástico e máscaras cirúrgicas, bem como a manipulação em CSB. Os laboratórios de nível 4 exigem um vestiário na entrada do laboratório e saída após ducha de descontaminação e transferência do material, acessórios e vestimentas para sala de fumigação[6,15,18,23,24].

Além dos procedimentos de rotina, o pessoal que manipula material biológico deve estar preparado para as situações de emergência, devendo ser treinado para notificar um incêndio, dano, derramamento; conhecer a localização dos equipamentos de emergência, como chuveiros de descontaminação, lava-olhos, extintores e acessórios para a contenção de derramamentos, bem como das saídas para a evacuação do local. Estas informações devem constar dos procedimentos de emergência do laboratório e da instituição[4,16].

Em caso de acidente, os demais funcionários do local devem ser notificados para que, na eventualidade da liberação de vapores tóxicos, possam evacuar rapidamente o local[4,16].

Cada local de trabalho deve manter um *kit* para controlar as situações de derramamento, o qual deve conter desinfetantes químicos para a descontaminação, material adsorvente (papel, toalhas, gaze) para contenção e coleção do material derramado, além de equipamentos de proteção individual, como luvas, óculos e propés. O derramamento de substâncias altamente tóxicas exige pessoal adequadamente treinado. A ocorrência de qualquer incidente deve ser notificada[16,18,23,24].

CONSIDERAÇÕES FINAIS

A resolução CONAMA nº 283, de 2001[8], bem como o Centro de Vigilância Sanitária do Estado de São Paulo (Portaria nº 01, de 18/1/2000)[10] e a Agência Nacional de Vigilância Sanitária, em sua Consulta Pública nº 48 de 14/7/2000[1], estabelecem a necessidade de um plano de gerenciamento de resíduos de serviços de saúde para todos os geradores independente da quantidade de resíduos gerados. Tal fato se deve à necessidade de salvaguardar a saúde do analista, do encarregado da disposição destes resíduos bem como da população em geral e do meio ambiente. Assim, a inativação dos resíduos biológicos no local de geração preserva todos os atores sociais envolvidos no processo.

Neste contexto do PGRSS, deve contemplar a inativação dos resíduos biológicos e das misturas no local de geração, preservando todos os atores sociais envolvidos no processo. Para tanto, deve-se preservar a saúde do trabalhador e do meio ambiente, estabelecendo-se as ações a serem adotadas em situações rotineiras, em emergências e acidentes. Torna-se mister o desenvolvimento e implantação de programas de capacitação em todos os setores geradores de RSS, bem como o desenvolvimento de instrumentos de avaliação e controle, ou seja, indicadores que permitam inferir a eficácia do PGRSS implantado.

Não obstante, os RSS apresentam-se, na maioria das vezes, como misturas de resíduos, em que os processos empregados na inativação dos rejeitos biológicos não retiram a periculosidade dos resíduos químicos e radioativos. A escolha do melhor método de tratamento torna-se dependente da composição deste resíduo gerado, sendo este o grande desafio no gerenciamento dos resíduos laboratoriais ou hospitalares: encontrar a melhor opção de tratamento e descarte, considerando os binômios risco/benefício e custo/benefício.

Geralmente, tem-se adotado a incineração como método de tratamento de eleição, exatamente por minimizar a periculosidade dos resíduos biológicos e de grande parte dos resíduos químicos e de medicamentos. A eficácia deste tratamento está relacionada, entretanto, às características do incinerador e em salvaguardar a saúde dos que transportam e manipulam o resíduo até a unidade de incineração. Os mais eficientes exigem grande investimento em sua construção e manutenção, o que determina reduzido número destas unidades no país.

Assim, muitas regiões não apresentam incineradores, fato que determina o emprego de outras técnicas de inativação, como a desinfecção química e térmica para os resíduos biológicos ou a estabilização ou degradação química e biológica para os resíduos químicos. Garantindo a eficácia dos processos de tratamento aplicados, os resíduos poderão, então, ser dispostos como resíduos comuns sem a necessidade de incinerá-los. Devido às características destes tratamentos, há necessidade de pessoal capacitado para executá-los e da observação das boas práticas de laboratório e de segurança ocupacional.

Referências Bibliográficas

1. Agência Nacional de Vigilância Sanitária. Consulta Pública nº 48, de 04 de julho de 2000: Proposta de regulamento técnico sobre diretrizes gerais para procedimentos de manejo de resíduos de serviço de saúde. [on line]. Disponível em: http// www. anvisa.gov.br/consulta/48_2000.htm [2000, dez. 01].
2. Associação Brasileira de Normas Técnicas. Norma NBR 12.809. Manuseio de serviços de saúde: procedimento. São Paulo: 1993.
3. Associação Brasileira de Normas Técnicas. Norma NBR 12.810. Coleta de resíduos de serviços de saúde: procedimento. São Paulo: 1993.
4. American Chemical Society Task Force on Laboratory Waste Management. Laboratory waste management: a guide book. Washington (DC): American Chemical Society: 1994.
5. Armour MA. Hazardous laboratory chemicals: disposal guide. Boca Raton: CRC Press, 1996.
6. Best M, Heisz M. The laboratory biosafety guidelines. [monografia on line]. 3ª ed., Ottawa: Health Canada, 2001. Available from <URL: http://www.hc-sc.gc.ca/pphb-dgspsp/ols-bsl/lbg-ldmbl/pdf/lbg-3e-draft.pdf>[5 jan 2001].
7. Black H. Menace of microbes [Fórum]. Environ Health Perspect [serial on line] 2000;108 (2). Available from<URL: http:// ehpnet1.niehs.nih.gov/docs/2000/108-2/forum.htlm#mer > [05 mar. 2000].
8. BRASIL. Agência Nacional de Vigilância Sanitária. Resolução RDC nº 306, de 07 de dezembro de 2004 dispõe sobre o Regulamento Técnico para o gerenciamento de resíduos de serviços de saúde. Disponível em: http// www. Anvisa.gov.br/RDC306 2004.htm. [20 dez. 2004].
9. Carvalho JPP, Jales LS. Acidentes envolvendo riscos biológicos e infecções associados a trabalhos de laboratório. Rev. Bras. Saúde Ocup. 1981; 35: 19-24.
10. Centro de Vigilância Sanitária do Estado de São Paulo. Portaria CVS-01, de 18/1/2000: dispõe sobre condições de funcionamento dos laboratórios de análises e pesquisas clínicas, patologia clínica e congêneres, dos postos de coleta descentralizados aos mesmos vinculados, regulamenta os procedimentos de coleta de material humano realizados nos domicílios dos cidadãos, disciplina o transporte de material humano e dá outras providências. Diário Oficial do Estado de São Paulo, São Paulo, 19 jan. 2000. Seção I, suplemento.
11. Fleming DO, Richardson JH, Aulis JJ, Vesley D. Laboratory safety: principles and practices. 3ª ed., Washington (DC): American Society of Microbiology, 2000.
12. Furs AK. CRC Handbook of Laboratory safety. 2ª ed., London: CRC Press, 1993.
13. Lunn G, Sansone EB. Destruction of hazardous chemicals in the laboratory. 2ª ed., New York: John Wiley & Sons, 1994.
14. Michigan State University. Office of Radiation, Chemical and Biological Safety. MSU biohazardous waste management plan. Michigan, 1999. Available from <URL: http:/ www.orcbs.msu.edu/biological/biolsaf.htm > [7 Jun 2000].
15. Michigan State University. Office of Radiation, Chemical and Biological Safety. Bloodborne pathogens emergency contacts Michigan; 2001. Available from <URL: http:/ www.orcbs.msu.edu/biological/biolsaf.htm > [05 jan 2002].
16. National Research Council. Committee on Hazardous Substance in the Laboratory. Prudent practices in the laboratory: handling and disposal of chemicals. Washington (DC): National Academy Press, 1995.
17. Pelnier I, Prevosto JM, Dusseau JY, Cheminel V, Renard C, Thefenne H, Thual A, Chaulet JF. Hygiène et sécurité au laboratoire: exemples dáctions menées dans le cadre dúme démarche dássurance qualité. Ann Biol Clin 1999; 57: 619-26.
18. Prüss A, Giroult E, Rushbrook P. Safe management of wastes from health-care activities. Geneva: WHO, 1999.
19. Risso WM. Gerenciamento de resíduos de serviços de saúde: a caracterização como instrumento básico para abordagem do problema. São Paulo, 1993 [Dissertação de Mestrado — Faculdade de Saúde Pública da USP].
20. Sewell DL. Laboratory-associated infections and biosafety. Clin Microbiol Rev 1995; 8: 389-405.
21. Stricoff RS, Walters DB. Handbook of laboratory health and safety. 2ª ed., New York: John Wiley & Sons, 1995.
22. U.S. Environmental Protection Agency Guide for infectious waste management. Report. Washington, 1986.
23. U.S. National Institute of Environmental Health Science. Health and safety waste manual [monograph on line]. USA: NIEHS; 1998. Available from <URL: http:// www.niehs.nih.gov/odshsb/wasteman/home.htlm >[5 mar. 2000].
24. U.S. Department of Health and Human Services, Centers for Disease Control and Prevention and National Institutes of Health. Biosafety in microbiological and biomedical laboratories. [monografia on line] 4ª ed., Washington, 1999. Available from <URL: http://www.orcbs.msu.edu/biological/biolsaf.htm >[5 jan 2002].

Capítulo 8

Métodos de Desinfecção e Esterilização

Thereza Christina Vessoni Penna

Introdução

A primeira referência de desinfetante que se tem notícia foi feita por Homero em *A Odisséia*, onde citava o uso do enxofre, na forma de dióxido de enxofre (aproximadamente 800a.C.). Esta substância ainda hoje empregada na preservação de frutas secas, sucos de frutas e vinho[14,18].

A cidade de Veneza foi uma das pioneiras em controle sanitário. O holandês Anton Van Leeuwnhoek (1676), inventor do microscópio, foi um marco na história da microbiologia e desinfecção.

Louis Pasteur (1822-1895), com seu trabalho criterioso, quem muito contribuiu para o desenvolvimento da microbiologia como ciência, ao demonstrar serem os microrganismos os responsáveis por doenças infecciosas. Desenvolveu o método físico, denominado *pasteurização*, ainda hoje utilizado na higienização de produtos alimentícios e médico-odontológicas.

As soluções anti-sépticas têm sido empiricamente utilizadas durante séculos, mesmo antes de Pasteur e Koch demonstrarem a existência de microrganismos. O interesse de avaliações da eficácia terapêutica das soluções anti-sépticas tópicas diminuiu com o uso indiscriminado de antibióticos.

A legislação brasileira prevê as soluções anti-sépticas adequadas para uso domiciliar e em áreas da saúde[3]. Assim também, sugere as características mínimas necessárias para um anti-séptico, quais sejam:

— Atividade germicida sobre a flora cutânea, sem causar irritações à pele ou mucosa;

— Não provocar reações alérgicas ou queimaduras;

— Possuir baixo teor de toxicidade.

Limpeza escrupulosa e eficiente faz o sucesso da adequada utilização de um agente desinfetante ou anti-séptico em ambiente domiciliar e nas áreas de saúde[4,24,27]. O número de microrganismos no ambiente considerado está relacionado a fatores como o número de pessoas, atividades em exercício, teor de umidade, poluição aérea e presença de matéria orgânica favorável à proliferação bacteriana.

Os microrganismos encontrados em paredes, pisos e outras superfícies, na maioria dos casos, podem estar associados às infecções disseminadas por contaminação cruzada.

Doenças Emergentes

As infecções emergentes têm sido caracterizadas por casos isolados ou surtos em estabelecimentos de saúde. Em hospitais e postos de saúde, as infecções estão associadas a uma inadequada desinfecção de ambientes e de artigos médicos. A intensidade destes casos tem variado desde uma colonização assintomática até a morte, sendo causados por um grande número de agentes causadores distintos.

A Organização Mundial de Saúde (OMS) divulgou, em maio de 1996, um alerta de que "nenhum país está livre das doenças infecciosas". A OMS informa que o mundo passa por uma crise global, na qual enfermidades, como a malária e as doenças infecciosas (SIDA/AIDS) continuam se alastrando, matando mais de 17 milhões de pessoas no planeta por ano, incluindo nove milhões de crianças[10,20,39].

De acordo com relatório da OMS, as doenças parasitárias, virais e transmitidas por bactérias permanecem as principais causas de morte prematura, sendo responsáveis por uma em cada três mortes[39]. Os números são assustadores, pois refletem uma tendência desanimadora, na qual antigos microrganismos estão ressurgindo resistentes aos antibióticos de primeira e segunda gerações.

A tuberculose, uma doença infecciosa, infecta 100 milhões de pessoas por ano, sendo 8 milhões de novos casos (3% ao ano), mais de 23.000 novos casos ao dia. O índice de mortalidade é de 2 milhões de mortes ao ano, sendo 1 morte a cada 15 segundos (Secretaria de Vigilância em Saúde — Ministério da Saúde 2005). No Brasil, o número de casos é de 92.472 apresentando uma taxa de prevalência de 48,4/100.000 habitantes (Secretaria de Vigilância em Saúde — Ministério da Saúde 2005).

A prevalência da tuberculose está bastante ligada aos casos de AIDS, sendo que no Brasil 25,5% dos casos de AIDS estão associados a tuberculose (Secretaria de Vigilância em Saúde, 2004).

Tratar doenças infecciosas com antibióticos tem sido cada vez mais difícil devido ao uso indiscriminado de medicamentos. A OMS solicita o combate das enfermidades emergentes, como a malária, cólera e tuberculose, quando estas poderiam ter sido prevenidas e tratadas ao custo de US$ 1,00 por pessoa. A malária é endêmica em 100 países, pondo em risco cerca de 40% da população mundial. Estima-se que cerca de 100 a 300 milhões de casos ocorram anualmente. Dados da Organização Mundial da Saúde (OMS) indicam que a malária é a doença infecto-contagiosa tropical que mais causa problemas sociais e econômicos no mundo, somente superada em número de mortes pela AIDS.

Por ano, sobretudo na África, entre 500 e 300 milhões pessoas são infectadas, das quais cerca de um milhão morrem em conseqüência da doença.

No Brasil entre 2002 e 2003, foi observado um aumento na incidência de 17,9%, chegando a um total de 410.475 casos.

Algumas doenças infecciosas tem sido controladas através do amplo uso de vacinas (tétano, poliomielite e febre Guiné).

A OMS aponta as principais razões pelas quais algumas doenças infecciosas não são controladas/irradicadas, como[4,10,39]:

— Disseminação da pobreza;
— Crescimento populacional desordenado;
— Aumento das concentrações urbanas;
— Movimentos grandes de refugiados;
— Degradação ambiental (desmatamento desenfreado, mudanças ecológicas, expondo o ser humano a um contato mais freqüente com os agentes transmissores);
— Globalização das economias;
— Aumento das viagens internacionais;
— Resistência a antibióticos.

Nas últimas duas décadas, trinta novas e emergentes infecções tem sido alvo de grande preocupação: do HIV ao Ebola. Uma nova doença vem sendo difundida (março de 2005) a febre de Marburg (família da *Filoviridae*), recentemente relatada na República Democrática do Congo, semelhante a doença causada pelo vírus Ebola, cujos sintomas mais comuns são diarréia, dores estomacais e vômitos que evoluem para sangramentos. A gripe do frango já matou 34 pessoas no Vietnã desde de dezembro de 2003, sendo que 14 destes casos ocorreram em 2005. Segundo a OMS, o maior temor é de que uma mutação do vírus, possa vir a possibilitar o contágio direto entre humanos, originando uma pandemia que poderia causar milhões de mortes. Até agora, os doentes da gripe do frango foram infectados depois de comer aves pouco cozidas.

Doenças que sempre fizeram parte da realidade dos países pobres, entre eles o Brasil, causaram recentemente em Santa Catarina um surto de doença de Chagas provocando cinco mortes dentre os 31 moradores de Jaraguá do Sul que tiveram os sintomas da doença confirmados pela Secretaria da Saúde de Santa Catarina. O surto foi causado pela ingestão de caldo de cana em um quiosque no município de Navegantes, que foi consumido por cerca de 50 mil pessoas. A força tarefa da Vigilância Epidemiológica da Santa Catarina está empenhada em descobrir a forma com que o caldo de cana acabou sendo contaminado para que sejam formuladas as formas de prevenção.

As duas hipóteses mais prováveis são de que a contaminação pode ter ocorrido dentro da moenda, que oferece ambiente propício a uma sobrevida do *Trypanosoma cruzi* fora do hospedeiro, ou durante o armazenamento da cana.

Até o início de abril de 2005, já foram realizados cerca de 9 mil exames para detecção da doença de Chagas na população local e está mantida a expectativa de chegar aos 50 mil. Já foram registrados 147 casos investigados, com 30 confirmações, 42 descartados e 75 em investigação. Oficialmente, houve cinco mortes e há 11 novos casos suspeitos. Para prevenir este tipo de surto, deverá ser elaborada uma nova regulamentação para o comércio de caldo de cana *in natura*, com normas para a recepção, armazenamento e manipulação do material. Outras 26 pessoas que residem na localidade de Igarapé da Fortaleza, no Amapá, foram contaminadas pela doença de Chagas em março de 2005. Laudos expedidos pelo Instituto Evandro Chagas, de Belém do Pará, confirmam os casos. Também neste caso a contaminação não se deu pela picada do barbeiro, mas por ingestão de alimento, o açaí, fruto consumido em grande escala no estado.

As doenças transmissíveis eram as principais causas de morte nas capitais brasileiras na década de 1930, sendo responsáveis por um terço dos óbitos. Atualmente devido aos avanços tecnológicos e melhorias nas condições sanitárias e de saúde este contesto mudou, sendo hoje as doenças do aparelho circulatório a principal causa de morte no país, superando a mortalidade por doenças transmissíveis que passaram a representar o quinto grupo de doenças responsáveis por óbitos no Brasil.

No entanto, apesar da redução da participação desse grupo de doenças na mortalidade, estas ainda representam um papel fundamental na morbidade, principalmente para aquelas que não dispõem de mecanismos eficazes de prevenção ou que estão associadas a causas ambientais, sociais e econômicas.

A doença de Creutzfeldt-Jakob (CJ) que atinge humanos é considerada uma variante da encefalopatia espongiforme bovina (EEB, popularmente conhecida como doença da vaca louca), causada pelo mesmo agente, o príon. Desde outubro de 1996 até novembro de 2004, foram descritos 152 casos prováveis de doença de CJ no Reino Unido, oito casos na França, dois na Irlanda e um caso no Canadá, Itália e Estados Unidos. A rota de transmissão da variante de CJ ainda não está totalmente descrita, porém aceita-se que é transmitida através da exposição ao alimento contaminado com o agente da encefalopatia espongiforme bovina. Mais de 180.000 casos de EEB foram confirmados em gado nos Estados Unidos entre 1986 e outubro de 2004. A doença foi também detectada em diversos outros países. A transmissão da EEB ocorre quando o gado é alimentado com ração à base de carne e osso contaminado com o agente causador.

Os infectologistas da Organização Pan-Americana de Saúde (OPAS), no Dia Internacional da Saúde, em 7 de abril de 1997, fizeram um alerta global sobre as infecções que mataram 17 milhões de pessoas em todo o mundo, em 1995. Enfatizaram que as doenças emergentes: Ebola, hantavirose e Lassa não estão circunscritas a uma região ou país podendo fazer vítimas em qualquer lugar. Salientaram que a migração é o principal veículo disseminador das doenças; ocorrendo o contágio em 60% dos casos pelo contato entre pessoas. Em 20%, a causa é o consumo de água e alimentos contaminados, acentuada pela falta de saneamento básico[4,5,10]. Mesmo as doenças que já foram erradicadas em alguns países do continente americano, como o sarampo, mas que ainda são transmitidas em outros países do continente europeu, representam um risco constante para estes países que conseguiram sua erradicação.

A OPAS ressalta que o retorno das endemias é resultado do abandono de programas de vigilância sanitária, e diminuição de investimentos em programas de saneamento básico[20].

O primeiro estudo brasileiro sobre incidência de infecções hospitalares, apresentado em 21 de maio de 1997, em Salvador, durante o 8º Congresso Pan Americano de Infectologia, mostrou que os índices de surtos de infecção hospitalar podem ser controlados por adequação dos métodos de limpeza, desinfecção e esterilização, respeitando as áreas, equipamento e materiais médico-odontológicos. No Brasil, calcula-se que 80% dos hospitais não fazem controle de infecção hospitalar [4,5,10].

Em outubro de 1996, a Fundação Oswaldo Cruz (FIOCRUZ) detectou ter sido a bactéria *Acinetobacter* o agente causador da morte de vários bebês no Hospital Materno-Infantil Nossa Senhora de Nazaré, em Boa Vista, de acordo com o material de fezes e urina colhido de alguns recém-nascidos. A bactéria é natural das mucosas (boca, nariz, e olhos), e pode ser fatal em 48 horas às crianças infectadas. *A. calcoaceticus*, da família *Neisseriaceae,* a única espécie aceita, é caracterizada por bastonetes Gram-positivos, não-móveis, desenvolvendo-se bem em ágar MacConkey, em condições de aerobiose, à temperatura de 35°C. A bactéria faz parte da flora normal da pele e do trato gastrointestinal e respiratório superior. É igualmente responsável por infecções oportunistas e hospitalares, incluindo meningite, infecções de lesões e septicemia após intervenções invasivas com artigos médico-hospitalares[14,16,18].

As bactérias são principais agentes das infecções emergentes de pacientes hospitalares, principalmente naqueles que recebem administração de injetáveis, solução parenteral, alimentação enteral e procedente de lactário hospitalar.

Relatou-se em 20 de novembro de 1997, que mais dois bebês, internados na Unidade de Terapia Intensiva neonatal do Hospital e Maternidade Vila Nova Cachoeirinha, em São Paulo, foram infectados pela bactéria *Serratia marcescens*. Desde agosto de 1997, foram notificados 15 óbitos de recém-nascidos infectados por essa bactéria, segundo o Secretário Municipal da Saúde. Outros 11 bebês, embora infectados nesse período, reagiram com antibióticos. A UTI só pode sofrer completa desinfecção, quando todas as crianças receberem alta, pois, se os bebês deixarem a UTI antes, levam consigo o perigo da disseminação da bactéria para outros ambientes. Até o momento sabe-se que a UTI neonatal é o foco de infecção, porém não se tem certeza sobre o nascedouro da infestação, que por contaminação cruzada continua a disseminação do microrganismo. A bactéria *Serratia marcescens,* da família *Enterobacteriaceae,* é caracterizada por bastonetes Gram-negativos, móveis, não-encapsulados, que produzem pigmento vermelho em ágar MacConkey, à temperatura ótima de 22°C, em condições de aerobiose. A bactéria *S. marcescens* é encontrada no seu habitat natural, como a água e o solo. Representa importante agente patogênico oportunista, sendo responsável por infecções dos tratos urinários e pulmonar, de lesões em tecidos e por septicemia[4,16].

Em 26 de novembro de1997, constatou-se a presença de outro foco de infecção hospitalar, que atingiu dez crianças da UTI do Hospital Tide Setúbal, na zona leste de São Paulo. O agente de infecção bacteriana detectado é do gênero *Enterobacter*. O foco pode ter sido desencadeado tanto por uma criança contaminada, quanto por problemas de manuseio e superlotação. O referido hospital tem em média cerca de 400 partos mensais. A interdição do berçário durou 20 dias, para que a desinfecção das áreas fosse realizada com sucesso. A bactéria do gênero *Enterobacter*, pertence à família *Enterobacteriaceae*, sendo a espécie *E. cloacae* a mais comum. E caracteriza-se por bastonetes móveis Gram-negativos, não-encapsulados, que se desenvolvem bem em ágar MacConkey, em condições de aerobiose à temperatura de 37°C. A bactéria é geralmente encontrada no solo, em água e no trato intestinal. Pode constituir-se em agente patogênico oportunista, sendo encontrada em lesões de tecidos, no trato urinário e em casos de bacteremia[4,16].

Os casos de infeção em berçários tem se alastrado devido à ausência de um programa único de limpeza e desinfecção hospitalar divulgado pela Secretaria Municipal da Saúde.

Colombo e cols. realizaram um estudo sobre a epidemiologia das infecções hematogênicas causadas por *Candida spp*. O estudo demostrou que a *Candida spp.* é responsável por 80% das infecções fungicas causadas no ambiente hospitalar, sendo responsáveis por níveis relevantes de infecções de corrente sangüínea.

O estudo relatou também que no Brasil, um estudo epidemiológico realizado por 12 meses (março-2002 a fevereiro-2003), reuniu dados sobre infecções de corrente sanguínea constatando que de um total de 7.038 episódios de bacteremias e fungemias avaliados, a *Candida spp.* respondeu por 4,3 % do total das infecções de corrente sangüínea.

Segundo o estudo a mortalidade geral por *Candida spp.* é da ordem de 40 a 60%, o que torna a situação ainda mais agravante.

Nos Estados Unidos, a *Candida spp.* é a quarta causa mais comum de infecções de corrente sangüínea, sendo responsável por 8% dos casos relatados.

A validade científica, a reprodutibilidade e a precisão do método eleito para a avaliação dos desinfetantes dependem de fatores controlados (composição do meio de cultivo, temperatura e tempo de exposição), assim como da presença de materiais orgânicos (soro, sangue e outros) e de variáveis nas condições de uso dos agentes químicos na rotina hospitalar[1,23].

A escolha de um agente químico desinfetante é difícil frente ao grande número de produtos encontrados no mercado; cada um afirmando eficácia contra uma variedade de microrganismos sob condições diferentes de teste[2,9,12,21,22,25,27,28,30,35].

Os indicadores biológicos *Bacillus stearothermophilus* e *Bacillus subtilis* são utilizados na padronização das técnicas de aplicação dos agentes esterilizantes e desinfetantes, respectivamente[9,18,24,25,33]. Através da determinação da concentração mínima inibitória (CMI)[18,19,35] e do tempo de redução decimal (valor D)[32,33], e da classificação do espectro de atividade de cada agente esterilizante, torna-se possível esboçar um programa de limpeza, desinfecção e esterilização no ambiente hospitalar, principalmente dos ambientes e itens reutilizáveis[1,25,30,34].

Os esforços para diminuir o risco de transmissões de infecções incluem programas no qual os desinfetantes desempenham papel crucial na quebra da cadeia de transmissão das infecções.

Definições. Padrões de Áreas e Artigos em Estabelecimentos de Saúde

A descontaminação de equipamentos médicos envolve a destruição ou remoção de qualquer microrganismo, a fim de prevenir a contaminação cruzada entre pacientes ou das pessoas que trabalham em contacto com superfícies contaminadas.

Microrganismos podem ser transmitidos de pessoa para pessoa, através de superfícies de qualquer equipamento de uso comum. As medidas preventivas são a lavagem das mãos pelos profissionais de saúde entre os procedimentos hospitalares, ambulatoriais, realizados nos pacientes e a descontaminação do material e da área utilizada ao final dos procedimentos. Microrganismos podem atingir o organismo por feridas abertas, inalação de substâncias contaminadas ou ainda por contato direto com mucosas. O fenômeno de contaminação de uma pessoa para outra ou de uma pessoa por um objeto inanimado contaminado é denominado contaminação cruzada. A legislação brasileira preconiza requisitos básicos de descontaminação. Os procedimentos incluem a limpeza, desinfecção e/ou esterilização de artigos e áreas de estabelecimento de saúde. As respectivas Comissões e Serviços de Controle de Infecção do estabelecimento de saúde devem escolher e supervisionar os produtos (natureza física e química) e auxiliares de limpeza a serem utilizados[3,18,19,24,28]. Os procedimentos básicos de descontaminação são de fundamental importância para a prevenção na disseminação de doenças em geral, principalmente a nível hospitalar, transmitidas por água e por contacto pessoal. Para obter-se um processo de desinfecção eficiente, é necessário que se submeta à superfície em questão, primeiramente à limpeza mecânica (fricção) associada à química (solução detergente, desincrostante ou enzimático) para remoção da macro sujidade, pois a matéria orgânica é uma barreira à ação dos desinfetantes assim como reduz a atividade dos mesmos, no momento de sua aplicação[8,9,24,25,28].

Limpar (lavar), desinfetar (sanitizar) e esterilizar são procedimentos utilizados nos procedimentos de descontaminação.

— *Descontaminação* é o conjunto de operações de limpeza, de desinfecção ou/e esterilização de superfícies contaminadas por agentes potencialmente patogênicos, de forma a tornar estas superfícies barreiras efetivas que minimizem qualquer tipo de contaminação cruzada.

— *Limpeza* é o procedimento usado para remover materiais estranhos como: pó, terra, grande número de microrganismos, matéria inorgânica (sais) e orgânica (sangue, vômito, soro, detritos alimentícios). Geralmente, para tal são utilizados água com detergentes associados (ou não) a produtos enzimáticos e auxiliares mecânicos de limpeza. A limpeza é um pré-requisito indispensável que determina o sucesso da desinfecção e esterilização, pois garante o acesso do agente químico e/ou físico ao microrganismo. O objetivo principal é a eliminação da matéria orgânica, pois é nela que os microrganismos se proliferam com maior intensidade.

— *Esterilização* é o conjunto de operações que objetiva destruir (ou remover) todas as formas de vida, incluindo esporos bacterianos, com capacidade de desenvolvimento durante os estágios de conservação e de utilização do produto. Conservar é manter as características do produto durante a vida útil de armazenamento (vida de prateleira) à temperatura ambiente, assegurando a esterilidade adquirida [11,32,33].

Os príons são os agentes etiológicos da encefalopatia espongiforme bovina (EEB), zoonose descrita inicialmente nos bovinos e, mais recentemente, em humanos (variante da doença de Creutzfeldt – Jakob). A EEB é transmitida por produtos cárneos bovinos contaminados com tecidos do sistema nervoso central. Entre os ovinos e caprinos, a doença é conhecida por encefalopatia espongiforme transmissível (EET), da qual se destaca o scrapie nos ovinos, doença conhecida desde a metade do século XVIII. Através de itens críticos, os príons podem ser transmitidos por contaminação cruzada em prática hospitalares.

Os príons, que são pequenas partículas infecciosas protéicas, resistem aos procedimentos físicos e químicos de esterilização (desinfecção) normalmente aplicados aos itens críticos, objetivando a destruição de esporos bacterianos. Eles são capazes de se multiplicar em uma progressão incrível, induzindo as moléculas proteícas normais a alterar sua forma, convertendo-as em moléculas perigosas para o organismo do hospedeiro.

A menor partícula de um príon infeccioso é provavelmente de um dímero de PrP^{Sc}. Esta estimativa é consistente com o tamanho de um alvo de radiação ionizante de 55 ± 9 kDa. Portanto, os príons podem não ser contidos pela maioria dos filtros existentes que de forma eficaz eliminam as bactérias e vírus. Além disto, os príons se agregam às partículas de tamanho não uniforme e assim, os detergentes não conseguem solubilizá-los, exceto sob condições de desnaturação onde a infectividade é perdida. Os príons resistem à inativação através da nuclease, irradiação UV a 254 nm e tratamento com psoralens, cátions divalentes, queladores do íon metal, ácidos (entre pH 3 e 7), hidroxilamina, formalina, ebulição ou proteases.

Esterilidade ou nível de segurança é a incapacidade de desenvolvimento das formas sobreviventes ao processo de esterilização, durante a conservação e utilização de um produto. A manutenção do nível de esterilidade conferido a um produto garante o prolongamento da vida útil de prateleira e depende das operações pré-esterilização, de esterilização e pós-esterilização. Os métodos de esterilização permitem assegurar níveis de esterilidade compatíveis às características do produto em questão e de sua utilização. O método escolhido depende da natureza e da carga microbiana inicialmente presente no item considerado. O calor, a filtração, a radiação, o óxido de etileno, o plasma de peróxido de hidrogênio, o glutaraldeído e formaldeído podem ser citados como agentes esterilizantes.

— *Anti-sepsia* caracteriza-se por ser um procedimento através do qual microrganismos presentes em tecidos são destruídos ou eliminados após a aplicação de agentes antimicrobianos.

— *Desinfecção (higienização ou sanitização)* caracteriza-se por representar um conjunto de operações de natureza física e/ou química com o objetivo de reduzir o número de microrganismos de itens (artigos e áreas) inanimados, porém não asseguram a eliminação total de bactérias na forma de esporos. Desinfecção é o processo que visa a eliminação de microorganismos na forma vegetativa, excetuando-se esporos bacterianos. Segundo o *Centers for Diseases Control and Prevention* (CDC) os níveis de desinfecção podem ser classificados em[12]:

— *Desinfecção de Baixo Nível*: onde os agentes utilizados apresentam atividade antibacteriana sobre a maioria das bactérias, alguns vírus e fungos, porém não inativam microrganismos mais resistentes (micobactérias e esporos bacterianos);

— *Desinfecção de Nível Intermediário*: onde os agentes aplicados são eficientes para destruir as bactérias vegetativas (incluindo micobactérias da tuberculose), a maioria dos vírus e fungos;

— *Desinfecção de Alto Nível*: onde os agentes aplicados são eficientes na destruição de todos os microrganismos presentes, com exceção de esporos bacterianos;

— *Desinfeção associada à esterilização*: onde os agentes utilizados são capazes de destruir e/ou eliminar todos os tipos de microrganismos, inclusive de esporos bacterianos.

Cada instrumento, equipamento ou superfície do ambiente de saúde que entra em contato com um paciente é um disseminador em potencial de infecção. Baseando-se no risco de infecção relacionado ao tipo e uso de cada item, E.H. Spaulding [8,11,19,25,28,32], desenvolveu uma classificação que divide os artigos médico-hospitalares e odontológicos em três categorias distintas:

— Categoria A — Artigos Críticos: são aqueles que envolvem risco potencial de infecção ao paciente. Estes itens entram em contacto direto com sistemas vasculares ou tecidos estéreis (adiposo, muscular, sistema linfático ou vascular, ósseo e sistema nervoso). Devem ser igualmente considerados os dispositivos conectados aos artigos críticos. Estes itens devem ser obrigatoriamente estéreis para serem utilizados. Esta categoria inclui instrumentos cirúrgicos, implantes, agulhas, cateteres cardíacos e urinários, implantes e hemodializadores. Muito destes itens são de uso único (descartáveis) e são adquiridos estéreis. Itens críticos termolábeis podem ser esterilizados por imersão em soluções de glutaraldeído ou em câmaras por elementos gasosos que apresentem óxido de etileno, peróxido de hidrogênio e formaldeído. Estes processos são praticados a baixas temperaturas;

— Categoria B — Artigos Semicríticos: são aqueles que entram em contato com membranas mucosas ou tecidos corporais lesados. Estes itens devem ser submetidos a procedimentos rígidos de limpeza, desinfecção ou esterilização. Membranas mucosas intactas geralmente resistem infecções por esporos bacterianos, mas são suscetíveis a bactérias e vírus patogênicos. Esta categoria inclui laparoscópios, endoscópios, equipamentos de anestesia, entre outros. Muito desses equipamentos requerem pasteurização por calor úmido ou desinfecção de alto nível usando agentes químicos como cloro, peróxido de hidrogênio, ácido peracético ou glutaraldeído. Esses artigos após desinfecção devem receber enxágüe com água estéril, secagem e estocagem em condições assépticas, evitando a recontaminação;

— Categoria C — Artigos Não-Críticos: incluem itens não invasivos, que entram em contato direto com pele intacta do paciente. A pele é considerada barreira efetiva para a maioria dos microrganismos. Conseqüentemente, estes itens exigem desinfecção de médio ou baixo nível. Ao contrário dos itens críticos e semicríticos, a maioria desses itens são reutilizáveis. O risco de transmissão de agentes infecciosos para os pacientes através destes itens é bastante reduzido. Entretanto estes itens podem contribuir para a contaminação cruzada, principalmente por mãos de pacientes, enfermeiras e outros profissionais de saúde e equipamentos médicos. Desinfetantes de baixa atividade germicida podem ser utilizados. Exemplos: aparelhos de pressão, eletrodos, máscaras faciais. Para esta categoria na maioria dos casos, limpeza com água e sabão é suficiente. Através da desinfecção pode-se garantir uma segurança adicional. Mas há casos particulares nos quais a limpeza requer desinfetantes de nível médio, quando há confirmação de microrganismos potencialmente patogênicos.

O método de descontaminação do artigo considerado depende da finalidade de seu emprego e das características físicas e químicas do mesmo, prevendo compatibilidade do material aos produtos químicos de limpeza e de desinfecção escolhidos.

Quando realizados de modo adequado, os processos de desinfecção e esterilização garantem um nível de segurança adequado na utilização do artigo invasivo (crítico) e não-invasivo (semicrítico, não-crítico) no paciente. No entanto isto requer um programa de procedimentos validados para limpeza, desinfecção e esterilização, prevenindo a contaminação cruzada.

Para que se possa diferenciar procedimentos de limpeza e de higienização, as áreas dos ambientes de manipulação da saúde são classificadas e subdivididas, segundo o risco potencial na transferência de infecções em[24]: *críticas, semicríticas* e *não-críticas*.

Portanto, a classificação dos artigos e áreas de saúde determinam o processo a ser utilizado, ou seja, de desinfecção ou de esterilização.

Fatores Interferentes

Há fatores que alteram a eficácia dos procedimentos de desinfecção e esterilização. A atividade antimicrobiana dos agentes químicos depende de uma variedade de fatores intrínsecos (natureza, estrutura e características dos microorganismos) e de fatores extrínsecos (características químicas e físicas do ambiente circunvizinho). O conhecimento desses fatores é imprescindível para o sucesso da aplicação dos procedimentos de desinfecção e esterilização.

Principais fatores interferentes e determinantes:

Natureza dos microrganismos e da proteína tóxica (príon)

Os microrganismos variam consideravelmente quanto à susceptibilidade aos agentes desinfetantes químicos em função de sua estrutura e composição. De maneira genérica, a ordem decrescente de resistência apresentada ao agente antimicrobiano compreende: os esporos bacterianos, as células bacterianas, os fungos, as leveduras e os vírus. As células de micobactérias apresentam, maior resistência em relação às células bacterianas, devido às características hidrofóbicas da superfície celular. Porém, esta ordem de resistência é variável de acordo com o agente químico escolhido e condições de aplicação.

Os príons resistem aos métodos tradicionais de esterilização, como o uso de radiação, calor seco, calor úmido e agentes químicos por óxido de etileno e formaldeído. Tratamentos em autoclave, a temperaturas de 121-132°C/60min ou 134°C/18 min, resultam em decréscimos de cinco ciclos logarítmicos de príons.

A utilização de formaldeído, em concentração de 10%/60min, reduz o título de príons em 30 vezes, sendo um adjuvante interessante no tratamento térmico. Experimentos utilizando temperaturas de 130°C/15min, demonstraram a inativação de seis ciclos logarítimicos (cerca de 99,9999%) do tipo scrapie príon 263K. No entanto, se uma fração mínima permanece inalterada, esta apresenta excepcional resistência.

Embora a infectividade dos príons em amostras purificadas seja diminuída pela prolongada digestão com proteases, os resultados de ebulições em dodecilsulfato de sódio e uréia são variáveis. A esterilização de extratos cerebrais de roedores com altas titulações requer o uso da autoclave a 132ºC durante quatro horas e meia. Os solventes orgânicos desnaturadores como o fenol, os reagentes caotrópicos como o tiocianato de guanidina e os álcalis como o NaOH podem também ser usados para a esterilização. Os príons são inativados através do NaOH a 1 N, cloridrato ou isocianato de guanidínio a 4,0 M, hipoclorito de sódio (concentração livre de cloro

2) e autoclave a vapor a 132ºC durante quatro horas e meia. Recomenda-se que o dejeto seco seja autoclavado a 132ºC durante quatro horas e meia ou então incinerado. Grandes volumes de dejetos líquidos infecciosos contendo altas titulações de príons podem ser totalmente esterilizados através do tratamento com NaOH a 1 N (concentração final) ou através de uma autoclave a 132ºC durante quatro horas e meia. Os vasilhames plásticos, que podem ser descartados como dejeto seco, são altamente recomendáveis. Uma vez que o procedimento de vaporização com paraformaldeído não diminui a titulação de príons, as cabines de segurança devem ser descontaminadas com NaOH a 1 N, seguido de HCl a 1 N e depois enxaguadas com água. Os filtros HEPA devem ser autoclavados e incinerados.

Embora não haja evidências que possam sugerir que a transmissão via aerosol ocorra na doença natural, é mais prudente evitar a formação de aerossóis ou perdigotos durante a manipulação de tecidos ou líquidos e durante a necropsia de animais experimentais. Recomeda-se também, o uso de luvas para atividades que propiciem o contato direto da pele com tecidos e líquidos infecciosos. Os tecidos fixados em formaldeídos e embebidos em parafina, especialmente tecidos cerebrais, permanecem infecciosos. Alguns pesquisadores recomendam que tecidos de casos suspeitos de doenças priônicas fixados em formaldeídos sejam imersos durante 30 minutos em ácido fórmico a 96% ou em fenol antes de ser processado histopatologicamente. Mas esse tratamento pode distorcer a neuropatologia microscópica.

Manuseio e processamento de tecidos de pacientes com suspeita de doença por príons

As características especiais do trabalho com príons requerem uma atenção particular com as instalações, equipamentos, normas e procedimentos envolvidos. As considerações a seguir devem ser incorporadas à administração dos riscos laboratoriais para este trabalho:

O atendimento deverá ser limitado a um patologista experiente e uma equipe pequena

Os membros da equipe deverão evitar o contato direto com o corpo, mas deverão assistir ao procedimento através do manuseio dos instrumentos e recipientes da amostra.

Um traje padrão para autópsia é obrigatório

— Ao invés de um avental de tecido, deve-se usar uma roupa descartável e à prova de água.

— Luvas resistentes a cortes e perfurações deverão ser colocadas debaixo de dois pares de luvas cirúrgicas ou luvas *chain mail*, que deverão ser usadas entre dois pares de luvas cirúrgicas.

— Os aerossóis são formados principalmente durante a abertura do crânio com uma serra Stryker. Uma proteção respiratória adequada deverá ser utilizada (PAPR).

Nível de contaminação e localização dos contaminantes

A resposta dos microrganismos aos desinfetantes varia em relação a fatores, tais como: pH, temperatura, fase de crescimento dos microrganismos, presença de matéria orgânica e outros agentes químicos.

A resistência dos desinfetantes pode ser uma propriedade inata do microrganismo ou pode ser adquirida. Habitualmente, as bactérias Gram-negativas são mais resistentes do que as Gram-positivas. Esse fenômeno está relacionado à composição da parede celular, que apresenta uma estrutura mais complexa, oferecendo menor permeabilidade à difusão dos agentes desinfetantes.

A atividade antimicrobiana é diretamente proporcional ao número de microrganismos presentes. Quanto maior a carga microbiana, maior o tempo de exposição necessário para destruí-la. Assim, uma limpeza prévia escrupulosa, visando reduzir o número de microrganismos inicialmente presente, é de grande interesse para o sucesso da desinfecção.

O acesso de todos os componentes do item considerado ao agente de limpeza, desinfecção e/ou esterilização se faz imprescindível, pois garante a conservação do item e previne a sua recontaminação interna através do local menos acessível. Artigos compostos de múltiplas peças devem ser desmontados e expostos aos agentes de limpeza para então o serem ao agente desinfetante (tubulações, conexões e equipamentos variados). A limpeza e desinfecção *in place* não deve substituir integralmente a separação das múltiplas peças, evitando assim a contaminação de um material complexo por uma simples peça inacessível ao agente de limpeza/desinfecção.

Concentração, tempo de exposição e concentração do agente desinfetante

Dependendo da natureza do agente desinfetante, quanto mais concentrado o princípio desinfetante maior é a eficácia e menor o tempo de exposição necessário para a destruição da mesma carga microbiana. Os compostos de cloro dependem do valor de pH do meio, da natureza química do composto clorado inorgânico ou orgânico, e sobretudo da presença de sujidade na superfície aplicada. Assim também ocorre com os compostos de ácido peracético que tem a atividade reduzida com o aumento do valor de pH e na presença de material orgânico.

Fatores físicos e químicos

Diversos fatores físicos e químicos influenciam nos processos de desinfecção e esterilização, sendo os mais importantes a temperatura, o pH, a dureza da água e a umidade relativa.

Temperatura: os desinfetantes são comumente usados à temperatura ambiente, porém o aumento da temperatura pode favorecer a atividade do agente desinfetante, como do formaldeído. Porém, a temperatura de aplicação do agente desinfetante depende da compatibilidade do artigo em questão. Cateteres cardiovasculares são deformáveis às temperaturas superiores a 45°C, em câmaras com óxido de etileno, peróxido de hidrogênio ou formaldeído[1,29].

Valor de pH: o efeito do valor de pH na ação antimicrobiana depende do desinfetante, dos microorganismos e do item submetido à desinfecção. Geralmente, valores de pH $< 7,0$ sensibilizam células vegetativas e favorecem a difusão do agente desinfetante. A atividade dos compostos de cloro depende do valor de pH do meio de aplicação. A atividade do peróxido de hidrogênio independe do valor de pH. Os compostos quaternários de amônio e a clorexidina tornam-se mais efetivos ao valor de pH $> 7,0$, pois são ativas na forma de cátions. O pH na faixa alcalina aumenta a atividade destes compostos catiônicos, e sinergicamente, provoca aumento do número de grupos carregados negativamente nas proteínas da superfície bacteriana, possibilitando maior número de sítios com os quais o agente desinfetante pode se combinar. A atividade dos fenóis é favorecida em pH ácido, embora possam ser efetivos em pH alcalino, na presença de substâncias solubilizadoras. Soluções de glutaraldeído são ativadas em pH entre 7,5 e 8,5, à temperatura ambiente. A dependência da atividade antimicrobiana do desinfetante em relação ao valor de pH diminui à medida que a temperatura do meio atinge 70°C.

Dureza da água: os íons divalentes cálcio e magnésio presentes na água interagem com detergentes e outros compostos orgânico, formando precipitados insolúveis. A eficácia dos compostos quaternários de amônio é marcadamente afetada na presença de água dura.

Umidade Relativa: este fator afeta diretamente a atividade de compostos na forma gasosa, como o óxido de etileno, o peróxido de hidrogênio (inativado na presença de água) e o formaldeído.

Matéria Orgânica

Matérias orgânicas, em diversas formas como soro, sangue, pus, vômitos, fezes e resíduos de alimentos, interferem na ação dos agentes antimicrobianos, por simples reação ou formação de complexos que reduzem a concentração do agente químico disponível para reagir com os microrganismos.

Matérias orgânicas exercem redução acentuada das atividades dos compostos altamente ativos como os liberadores inorgânicos de cloro e do ácido peracético. A limpeza, previamente aplicada ao item considerado, minimiza e previne a inativação da atividade dos agentes desinfetantes, aumenta a permeabilidade e difusividade dos mesmos nos locais de menor penetração e garante o sucesso da desinfecção e/ou esterilização. A limpeza é o estágio mais importante, simples e menos custoso de um protocolo de desinfecção[6,8,19,29,31,37]. A limpeza deve preceder aos procedimentos de desinfecção ou de esterilização, pois reduz a carga microbiana pela remoção da sujidade e matéria orgânica presente nos materiais, possibilitando o contato necessário entre o agente antimicrobiano e a superfície considerada[18,24]. Constitui o início de todos os programas referentes aos cuidados de higiene.

Todo processo de descontaminação, para assegurar o nível de segurança máximo esperado, exige que o material, superfície ou área em questão não apresente qualquer tipo de resíduo que dificulte à difusão e acesso ao agente químico ou físico aplicado. Daí advir à necessidade de programas de limpeza prévios dos itens e áreas consideradas. A limpeza deve prever a remoção de até 10^5 microrganismos por unidade do item considerado, mesmo para artigos de difícil acesso como os cateteres utilizados em cateterismo cardiovascular [1,29,34,37].

Estudos têm demonstrado que a limpeza manual ou mecânica, com água e detergente e/ou associados a produtos enzimáticos, pode causar a remoção de aproximadamente 10^5 microrganismos da população inicialmente considerada[1,6,8,11,19,29,31,32,34]. "Assim, é lícito afirmar que a limpeza rigorosa é condição básica para qualquer processo de desinfecção ou esterilização. Pois, é possível limpar sem esterilizar (desinfetar), mas não é possível garantir a esterilização (ou desinfecção) sem limpar".

A segurança da desinfecção ou esterilização é expressa pela probabilidade de sobrevivência dos microrganismos ao processo considerado. O nível de segurança a ser estabelecido varia de acordo com a finalidade de uso do artigo[11,32]:

— Para artigos críticos, a probabilidade de sobrevivência admitida é de 1 (um) microrganismo sobrevivente para cada 10^6 unidades processadas. Este critério é expresso em 10^{-6} e é conhecido como nível de esterilidade ou de desinfecção de alto nível. Este nível de segurança é, convencionalmente, verificado no laboratório através do teste de esterilidade. Dependendo do indicador biológico (IB) utilizado, o nível de segurança aceitável pode variar de 10^{-4} (1 IB sobrevivente: 10^4 unidades processadas), 10^{-5} (1 IB sobrevivente: 10^4 unidades processadas) ou 10^{-6} (1 IB sobrevivente: 10^4 unidades processadas). A padronização mais rigorosa prevê de nível de segurança de 10^{-12} (1 IB sobrevivente: 10^4 unidades processadas) para a probabilidade de sobrevivência de esporos de *Clostridium botulinum* em soluções críticas e invasivas (intravenosas, intramusculares e subcutâneas) assim como para soluções parenterais, alimentação enteral e alimentos enlatados não-ácidos. Os IB de maior resistência do que aquela apresentada por esporos de *Clostridium botulinum* são usualmente empregados, e o nível máximo considerado é de 10^{-6}.

— Para artigos semicríticos, o intervalo do nível de segurança em 10^{-4} a 10^{-5} foi exigida na esterilização (desinfecção) para veículos de exploração espacial na busca de evidências de vida extraterrestre no planeta Marte.

— Para artigos não-críticos, o nível de segurança geralmente aceito é de 10^{-3}(1 IB sobrevivente: 1000 unidades processadas). Critério este menos rigoroso, pois é direcionado para artigos não-invasivos, prevendo que a superfície em contacto apresente barreira microbiológica à penetração (pele).

— Quanto aos príons: a eficácia dos procedimentos de esterilização (desinfecção) é mensurada quanto á redução atingida das unidades infectantes durante a exposição do item considerado aos agentes físicos e/ou químicos. O nível de redução das unidades infectantes depende do nível de contaminação e da eficácia do procedimento escolhido. Um instrumento contaminado com 50mg de tecido do cérebro de uma pessoa infectada com CJD e com título de $1x10^5$(50% de unidades de dose letal intracerebra por grama) tem $5x10^3$ unidades infectantes. A eficácia de um procedimento de limpeza associado á desinfecção pode causar a redução do título em até 10^7 unidades de príons, ou seja, uma redução de 4-$\log_{10}$ através da limpeza e redução 3-$\log_{10}$ através do processo de desinfecção e/ou esterilização. Limpeza, seguida de procedimento de desinfecção, pode assegurar significativa margem de segurança.

Princípios Ativos Usados como Desinfetantes e Esterilizantes Químicos

Em processo de desinfecção, os princípios ativos permitidos pelo Ministério da Saúde (através da Portaria nº 930 de 27/08/92[3]), a serem incorporados nos produtos químicos, são: aldeídos, fenólicos, quartenários de amônia, compostos orgânicos e inorgânico liberadores de cloro ativo, iodo e derivados, álcoois e glicóis, biguanidas e outros, desde que atendam à legislação específica. A Portaria MS 15/88[3] classifica os germicidas a partir de seu espectro de ação. Os agentes esterilizantes (ação comprovada sobre esporos) e os desinfetantes são subdivididos para uso em áreas e em artigos.

Apesar da grande oferta de produtos químicos no mercado, a escolha do agente químico mais adequado depende das características consideradas nesta seleção[3,9,23,25,32], ou seja:

— Amplo espectro de ação microbiana;

— Inativar rapidamente os microrganismos;

— Não ser corrosivo para metais;

— Não danificar artigos ou acessórios de borracha, plásticos ou equipamentos;

— Sofrer pouca interferência, na sua atividade, de matéria orgânica;

— Não ser irritante para pele e mucosas;

— Possuir baixa toxicidade;

— Tolerar pequenas variações de temperatura de pH;

— Ter ação residual sobre superfícies quando aplicado no ambiente;

— Manter sua atividade mesmo sofrendo pequenas diluições;

— Ser um bom agente umectante;

— Ser de fácil uso;

— Ser inodoro ou ter odor agradável;

— Ter baixo custo;

— Ser compatível com sabões e detergentes;

— Ser estável quando concentrado ou diluído.

Entretanto não existe um desinfetante químico que atenda a todas as especificações e necessidades encontradas, sendo preciso conhecer as características de cada um para se ter subsídios suficientes para a escolha correta do produto, evitando custos excessivos e uso inadequado. A escolha do desinfetante deve levar em consideração aspectos como: espectro de atividade desejada, ação rápida e irreversível, toxicidade, estabilidade e natureza do material a ser tratado.

Dentre os desinfetantes mais utilizados por características peculiares apresentadas[9,11,14,15,16,21,22,24,28], estão:

Álcoois

Os álcoois mais empregados em desinfecção são o etanol e o isopropanol à concentração de 70%, porém estes não apresentam atividade esporocida, sendo sua eficácia restrita à inibição dos estágios de germinação dos esporos bacterianos.

Atividade Antimicrobiana

São indicados para desinfecção de baixo nível e de nível intermediário. Os álcoois etílico e isopropílico apresentam atividade rápida sobre as bactérias na forma vegetativa (Gram-positivos e Gram-negativas). Atuam também sobre as células de *Mycobacterium tuberculosis*, alguns fungos e vírus lipofílicos (atuam na capa e no capsídeo).

Mecanismo de Ação

O mecanismo de ação dos álcoois ainda não foi totalmente elucidado, sendo a desnaturação de proteínas a explicação mais plausível. Na ausência de água, as proteínas não são desnaturadas tão rapidamente quanto na presença da mesma, razão pela qual o etanol absoluto — um grande desidratante — é menos ativo do que suas soluções aquosas. Coagulam ou precipitam proteínas presentes no soro, pus e outros materiais biológicos, que podem proteger os microrganismos do contato direto com álcool. Atividade bacteriostática provavelmente é devida à inibição da produção de metabólicos essenciais à divisão celular.

Concentração Mínima Inibitória (CMI)

Visando a redução de pelo menos 6 ciclos logarítmicos (6 log_{10}) das populações bacterianas testadas, frente ao álcool 70% (v/v), as cepas de maior sensibilidade foram *S. marcescens* e *A. calcoaceticus* (MIC=4,4%). *S.aureus* e *E. cloacae* apresentaram o dobro de resistência (MIC=8,75%), equivalente àquela observada para as cepas esporo formadoras de *B. stearothermophilus* e *B. subtilis*.

Características Importantes

Muitos álcoois têm se mostrado antimicrobianos efetivos. Álcool etílico e isopropílico são os mais utilizados, ambos exibem um rápido espectro de ação frente a células vegetativas, vírus e fungos, promovem a ativação dos esporos e inibem o crescimento das células germinativas. O isopropanol apresenta maior eficácia frente às bactérias por possuir propriedades lipofílicas, mas é menos ativo contra vírus hidrofílicos. Etanol é o álcool de escolha no Brasil, pois é um subproduto da fermentação da cana-de-açúcar, obtido por destilação do mosto, facilmente encontrado e de baixo custo.

Os álcoois não possuem ação residual. São inflamáveis, requerendo, portanto, cuidados especiais na manipulação e estocagem. Por evaporarem rapidamente sua ação torna-se limitada, recomendando-se a imersão do item em questão.

Aplicações

Os álcoois possuem ampla aplicação. No laboratório, são empregados na desinfecção e descontaminação de superfícies de bancadas, fluxos laminares, equipamentos de grande e médio porte e para anti-sepsia das mãos[6,30].

Nos estabelecimentos de saúde, são indicados para desinfecção e descontaminação de superfícies e artigos como: ampolas e vidros, termômetros oral e retal, estetoscópios, cabos de otoscópios e laringoscópicos, superfícies externas de equipamentos metálicos, macas, mesas de exame, dentre outros.

Os álcoois não são recomendados para a limpeza de ambientes, mas são largamente utilizados na desinfecção de superfícies, equipamento e na descontaminação da pele intacta. Trautmann e cols. (2001)[31] observaram que a freqüência de cepas de bactérias Gram-negativas foi reduzida e raramente isoladas das mãos dos funcionários do hospital universitário, por terem sido as mãos sanitizadas após o contacto com pacientes. Cada funcionário carregava consigo um frasco borrifador com álcool a 70%.

Os álcoois apresentam a desvantagem de danificar tubos plásticos, artigos de acrílico e de borracha. No Hospital Santa Cruz[8], na cidade de São Paulo, na área centralizada para limpeza e desinfecção, após a lavagem com detergente enzimático, a imersão de artigos semicríticos e não-críticos em álcool a 70% por 18-24 h tem mostrado resultados surpreendentes, eliminando o emprego de soluções de fenol e de formaldeído. Conseqüentemente, a eficiência da limpeza foi um estágio importantíssimo para garantir a eficiência do álcool, havendo redução do custo total de produtos adquiridos mensalmente e aumento do benefício indireto ao paciente. O consumo de 1800l/mês de álcool substituiu 2550l/mês de fenol sintético, e reduziu o custo total em cinco vezes[8].

Os álcoois utilizados como solventes de outras substâncias químicas pode ter sua ação germicida reduzida ou potencializada, dependendo das características químicas associadas entre os componentes dissolvidos.

A presença de 2% de glicerina (emoliente para mãos e antebraços) em álcool 70% (álcool glicerinado) inibe a atividade do álcool.

A adição de 10% de iodo no álcool 70% potencializou a atividade bactericida do álcool e reduziu a CMI para a metade (CIM=4,37%) para *B. subtilis* e *E. cloacae,* e diminuiu em 25% (CMI=2,187%) em relação a *S. aureus*.

Álcool 70% tem sido incorporado às soluções desinfetantes (PVP-I_2, chlorhexidine, formaldeído) para prevenir a contaminação com bactérias Gram-negativas, que são responsáveis por biofilmes que se formam e impedem o livre acesso do desinfetante à superfície considerada e facilitam a contaminação cruzada. Álcool pode potencializar a ação do PVP-I_2 como anti-séptico tópico na assepsia da pele intacta, facilitando a penetração de clorexidina e sua ação residual nas mãos e antebraços, após a lavagem mecânica com detergente. A prática de lavagem das mãos e desinfecção posterior com álcool (misturado ou não com clorexidina ou PVP-I_2) previne a disseminação de agentes causadores de surtos de infecção em áreas da saúde, assim como, em estabelecimentos de preparação de alimentos. Conrad (2001)[6] constatou o dobro de consumo de álcool em hospital — escola de 260 leitos (Suíça), sem causar aumento de lesões à pele, devido ao uso do álcool incorporado ao treinamento da assepsia das mãos.

Concentrações Normalmente Recomendadas

Concentrações entre 60 a 90% são as mais utilizadas, sendo que para concentrações inferiores a 50%, a atividade depende do período de imersão.

Efeitos Adversos

O etanol e o isopropanol são irritantes para os olhos e são produtos tóxicos. A freqüente aplicação produz irritação e dessecação da pele.

Formaldeído

Atividade Antimicrobiana

Desinfetante de alto nível, formaldeído apresenta atividade sobre bactérias Gram-positivas e negativas na forma vegetativa, incluindo as micobactérias fungos, vírus e esporos bacterianos. A atividade esporocida é lenta, exigindo um tempo de contato longo para a maioria das formulações.

Forma de Apresentação

O formaldeído é um gás encontrado disponível na forma líquida em soluções de 37 a 40%, contendo metanol para retardar a polimerização (formalina); e na forma sólida, polimerizado em paraformaldeído.

Mecanismo de Ação

Formaldeído inativa os microrganismos através da alquilação dos grupamentos amino e sulfidrilas de proteínas e dos anéis de nitrogênio das bases purinas.

Concentração Mínima Inibitória (CMI)

Formaldeído é igualmente aplicado na desinfecção do ar circulante devido à atividade antimicrobiana (bactericida, virucida e fungicida). Observou-se que o contato por 18-24 h à concentração de 0,5 a 1,0% de solução aquosa de formaldeído provocou a redução de 6-9 $\log_{10}$ de *S. marcescens* (CMI = 58.5 mg/l) de *E. cloacae* (CMI = MIC =117 mg/l); de *S. aureus* (CMI = 156 mg/l) e de *E. coli;* (CMI = 235 mg/l). A CMI de 246 mg/l reduziu nove ciclos de *B. subtilis* e seis de *B. stearothermophilus*.

Características Importantes

Formaldeído é pouco ativo a temperaturas inferiores a 20ºC, aumentando a atividade em temperaturas superiores a 40ºC. Ativo na presença de material orgânico. Não é inativado na presença de materiais orgânicos naturais, sintéticos e detergentes.

Aplicações

Formaldeído é utilizado principalmente para descontaminação, através de fumigação de ambientes fechados (cabines de segurança, salas diversas, salas de envase em indústria de medicamentos estéreis, biotérios e hospitais). Em função da sua toxicidade e caráter irritante, não é recomendado para desinfecção rotineira de superfícies, equipamentos e vidraria, podendo ser utilizado em situações especiais.

Na área hospitalar, é considerado desinfetante de alto nível, tem, ainda, aplicação como esterilizante de artigos críticos termossensíveis e na desinfecção de artigos semicríticos, sendo também usado para a desinfecção de capilares dos sistemas dialisadores. No entanto, tem sido substituído por glutaraldeído e ácido peracético para esta aplicação.

O uso do formaldeído no Brasil[3] é permitido para desinfecção de alto nível de artigos críticos, semicríticos e não-críticos. Dentre os artigos críticos estão as máquinas dializadoras (dializadores reutilizáveis), os drenos e, os tubos em geral, os cateteres laparoscópios os artroscópios, ventiloscópios, itens de acrílico. Os artigos críticos devem permanecer imersos por 18 h em solução à concentração de 8% de solução alcoólica de formaldeído, seguida de enxágüe em água autoclavada, em solução fisiológica esterilizada ou em álcool (70%), prevenindo re-contaminação. Na concentração de 1% por 18 h de contacto, a solução aquosa é empregada na descontaminação das membranas de osmose reversa, anteriormente à preparação de soluções parenterais. O enxágüe se faz com água para injeção, em abundância.

O formaldeído é ativo na presença de material orgânico, sendo estável na presença de detergentes.

Concentrações Normalmente Recomendadas/Tempo de Contato

a. Para fumigação em ambientes fechados
- Como formalina: 18ml de formalina e 35ml de água por 24 horas;
- Como paraformaldeído: as indicações variam de 4g/ml a 10,5g/ml por 24 horas.

b. Para desinfecção: 4% (v/v) por 30 minutos.

c. Para desinfecção de capilares de sistemas dialisadores: 4%(v/v) por 4 horas

d. Para esterilização: soluções alcoólicas a 8% e soluções aquosas a 10% por aproximadamente 18 horas de imersão.

Efeitos Adversos

Desinfetante de alto nível, embora seja considerado potencialmente carcinogênico. O seu uso é limitado pelos vapores irritantes, odor característico desagradável mesmo em baixa concentração (1ppm). Causa endurecimento e branqueamento da pele, dermatite de contato e reações de sensibilização. A concentração máxima na atmosfera recomendada pelo *National Institute for Occupational Safety and Health* é de 1 ppm[17,25,38].

A formalina sólida é vaporizada através do calor na presença de umidade, sendo os resíduos tóxicos, responsáveis por danificar alguns instrumentos. Embora seja uma opção econômica, tem sido pouco estudada quanto aos efeitos adversos.

As desvantagens do uso do formaldeído são: atividade esporocida lenta, exigindo tempo de contato longo; eventual toxicidade (ao sistema respiratório por vapores) e caráter irritante à pele (eczema); agente potencialmente tóxico e cancerígeno.

Apesar da antiga utilização de formaldeído como desinfetante nos equipamentos de hemodiálise, o que acaba evitando infecções urinárias e peritoniais (ação antiséptica das vias urinária), as soluções de formaldeído não são recomendadas para desinfecção rotineira de superfícies, equipamentos e vidrarias.

Glutaraldeído

Atividade Antimicrobiana

Glutaraldeído (1,5-pentanodial) possui amplo e rápido espectro de atividade, considerado desinfetante de alto nível (bactericida, esporociada, fungicida, virucida). Amplamente utilizado na desinfecção/esterilização de materiais termossensíveis, agindo sobre bactérias na forma vegetativa, incluindo micobactérias, fungos, vírus e esporos bacterianos, possuindo excelente atividade esporocida quando comparada a outros aldeídos como formaldeído e o glioxal.

A atividade micobactericida é relativamente mais lenta. Existe uma complexa relação entre os parâmetros de concentração, temperatura e pH. A atividade de soluções aquosas ácidas é consideravelmente mais baixa do que as soluções ativadas ao intervalo de pH entre 7,5 e 8,5. A ativação é feita com agentes alcalinizantes, por exemplo, 0,3%(m/v) de bicarbonato de sódio. A concentração usualmente indicada é de 2% ativada (pH=8,3), aplicada por período de 6 a 10 horas, é recomendada para a esterilização de superfícies e artigos críticos e semi-críticos. Com o aumento da temperatura, a atividade das soluções ácidas e alcalinas independe do pH e são similares.

Mecanismo de Ação

A atividade biocida e inibitória do glutaraldeído é devida a alquilação dos grupos sulfidrila, hidroxila e amino, alterando os ácidos nucléicos e a síntese de proteínas, nos microrganismos. O mecanismo de ação sobre os esporos ainda não foi bem elucidado. Baixas concentrações inibem a germinação de esporos de *Bacillus subtilis* e *Bacillus pumilus* e concentrações mais elevadas de 2% são esporocidas.

Glutaraldeído é um dialdeído, que possui grande espectro de atividade contra bactérias, Gram-positivas e negativas, esporos bacterianos, fungos e vírus.

O mecanismo de ação do glutaraldeído envolve uma associação forte com as camadas tanto externas quanto internas das células bacterianas, inibindo a germinação dos esporos bacterianos e posterior desenvolvimento.

Concentração Mínima Inibitória (CMI)

A concentração mínima inibitória (CIM) da solução no intervalo de 0,275% — 0,375% (2750 — 3750 mg/l) de glutaraldeído reduziu nove ciclos logarítmicos de *B. subtilis*, e pelo menos oito ciclos logarítmicos de *A. calcoaceticus*, *E. cloacae*, *E. coli*, *S. marcencens*. As células vegetativas de *S.aureus* e de *S. marcescens* apresentaram reduções de oito ciclos logarítmicos, quando expostas ao intervalo de 0,1375 -0,1875% (1375 — 1875 mg/l), que caracterizou a CMI para reduzir seis ciclos logarítmicos da população de *B. stearothermophilus*[18,19,35]. Esporos de *B. subtilis*, microrganismo padrão de teste frente a desinfetantes de alto nível[3,9,24,25], foram reduzidos em nove ciclos logarítmicos, em concentrações 1,5 vezes maior.

Características Importantes

A utilização ampla de produtos à base de glutaraldeído deve-se às características especiais: ativo na presença de material orgânico, pouco inativado por materiais naturais, sintéticos e detergentes. Não coagula material protéico e não é corrosivo para os metais, materiais de borracha, lentes e cimento de materiais óticos. Um outro problema apresentado por estas soluções é a polimerização. As soluções ácidas são estáveis por longos períodos, enquanto as soluções ativadas alcalinas tendem a polimerizar rapidamente, com perda correspondente da atividade antimicrobiana, pois ocorre queda na concentração do dialdeído livre, que é essencial para a ação biocida.

Aplicações

Glutaraldeído é um dialdeído, utilizado como desinfetante de alto nível e esterilizante de artigos críticos e semicríticos termossensíveis (artigos que não podem ser submetidos a métodos físicos de esterilização, como material cirúrgico, endoscópios de fibra ótica, artigos metálicos e equipamentos de anestesia e aspiração).

Em nível laboratorial, também é indicado para recipientes de descarte de material, apesar de não ser uma prática brasileira, devido ao alto custo do produto em questão. Não é indicado para desinfecção de superfícies de maneira rotineira, somente em situações especiais.

Apesar do custo elevado, a característica positiva mais evidente é o amplo espectro de ação que permite a utilização segura para os pacientes.

Formulações/Tempo de Contato[3]

Produtos comerciais se apresentam geralmente em formulações contendo 2% de glutaraldeído em soluções ácidas, que são ativadas através de agentes alcalinizantes. Uma vez ativadas estas soluções possuem um prazo de validade limitado, geralmente de 14 dias. Também se encontram disponíveis formulações ácidas estabilizadas com 2% de princípio ativo, cujo prazo de validade, após ativação, é de geralmente 28 dias. Novos produtos contendo associações com compostos fenólicos têm sido desenvolvidos e avaliados.

Soluções ativadas de glutaraldeído a 2% são consideradas esterilizantes químicos por uma exposição de 8 a 10 horas, assegurando a destruição de esporos bacterianos.

Mesmo em concentrações inferiores a 2%, é ativo contra diversos vírus e diversas bactérias em forma vegetativa. Na desinfecção de nível intermediário de artigos semicríticos como os endoscópios, o intervalo de exposição por 20-30 minutos é considerado suficiente e seguro para o paciente. Para os chamados vírus lentos, e príons ainda não foi identificada atividade germicida quando expostos aos aldeídos.

Todas as aplicações exigem limpeza criteriosa dos artigos antes da imersão em soluções de glutaraldeído e posterior cuidadoso enxágüe com água esterilizada, para evitar recontaminação.

Efeitos Adversos

Glutaraldeído é um composto tóxico, irritante para a pele, mucosas e olhos, que exige precauções ocupacionais durante a manipulação com proteção individual (máscaras e luvas) e ambiente arejado.

Provoca dermatite e sensibilização da pele. O limite de exposição máximo recomendado é de 0,2ppm[9,24,25,38].

Aplicação dos Aldeídos como agentes esterilizantes[3,9,24,25]

O agente químico mais utilizado na esterilização é o glutaraldeído a 2%, por um período de exposição de oito a 12 horas. É indicado para esterilização de artigos críticos termossensíveis como acrílicos, cateteres, drenos, náilon, silicone e outros. O formaldeído pode ser usado como esterilizante, tanto no estado líquido como no gasoso. Usualmente, o tempo mínimo de esterilização é de 18 horas, tanto para a solução alcoólica a 8% quanto para solução aquosa a 10%.

Compostos Liberadores de Cloro Ativo

Existe um número razoável de compostos liberadores de cloro ativo disponíveis para alvejamento e desinfecção em diversas áreas. Os compostos mais utilizados são aqueles inorgânicos, como os hipocloritos de sódio (NaOCl) e de cálcio, e os compostos orgânicos como dióxido de cloro e ácido dicloisocianúrico (NaDCC). Estes CRAs são accessíveis, de fácil manipulação, não-tóxicos, e compatíveis com detergentes aniônicos e não-iônicos.

Atividade Antimicrobiana

Desinfetante de baixo a alto nível, dependendo da concentração, valor de pH da solução e do tempo de exposição, os compostos liberadores de cloro são ativos sobre bactérias Gram-positivas e negativas, incluindo micobactérias, assim também contra esporos bacterianos, fungos, vírus lipofílicos e hidrofílicos. Quanto maior a concentração e ou o tempo, maior o espectro de ação, podendo este ser utilizado como desinfetante de baixo e alto nível.

A forma ativa é o ácido hipocloroso (HOCL), que é formado em soluções com pH de 5 a 8. Os íons hipocloritos (OCL^-), que predominam nas soluções alcalinas fortes, constituem a forma menos ativa.

A eficácia do cloro decresce com o aumento do pH e vice-versa, paralelamente á concentração da forma não dissociada do ácido hipocloroso.

Concentrações tão baixas como 10 ppm são eficientes após pré-lavagem na desinfecção de artigos não críticos e na assepsia da pele, destruindo reduzidas cargas de microrganismos sensíveis. Tais concentrações inferiores a 10 ppm são igualmente preservantes bacteriostáticos. Usualmente aplicados na concentração de 1000 ppm, para as mais diversas aplicações. Atualmente, é o desinfetante mais utilizado devido baixo custo e largo espectro de ação.

Mecanismo de Ação

Mecanismo exato através do qual o cloro ativo destrói microrganismos ainda não foi demonstrado experimentalmente. Algumas teorias são sugeridas como: combinação com proteínas da membrana celular, formando compostos tóxicos e inibição de reações enzimáticas essenciais, entre outras suposições. Em vírus, os compostos liberadores de cloro ativo desnaturam os ácidos nucléicos.

Concentração Mínima Inibitória (CMI)

Os ensaios foram realizados com hipoclorito de sódio (NaOCl), diluído em água, ao valor de pH final em torno de 9. *B. subtilis* e *B. stearothermophilus* (MIC=4625 — 5990 mg/l) apresentaram-se mais resistentes com reduções superiores a 9 e 7 ciclos logarítmicos das populações, respectivamente. *E. coli* destacou-se por apresentar resistência elevada (MIC=1497mg/l) apenas 4 vezes mais sensível que as populações esporo formadoras. As populações mais sensíveis foram de *S.marcencens* (MIC=187,2mg/l) e de *E. cloacae* (MIC=289mg/l) para redução de 8 ciclos logarítmicos das populações iniciais, portanto 30 vezes mais sensíveis que as cepas esporuladas e oito vezes mais sensíveis que populações de *E. coli*.

Intervalos de CMI muito próximos foram observados para soluções de NaOCl (pH> 9) e NaDCC às concentrações iniciais entre 8000 – 9000 mg/l de cloro livre. As cepas Gram-negativas mais resistentes foram *E. coli* e *A. calcoaceticus* que exibiram CMI no intervalo de (1109.38 — 1497 mg/l); quatro vezes mais sensíveis do que as cepas esporo formadoras de *B. subtilis* e de *B. stearothermophilus*, para um intervalo de CMI entre 4000 – 5000 mg/l. Para valor de pH ajustado a neutro (7,0), os valores de CMI foram reduzidos em 1/10 devido à elevada prevalência da forma ativa de hipoclorito (HOCl). Para soluções concentrações £ 0,1% NaOCl, estabilizadas ao pH neutro, o intervalo da concentração mínima inibitória para as formas vegetativas de bactéria CMI = 150-300 mg/l, sendo que para esporos, a CMI = 621 mg/l.

Características Importantes

Os desinfetantes à base de cloro reagem rapidamente com matéria orgânica, incluindo sangue, fezes e tecidos. Sua atividade é reduzida, sendo o grau de inativação proporcional à quantidade de material presente. Portanto, a concentração de cloro disponível no processo de desinfecção deve ser alta o suficiente para satisfazer a demanda do cloro (cloro consumido pela carga orgânica presente) e fornecer cloro residual suficiente para destruir os microrganismos. Este fenômeno deve ser cuidadosamente considerado antes de qualquer aplicação. Os compostos clorados são também inativados por matéria natural não protéica e plásticos. São incompatíveis com detergentes catiônicos.

Os hipocloritos são muito instáveis, sendo a estabilidade dependente de fatores como concentração, temperatura, pH, luz e metais. Soluções concentradas (100.000 ppm de cloro ativo) são mais instáveis do que as diluídas. Temperaturas elevadas reduzem a estabilidade. Embora a atividade antimicrobiana seja favorecida aos valores de pH inferiores a 7, a estabilidade dos hipocloritos diminui com o tempo. A estabilidade dos compostos de cloro durante a estocagem, mantendo a atividade microbiocida quando em uso, é assegurada por adição de hidróxido de sódio, que mantém o pH alto durante o armazenamento. Porém, a solução concentrada de hipoclorito deve apresentar a capacidade de tamponamento quando diluída, favorecendo o decaímento gradativo do valor de pH tornando o produto ativo na forma de ácido hipocloroso.

A decomposição fotoquímica ocorre com soluções expostas à luz. Estas características evidenciam a necessidade do armazenamento em frascos opacos, ao abrigo da luz e do calor.

A decomposição catalítica ocorre na presença de íons, metais pesados, cobalto, manganês, níquel e ferro, produzindo cloreto e oxigênio.

Ácido dicloroisocianúrico é mais estável, principalmente quando estocado em local seco, e é menos sensível à presença de material orgânico. Apresenta também a vantagem de ser menos corrosivos para metais do que os hipocloritos.

Os hipocloritos são corrosivos para metais, às concentrações superiores a 10ppm. Objetos de prata e alumínio são os mais atingidos, porém aço inoxidável é mais resistente, sendo danificado em altas concentrações normalmente empregadas. Por isso, o enxágüe com água contendo 10 ppm de cloro livre disponível permite a presença residual do cloro sem causar danos.

Aplicações

Os compostos liberadores de cloro ativo têm uma ampla aplicação em diversas áreas. No laboratório, são apropriados para desinfecção em geral de objetos e superfícies inanimadas, inclusive as contaminadas com sangue e outros materiais orgânicos e para recipientes de descarte de materiais.

Nos estabelecimentos de saúde tem aplicação para desinfecção de superfícies e artigos semicríticos não-metálicos e artigos de lactários.

São ainda recomendados para uma variedade de finalidades, entre elas desinfecção de água para o consumo humano e para processos industriais, águas de piscinas, alimentos e superfícies relacionadas.

O NaOCL e NaDCC são extensivamente empregados nas aplicações asépticas e desinfetantes, assim como na descontaminação de superfícies contaminadas por material orgânico (como sangue) em laboratórios e estabelecimentos de saúde. Apresentam parcial redução da atividade antimicrobiana (bactericida, virucida e fungicida), quando em contato com material orgânico, durante a exposição da solução a céu aberto e longo armazenamento. NaDCC, apresentam-se na forma de pastilhas, que liberam o cloro gradualmente na presença de água, ao valor de pH que se mantém próximo do neutro. NaDCC, possui a vantagem de gerar concentrações expressivas de cloro livre mesmo na presença de material orgânico, que pouco afeta sua atividade. Em água, o hipoclorito de sódio sofre ionização (sódio e hipoclorito), que estabelece um equilíbrio com o ácido hipocloroso. Em elevadas concentrações, os compostos liberadores de cloro ativo são esporociadas, dependendo do pH e da concentração de cloro disponível.

As soluções comerciais de NaCl devem apresentar tampão com capacidade de ajuste na diluição com água, para atigir o valor de pH 7 ou inferior, e favorecer a constituição da forma ativa do ácido hipocloroso.

No Brasil, as soluções do NaOCl e NaDCC, a concentração de 1% (8.000mg/l de cloro livre), são aplicadas na desinfecção de superfícies de áreas críticas em hospitais (unidade de terapia intensiva, enfermarias, berçários, salas de cirurgia, ambientes de procedimentos especiais, como cateterismo). São também adicionadas àgua previamente à utilização na limpeza de ambientes e superfícies. Soluções de NaOCl a 5.000mg/l (0,5%) são empregadas na desinfecção de material semicrítico para inalação ou de oxigenoterapia; a de anestesia (máscaras e tubulações) por 18 a 24 horas. Soluções de NaOCl, estabilizadas com cloreto de sódio, podem ser aplicadas na desinfecção de:

a. Mamadeiras nos lactários (frascos e bicos) à concentração de 0,0125% (125mg/l);
b. Talheres e utensílios de alimentação á concentração de 0,025% (250mg/l)
c. Artigos com resíduos de material orgânico (sangue, vômito, mucosas, fezes, urina) potencialmente contaminados por vírus á concentração de 1% (10.000mg/l).
d. Tanques para a preparação de soluções parenterais à concentração de 0,1% (1.000mg/l)

A água utilizada no enxágüe de material crítico, principalmente daqueles submetidos à desinfecção de alto nível com aldeídos, deve ser totalmente livre de bactérias Gram-negativas, devendo apresentar concentrações de NaOCl residual no intervalo entre 0,2 e 0,5mg/l[3].

Formulações

As soluções de hipoclorito de sódio disponíveis para comercialização se apresentam em concentrações em torno de 5% a 12% (reagente químico) a 2% na forma de água sanitária.

Os hipocloritos de cálcio e lítio são compostos sólidos e os isocianúricos são comercializados na forma de pó, associados a detergentes.

Concentrações Usualmente Recomendadas/Tempo de Contato[3]

Observação: Se 1 ppm equivale a 1,0 mg por litro, 10.000 ppm equivale a 1,0% de cloro ativo disponível (não complexado com matéria orgânica).

1. Desinfecção/descontaminação de superfícies — 10.000 ppm por 10 minutos de contato.
2. Desinfecção em lactários de superfícies — 200 ppm por 60 minutos de contato.
3. Desinfecção de inaloterapia e oxigenoterapia não-metálicos — 200 ppm por 60 minutos.
4. Desinfecção de artigos semicríticos — 10.000 ppm por 30 minutos.
5. Recipientes de descarte de materiais — 10.000 ppm durante 60 minutos

Efeitos Adversos

Os compostos liberadores de cloro provocam irritação da pele, dos olhos e do aparelho respiratório. Quando ingeridos, provocam irritação das membranas mucosas.

Compostos Quaternários de Amônio (QACS)

Os compostos quaternários de amônio são substâncias detergentes catiônicas com propriedade germicida, sendo derivados orgânicos da amônia, contendo um hidrogênio pentavalente em sua fórmula ligado a quatro radicais orgânicos com 8 a 18 átomos de carbono. Quatro dos substituintes são radicais alquila ou arila e o quinto um haleto (cloreto), sulfato ou similar. Cada composto possui características antimicrobianas próprias que dependem da distribuição e do tamanho das cadeias dos radicais. Alguns compostos freqüentemente utilizados são: cloretos de alquildimetilbenzilamônio (cloreto de benzalcônio) e cloretos de dialquildimetilamônio.

Atividade Antimicrobiana

Considerados desinfetantes de baixa toxicidade e classificados de atividade de baixo nível, os compostos quaternários de amônio (QACs) são efetivos contra bactérias Gram-positivas e apresentam menor atividade frente às bactérias Gram-negativas. São ativos para alguns fungos e para vírus não-lipídicos. Não apresentam ação letal para esporos bacterianos, e para micobactérias. São ativos particularmente contra bactérias Gram-positivas, mas falham contra Gram-negativas, sendo a *P. aeruginosa, E.coli* e *Salmonella typhimurium* resistentes à sua ação. Também não atuam contra micobactérias. Os vírus apresentam maior resistência aos QACs em relação aos fungos. QACs são mais eficazes contra os vírus lipofílicos, como o HIV e HBV.

Mecanismo de Ação

A ação bactericida é atribuída à inativação de enzimas responsáveis pelos processos de produção de energia, desnaturação de proteínas celulares essenciais e ruptura da membrana celular.

Os agentes catiônicos reagem com os fosfolípideos que compõe a membrana microbiana, sendo o mecanismo de ação subdivido em: i. adsorsão e penetração do agente na célula; ii. interação à membrana citoplasmática, promovendo a desorganização da membrana; iii. aumento da permeabilidade da membrana, evasão e perda de material intracelular de baixo peso molecular; iv. degradação de proteínas e ácidos nucléicos e v. lise da parede celular. Por fim, QACs provocam desorganização estrutural e da integridade da membrana citoplasmática nas bactérias, e perda da capacidade de duplicação.

Concentração Mínima Inibitória (CMI)

Os compostos de amônio quaternário não são esporociadas, porém inibem os estágios de germinação das formas esporuladas, assim como o álcool e a clorexidina. A CMI no intervalo de 0,0117%-0,0156% (117-156mg/l), para *B. subtilis* e *B. stearothermophilus*, foi o dobro da exibida para *E. cloacae*, *E.coli*, *S.aureus* e *S. marcescens*. A CMI variou de 0,0059%-0,0078% (59-78mg/l), que foi pelo menos cinco vezes maior com relação à observada (CMI=9,77mg/l) para *A. calcoaceticus*.

Características Importantes

Os CAQs possuem, em sua molécula, uma região hidrofílica e uma região hidrofóbica. Dependendo do meio, a ionização desses compostos confere o carácter catiônico, aniônico ou anfótero. Os CAQs são geralmente utilizados como detergentes catiônicos, anti-sépticos e desinfetantes. Em associação ao formaldeído, são utilizados como desodorizantes.

Os quaternários de amônio são fortemente inativados por material orgânico através de processo de adsorção, por uma variedade de materiais naturais e sintéticos e por detergentes não-iônicos e sabões. São influenciados negativamente pela presença dos íons cálcio e magnésio presentes na água dura. Podem danificar borrachas sintéticas, cimento e alumínio. O pH ideal é o alcalino (9-10); valores de pH abaixo de 7,0 são desfavoráveis. Possuem efeito residual.

Aplicação

São recomendados para desinfecção de baixo nível sendo aplicados na concentração de 0,2% (2.000mg/l), nas superfícies não-críticas como pisos, mobiliário e paredes. Apropriados para desinfecção de superfícies e equipamentos em todas as áreas relacionadas também com alimentos. São utilizados em substituição aos compostos do fenol, de baixa toxicidade podendo ser empregados em alimentos e áreas que entram em contato com sua produção. Seu uso como anti-séptico (0,1 a 0,5%) tem sido questionado devido ao risco de contaminação das suas soluções, mas são comercializadas soluções para anti-sepsia da oro-faringe com cloreto de cetilpiridium (Cepacol®). Podem ser empregados como preservativo em colírios e utilizados como xampus anti-caspa, creme condicionador e agentes amaciantes de roupa.

Formulações

São apresentados em formulações complexas e concentradas, contendo um ou mais princípios ativos, que devem ser diluídos em água autoclavada.

Efeitos Adversos

Os compostos quaternários de amônio apresentam baixa toxicidade, porém podem causar irritação e sensibilização da pele. Assim também são considerados poluentes ambiental.

Álcool Iodado

Atividade Antimicrobiana

É um potente agente bactericida, considerado de nível médio, comumente aplicado como anti-séptico. No entanto, tem aplicação como desinfetante de materiais: virucida e fungicida. As soluções de iodo são rapidamente inativadas por proteínas, por substâncias plásticas e por substâncias naturais em menor grau. São inativados por detergentes não-iônicos.

Mecanismo de Ação

O iodo é altamente reativo e sua ação microbicida se dá pela combinação com proteínas por ação química ou adsorção.

Aplicações

Álcool iodado é utilizado na anti-sepsia complementar da pele após a lavagem das mãos e antes de procedimentos invasivos sem efeito residual. Recipientes abertos com soluções são contra-indicados por facilitarem a deterioração, evaporação e contaminação.

Em curativos, as soluções aquosas de iodo são indicadas nas concentrações de 0,5 a 1% de iodo. Essas diluições devem ser preparadas a partir de soluções oficiais.

Formulação e Toxicidade

A eficácia da solução não é prejudicada pela presença de matéria orgânica a concentrações de iodo superiores a 0,1%. A toxicidade local do iodo é baixa, entretanto, provoca ressecamento e irritação da pele. Ocasionalmente, pode levar a reações de hipersensibilidade caracterizadas por febre e erupção cutânea de tipos variados.

O complexo polivinil pirrolidona adicionado de iodo molecular (PVP-I_2) é utilizado como antiséptico e desinfetante. De maneira semelhante ao cloro, a ação do iodo é rápida, mesmo em concentrações baixas (1% I_2), porém seu mecanismo de ação não foi completamente elucidado. O iodo penetra na célula bacteriana e se complexa a grupos de proteínas, nucleotídeos e ácidos graxos, resultando na morte da célula.

A incorporação de 10% w/v de iodo ao complexo polivinil pirrolidona (PVP-I_2) aumenta o efeito antimicrobiano do iodo e reduz irritação da pele na aplicação. A solução aquosa de PVP-I_2 é recomendada para assepsia tópica.

Peróxido de Hidrogênio (H_2O_2)

Atividade Antimicrobiana

Peróxido de hidrogênio (H_2O_2) é empregado na qualidade de esterilizante químico e desinfetante de alto nível de artigos termossensíveis. Peróxido de hidrogênio apresenta amplo espectro de ação e rápida eficácia sobre bactérias Gram-positivas e negativas, bacilos da tuberculose, vírus e fungos. A atividade esporocida é dependente da resistência do esporo considerado (esporos de *Bacillus stearothermophilus* apresentam maior resistência frente a H_2O_2 em relação aos esporos de *Bacillus subtilis*). A inativação de microrganismos é função da concentração, do tempo de exposição e da temperatura ambiente. Devido à sensibilidade à luz e ao calor, peróxido de hidrogênio é instável às temperaturas superiores a 25°C.

Mecanismo de Ação

A ação do peróxido de hidrogênio está relacionada à produção de radicais hidroxilas, no meio intracelular, conduzindo à incapacidade de sobrevivência microbiana. A atividade da H_2O_2 pode ser inativada na presença de catalase produzida nos sistemas citocrômicos de microrganismos aeróbios e anaeróbios, o que resulta na degradação do peróxido de hidrogênio em água e oxigênio[9].

Concentração Mínima Inibitória (CMI)

A solução padrão de peróxido de hidrogênio (H_2O_2) a 4% p/v (40.000mg/l) reduziu populações maiores que 8 log para intervalos de CMI de 0,1255 a 0,25% com relação a *B. subtilis* e *B. stearothermophilus*. CMI de 0,125% a 0,376% para *E.coli* e *E.cloacae*; CMI de 0,0625% a 0,0313% a 0,0625% para *A. calcoaceticus*.

Características Importantes

Os peróxidos são fortes oxidantes, sendo comprovadamente mais eficazes que permanganato de potássio e compostos clorados. Apresenta níveis de segurança elevados, já que é um metabólito natural do organismo, sendo extremamente miscível à água. Apresenta grande versatilidade, pois pode ser usado em diferentes formulações e a atividade selecionada contra algum microrganismo definido, simplesmente por ajuste das condições de reação (pH, temperatura, tempo de reação, catalisador etc). O peróxido de hidrogênio apresenta-se na forma líquida, gasosa e de plasma. É altamente oxidante, não é sensível na presença de matéria orgânica, sendo tóxico, irritante à pele e aos olhos.

Aplicações

Concentrações 3-4% têm sido aplicadas na desinfecção de ambientes e na remoção de matéria orgânica aderida a artigos, como auxiliar de limpeza [34,37].

Pode ser aplicado em ambientes, ar, água, material de descarte, meios de cultura, superfícies em geral e como anti-séptico. O seu uso está sendo difundido como substituto do glutaraldeído.

Concentração

A concentração de H_2O_2 varia com o tipo de utilização. De acordo com Rutala[24], concentrações da solução de peróxido de hidrogênio comumente utilizadas variam de 3% a 25%.

Concentração de H_2O_2 a 3%, durante seis a oito minutos, é recomendada na desinfecção de endoscópios, concentrações entre 6% e 7,5% de H_2O_2 promovem desinfecção de alto nível após exposição de 30-60 minutos e esterilização quando o tempo de exposição é estendida para seis horas[3].

Efeitos Adversos

Sintomas de superexposição são irritação nos olhos, nariz e garganta, processos de inflamação das córneas, eritemas, erupções dérmicas e manchas na pele (ação alvejante).

Ácido Peracético–PAA-(CH_3COOOH)

Considerado desinfetante de nível intermediário e de alto nível, dependendo da concentração e do valor de pH do meio, o ácido peracético (CH_3COOOH) apresenta as seguintes vantagens:

— Os produtos de sua decomposição são seguros e inócuos (ácido acético e oxigênio), decompondo em produtos não tóxicos (ácido acético e oxigênio);

— Permanecendo ativo mesmo na presença de peroxidases e de matéria orgânica.

Atividade Microbiana

O ácido peracético (CH_3COOOH) é considerado um agente biocida mais potente, se comparado ao peróxido de hidrogênio, sendo esporocida, bactericida, virucida e fungicida mesmo em concentrações baixas.

Mecanismo de Ação

Age de maneira semelhante ao peróxido de hidrogênio, desnaturando proteínas e enzimas, aumentando a permeabilidade da parede celular e destruindo pontes de sulfeto.

Concentração Mínima Inibitória (CMI)

Soluções de ácido peracético (PAA) a concentração de 3% (pH 3.0), reduziu populações maiores que 9 ciclos logarítmicos, para um intervalo de CMI entre 0,9 e 1,85 % frente a *B. subtilis*, e metade desta CIM = 0,46% foi suficiente para reduzir populações (>6-7 log_{10}) de *S. aureus* e *B. stearothermophilus*, após 24 h de contato.

Aplicação

Desinfetante de alto nível, a baixas temperaturas. Sua aplicação mais conhecida é na desinfecção de equipamentos de hemodiálise; sendo também utilizado na desinfecção de endoscópios, instrumentos de diagnósticos e outros materiais termo-sensíveis. A Portaria nº 15 de 23 de Agosto de 1988 inclui este princípio ativo para uso com finalidade desinfetante e esterilizante[3].

Rutala comenta que as soluções estabilizadas a 2% de glutaraldeído, a 6% de peróxido de hidrogênio e a 3% de ácido peracético são classificadas como agentes químicos esterelizantes, quando aplicadas após rigoroso procedimento de limpeza.

Formulações

Ácido peracético (PAA) é considerado um biocida potente ao valor de pH 2,0, mesmo a baixas concentrações (0,0001 a 0,2%)[3] decompondo-se em produtos não-tóxicos (ácido acético e oxigênio) e permanecendo ativo mesmo na presença de peroxidases.

Concentrações de 100 ppm, na ausência de matéria orgânica, apresentam ação bactericida e fungicida, ou de 200 a 500 ppm na presença de matéria orgânica[15].

Precauções

Possui um odor menos forte que o glutaraldeído, porém pode causar irritação aos olhos e à árvore respiratória, necessitando de equipamento de proteção individual para o seu manuseio.

Complexo Iodo — Polivinil Pirrolidona (PVP-I_2)

As soluções aquosas de iodo são instáveis, pelo menos sete espécies de iodo estão presentes e em equilíbrio com iodo molecular (I_2). O desenvolvimento de iodóforos ("carregadores de iodo" ou "liberadores de iodo") estabiliza o halogêneo. Iodóforos são complexos de iodo e um agente solubilizante ou carreador, que agem como liberadores de iodo ativo. O complexo polivinil pirrolidona adicionado de iodo molecular (PVP-I_2) é utilizado como anti-séptico e desinfetante. De maneira semelhante ao cloro.

Mecanismo de Ação

A ação do iodo é rápida, mesmo em concentrações baixas (1% I_2), porém seu mecanismo de ação não foi completamente elucidado. O iodo penetra na célula bacteriana e se complexa a grupos de proteínas, nucleotídeos e ácidos graxos, resultando na morte da célula.

A incorporação de 10% w/v de iodo ao complexo polivinil pirrolidona (PVP-I_2) aumenta o efeito antimicrobiano do iodo e reduz irritação da pele na aplicação da solução.

Aplicação

A solução aquosa de PVP-I_2 é recomendada para assepsia tópica. Quando adicionada de detergente não-iônico, a solução é degermante. O complexo alcoólico PVP-I_2 (adicionado ou não de clorexidina) é indicado na delimitação do campo cirúrgico, sem causar lesões, irritações ou alergias[3].

Gluconato de Clorexidina 4%

No Brasil, a solução de clorexidina a 4% contendo 4% de álcool, para prevenir contaminação cruzada com proteus e pseudomonas[3], é utilizada na degerminação das mãos por médicos e enfermeiros em áreas pré-cirúrgicas.

Aplicações

Uma solução alcóolica de clorexidina a 0.5% é indicada como anti-séptica tópica em substituição à solução de PVP-I_2 em casos alérgicos e no banho de recém-nascidos.

A solução de clorexidina a 0,006% é igualmente utilizada na limpeza de lentes de contacto (0,005 – 0,006%). Para reduzir populações superiores a 5 $\log_{10}$ de *S. marcescens,* a CMI de 0,003% (24 h de exposição) mostrou-se equivalente à imersão à concentração de 0,05% por 10 min de exposição[7,13]. Após 24 h de contato, *S. marcescens* manifestou crescimento em soluções à concentração variando entre 0,001% e 0,006%[7,13].

Características Importantes

Na pesquisa conduzida, o gluconato de clorexidina não apresentou atividade esporocida. A cepa de *S. marcescens* apresentou maior resistência do que as demais cepas vegetativas, mostrando capacidade de crescimento ao intervalo de concentração entre 0,0125-0,0156% (125-156 mg/l), duas vezes o intervalo (0,0063-0,0071% [63-71 mg/l]) observado para *E. cloacae, E. coli* e *S. aureus*.

Ácido Peracético + Peróxido de Hidrogênio

A mistura apresenta atividade semelhante àquela desenvolvida por peróxido de hidrogênio e ácido peracético, liberando moléculas de H_2O_2 e ácido acético. Desinfetante de alto nível, porém não deve ser utilizado em materiais como cobre ou bronze, possui boa compatibilidade com plásticos. É irritante aos olhos e à árvore respiratória, necessitando de equipamento de proteção individual para o seu manuseio. As concentrações recomendadas para uso variam de 0,2 a 0,35% em ácido peracético.

O produto comercial utilizado apresenta na composição ácido peracético (4.5% v/v) e peróxido de hidrogênio (22 % v/v) adicionado de ácido acético, 10 mg/l (Minncare, pH 1,3, Minntech Corporation, MN, USA).

Associação de agentes físicos e químicos prevendo a redução de príons a níveis seguros

A maioria dos desinfetantes é inadequada à desnaturação com segurança das unidades infectantes dos príons. Os quatro desinfetantes químicos que reduzem o título > 4 $\log_{10}$ são: cloro, fenol, hidróxido de sódio e tiocianato de guanidina. Mesmo exposto por uma hora à concentração de 2,5% de hipoclorito de sódio, só ocorre a inativação de 3,3 – $\log_{10}$ de CID. O hidróxido de sódio a 1 N/1 h de exposição mostra pouca eficiência (redução < 3 $\log_{10}$ de CJD. O hidróxido de sódio a 1 N/1 h de exposição mostra pouca eficiência (redução < 3 $\log_{10}$). Os príons resistem aos métodos tradicionais de esterilização, como o uso de radiação, calor seco, calor úmido e agentes químicos por óxido de etileno e formaldeído. A utilização do formaldeído em concentração de 10%/1 h reduz o título dos príons em 30 vezes, sendo um adjuvante interessante no tratamento térmico.

Tratamento em autoclave a temperaturas de 121°C – 132°C/60min ou 134°C/18 min resultam em decréscimo de cinco ciclos logarítmicos de príons. Experimentos utilizando temperaturas de 132°C/15 min demonstraram a inativação de seis ciclos logarítimicos (cerca de 99,9999%) do tipo scrapie príon 263K. No entanto, se uma fração mínima permanece inalterada, apresenta excepcional resistência.

Segundo as recomendações da União Européia, ostratamentos que asseguram a completa inativação dos príons, rotineiramente utilulizados desde 1995 no centro de esterilização de materiais em hospitais, são:

— Tratamento físico:
  - Calor úmido: 20 minutos de exposição/ 133°C a pressão de 3 bars;

— Tratamento químico:
  - uma hora de exposição em hidróxido de sódio concentrado;
  - uma hora de exposição em hipoclorito de sódio 50%.

Em hospitais, procedimentos alternativos e associados tem sido aplicados na esterilização e/ou desinfecção de alto nível de itens críticos, mostrando eficiência, e atingindo inativação pelo menos de sete ciclos logarítmicos de príons. A imersão em hidróxido de sódio 0,09N/2h ou em solução clorada concentrada por uma hora, previamente ao tratamento em autoclave a 133°C/ 20 min, sob pressão, esta associada a eficiência de inativar pelo menos sete ciclos logarítmicos de príons. Porém, a maior desvantagem dos compostos químicos concentrados está na agressão a maioria dos materiais de uso hospitalar.

Normatização dos Desinfetantes no Brasil

Os desinfetantes esterilizantes químicos pertencem à classe denominada saneantes com ação antimicrobiana. Tais produtos estão submetidos ao regime de vigilância sanitária conforme as Leis 6360/76 e 6437/77.

Para serem comercializados no país, devem ser registrados junto ao Ministério da Saúde. Este registro possui a validade de cinco anos, e ao fim deste prazo, o fabricante deve revalidá-lo.

As normas específicas para o registro dos saneantes com ação antimicrobiana são objeto da Portaria DISAD 15/88 (Brasil, 1988), que contém as definições, classificação e requisitos específicos e de rotulagem. São descritos os microorganismos frente dos quais os produtos devem apresentar atividade e incluídos uma lista de princípios ativos permitidos a tabelas para classificação toxicológica.

De acordo com a Portaria acima referida, os saneantes com ação antimicrobiana são classificados, no nosso país, da seguinte maneira:

Desodorizantes

Desinfetantes:

1. De uso geral;
2. Para indústria alimentícia;
3. Para piscinas;
4. Para lactários;
5. Hospitalares para superfície fixas;
6. Hospitalares para artigos semicríticos.

Esterilizantes

Em relação ao controle de qualidade dos produtos aqui abrangidos, o Instituto Nacional de Controle em Saúde da Fundação Oswaldo Cruz (INCQS/FIOCRUZ) é o órgão de referência nacional para as questões tecnológicas e normativas referentes aos insumos, produtos, ambiente e serviços vinculados à Vigilância Sanitária. Na área dos saneantes, o INCQS realiza análises laboratoriais para verificação antimicrobiana, avaliação química e toxicológica, em atendimento às exigências legais vigentes e nos programas sistemáticos de avaliação da qualidade de produtos.

Eficiência de Desinfetantes

Devido ao número crescente de casos de infecções hospitalares, torna-se de extrema importância estabelecer programas de sanitização que implicam na escolha de agentes desinfetantes adequados, bem como de sua aplicação de maneira eficaz.

A fim de reduzir custos e falhas humanas no preparo e utilização das soluções sanitizantes, é necessário padronizar um mínimo de produtos químicos de eficácia comprovada, definir sua concentração e diluição indicada e a finalidade a que se destinam.

Pretendeu-se avaliar a eficácia de agentes desinfetantes de uso hospitalar, (Tabela 8.1) através da determinação da concentração mínima inibitória (CMI). As cepas microbianas testadas foram: *Bacillus subtilis* var. globigii ATCC 9372, *Bacillus stearothermophilus* ATCC 7953, *Escherichia coli* ATCC 25922, *Staphylococcus aureus* ATCC 25923, *Enterobacter cloacae* IAL 1976 (registro do Instituto Adolfo Lutz), *Serratia marcescens* IAL 1478 (registro do Instituto Adolfo Lutz) e *Acinetobacter calcoaceticus* ATCC 19606, IAL 124 (registro do Instituto Adolfo Lutz). A carga microbiana inicialmente presente foi superior a 10^6 unidades formadoras de colônias por ml de meio.

Através da determinação da Concentração Mínima Inibitória (MIC), e da classificação do espectro de atividade de cada agente esterilizante, torna-se possível esboçar um programa de limpeza, desinfecção e esterilização no ambiente hospitalar, principalmente de materiais reutilizáveis.

Técnica da Concentração Mínima Inibitória (CMI)

Avaliação do espectro de ação do agente químico, e determinação do tempo de tempo mínimo inibitório quanto à resistência dos microrganismos estudados[18,19,34,35].

A determinação da concentração inibitória mínima (CIM) para cada agente químico é realizada utilizando-se o método clássico de diluição sucessiva. Selecionam-se doze tubos com rosca (10 x 100mm) e distribui-se 1ml de meio de cultura (TSB) para cada tubo exceto para um deles. Autoclavam-se os tubos sob pressão constante e temperatura de 121°C. Numeram-se os tubos de 1 a 12, lembrando que o frasco número 1 é o frasco vazio. Para o primeiro e o segundo da série adicionar 1ml da solução do agente químico sanitizante em teste; agitar o tubo 2 e transferir 1ml para o tubo 3. Repetir a transferência sucessiva até o tubo 11. Adiciona-se para todos os frascos exceto para o de número 11 o inóculo (microrganismo em teste) em um volume de 0,1ml. Incubar a temperatura ótima de crescimento por 24 e 48 h. Proceder à leitura, o MIC é o tubo de maior diluição onde se verifica a ausência de crescimento bacteriano.

Tabela 8.1 Soluções dos agentes químicos, concentração e pH testados para a CMI		
Agente químico	*Concentração (%)*	*pH*
Gluconato de clorexidina	4,0; 0,1; 1,0	9,5
Compostos de amônio quaternário: cloreto de benzalcônio	0,5	9,0
Glutaraldeído	2,0; 1,5	7,14
Formaldeído	0,5; 2,3	7,79
Álcool: Etanol Isopropanol	 70,0 70,0	 5,50 6,59
Etanol com glicerina	70,0 (etanol) + 2,0 (glicerina)	5,94
Etanol com iodo	70,0 (etanol) + 1,0 (I_2) 70,0 (etanol) + 10,0 (I_2)	5,50 5,50
Pvp-I_2 tópico: aquosa: polivinilpirolidona-Iodo: Pvp-I_2 Pvp-I_2 sabão: aquosa: Pvp-I_2 + sulfato de lauril éter (25% p/v) Pvp-I_2 alcoólico: Pvp-I_2 + etanol (70% v/v)	10,0 (I_2) 10,0 (I_2) 10,0 (I_2)	5,32-5,95 5,72 2,04-2,90
Compostos liberadores de cloro ativo: hipoclorito de sódio + tampão de fosfato	1,0 de cloro total livre 0,1 de cloro total livre	> 9,0 7,0-7,6
Dicloroisocianúrico	1,0 de cloro total livre	6,70
Peróxido de hidrogênio	4,0	3,3
Ácido peracético a 3,7% — pH = 3,03	3,7	3,03

Observações:

— Tubo 11: controle negativo (TSB + antimicrobiano);

— Tubo 12: controle positivo (TSB + inóculo).

Em seguida verifica-se esquema ilustrativo da técnica:

Preparação do Inóculo

Repicar em 3 tubos de PCA inclinado cepa do microrganismo a ser utilizado e incubar a temperatura ótima de crescimento. Após esse período, ressuspender crescimento de dois tubos com 5 ml de SF cada um (reservar o terceiro para repiques futuros). Receber em 90 ml de SF com pérolas e agitador magnético, esta suspensão mãe (10°) é submetida à agitação magnética por 30 minutos. Transfere-se 1 ml dessa suspensão para frasco com 100 ml de SF, agitador magnético e pérolas (suspensão 10^{-2}), esta nova suspensão é submetida à agitação magnética por 20 minutos. Este procedimento deve ser repetido até que se obtenham suspensões 10^{-4} e 10^{-6}, essas devem ser semeadas em profundidade com PCA (45°C). Após a solidificação do meio, incubar as placas em temperatura ótima de crescimento do microrganismo podendo-se assim avaliar o número de bactérias presentes na solução inicialmente (UFC/ml).

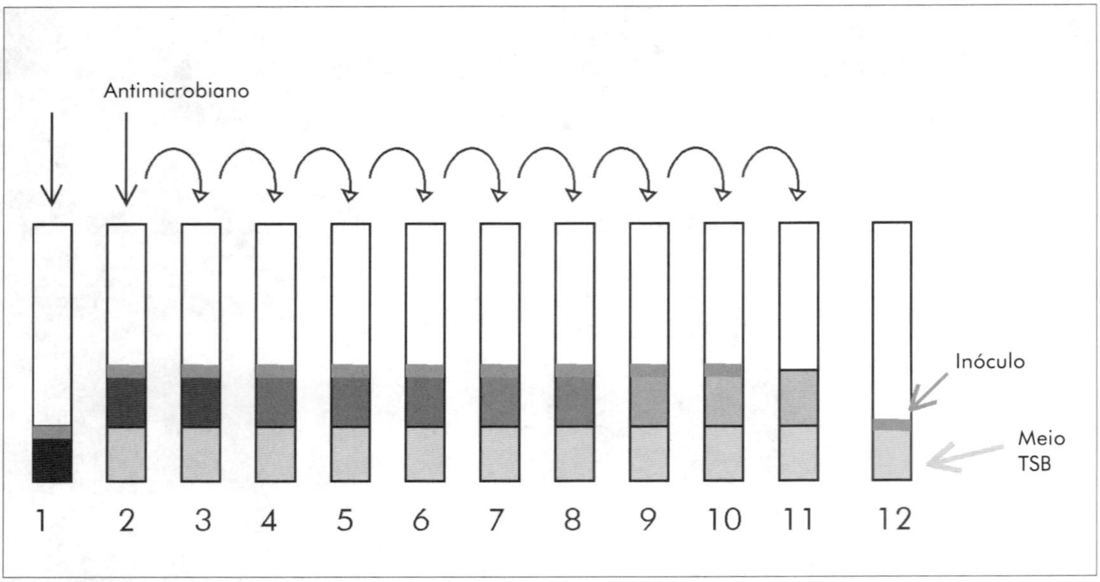

Fig. 8.1 — *Esquema ilustrativo da técnica da concentração mínima inibitória — CMI.*

Resultados

Os principais agentes desinfetantes químicos inseridos em produtos formulados para o comércio, são largamente empregados em estabelecimentos da saúde para aplicações tópicas (anti-sépticos) e em superfícies inanimadas de diferentes configurações, dimensões e natureza química. Os resultados das concentrações mínimas inibitórias (CMI) para os agentes químicos testados frente aos microrganismos escolhidos estão apresentados na Tabela 8.2.

Esterilização

Esterilização é o processo que objetiva destruir todas as formas de vida com capacidade de desenvolvimento durante os estágios de conservação e de utilização do produto. Conservar é manter as características do produto durante a vida útil de armazenamento (vida de prateleira) à temperatura ambiente.

Esterilidade ou nível de segurança é a incapacidade de desenvolvimento das formas sobreviventes ao processo de esterilização, durante a conservação e utilização de um produto. A manutenção do nível de esterilidade conferido a um produto garante o prolongamento da vida útil de prateleira e depende das operações pré-esterilização, de esterilização e pós-esterilização.

Os métodos de esterilização permitem assegurar níveis de esterilidade compatíveis às características exigidas em produtos farmacêuticos, médico-hospitalares e alimentícios. O método escolhido depende da natureza e da carga microbiana inicialmente presente no item considerado. O calor, a filtração, a radiação e o óxido de etileno podem ser citados como agentes esterilizantes[33].

Esterilização a vapor

De todos os métodos avaliados para a esterilização, o calor úmido na forma de vapor saturado sob pressão é o agente esporocida mais utilizado e o mais confiável. Este método não é tóxico e não é custoso. O vapor aquece rapidamente o material e penetra na sua estrutura. Considerando estes fatos, a esterilização a vapor poderia ser utilizada sempre que possível para todos os itens que não são sensíveis ao calor e à umidade (ex.: equipamento para anestesia e te-

Tabela 8.2
Intervalos de CMI para as soluções dos agentes químicos, de forma a inativar as populações bacterianas superiores a 106UFC/ml (6-log_{10})

Bactéria	Bacillus stearothermophilus		Bacillus subtilis		Acinetobacter calcoaceticus		Enterobacter cloacae		Escherichia coli		Serratia marcescens		Staphylococcus aureus	
CMI	*mg/l*	*%*	*mg/l*	*%*	*mg/l*	*%*	*mg/l*	*%*	*mg/l*	*%*	*mg/l*	*%*	*mg/l*	*%*
Agente químico														
CAQs	156	0,0156	117	0,0117	9,77	0,0010	78	0,0078	59	0,0059	59	0,0059	59	0,0059
Clorexidina	*	*	10.000	1,0	63	0,0063	71	0,0071	71	0,0071	141	0,0141	71	0,0071
Glutaraldeído	1.875	0,1875	3.250	0,325	3.250	0,325	3.250	0,325	3.250	0,325	1.375	0,1375	1.875	0,1875
Formaldeído	246	0,0246	235	0,0235	39	0,0039	117	0,0117	156	0,0156	58.5	0,0059	156	0,0156
Álcool	87.500	8,75	87.500	8,75	43.750	4,375	87.500	8,75	65.650	6,565	43.750	4,375	87.500	8,75
EtOH + glicerina	*	*	*	*	87.500	875	87.500	8,75	87.500	8,75	87.500	8,75	87.500	8,75
EtOH + I_2 1%	87.500	8,75	87.500	8,75	43.750	4,375	87.500	8,75	43.750	4,375	43.750	4,375	43.750	4,375
I_2 1,0% + EtOH	1.250	0,125	1.250	0,125	1.250	0,125	1.250	0,125	625	0,0625	625	0,0625	625	0,0625
EtOH + I_2 10%	—	—	43.750	4,375	—	—	43.750	4,375	—	—	—	—	21.870	2,187
I_2 10,0% + EtOH	—	—	6.250	0,625	—	—	6.250	0,625	—	—	—	—	3.125	0,313
Pvp-I_2 – tópico	12.500	1,25	50.000	5,0	12.500	1,25	6.250	0,625	12.500	1,25	6.250	0,625	6.250	0,625
Pvp-I_2 – sabão	6.250	0,625	50.000	5,0	6.250	0,625	6.250	0,625	6.250	0,625	6.250	0,625	6.250	0,625
Pvp-I_2 – alcóolico	12.500	1,25	25.000	2,5	12.500	1,25	3.125	0,3125	1.560	0,156	3.125	0,3125	3.125	0,3125
CRAs 1% pH > 9	4.491	0,4491	4.491	0,4491	867	0,0867	420	0,0420	1.129	0,1129	474	0,0474	945	0,0945
CRAs 0,1% pH 7	621	0,0621	621	0,0621	150	0,015	150	0,015	150	0,015	150	0,015	150	0,015
Dicloroisocianúrico	5.990	0,599	5.990	0,599	1.123	0,1123	374	0,0374	1.123	0,1123	187	0,0187	749	0,0749
Peróxido de hidrogênio	1.875	0,1875	1.875	0,1875	469	0,0469	1.250	0,125	2.505	0,250	625	0,0625	938	0,0938
Ácido peracético	4.620	0,4620	18.500	1,85	9.250	0,925	9.250	0,925	2.310	0,231	9.250	0,925	4.620	0,462

*Sem eficácia.

rapia respiratória), mesmo na desinfecção de artigos semi-críticos e não-críticos. O princípio básico da esterilização a vapor, quando feito em uma autoclave, é o tratamento de cada item com vapor a uma temperatura e pressão adequados, por um tempo específico, com a finalidade de destruir os microrganismos por meio de coagulação irreversível e desnaturação das enzimas e estruturas protéicas. Conseqüentemente, são quatro os parâmetros para esterilização a vapor: temperatura, pressão, tempo e concentração de vapor. O vapor ideal para esterilização é 100% saturado, com água não-saturada na forma de um fina névoa. A produção de pressão a altas temperaturas é fundamental para matar os microorganismos rapidamente. A temperatura específica deve ser obtida para garantir a atividade microbicida. As duas temperaturas mais utilizadas para esterilização a vapor são 121°C e 134°C. Esporos de *Bacillus stearothermophilus* são utilizados para monitorar a eficiência da esterilização[33]. Geralmente, o tempo de exposição necessário para esterilizar suprimentos empacotados de hospitais é de 20-30 minutos a 121°C em autoclave convencional, ou 4 minutos a 134°C em câmara provida de pré-pulsos de vácuo e secagem final. O autoclave deve ser validado diariamente quanto à operacionalidade: remoção total do ar, qualidade do vapor, temperatura, pressão e tempo para assegurar o nível de esterilidade desejada.

Esterilização por Óxido de Etileno

O óxido de etileno (EtO) é um gás incolor, inodoro, inflamável, explosivo e potencialmente carcinogênico. Porém, quando o EtO é misturado a um gás inerte, sob determinadas condições, tem sido utilizado freqüentemente para esterilizar produtos médicos e odontológicos que não podem ser esterilizados a vapor (termossensíveis). Misturando EtO (10 a 12%) ao dióxido de carbono ou clorofluorcarbono (CFC), os riscos de explosão e incêndio são minimizados a níveis seguros. Devido aos danos do CFC à camada de ozônio, em 31 de dezembro de 1995 foi proibida a produção e a utilização do CFC. Os hospitais e estabelecimentos de esterilização tem três misturas alternativas para uso: 8,5% EtO em 91,5% de dióxido de carbono, EtO misturado com hidrofluorcarbonos e 100% ETO (usado na presença de nitrogênio).

A atividade microbicida do EtO é considerado ser resultante da alquilação das proteínas, DNA e RNA, impedindo a multiplicação celular. Óxido de etileno inativa todos os microrganismos, embora esporos bacterianos especialmente *Bacillus subitilis* são mais resistentes que outro microorganismos. Conseqüentemente, o *Bacillus subitilis* é usado como indicador biológico do processo.

A eficácia da esterilização por EtO depende de quatro fatores essenciais: a concentração de gás, a temperatura, a umidade e o tempo de exposição. A operação varia de acordo com estes quatro parâmetros 450 para 1,200 mg EtO/L, 30°C para 65°C, 30% para 60% de umidade e de 2 a 8 horas de exposição. Dentro de certas limitações, um aumento na temperatura pode encurtar o tempo necessário para esterilizar o material. O ciclo básico de esterilização por EtO consiste de cinco estágios (pré-vácuo e umidificação, introdução de gás, exposição, evacuação e esgotamento do gás com ar) sendo o período total de esterilização e aeração de 48 h às 72 h. A aeração mecânica de 8 a 12 horas, à temperatura entre 50 e 60°C remove os resíduos tóxicos (EtO, etilenocloridrina e de etilenoglicol) impregnados nos artigos expostos. O processo por EtO apresenta custo elevado, é lento (48-72h), potencialmente perigoso e carcinogênico para operacionais. Requer ambiente isolado e aerado e proteção individual ao profissional. ETO e seus resíduos são considerados potencialmente carcinogênicos[1,32]. A legislação brasileira orienta quanto às instalações para armazenamento e emprego do óxido de etileno, do controle de saúde do usuário e da proteção individual e coletiva durante o processo de esterilização[3].

Gás plasma de peróxido de hidrogênio

O processo à baixa temperatura associado ao plasma de peróxido de hidrogênio, gerado no equipamento Sterrad®100 (*Advanced Sterilization Products* — ASP, Johnson & Johnson) tem sido aplicado aos artigos médicos-odontológicos em substituição ao óxido de etileno, em hospitais do território brasileiro que realizam de 300 a 1200 procedimentos cirúrgicos mensais. O ciclo operacional do Sterrad®100 é curto, de 75 a 85 minutos, à faixa de temperatura entre 45°C e 50°C, e consiste em cinco estágios, de vácuo, de injeção do peróxido de hidrogênio (58%), de difusão do mesmo, de plasma, de ventilação. O vapor de peróxido de hidrogênio à pressão de 500 mTorr, sob o impacto da energia de radiofreqüência (13,56 MHz), decompõe-se em radicais-livres reativos, como hidroperóxidos e hidroxilas, além de água e de oxigênio. A eficiência do ciclo de esterilização é avaliada por um sistema de bioindicador que inclui 10^6 esporos de *Bacillus subtilis* var. globigii (ATCC 9372) e/ou de *Bacillus stearothermophilus* ATCC 7953 por fita e por indicador químico. O ciclo operacional do Sterrad® 100 é livre de resíduos tóxicos e de exposição ocupacional a agente danoso; e, é aplicado aos artigos médico-hospitalares sensíveis tanto ao calor quanto à umidade. Os itens são previamente embalados em envelopes de Tyvek®/Mylar® ou em bandejas e estas duplamente envoltas em mantas de polipropileno[1,34,36,37].

No dia-a-dia dos hospitais verificamos vários motivos para a adoção do processo Sterrad® 100 de esterilização, dentre os quais podemos citar:

— Prevenir desgaste de corte (afiação) de itens metálicos delicados, garantindo maior durabilidade e menor freqüência de consertos e reparos;

— Prevenir oxidação de determinadas ligas metálicas de baixa qualidade, as quais não têm substituição no mercado (materiais não médicos);

— Reduzir o tempo de processo de esterilização para 75 minutos, garantir ausência de umidade e segurança (ausência de resíduos) para o paciente e para o cirurgião/enfermeira;

— Reduzir o inventário dos artigos médico-hospitalares, principalmente dos itens de custo elevado de aquisição;

— Aumentar a disponibilidade e rotatividade dos artigos, principalmente críticos, e evitar excesso de inventário dos mesmos;

— Aumentar o tempo da vida útil de prateleira, principalmente de artigos metálicos de uso restrito através do acondicionamento em embalagens de (Tyvek®/Mylar®), e de manta de polipropileno, assegurando esterilidade prolongada e assim evitar desgaste desnecessário do material.

Comparação entre os agentes químicos de esterilização à baixa temperatura: óxido de etileno e gás plasma de peróxido de hidrogênio.

A tecnologia desenvolvida de esterilização de artigos médico-hospitalares à baixa temperatura por plasma de peróxido de hidrogênio como agente esterilizante alternativo ao óxido de etileno e ao vapor úmido tem mostrado nítida eficiência e vantagens; e, teve o uso autorizado em 1993, pela FDA *United States Food and Drug Administration*.

A introdução do plasma de peróxido de hidrogênio surgiu da busca de agentes esterilizantes alternativos à baixa temperatura principalmente ao óxido de etileno (EtO) na esterilização de materiais médico hospitalares.

O plasma de peróxido de hidrogênio não é retido na forma de resíduos ao material aplicado; porém o EtO libera resíduos de acordo com a natureza química do artigo esterilizado, exigindo período pós esterilização de aeração.

O processo à baixa temperatura por plasma de peróxido de hidrogênio mostrou mais vantagens econômicas se comparado aquele por óxido de etileno, devido principalmente à rapidez do ciclo de esterilização, fácil instalação e procedimento, e nenhuma toxicidade ambiente.

No processo de esterilização com plasma à baixa temperatura, vapor de peróxido de hidrogênio é empregado como precursor do mesmo. O plasma é formado através do campo eletromagnético induzido por ondas de radiofreqüência de 13,56 MHz. O vapor de peróxido de hidrogênio sob o impacto desta energia se decompõe em radicais-livres reativos, incluindo: hidroperóxidos e hidroxilas. Estes radicais interagem com a membrana celular incapacitando a multiplicação microbiana. Quando a energia de radiofreqüência é desligada, os radicais se convertem em moléculas de água e oxigênio, produtos que compõem o ar atmosférico.

Ao final do ciclo, os itens esterilizados por plasma de peróxido de hidrogênio podem ser imediatamente empregados na rotina cirúrgica e/ou hospitalar, pois o plasma de peróxido de hidrogênio não deixa resíduos tóxicos, em contraste aos agentes esterilizantes óxido de etileno e formaldeído.

O processo Sterrad®100 de esterilização de artigos médico — hospitalares por gás plasma de peróxido de hidrogênio apresenta como principais características:

— O equipamento é compacto e de fácil locomoção, podendo ser locado próximo às áreas de utilização dos itens esterilizados;

— Necessita apenas de uma fonte de energia elétrica para a instalação;

— Não exige operador técnico especializado para conduzir o ciclo que é automático, com emissão de relatório;

— Os resíduos finais do gás plasma são: água e oxigênio;

— O ciclo operacional é curto (75 a 85minutos), silencioso e não interfere no ambiente, permitindo igualmente a racionalização do inventário médico-hospitalar;

— A faixa de temperatura do ciclo permanece entre 45ºC e 50ºC.

— Praticamente todos os tipos de artigos médicos são compatíveis ao processo, sendo liberados sem umidade e sem danos das propriedades operacionais.

O processo de esterilização de artigos médico — hospitalares por gás plasma de peróxido de hidrogênio, no equipamento Sterrad®100, apresenta incompatibilidades com:

— Substâncias que absorvem o vapor de peróxido de hidrogênio e interrompem o ciclo: i. materiais de natureza celulósica; ii. água e líquidos em geral;

— Metais à base de cobre e prata (catalisam a degradação do peróxido de hidrogênio em água e oxigênio);

— Artigos com lume de fundo cego;

— Artigos com lume de diâmetro interno estreito e comprimento longo necessitam de dispositivo acelerador de difusão ou amplificador (*booster*) do vapor de peróxido de hidrogênio recomendados para: i. lumes metálicos com diâmetro interno maior ou igual a 1 mm e/ou comprimento entre 40 cm e 50 cm; ii. lumes não metálicos de diâmetro interno maior ou igual a 1 mm e/ou comprimento entre 100 e 200 cm.

Todo processo de esterilização, para assegurar o nível de esterilidade esperado, exige que o material em questão não apresente qualquer tipo de resíduo que dificulte à difusão e acesso ao agente esterilizante. Daí advir à necessidade de programa de limpeza e desinfecção prévia dos itens médico-hospitalares e odontológicos[1,13,31,33,34].

Cinética de Morte Logarítimica

Pela conceituação clássica, entende-se que esterilização é o processo de destruição de todas as formas de vida microbiana, ou seja, bactérias nas formas vegetativas e esporos, fungos e vírus, mediante a aplicação de agentes físicos e químicos[33]. Entretanto considerando a cinética de destruição logarítmica dos microrganismos sob ação de um agente químico ou físico (morte em curva logarítmica), o processo de esterilização assume um entendimento mais complexo. Sendo assim, esterilização é o processo pelo qual os microrganismos são mortos a tal ponto que não seja mais possível detectá-los no meio de cultura padrão no qual previamente haviam proliferado. Convencionalmente, considera-se um artigo estéril quando a probabilidade de sobrevivência dos microrganismos que o contaminam é menor do que 1:1.000.000[3]. Este critério é o principio básico dos testes biológicos normalmente utilizados para controlar os processos de esterilização.

A segurança da esterilização é expressa pela probabilidade de os microrganismos poderem sobreviver a este processo que corresponde ao proporcional tratamento que um artigo deve receber de acordo com o seu risco potencial de causar infecção. O nível de segurança de esterilização varia de acordo com o uso do artigo: 10^{-6} de probabilidade de sobrevivência de microrganismos para classificação artigos críticos (material estéril para procedimentos que requeiram assepsia cirúrgica) e semicríticos; 10^{-3} requisito menos rigoroso é direcionado para artigos não críticos, que entram em contato apenas com pele íntegra. A padronização mais rigorosa é 10^{-12} para a probabilidade de o esporo de *Clostridium botulinum* sobreviver, sendo aplicada para tratamento de alimentos enlatados não-acidos[9,24,32].

A probabilidade de 10^{-4} foi determinada como nível de exigência de esterilização para veículos de exploração espacial na busca de evidências de vida extraterrestre no planeta Marte[10].

Considerações Finais

O sucesso nos processos de limpeza, desinfecção e/ou esterilização depende da correta e criteriosa escolha, aplicação e observação das características peculiares de cada agente químico e dos fatores interferentes na sua atividade. A eficácia de tal atividade e relacionada a natureza do item considerado, sua utilização e nível de redução previsto na microbiota contaminante. Entretanto cabe salientar que, além disso, e imprescindível que tanto os reagentes químicos empregados no preparo das solucões químicas quanto os produtos comerciais adquiridos preencham os requisitos de qualidade estabelecidos. A água de enxágüe, assim como para a diluição quando necessária, deve ser isenta de contaminantes, para que a solução desinfetante não se torne veículo disseminador de microorganismos.

Soluções com ação desinfetante ineficaz implicam a não destruição dos microrganismos indesejáveis, o que significa risco para o profissional e os pacientes no caso de uso hospitalar. O desinfetante pode, ainda, tornar-se um veiculador de microrganismos em vez de agente biocida, favorecendo a contaminação cruzada. Este fato ressalta a importância e necessidade de programas periódicos de avaliação da qualidade dos agentes químicos comercializados e da eficácia quanto ao nível de segurança garantido durante o uso para o qual foram designados.

Referências Bibliográficas

1. Alfa M J, DeGagne P, Olson N, Puchalski T. Comparison of Ion Plasma, Vaporized Hydrogen Peroxide, and 100% Ethylene Oxide Sterilizers to the 12/88 Ethylene Oxide Gas Sterilizer. Infection Control and Hospital Epidemiology. 1996; 17(2): 92-100.
2. Best M, Springthorpe S V, Sattar S A.. Feasibility of a combined carrier test for disinfectants: Studies with a mixture of five types of microorganisms. American Journal of Infection Control. 1994; 22 (3): 152-162.
3. Brasil. Ministério da Saúde. Portarias: nº 12342/Código Sanitário/ 1978, Nº 15/MS/ANVS 1988, Nº 211/ MS/ANVS 1999, Nº 196/MS/AVNS 1983, Nº 930/ MS/ANVISA 1992, Nº 113/MS/AVNS 1993, Nº 122/ DTN 1993, Nº 211/MS/ANVS 1999. Home page: http://www.saude.mt.gov.br/vigilancia.html.
4. Brasil. Conselho Federal de Farmácia. Infecção Hospitalar em Maternidades. Pharmacia Brasileira. 2000; 3: 37
5. Brasil. Conselho Federal de Farmácia. PAHO: Programa para reduzir as mortes de bebês no Brasil. Pharmacia Brasileira. 2000; 3: 34
6. Conrad RN. Increasing in hand-alcohol consumption among medical staff in a general hospital as a result of introducing a training program and a visualization test. Infection Control of Hospital Epidemiology 2001; 22:41-2.
7. Denton GW. Chlorhexidine. In: S.S. Block, organizador. Disinfection, Sterilization, and Preservation. 4ª ed. Philadelphia: Lea & Feabiger, 322-333, 1991.
8. Diaz RB, Vessoni Penna TC, Takeuti CE, Taira ET, Guimarães T. Centralização do processo de desinfecção de materiais semi-críticos e não-críticos no Hospital Santa Cruz: melhoria da qualidade e redução de custos. Laes & Haes. 2000; 128 (6): 68-78.
9. Donnell GMc, Russell AD. Antiseptics and disinfectants: activity, action, and resistance. Clinical Microbiology Review. 1998; 12(1):147-179.
10. O Estado de São Paulo. 1996-2001. Home Page: http/ estado.com.br/jornal.
11. Farmacopéia Brasileira. 4. ed. São Paulo: Atheneu, Parte 1, 1998.
12. Garner JS, Favero MS. CDC Guideline for hand washing and hospital environmental control. Infection Control. 1986; 7:231-235.
13. Gandhi PA, Sawant AD, Wilson LA, Ahearn DG. Adaptation and growth of *Serratia marcescens* in contact lens disinfectant solutions containing chlorhexidine gluconate. Applied Environmental Microbiology.1993; 59: 183-188.
14. Homepage: http://WWW.ilumina.com.br
15. Home page: http://www.cih.com.br
16. Kenneth JR. Sterilization, Pasteurization and Desinfection. In: Kenneth JR organizador. Sherris Medical Microbiology: an Introduction to Infectious Diseases. 3ª ed. New York, Appleton and Lange: 171-178, 1994.
17. Kessler M, Huu TC, Mariot A, Chanliau J. Hemodialysis associated complications due to sterilizing

agents ethylene oxide and formaldehyde. Control Nephrology 1988, 62: 13-23.
18. Mazzola PG, Vessoni Penna TC. Eficácia dos agentes físicos e químicos no programa de limpeza, desinfecção e esterilização em ambientes de saúde. Saúde da população. Controle da Infecção Hospitalar. CNPq. Conselho Nacional de Desenvolvimento Científico e Tecnológico. Prêmio Jovem Cientista. 16: 139-181, 2000.
19. Mazzola PG, Vessoni Penna TC, Machoshvili IA, Rodrigues RC. Eficácia dos agentes químicos no programa de limpeza e desinfecção. Laes & Haes, 127 (05): 100-126, 2000.
20. Pan American Health Organization. Celebrating 95 years: 1902-1997 — Protecting Americas' Health. Regional Office for the Americas of the WHO. p. 1-3. 1997. and Pan American Health Organization (PAHO): Integrated Management of Childhood (IMCI): Healthy children: Goal 2002. Epidemiological Bulletin.1999; 20(4): 3-6.
21. Russel D, Furr JR, Maillard JY, Russel D, Furr JR, Maillard JY. Microbial Susceptibility and Resistance to Biocides. In: ASM News. 1997; 63 (9): 481 — 87.
22. Rutala WA. Draft APIC Guideline for selection and use of desinfectants. American Journal Infection Control. 1995; 23(3): 35-A-67-A.
23. Rutala WA. Selection and use of disinfections in health care. In: Mayhall CG. Hospital Epidemiology and Infection Control. Baltimore: Willians and Wilkins editores, 69:913-54,1996.
24. Rutala WA. Disinfection, Sterilization and Antiseptics in Health Care. Rutala WA, organizador. New York: Polyscience, 1998. 292 p.
25. Rutala WA, Weber DJ: Principles of disinfecting patient-care items. In: Disinfection, Sterilization and Antiseptics in Health. Rutala WA, organizador. New York: Polyscience, 133-149, 1998.
26. Sagripanti JL, Bonifacino A. Effects of salt and serum on the sporocidal activity of liquid disinfectants. Journal AOAC International. 1997; 80 (6): 1198-1207.
27. Scarpita CRM. Limpeza e Desinfeção de Artigos Hospitalares. In: Rodrigues EAC organizador. Infecções Hospitalares: Prevenção e Controle. São Paulo: Sarvier, 1997; 411-17p.
28. Spaulding E.H. Chemical disinfection of medical and surgical materials. In: Lawrence CA, Block SS organizadores. Disinfection Sterilization and Preservation. Philadelphia: Lea & Febiger, 32:517-31,1968.
29. Takeuti CE, Vessoni Penna TC — Proposição de uma metodologia de remoção de Contraste do Circuito fechado do cateter bRT automatizado. Laes & Haes, 2001; 22 (132): 88-104.
30. Technical Information Report — Designing, Testing, and Labeling Reusable Medical Devices for Reprocessing in Health Care Facilities: A Guide for Device Manufacturers. AAMI TIR Nº 12 — 1994.
31. Traumann M, Michalsky T, Wiedeck H, Radosavljevic V, Ruhnke M. Tap Water Colonization with *Pseudomonas aeruginosa* in a surgical intensive care unit (ICU) and relation to *Pseudomonas* infections of ICU patients. Infection Control and Hospital Epidemiology. 2001, 22: 49-52
32. The United States Pharmacopeia (USP XXII), 22 ed. Rockville, United States: 1625-1712, 1990.
33. Vessoni Penna TC. Esterilização térmica. Conceitos Básicos da Cinética de Morte Microbiana. Revista Farmácia Bioquímica Univ. São Paulo. 1997; (Supl. 1): 1-5.
34. Vessoni Penna TC, Ferraz CA., Ishisaki ET. Presterilization microbial load on reused medical devices and Sterrad 100 effectiveness on reduction of inoculated *Bacillus subtilis* spores. Infection Control and Hospital Epidemiology. 1999; 20 (7): 465-472.
35. Vessoni Penna TC, Mazzola PG, Martins AM. The efficacy of chemical agents in cleaning and disinfection programs for hospital nurseries. Journal BMC Infectious Diseases. 2001, 1: 16.
36. Vessoni Penna TC, Ishisaki ET; Ferraz CA. Esterilização de artigos médico-hospitalares por plasma de peróxido de hidrogênio. Laes & Haes. 1997; 6: 88-100.
37. Vessoni Penna TC, Ferraz CAM. Cleaning of Blood Contaminated Reprocessed Angiographic Catheters and Spinal Needles. Infection Control and Hospital Epidemiology. 2000; 21 (8): 496-503.
38. Weber DJ, Rutala WA. Occupational risks associated with the use of selected disinfectants and sterilants. In: Disinfection, Sterilization and Antiseptics in Health. Rutala WA, organizador. New York: Polyscience, 217-220, 1998.
39. World Health Organization (WHO). Weekly Epidemiological Record. 1997; 72: 285-356.

Referências

http://www.opas.org.br/prevencao/site/uploadArq/apres_JB_170305.ppt
http://dtr2001.saude.gov.br/svs/pub/saude_brasil_2004/capitulo6.pdf
http://www.sespa.pa.gov.br/Situa%C3%A7%C3%A3o/situacao_malaria.htm
http://www.who.int/csr/don/2005_03_29/en/print.html
http://www.estadao.com.br/rss/agestado/2005/mar/30/116.htm
http://dtr2001.saude.gov.br/svs/pub/saude_brasil_2004/capitulo6.pdf
http://dtr2001.saude.gov.br/svs/pub/saude_brasil_2004/capitulo6.pdf
http://www.who.int/zoonoses/diseases/prion_diseases/en/
http://www.scielo.br/scielo.php?script=sci_arttext&pid=S0037-86822003000500010&lng=pt&nrm=iso

Capítulo 9

Gerenciamento de Resíduos Químicos

Wilson de Figueiredo Jardim

Introdução

Existe uma tendência, em nossa sociedade, de considerar como impactante ao meio ambiente apenas as atividades que geram grandes quantidades de resíduos[1]. Conseqüentemente, são estes grandes geradores que estão sempre sob a fiscalização das agências estaduais de proteção ambiental, sendo passíveis de punição pelo órgão competente. Pequenos geradores de resíduos, tais como instituições de ensino e de pesquisa, laboratórios de análises bioquímicas e físico-químicas, normalmente são considerados pelos órgãos fiscalizadores como atividades não-impactantes, e, assim, raramente fiscalizados quanto ao descarte dos seus rejeitos químicos.

Levando em conta o grande número de pequenos geradores de resíduos existentes em nossa sociedade, e que os resíduos por eles gerados são de natureza variada, incluindo metais pesados, solventes halogenados, radioisótopos e material infectante, a premissa de que estas atividades dispensam um programa eficiente de gerenciamento de resíduos não procede. Nas últimas décadas, a conscientização e a mobilização da sociedade civil têm exigido que tal situação cômoda da qual desfrutam estes pequenos geradores de resíduos seja revertida, requerendo para as referidas atividades o mesmo grau de exigência que o Estado dispensa para os grandes geradores.

O gerenciamento de resíduos químicos nas chamadas unidades geradoras de pequenas quantidades esbarra em algumas peculiaridades no tocante aos aspectos de legislação que merecem uma análise mais criteriosa, antes de implementar um programa de gestão de resíduos, o qual tem como objetivo primeiro minimizar os danos causados pela disposição adequada de tais rejeitos químicos nos corpos receptores disponíveis (rede de esgoto, águas superficiais, aterros, etc.). Por exemplo, o lançamento de efluentes industriais líquidos é balizado nacionalmente pela Resolução CONAMA* nº 20[2], a qual estabelece as concentrações máximas de uma série de elementos e compostos permitidos no efluente, dependendo da classe na qual o corpo receptor foi enquadrado. Supondo que o efluente industrial esteja sendo lançado num corpo receptor classe 3**, a concentração máxima permitida para o fe-

*CONAMA — Conselho Nacional do Meio Ambiente.

**Pela Resolução do CONAMA, os corpos aquáticos são divididos em nove classes, sendo cinco de águas doces, duas de águas salinas e duas de águas salobras. Os corpos de água doce podem ser classificados em classe especial e classes 1 a 4, e quanto menor o número, mais restritivo se torna o lançamento de efluentes neles. Um corpo classe 3 destina-se ao abastecimento doméstico após tratamento convencional, à irrigação e à dessedentação de animais.

nol neste efluente é de 0,3mg/l, e para o mercúrio este valor é de 0,002mg/l. De modo similar, os resíduos sólidos industriais são classificados de acordo com a norma NBR-10.004 (ABNT)* após os ensaios realizados de acordo com as normas NBR-10.005 (lixiviação) e 10.006 (solubilização). Uma abordagem ampla e, ao mesmo tempo, bastante detalhada a respeito da classificação, armazenagem, tecnologias de tratamento e disposição final de resíduos sólidos pode ser encontrada na referência[3].

Embora não haja legislação específica que trate do destino final dos resíduos químicos oriundos das atividades de ensino e pesquisa, isso não deve ser usado como um pretexto para a falta de gerenciamento de tais rejeitos. Neste caso, adota-se a legislação existente para as indústrias sob a premissa de que a legislação é válida, tendo como base a natureza da atividade, e não as quantidades de resíduos que ela gera. Finalmente, não se pode deixar de apontar o fato de que nenhuma unidade geradora de resíduos pode ser insalubre, o que quer dizer que a atmosfera interna deve ser controlada de modo a preservar a saúde do trabalhador, conforme os padrões estabelecidos pelo Ministério do Trabalho sobre a exposição ocupacional.

Implementando um Programa de Gerenciamento de Resíduos Químicos (PGRQ)

A implementação e a manutenção exitosa de um PGRQ demandam a adoção de três conceitos importantes, os quais devem nortear as atividades a serem desenvolvidas no desenrolar do programa. O primeiro conceito importante é o de que gerenciar resíduos não é sinônimo de "geração zero de resíduo". Ou seja, o gerenciamento de resíduos busca não só minimizar a quantidade gerada mas também impõe um valor máximo na concentração de substâncias notoriamente tóxicas no efluente final da unidade geradora, tendo como guia a Resolução CONAMA nº 20. O segundo conceito é o de que só se pode gerenciar o que se conhece. Assim sendo, um inventário de todo o resíduo produzido na rotina da unidade geradora é indispensável. O terceiro conceito importante é o da responsabilidade objetiva na geração do resíduo, ou seja, o gerador do resíduo é o responsável por ele, cabendo-lhe sua destinação final. Uma cartilha mostrando passo a passo como implementar um PGRQ encontra-se disponível na página do Laboratório de Química Ambiental do IQ-UNICAMP[4].

Além destes três importantes conceitos que servem de sustentação para qualquer programa de gerenciamento de resíduos, a operacionalização deste envolve pelo menos outros três pontos básicos[5]:

a) compromisso explícito da unidade geradora (UG) em manter o PGRQ;

b) inventário do passivo ambiental existente na unidade geradora;

c) inventário do ativo gerado na rotina da unidade geradora.

O compromisso formal dos responsáveis pela UG em implementar e manter o PGRQ é importante, primeiro porque envolve todo o pessoal ligado diretamente às atividades que geram resíduos. Além disso, há que considerar que grande parte destas pessoas estará engajada em alguma atividade adicional pelo menos durante a fase inicial do PGRQ. Além do engajamento de pessoal, um programa de tal natureza sempre demanda recursos financeiros tanto na fase inicial como na manutenção.

Os inventários de passivo e de ativo são importantes, porque permitem que a unidade conheça a si própria quanto à natureza e qualidade dos resíduos gerados e estocados.

Inventário do passivo

O inventário do passivo tem como objetivo identificar, qualitativa e quantitativamente, a maior quantidade possível dos resíduos químicos já estocados na unidade, independentemente do seu estado físico, a fim de propor o tratamento adequado e sua destinação final. É

*ABNT — Associação Brasileira de Normas Técnicas.

comum, nos laboratórios de pesquisa (e em menor escala nos laboratórios voltados exclusivamente para o ensino), a existência de um estoque (aqui denominado de passivo) indesejável de resíduos químicos sólidos, líquidos e gasosos não-caracterizados. A existência desse tipo de herança é altamente problemática para qualquer programa de gerenciamento, visto que o tratamento e a destinação final de tal estoque são quase sempre de difícil solução não apenas sob o aspecto técnico mas também econômico.

A existência deste passivo também pode ser encarada sob um ângulo mais otimista, pois a grande maioria dos laboratórios que não enfrenta tal tipo de problema é porque já se livrou do referido estoque, descartando-o nas pias ou usando outros métodos cômodos, comumente pouco ortodoxos e não-recomendados. Muitas vezes, este estoque não se encontra totalmente agregado e identificado como tal, exigindo, assim, averiguação mais detalhada nos vários compartimentos da unidade (ou laboratório), para que o inventário possa ser o mais completo possível. Armários em geral bem como os espaços disponíveis sob as pias e cabines merecem uma atenção especial, pois a experiência mostra que são os locais favoritos para a estocagem ad eternum de qualquer material indesejável. Outros pontos que merecem particular atenção são as geladeiras e congeladores, os quais sempre guardam gratas surpresas, quando submetidos ao processo de limpeza geral. A identificação e caracterização deste passivo são quase sempre uma tarefa que exige muita paciência, cuidado e investigação criteriosa. Além do mais, as chances de sucesso (ou seja, a caracterização completa do resíduo) são geralmente pequenas, por isso, as metas devem ser bastante realistas nesta etapa do programa de gestão. Quase sempre, tal caracterização é prejudicada pelos seguintes fatores:

a) total ausência de rótulos ou outro indicativo do produto;
b) rótulos deteriorados pelo tempo e ilegíveis;
c) misturas complexas incluindo mais de uma fase (sólido/líquido).

Muitas vezes, este passivo apresenta-se como o maior desafio dentro de um PGRQ, e, por isso, é importante que se aloquem à caracterização e destinação final de tal passivo recursos humanos e financeiros bem-dosados, de modo a não comprometer o futuro do programa.

A caracterização preliminar de um resíduo líquido e gasoso deve seguir passos bem-definidos, procurando identificar, numa primeira abordagem, se o resíduo apresenta as seguintes características:

a) inflamabilidade;
b) corrosividade;
c) reatividade;
d) toxicidade (opcional)*.

No entanto, é importante ter em mente que a caracterização do resíduo começa com a amostragem, a qual deve ser, antes de tudo, representativa sob o aspecto estatístico, obedecendo aos princípios básicos de higiene e segurança do trabalho. No Brasil, é recomendável que o amostrador esteja familiarizado com o procedimento da NBR-10.007, a qual trata da amostragem de resíduos sólidos, embora os princípios gerais também possam ser usados para líquidos e gases[5].

Uma vez identificado e caracterizado da melhor maneira possível, o passo seguinte é avaliar as possíveis maneiras de aproveitar ao máximo tal estoque, muitas vezes passível de reaproveitamento. Nesta etapa, devem-se considerar as seguintes opções:

a) avaliação econômica do passivo;
b) recuperação e reuso *in situ*;
c) tratamento *in situ*;
d) tratamento fora da unidade;
e) destinação final**.

---

*Em caso de dúvida, consultar as normas ASTM D-93-79 ou D-3278-78 (ponto de fulgor), SW-846 9045 (pH), SW-846 9010 (cianeto reativo), SW-846 9030 (sulfeto reativo) e a série referente à toxicidade de metais, tais como SW-846 7470 (mercúrio). A Companhia de Tecnologia Ambiental e Saneamento Básico – CETESB, inclui a patogenicidade nesta lista. SW são procedimentos da *United States Environmental Protection Agency — USEPA*.

**Nos EUA, o custo da disposição final de um tambor de resíduo sólido em aterros cresceu de US$ 20 em 1977, para US$ 340 em 1984, atingindo a cifra atual de aproximadamente US$ 800.

Deste elenco de possíveis rotas, às quais se pode submeter o passivo da unidade, a Tabela 9.1 apresenta uma sugestão de protocolo para a caracterização preliminar dos resíduos líquidos e gasosos (e, em alguns casos, sólidos também, dependendo da extensão e complexidade a que se deseja chegar nesta etapa) normalmente encontrados em laboratórios.

A partir desta primeira tentativa de segregação, o resíduo estocado pode passar por uma segunda (e eventualmente por outras tantas atividades similares) de segregação. Tal refinamento pode ser feito com base, por exemplo, em algumas propriedades físico-químicas ou natureza química do resíduo.

Assim, numa segunda etapa, estes resíduos podem ser novamente caracterizados, gerando as seguintes correntes segregadas:

a) ácidos;

b) bases;

c) orgânicos;

d) inorgânicos;

e) sólidos;

f) líquidos;

g) gasosos;

h) oxidantes.

É importante salientar, mais uma vez, que esta desagregação do resíduo em diferentes correntes pode ser aprimorada continuamente, dependendo, é claro, dos recursos disponíveis na unidade, da legislação estadual, do contexto legal, do modo de disposição final escolhido, enfim, de uma série de fatores que devem ser avaliados sob os aspectos do custo/benefício e risco/benefício dentro desta matriz muito ampla da hierarquia do gerenciamento de resíduos.

Tabela 9.1
Protocolo para a caracterização preliminar dos resíduos químicos não-identificados

*Teste a ser realizado**	*Procedimento a ser seguido*
Reatividade com água	Adicione uma gota de água e observe se há a formação de chama, geração de gás ou qualquer outra reação violenta.
Presença de cianetos	Adicione uma gota de cloroamina-T e uma gota de ácido barbitúrico/piridina em três gotas de resíduo. A cor vermelha indica teste positivo.
Presença de sulfetos	Na amostra acidulada com HCl, o papel embebido em acetato de chumbo fica enegrecido, quando na presença de sulfetos.
pH	Usar papel indicador ou pHmetro.
Resíduo oxidante	A oxidação de um sal de Mn(II), rosa-claro, para uma coloração escura indica resíduo oxidante.
Resíduo redutor	Observa-se a possível descoloração de um papel umedecido em 2,6-dicloroindofenol ou azul de metileno.
Inflamabilidade	Enfie um palito de cerâmica no resíduo, deixe escorrer o excesso e coloque-o na chama.
Presença de halogênios	Coloque um fio de cobre limpo e previamente aquecido ao rubro no resíduo. Leve à chama e observe a coloração: o verde indica a presença de halogênios.
Solubilidade em água	Após o ensaio de reatividade, a solubilidade pode ser facilmente avaliada.

*Testes realizados após separar uma pequena alíquota (em torno de 1g) que seja representativa do resíduo.

Reaproveitamento, estocagem e disposição final

Tanto o reaproveitamento do resíduo, quer seja dentro, quer fora da unidade, como a destinação final dele são atividades que requerem pesquisa criteriosa, pois as opções são muitas e os custos podem ser elevados, principalmente quanto se trata da disposição final de resíduos considerados classe I (resíduos perigosos) e classe II (não-inertes).

Sabendo disso, a prioridade deve ser dada às atividades que minimizem o passivo, por reaproveitamento, reuso, troca num banco de resíduos, recuperação etc.

Inventário do ativo

Entende-se por ativo todo resíduo gerado na rotina de trabalho da unidade geradora. Um programa de gerenciamento de resíduos é, na verdade, o gerenciamento desse tipo de resíduo, já que o programa, uma vez implementado, não mais admite a existência de passivos ambientais. Se a UG realiza trabalhos de rotina (como, por exemplo, um laboratório de análises bioquímicas), o gerenciamento desse tipo de passivo é bem menos problemático do que, por exemplo, o de um laboratório de pesquisas.

Independentemente do tipo de atividade realizada na UG, o inventário inicial deste passivo é imprescindível para qualquer PGRQ, pois através de tal avaliação inicial da produção qualitativa e quantitativa dos resíduos gerados é que se poderão traçar as metas e objetivos a serem atingidos em termos da geração futura de resíduos. A partir deste inventário inicial, a UG deve colocar em prática a chamada hierarquia de atitudes, a fim de não só diminuir a quantidade do ativo mas também eliminar alguns dos resíduos considerados muito tóxicos.

A HIERARQUIA NO GERENCIAMENTO DE RESÍDUOS

Colocar uma ordem de prioridade nas ações que visam a minimizar ou, mesmo, eliminar alguns dos resíduos produzidos numa UG é a figura de mérito dentro de qualquer PGRQ[6]. A implementação de uma hierarquia de decisões explicitamente associada à adoção e prática de várias atividades dentro de um programa de gestão ambiental não é um fato novo. No caso específico do gerenciamento de resíduos, acredita-se que este conceito tenha sido explorado em detalhes pela primeira vez em 1976, numa publicação da USEPA intitulada *Effective hazardous waste management* (non-radioactive). Posteriormente, o conceito foi expandido, incluindo detalhes aplicativos no documento *State decision-makers guide to hazardous waste management*, publicado pela USEPA em 1977.

Em termos gerais, a hierarquia apresentada nada mais é do que uma série de atitudes (neste caso específico, em número de sete), apresentadas numa seqüência decrescente de prioridade. São elas:

1. otimizar a unidade geradora;
2. minimizar a proporção de resíduos perigosos inevitavelmente gerados;
3. segregar e concentrar as correntes de resíduos, de modo a tornar viável e economicamente possível a atividade gerenciadora;
4. promover o reuso interno; ou externamente, via transferência de resíduos;
5. reciclar o componente material ou energético do resíduo;
6. manter todo resíduo produzido na sua forma mais passível de tratamento;
7. dispor o resíduo de maneira segura.

Otimização da Unidade Geradora

Esta otimização é de caráter geral, bem abrangente, devendo versar sobre a rotina de trabalho da unidade. Por exemplo, deve-se evitar o uso de trompas de vácuo, que consomem muita água tratada, ou seja, uma água nobre que acaba sendo desperdiçada em grandes quantidades. O mesmo se aplica aos destiladores de água que funcionam sem reciclo da água de resfriamento. Estima-se que a produção de cada litro de água destilada lança no ralo entre 12 e 15 litros de água tratada, usada para resfriamento na camisa externa do destilador.

A UG deve estar atenta aos gastos com energia elétrica, otimizando o uso de muflas, chapas de aquecimento e aparelhos de ar condicionado. Um outro ponto importante é a devida rotulagem de todo reagente usado no laboratório com a devida identificação do produto, prazo de validade, modo de estocagem e nome do responsável pelo produto.

Outro aspecto relevante a ser lembrado é o de não fazer do laboratório um almoxarifado paralelo. Manter sempre pequena quantidade de reagentes no laboratório ajuda a minimizar o ativo. Finalmente, o controle do material e do insumo que entra no laboratório é importante, devendo ser levado ao conhecimento de todos os atores que participam da UG.

Minimização de resíduos

Entende-se por minimização uma série de atitudes que, quando tomadas conjuntamente ou em separado, culminam num produto final único: sensível redução não apenas na quantidade de resíduos gerados mas também no seu potencial de impacto no meio ambiente.

No caso específico dos laboratórios que geram resíduos químicos na sua rotina, a minimização contempla fundamentalmente duas atividades, as quais se implementadas e seguidas corretamente, podem, certamente, reduzir em mais de 50% o ativo da unidade. Estas duas atitudes são:

a) mudança da macro (escala convencional) para a microescala;

b) a substituição dos reagentes e mudanças nos procedimentos.

Estas duas atitudes geralmente não requerem custo capital exagerado, são facilmente assimiladas pelo pessoal de apoio e sob o aspecto econômico, pagam-se em curto prazo pela economia gerada no consumo dos reagentes bem como no tratamento e disposição final dos resíduos. No cenário atual, a tendência à microescala tem sido mais praticada em laboratórios de ensino de química, embora se aposte num crescimento acentuado da sua incorporação nos laboratórios de pesquisa e prestação de serviços.

Microescala

A opção pela microescala frente à escala tradicional, ou macroescala, está centrada em quatro grandes vantagens que a primeira oferece, discutidas mais detalhadamente a seguir.

Segurança: o manuseio de pequenas quantidades de reagentes agressivos e solventes voláteis torna o laboratório muito menos insalubre do que quando se trabalha com os grandes volumes dos procedimentos tradicionais. A adoção da microescala melhora a qualidade do ar respirável nos laboratórios e minimiza o risco de incêndio. Por exemplo, uma garrafa de propionaldeído (de gargalo estreito), deixada aberta num laboratório onde a temperatura média é de 25°C, pode perder até 1g/h do produto.

Tempo: tendo em vista que os volumes usados são menores, a vidraria também deve ser menor, para se adequar; assim, o tempo gasto em operações geralmente laboriosas, como evaporação de solventes, é bem menor. Além disso, os pequenos volumes demandam um pré-tratamento rápido, quando precedem a instrumentação analítica.

Economia: a grande maioria dos ensaios oficiais usados nas rotinas laboratoriais foi desenvolvida há pelo menos uma década (alguns há mais de 50 anos!), e adotam a macroescala trabalhando numa faixa que varia entre 1 e 25g, oscilando os volumes entre 10 e 250ml. No entanto, na microescala, raramente se usam mais do que 300mg, o que representa grande economia em termos de reagentes. Contudo, é importante salientar que a adaptação de um ensaio da macro para a microescala exige todo um protocolo de validação analítica, especialmente nos laboratórios que trabalham de acordo com as normas dos programas de qualidade, tais como a ISO 17.025 ou BPL (boas práticas de laboratório).

Aspectos ambientais: talvez o produto mais importante da mudança da escala convencional para a adoção da microescala seja a formação de um profissional mais consciente das suas responsabilidades com a preservação ambiental. Esta responsabilidade passa principalmente pelo aspecto da geração de resíduos. Com a adoção da microescala, a qual usa quantidades 100 a 1.000 vezes menores do que a escala convencional, a geração de resíduos em laboratórios é reduzida drasticamente.

Substituição de reagentes e mudanças nos procedimentos

Dentro da nova ordem econômica e da globalização, a busca por padrões internacionais tem-se intensificado nestes últimos anos, reforçando, cada vez mais, a necessidade de uma linguagem única, principalmente no tocante à qualidade analítica. Assim, várias determinações realizadas em laboratórios são feitas seguindo procedimentos aceitos internacionalmente. Por esta razão, tais procedimentos devem ser seguidos à risca, de modo a garantir a fidedignidade e rastreabilidade dos dados analíticos obtidos. Esta realidade aparentemente cria certas dificuldades, quando se pretende modificar, adequar e adaptar os métodos oficiais, no caso de utilizarem reagentes tóxicos ou perigosos, ou então gerarem grandes quantidades de resíduos. No entanto, essa aparente imutabilidade não corresponde à realidade. Primeiramente, fruto da conscientização ambiental, grande parte dos referidos procedimentos vem sofrendo atualizações constantes, de modo a se adequar à nova realidade quanto ao uso de reagentes e solventes menos impactantes, bem como quanto à minimização de resíduos. Além disso, a convalidação dos dados analíticos gerados através dos procedimentos padrões modificados de acordo com as metas de um programa de gestão ambiental é perfeitamente possível de ser feita de maneira razoavelmente simples.

São vários os exemplos que ilustram as modificações que vêm sofrendo vários procedimentos padrões ao longo destes últimos 20 anos, modificações centradas principalmente nos aspectos da saúde e do meio ambiente. Na 14ª edição do *Standard methods for the examination of water and wastewater* (APHA-AWWA-WPCP), de 1975, o procedimento 502 A, para a determinação dos óleos e graxas, usa Freon® (1,1,2-tricloro-1,2,2-trifluoroetano) como agente extrator. Atualmente este procedimento foi alterado, sendo o solvente substituído por hexano ou éter de petróleo devido ao fato de que o Freon® não mais é produzido, por ser um dos grandes responsáveis pelo efeito estufa e destruição da camada de ozônio. Nesta mesma edição do *Standard methods*, o íon de nitrato podia ser determinado usando o reagente específico brucina (procedimento 429 E), procedimento retirado das edições mais modernas devido não apenas à atividade cancerígena comprovada deste composto mas também ao fato de que o procedimento envolvia o uso de arsênio.

Reuso

Entende-se por reuso a possibilidade de utilização de um material no estado em que se encontra, sem que para isso seja necessário submetê-lo a qualquer processo. O reuso pode ser feito dentro ou fora da unidade, e o material pode ser reusado tanto dentro das suas funções originais como em novas funções. De modo geral, o reuso é muito pouco praticado dentro dos laboratórios de química, dando espaço para o reciclo, o qual tem um potencial maior de aplicação. Interessante ressaltar que o termo reuso tem sido também aplicado ao material que passou por um processo de reciclagem.

Reciclagem

Reciclar* é utilizar um resíduo ou o seu conteúdo energético após submetê-lo a algum tipo de processamento. Os pré-tratamentos rotineiramente exigidos na reciclagem de um resíduo são bem simples, incluindo, quase sempre, a filtração e a destilação. Entre os resíduos naturalmente candidatos ao processo de reciclagem, os mais comuns são:

*O significado do termo é amplo e controverso. Para alguns, reciclar é tornar qualquer descarte insumo independente da necessidade de pré-tratamento do material a ser descartado.

a) solventes;

b) combustíveis em geral;

c) óleos;

d) resíduos ricos em metais, principalmente os metais preciosos;

e) ácidos e bases;

f) catalisadores.

Mas normalmente a prática mostra que, em mais de 90% dos casos, a única atividade realizada é a destilação. Interessante observar que, nos EUA, a destilação in situ tem sido objeto de severo controle e acompanhamento por parte da USEPA devido ao fato de que, em muitos casos, constatou-se que, nas condições nem que o processo era realizado, a perda fugitiva do solvente para atmosfera apresentava grande risco de exposição ambiental ao produto.

Destilação: nas instituições acadêmicas, a destilação é, sem dúvida, o processo mais utilizado na reciclagem dos resíduos, principalmente quando se trata de solventes orgânicos. Esta atividade pode, rotineiramente, ser feita em menor escala, dentro dos laboratórios individuais de pesquisa, ou numa escala bem maior, centralizada em algum setor da unidade.

Manter todo resíduo produzido na sua forma mais passível de tratamento

A maneira mais racional (e menos onerosa) de manter o resíduo gerado numa forma que facilite sua destinação final é segregá-lo em diferentes correntes. Importa ressaltar que esta segregação é sempre ditada pela forma escolhida de disposição final do resíduo. Por exemplo, se o resíduo líquido de uma UG for ser destinado a um incinerador, o prestador desse tipo de serviço com certeza irá exigir que se segreguem todos os organoclorados dos demais solventes orgânicos, uma vez que a incineração deste primeiro exige cuidados especiais. Na melhor das hipóteses, uma UG terá pelo menos cinco correntes diferentes de resíduos: duas correntes de resíduos orgânicos (halogenados e não-halogenados), uma corrente de aquosos contendo orgânicos e duas correntes de resíduos sólidos, sendo uma de metais pesados e outra com outros tipos de resíduos, o que não impede, no entanto, que diferentes setores geradores de resíduos dentro de uma UG tenham mais do que estas cinco correntes, pois o referida decisão é muito peculiar e depende da rotina de cada setor bem como do potencial de recuperação/reuso dos resíduos.

Conforme o PGRQ avança, o número final de correntes da UG pode, inclusive, aumentar, tendo em vista que certos tipos de resíduo podem ser destruídos dentro da própria UG. Os laboratórios que fazem o uso da técnica de HPLC* na sua rotina normalmente geram grandes quantidades de um resíduo contendo acetonitrila-água. Como tal resíduo é facilmente destruído por fotólise, torna-se economicamente atrativo desagregá-lo dos demais orgânicos e destruir esta corrente *in situ* a um custo irrisório comparado, por exemplo, com a incineração.

Tratamento e disposição final dos resíduos

Disposição final de resíduo é a denominação técnica usada para designar a forma e o local escolhidos para receber definitivamente qualquer resíduo descartado. No caso dos resíduos urbanos, a disposição final é geralmente um aterro sanitário (ou lixão). No caso dos resíduos químicos gerados em laboratórios de ensino, pesquisa e prestação de serviços, o destino final encontrado pela grande maioria é ignorado ou difuso (pias, ralos, terrenos baldios, agregado ao lixo doméstico, etc.). Dentro desta realidade praticada pela maioria dos pequenos geradores, a implantação de um programa sério de gerenciamento voltado para o saneamento de tal realidade é de fundamental importância.

A disposição final dos resíduos sólidos e líquidos é sujeita à fiscalização estadual (por exemplo, no caso do Estado de São Paulo, compete à

**HPLC – High Performance Liquid Chromatography.*

CETESB o controle e a fiscalização desta atividade, e, no Estado do Rio de Janeiro, à FEEMA*). Comumente, os órgãos estaduais têm sido extremamente benevolentes com as instituições de ensino e pesquisa, com os laboratórios de prestação de serviços, bem como com qualquer outro tipo de atividade não ligada ao setor produtivo que gera resíduos químicos de modo rotineiro.

Nos EUA, a legislação específica sobre a destinação final dos resíduos, embora bastante rígida, classifica as unidades geradoras de resíduos de acordo com a quantidade produzida mensalmente. Assim, grande parte dos laboratórios de instituições acadêmicas é classificada como geradora de pequenas quantidades (GPQ), o que quer dizer que produz mais de 100 e menos de 1.000kg de resíduos perigosos e menos de 1 kg de resíduos muito perigosos por mês, gozando de alguns privilégios (ou melhor, sujeito a uma legislação menos restritiva) do que os que geram mais de 1.000kg/mês de resíduos e são classificados como geradores de grandes quantidades (GGQ).

Mesmo sob um rígido PGRQ, um laboratório pode descartar vários tipos de resíduo na pia, contanto que tal efluente esteja atendendo à Resolução CONAMA nº 20 (ou qualquer outra legislação estadual mais restritiva, se houver). As demais correntes líquidas podem ser enviadas para incineração ou mesmo para alguma estação de tratamento de efluentes de indústrias de grande porte, uma vez que foi concebida para tratar as cargas orgânicas altas e normalmente tóxicas.

Para os resíduos sólidos, a classificação em classe I (perigoso), classe II (não inerte) e classe III (inerte) é que determina o local adequado para a sua disposição, e a grande maioria dos resíduos sólidos gerados num laboratório é classe I, exigindo que sejam dispostos em aterros industriais. No entanto, independentemente de o resíduo ser sólido ou líquido, a destinação final deve sempre ser feita conforme as normas e procedimentos exigidos pelo órgão estadual de proteção ambiental.

*FEEMA – Fundação Estadual do Meio Ambiente.

Considerações finais

O cuidado para com o descarte de resíduos químicos oriundos de os laboratórios de ensino e pesquisa é, antes de tudo, um compromisso moral para com a sociedade. A cômoda posição de que estas instituições gozam quanto ao descarte dos seus efluentes no meio ambiente não condiz com a postura crítica normalmente assumida por elas quanto ao impacto causado por qualquer outra geradora de resíduos. A implementação de um programa de gerenciamento de resíduos químicos é a solução para que estes geradores passem a atuar de modo mais coerente.

Um tal programa não constitui uma atividade que envolva apenas algumas pessoas da unidade geradora, mas deve ser sempre tratada como uma atividade cujo sucesso depende de todos. Ainda que, nos dias de hoje, a componente financeira de qualquer empreendimento tenha assumido uma importância decisória, é importante lembrar que um programa desse tipo não pode ser analisado apenas sob tal ótica. No cenário aqui apresentado, a contabilidade ambiental mostra que qualquer programa de minimização de impacto ambiental se paga mesmo a curto prazo.

Referências bibliográficas

1. Jardim WF. As indústrias químicas e a preservação ambiental. Revista de Química Industrial. 1993; 692:16-18.
2. Resolução CONAMA 20, de 18 de junho de 1986. Classificação de águas doces, salobras e salinas no território nacional. Disponível em http://www.mma.gov.br/port/conama/res/res86/res2086.html.
3. Rocca AC, Iacovone, AMMB, Barroti, AJ, Casarini, DCP, Gloeden, E et al. Resíduos sólidos industriais. 2ª ed., rev. ampl., São Paulo, CETESB, 1993.
4. Cartilha para a implementação de um programa de gerenciamento de resíduos químicos (PGRQ). Disponível em http://lqa.iqm.unicamp.br/serv.html [2001].
5. Jardim WF. Gerenciamento de resíduos químicos em laboratórios de ensino e pesquisa. Química Nova. 1998; 21(5):671:3.
6. Kaufman JA Waste Disposal in Academic Institutions. Nova Iorque: Editora Lewis, 1990.

Capítulo 10

Riscos Físicos

Meuris Gurgel Carlos da Silva
Ângela Mitsuyo Hayashi

Introdução

As atividades desenvolvidas em laboratórios e serviços de saúde, na sua maioria, envolvem riscos físicos, decorrentes da presença de agentes físicos no ambiente laboral.

Definem-se agentes físicos como aqueles que apresentam um intercâmbio brusco de energia com o ambiente em quantidade superior àquela que o organismo é capaz de suportar, levando-o a uma doença profissional.

A legislação responsável pelas definições e direitos dos trabalhadores à segurança e higiene do trabalho é garantida pela Lei nº 6.514, de 22 de dezembro de 1977, do Capítulo V, Título II da Consolidação das Leis do Trabalho (CLT), regulamentada pela Portaria nº 3.214, de 8 de junho de 1978, do Ministério do Trabalho, através de suas normas regulamentadoras (NRs)[8] e conjunto de textos suplementares. No caso de agentes físicos, têm-se a NR-9 e a NR-15 em seus anexos 1 a 10.

Conforme a NR-9, são considerados agentes físicos os seguintes:

— temperaturas extremas:
  • calor intenso;
  • frio intenso;
— radiações:
  • ionizantes;
  • não-ionizantes;
— ruídos;
— vibrações:
  • localizadas;
  • corpo inteiro;
— pressões anormais;
— iluminação;
— umidade.

Considerando o tipo de atividade e equipamentos mais usuais em laboratórios e serviços de saúde, verifica-se que os agentes físicos mais freqüentes são a temperatura extrema, especificamente o calor, as radiações ionizantes e não ionizantes, o ruído e a iluminação, sendo esta última não diretamente ligada a uma operação específica, mas por estar relacionada com todas as atividades de trabalho[7].

A diversidade e a potencialidade dos riscos físicos, bem como, ainda, a descoberta de doenças profissionais vêm estimulando estudos que têm como objetivo, não somente o controle destes riscos mas também a sua prevenção, através da elaboração de programas de segurança eficientes, dinâmicos e integrados, cuja principal missão visa à eliminação ou redução dos riscos. O sucesso destes programas depende fundamentalmente do envolvimento de todos, em que cada individuo é responsável pelo cumprimento e por fazer cumprir as exigências deles. Aliado a isso, é necessária a participação da direção da empresa mediante apoio constante e decidido na política de segurança, e garantindo recursos adequados.

Riscos Físicos Principais em Laboratórios e Serviços de Saúde

A análise dos riscos físicos presentes em atividades de laboratório e serviços de saúde, à semelhança dos outros riscos, é feita considerando duas ações principais: investigação e análise ambiental fundamentada em três conceitos básicos; quais sejam, identificar ou reconhecer, avaliar e controlar os riscos, visando à sua eliminação ou redução.

Temperaturas extremas — calor

São temperaturas sob as quais o indivíduo não se sente bem. A sensação de calor ou frio deve ser colocada na forma normalizada, para servir de parâmetro no confronto entre lei — ambiente laboral, indivíduo. No caso das atividades de laboratório e de serviços de saúde, observa-se que o risco mais freqüente de temperaturas extremas está relacionado com o calor.

Com isso, verifica-se a necessidade de conhecer como se processa o intercâmbio entre estes três elementos, conhecer seus efeitos e determinar como quantificar e controlar tal relação. Existem, ainda, fatores e condições que podem influenciar a intensidade e rigor, quando da exposição a tal risco, tais como clima, tipo de trabalho, parâmetros ambientais (temperatura, umidade relativa e velocidade do ar) e características específicas do ambiente de trabalho.

O calor é uma fonte de energia que pode ser transmitida de um corpo a outro através de mecanismos de trocas térmicas do organismo com o ambiente. Estes mecanismos são a condução, a convecção, a radiação e, ainda, a evaporação.

A transmissão de calor por condução ocorre por contato direto entre dois corpos em temperaturas diferentes, indo o fluxo de calor daquele de maior temperatura para o de menor temperatura. Essa transmissão é nula, quando as temperaturas se igualam.

Na convecção, a transferência de calor ocorre através de massas de ar que se aquecem, diminuindo sua densidade, provocando a ascensão destas massas continuamente até o equilíbrio no meio, sendo o aquecimento do ar decorrente do contato deste com um corpo em temperatura mais elevada. Quando o corpo está numa temperatura mais baixa que a massa de ar, essa transferência de calor se inverte.

Na radiação, a transferência de calor se dá por emissão de radiação infravermelha, do corpo com maior para o de menor temperatura. Tal fenômeno pode ocorrer através do ar e do vácuo, ou seja, mesmo não havendo um meio de propagação entre eles. Neste mecanismo, o calor transmitido é denominado calor radiante.

Quando um líquido envolvendo um sólido a determinada temperatura se transforma em vapor e este passa para o meio, o fenômeno é denominado evaporação, e depende da quantidade de vapor já existente no meio e da velocidade do ar na superfície do sólido, para definir o mecanismo. No caso dos indivíduos, esse fenômeno ocorre através da sudorese e seborréia da superfície da pele.

Identificação do risco

Em laboratórios e serviços de saúde, o calor é largamente utilizado nas operações de limpeza, desinfecção e esterilização dos materiais e áreas laborais, no preparo de soluções especiais em laboratórios empregando sistema de aquecimento, como os trocadores de calor. É usado, também, como medida terapêutica em incubadoras e em equipamentos empregados em técnicas cirúrgicas, entre outras.

A exposição ao calor em quantidade e/ou tempo excessivo, denominada sobrecarga térmica, pode provocar diversos efeitos nos indivíduos através de mecanismo de reações que interferem na vasodilatação periférica e na sudorese. Entre esses efeitos[7], destacam-se:

— *golpes de calor:* ocorrem durante a realização de atividades pesadas em ambientes quentes. Se a fonte de calor for o sol, denomina-se insolação. Os sintomas são o colapso, convulsões, delírios, alucinações e coma sem aviso prévio;

— *prostração térmica por queda do teor de água (desidratação):* esse efeito ocorre pela eliminação de água que não é reposta adequadamente no consumo de líquidos. Os sintomas manifestados são o aumento da pulsação e da temperatura do corpo;

— *prostração térmica pelo decréscimo do teor de sal:* ocorre pela perda excessiva de cloreto de sódio durante a sudorese, sem que haja reposição deste durante o consumo de água. Tal efeito é detectado com sintomas de fadiga, náusea, tontura, vômito e câimbra muscular.

Além destes efeitos, a sobrecarga térmica pode provocar a fadiga temporária, algumas enfermidades das glândulas sudoríparas, edemas ou inchaços das extremidades, catarata, problemas cardiovasculares, entre outros, levando à diminuição da capacidade de trabalho e expondo o trabalhador a maior condição de risco ou fator pessoal de insegurança.

Avaliação do risco

O calor associado ao conforto térmico ambiental é de difícil avaliação devido à multiplicidade de fatores ambientais e individuais que influem na sensação térmica. Esses fatores são[2]:

— *temperatura do ar:* avalia a defasagem positiva ou negativa da troca térmica por condução/convecção entre o organismo, mais especificamente a pele, e o ambiente;

— *umidade relativa do ar:* avalia a perda por evaporação. Vale salientar que, quanto maior a umidade relativa do ar, menor a perda de calor por evaporação; sabe-se que em um ambiente com 0% de umidade, o organismo pode, teoricamente, perder 600kcal/h.

— *velocidade do ar:* é relacionada com a troca térmica por condução/convecção entre o indivíduo e o meio, bem como ainda, à perda por evaporação. No primeiro caso, um aumento na velocidade do ar acelera a troca de camadas de ar próximas ao corpo, aumentando o fluxo de calor entre este e o ar. No segundo caso, o aumento da velocidade do ar facilita a perda de calor por evaporação. Devido às limitações fisiológicas, a taxa de evaporação não se eleva indefinidamente;

— *calor radiante:* na existência de fontes emissoras de radiação, o organismo ganha calor por radiação, o que contribui para um aumento de sobrecarga térmica. Porém, mesmo na inexistência de fonte de calor radiante o próprio organismo humano pode perder calor por radiação;

— *tipo de atividade:* avalia o calor produzido pelo metabolismo em função da atividade física exercida; ele é um fator relevante na quantificação da sobrecarga térmica.

Na avaliação dos cinco fatores, os quatro primeiros podem ser medidos por aparelhos e/ou instrumentos específicos, e o último pode ser estimado usando tabelas que indicam os valores relativos aos tipos de atividade executada. Pela legislação, deve ser adotada a constante na NR-15 — Anexo 3, Quadro 3[8]. Esses cinco fatores influenciam as condições de exposição ao calor, cujo resultado fornece o índice de sobrecarga térmica (IST), utilizado para avaliar as condições limitantes de exposição ao calor do trabalhador na sua atividade laboral.

Controle de risco

Existem duas formas de atuação para controle e exposição ao risco: a primeira relacionada ao ambiente; a segunda, ao pessoal envolvido.

Em geral, recomendam-se, como medidas no ambiente, as apresentadas na Tabela 10.1, as quais influem diretamente na redução dos fatores responsáveis pelo IST.

As medidas relativas ao trabalhador devem visar à minimização da sobrecarga térmica e à preservação da sua saúde, recomendando-se a

Tabela 10.1
Medidas para a redução da intensidade de calor

Medidas de controle	*Fatores alterados*	*Mecanismo de troca de calor*
• Isolamento das superfícies quentes com materiais isolantes • Insuflamento de ar no ambiente • Aumento da circulação de ar • Exaustão de vapores de água	• Temperatura • Velocidade do ar • Umidade do ar	• Condução • Convecção
• Utilização de anteparos refletores • Uso de barreiras absorvedoras de radiação infravermelha localizadas entre a fonte e o trabalhador	• Calor radiante	• Calor emitido por radiação
• Automatização de tarefas e redução do de atividade no ambiente de risco	• Metabolismo	• Perda por metabolismo

realização de exames médicos periódicos, aclimatização, ingestão de água e sal, limitação de exposição, equipamento de proteção individual (EPI) bem como educação e treinamento.

Radiações

As radiações são formas de energia emitidas que se transmitem pelo espaço como ondas ou, em alguns casos, possuem comportamento corpuscular. Quando o indivíduo é submetido a ambiente com a presença de radiação acima das condições permitidas, podem ocorrer diferentes tipos de lesão e conseqüências graves ou irreversíveis através da sua absorção no organismo humano. Esse processo de absorção pode provocar dois efeitos: ionização e excitação[2].

O efeito de ionização ocorre quando a radiação atinge um átomo dividindo-o em duas partes eletricamente carregadas, chamadas de par iônico. Esse efeito é de predominância nas radiações ionizantes.

O efeito de excitação ocorre, quando a radiação que atinge o átomo não possui energia suficiente para dividi-lo, ocorrendo apenas a excitação deste, o que provoca um aumento de energia interna. Tal efeito decorre de radiações não-ionizantes.

É importante destacar que, a partir do conhecimento do fenômeno, torna-se possível reconhecer, avaliar e propor métodos de detecção e critérios quantitativos, de modo a controlar os riscos de radiação no ambiente de trabalho.

Existem diversos grupos de radiações que podem apresentar outros efeitos com características específicas. Contudo, as radiações ionizantes e não-ionizantes, pela sua intensidade e maior ocorrência nas atividades desenvolvidas em laboratórios e serviços de saúde, são estudadas separadamente.

Radiações ionizantes

Essas radiações podem apresentar natureza corpuscular ou eletromagnética. Destacam-se, entre as primeiras, os raios alfa (α) e beta (β), bem como os nêutrons, e na segunda têm-se os raios X, gama (d) e aceleradores lineares. Os efeitos provocados no indivíduo submetido a radiações em condições inadequadas podem ocorrer de duas formas. A primeira, que produz lesões nas células germinativas, cujas alterações são transmitidas aos seus descendentes, é dita radiação de efeito hereditário. Na segunda, as lesões produzidas ocorrem exclusivamente nas células do indivíduo e não têm natureza hereditária; neste caso, é chamada de radiação de efeito somático; os efeitos podem ser divididos em agudos e subcrônicos.

Identificação do risco

As radiações ionizantes podem ocorrer por meio de fonte natural ou artificial. Na forma natural, podem-se destacar vários elementos radioativos na crosta terrestre, como o urânio-238, tório-232, carbono-14, entre outros. As radiações ionizantes artificiais são produzidas pelo homem a partir de elementos e tecnologias específicos. O objetivo desta produção é atender às necessidades das atividades profissionais que utilizam materiais e equipamentos que emitem radiação ionizante, mais especificamente em serviço de saúde que apresenta uso intensivo em algumas áreas, como o radiodiagnóstico, a radioterapia e em outras que fazem uso de equipamentos de diagnóstico e de imagens médicas em tempo real, como nos centros cirúrgicos e de terapia intensiva[6].

Na atividade de radiodiagnóstico, os riscos são aumentados pelo uso exagerado ou desnecessário de equipamentos de raios X médico e dentário no diagnóstico de pacientes, e ainda pela manutenção inadequada dos equipamentos e de treinamento precário recebido pelos operadores ou, até mesmo, a falta de treinamento, que põe em risco não somente o trabalhador mas também o paciente que pode estar recebendo radiação em quantidade ou intensidade acima do limite de tolerância permitido.

Os principais tipos de radiodiagnóstico são as radiografias convencionais, que utilizam aparelhos fixos ou portáteis, a fluoroscopia, que produz imagens em tempo real, as escopias com intensificadores de imagem, os exames odontológicos e a tomografia computadorizada.

A radioterapia faz uso de equipamentos geradores de ondas eletromagnéticas e, em alguns casos, de substâncias radioativas, cujo tratamento visa à destruição das células nocivas ao organismo humano. A fonte emissora de radiação nestas operações pode estar localizada a certa distância do indivíduo, diretamente em contato ou, ainda, ter sido introduzida no paciente por meio de pequena cirurgia. A braquiterapia, a terapia de contato, a intracavitária, a intersticial, a teleterapia, entre outras, são exemplos de radioterapia e que apresentam potencial de risco devido à utilização de fontes de radiação ionizante.

Na área de medicina nuclear, são utilizados materiais radiotivos na forma líquida ou de gás, tais como radioisótopos e radiofarmacêuticos para injeção no paciente, cuja absorção pelos órgãos leva à emissão de radiação, que pode ser detectada e localizada, além de produzir imagens destes órgãos e suas estruturas. As informações obtidas em tal processo permitem o diagnóstico de doenças. Para a minimização dos riscos da radiação, são necessários o controle da carga radioativa no paciente e, ainda, o treinamento dos trabalhadores envolvidos na manipulação de tais materiais, sua aplicação no paciente e no controle do resíduo gerado.

Avaliação do risco

Na avaliação da radiação, é importante determinar o método e a aparelhagem de medida adequados, considerando fatores, tais como o objetivo da avaliação, tipo de radiação, quem e o que serão avaliados, condições de exposição e outros aspectos inerentes à condição do ambiente e do pessoal.

Existem diferentes tipos e grupos de equipamentos, cujo princípio de funcionamento se baseia na capacidade ionizante das partículas, destacando-se, entre os grupos, os detectores de campo e os detectores pessoais. Os de campo são usados na detecção e medida das radiações ionizantes em ambiente de trabalho bem como em qualquer objeto ou roupa que tenham ficado expostos à radiação. Os detectores pessoais são de uso obrigatório por trabalhadores que realizam atividades que implicam a presença de fonte de radiação; têm a função de medir e quantificar a dose de radiação acumulada pelo indivíduo, devendo ser fixados na roupa do trabalhador junto às partes do corpo mais expostas à radiação. Alguns destes equipamentos de medidas possuem sistemas de alerta com alarmes programados para acionarem em condições específicas de riscos.

Além dos equipamentos, são necessárias a certificação e a qualificação dos profissionais pela Comissão Nacional de Energia Nuclear — CNEN, para atuarem na supervisão da aplicação das medidas de radioproteção dos serviços que envolvem fontes de radiação.

No processo de avaliação e quantificação da radiação, são utilizados parâmetros de medidas relacionados com o que se necessita quantificar. As principais unidades são definidas como:

— *Curie (Ci):* unidade de medida de uma fonte radioativa que corresponde ao número de desintegrações ocorridas em qualquer material radioativo por unidade de tempo;

— *Roentgen (R):* unidade que mede a radiação emitida pela fonte, sendo, na prática, usual quantificar a taxa de exposição que relaciona a exposição por unidade de tempo;

— *Rad:* unidade de dose absorvida, definida como a quantidade de energia absorvida por unidade de massa. A exposição de um paciente é medida em termos da dose de radiação absorvida, no caso o rad;

— *Rem:* unidade de medida da dose recebida, denominada dose equivalente, que considera o efeito biológico da radiação absorvida pelo organismo. Essa medida indica uma magnitude da lesão biológica causada pela absorção de radiação.

Para a avaliação, medida e adequação das condições seguras no ambiente de trabalho e sua consonância com a legislação vigente, recomenda-se a utilização das normas técnicas gerais de radioproteção[4], referidas pela Resolução nº 6, de 21 de dezembro de 1988, as quais se aplicam a todas as pessoas — físicas e jurídicas, públicas e privadas — exercendo atividades no campo da saúde e que envolva instalações radioativas no Brasil.

Controle do risco

A existência de riscos físicos, cuja ação nociva às atividades humanas não pode ser totalmente eliminada, fez surgir a necessidade de desenvolver planos de segurança específicos, visando ao controle deste risco, como é o caso da radioproteção. Tal conceito tem por objetivo principal assegurar que os níveis de radiações ionizantes em ambientes de trabalho sejam aceitáveis, com o mínimo de risco à saúde e bem-estar dos indivíduos expostos.

Estas diretrizes são baseadas em normas, as quais se encontram relacionadas na Tabela 10.2, sobre as diretrizes básicas para um plano de radioproteção.

Existem muitas medidas de controle que podem ser adotadas, visando à redução dos níveis de exposição ou a sua total eliminação tanto no ambiente como nos indivíduos. Alguns exemplos de medidas em atividades com a presença de fonte radioativa efetiva e usual são:

— redução do tempo de exposição à fonte geradora de radiação;

Tabela 10.2
Diretrizes básicas para um plano de radioproteção

Especificação	*Conteúdo*
CNEN-NE 3.01	Diretrizes básicas de radioproteção
CNEN-NE 3.02	Serviços de radioproteção
CNEN-NE 3.03	Certificação da qualificação e supervisores de radioproteção
CNEN-NE 3.05	Requisitos de radioproteção e segurança para os serviços de medicina nuclear
CNEN-NE 5.01	Transporte de materiais radioativos
CNEN-NE 6.02	Licenciamento de instalações radioativas
CNEN-NE 6.04	Funcionamento de serviços de radiografia industrial
CNEN-NE 6.05	Rejeitos de serviços de radioativos em instalações radioativas

Fonte: Centro de Informações Nucleares da Comissão Nacional de Energia Nuclear – CNEN[4].

— blindagem do espaço físico através de materiais que absorvem a radiação;

— aumento da distância segura com relação à fonte geradora de radiação;

— sistemas com alarmes sonoros e visuais de controle de operação, liga e desliga, automatizados que garantam a condição de segurança;

— sinalização no acesso e nas áreas que realizem atividades com a presença de radiação;

— treinamento dos trabalhadores envolvidos nestas atividades, relacionado com a operação, manipulação dos materiais radioativos bem como realização de cursos sobre normas e procedimentos de segurança, visando às suas aplicações e supervisão no ambiente e pessoal envolvido;

— utilização de EPIs;

— utilização de detectores de radiação individual e no ambiente para a avaliação dos níveis de exposição.

Radiações não-ionizantes

As radiações não-ionizantes, como já reportado, ocorrem pela excitação dos átomos do material. Na sua forma mais simples, essa radiação decorre de um campo eletromagnético vibratório. Os efeitos produzidos pela exposição acima do limite permitido podem provocar graves lesões e doenças ocupacionais. Os principais tipos dessa radiação são as radiofreqüências, ultravioleta, infravermelhos, *laser* e microondas, além das radiações na faixa do visível. É importante destacar que, com exceção da parte visível do espectro, todas as outras radiações são invisíveis.

Identificação do risco

As radiações não-ionizantes podem ser transmitidas não somente por meios materiais, como o ar, mas também através do vácuo. Neste tópico, são comentados os tipos mais usuais de radiação presentes nas atividades de laboratórios e serviços de saúde, como, as radiações infravermelha, ultravioleta e a *laser*.

— *Infravermelhas*: emitida por corpos que se encontram em temperaturas mais altas do que a do ambiente onde está localizada. É conhecida como calor radiante, e seu principal efeito no organismo humano é térmico, podendo provocar queimaduras, cataratas e até lesões na retina. Nas atividades e ambiente de serviços de saúde, é utilizada em fisioterapia e em alguns sistemas de aquecimento ambiental.

— *Ultravioleta*: ocorre numa faixa de espectro eletromagnético aproximadamente de 400nm a 10nm, e seus efeitos são característicos para várias subfaixas do espectro[2], ou seja, luz negra (400-350nm), eritemática (350-270nm), germicida (270-230nm), ozona (230-150nm) e ação sobre os sistemas moleculares (150-100nm). Destas faixas, as que apresentam maiores riscos são a eritemática e a germicida, usadas no processo de esterilização e com efeitos bactericida e germicida. Em caso de exposição excessiva, podem ocorrer queimaduras e, em algumas condições, quadro de conjuntivite.

— *Laser*: emitida exclusivamente com um único comprimento de onda, no qual a radiação é altamente concentrada com dispersão insignificante, sendo emitida em uma direção. Os equipamentos podem ser construídos para emitir a radiação dentro da faixa do infravermelho visível ou ultravioleta. Nas atividades de saúde e laboratoriais, pode ser usado em procedimentos cirúrgicos, em destruição de tumores e cauterizações, bem como em equipamentos analíticos. A radiação *laser* pode afetar os olhos e provocar queimaduras na pele mesmo a baixa potência e, mesmo em frações de segundos, uma exposição inadequada pode causar lesão grave e permanente.

Avaliação do risco

A avaliação relativa à radiação infravermelha adota o mesmo critério e metodologia empregado para a avaliação do calor, visto que seus efeitos e conseqüências são decorrentes do calor radiante. Neste caso, os limites de tolerância são os mesmos apresentados na NR-15 da Portaria nº 3.214.

No caso da radiação ultravioleta, a avaliação é feita através de equipamentos dos tipos células fotoelétrica, fotocondutiva, fotovoltaica, entre outros. Na medição, devem ser adotados cuidados específicos com a presença de materiais que possam absorver a radiação, como o ozônio ou vapor de mercúrio, ou que possam interferir na transmissão da luz ultravioleta. Os limites de tolerância recomendados não são adequadamente estabelecidos devido à complexidade da sua avaliação, mas, em geral, são adotados valores recomendados pela *American Conference of Governmental Industry Hygienists* (ACGIH)[1].

Para a radiação laser, em função do seu elevado risco e diversidade recomenda-se que tanto os equipamentos como a avaliação sejam realizados exclusivamente por especialistas.

Controle do risco

As formas de atuação de controle são similares às dos demais riscos físicos, ou seja, no ambiente e no pessoal envolvido.

Assim como na avaliação do risco, no caso da radiação infravermelha as medidas de prevenção e controle devem ser similares às adotadas para as temperaturas extremas de calor devido à semelhança dos seus efeitos.

Na radiação ultravioleta (UV), devem-se utilizar barreiras que possam eliminar a reflexão no ambiente e absorção direta pelo indivíduo. Essas barreiras podem ser construídas de materiais simples, como chapas metálicas, tecidos opacos, etc. No trabalhador, devem-se usar EPIs, que protegem contra a radiação direta sobre a superfície exposta, principalmente os olhos e a face.

Devido à rapidez com que uma exposição a laser pode provocar dano ou lesão permanente, torna-se imprescindível que as medidas de controle sejam rigorosamente cumpridas e adequadas ao tipo de *laser*. Com isso, algumas regras de segurança específicas devem ser adotadas, tais como:

— avaliar e calibrar continuamente o equipamento;
— promover o treinamento específico do operador para cada equipamento;
— proteger as tubulações dos equipamentos, geralmente de borracha ou plástico, contra a incidência de laser acidental;
— não permitir a existência de superfícies refletivas próximas ao campo do *laser* e de materiais inflamáveis, tais como cortinas, anestésicos inflamáveis e oxigênio;
— evitar olhar diretamente o feixe principal e as reflexões especulares do feixe;
— usar vácuo para remover a fumaça gerada em um campo cirúrgico;
— sinalizar o local utilizando os padrões internacionais, para identificar a existência do risco naquela área;
— para os indivíduos expostos aos feixes, fornecer óculos protetores de densidade ótica, específica para a energia envolvida.

Ruído

Trata-se de um fenômeno físico que em condição de risco pode provocar perturbações funcionais ao organismo de forma temporária ou permanente, reversível ou irreversível. As conseqüências decorrentes da exposição inadequada ao ruído são as perdas auditivas, no caso a redução temporária da acuidade auditiva, surdez permanente profissional e trauma acústico.

A redução temporária da acuidade auditiva, também conhecida como surdez temporária, ocorre em casos de exposição a níveis de ruídos variando entre 90 e 120dB, mesmo por um curto período de tempo[2]. Em geral, a condição de perda permanece temporariamente, e após algum tempo a audição retorna ao normal.

A surdez permanente, denominada surdez profissional, é caracterizada como uma doença ocupacional e decorre de exposições repetidas por longos períodos ou, ainda, de exposição a elevado nível de intensidade de ruído em curto período de tempo. A perda de audição pode ocorrer de forma progressiva e, em geral, é irreversível.

O trauma acústico é a perda repentina da acuidade auditiva pela exposição a ruído muito intenso em curto espaço de tempo, causado por explosões ou impacto sonoro similar. Neste caso, as conseqüências podem ser temporárias ou permanentes, dependendo do tipo e da extensão da lesão.

Além desses efeitos, o ruído pode provocar outras alterações no organismo, tais como afetar os sistemas nervoso central, cardiovascular e digestivo, bem como promover mudanças comportamentais, como a fadiga, a irritabilidade, o desconforto e a dificuldade de comunicação.

Identificação do risco

A natureza e a abrangência dos efeitos provocados por este agente físico são dependentes de suas características e fatores contribuintes, destacando-se:

— nível de pressão sonora ou intensidade de ruído;

— distribuição de níveis por faixa de freqüência;

— tempo de exposição;

— número de trabalhadores;

— características do local;

— tipo de ruído:

- constante (contínuos, intermitentes, flutuantes e com larga ou estreita faixa de freqüência);
- impacto (pico de pressão acústica de curta duração).

A presença deste agente em laboratórios e serviços de saúde pode ser constatada durante as operações de determinados tipos de equipamento, como centrífugas, autoclaves e exaustores, nas centrais de compressão de ar de vácuo, em unidades dotadas dos mais variados tipos de alarme sonoro.

Avaliação do risco

A avaliação do risco deve ser realizada considerando, além dos fatores mencionados no item anterior, a avaliação da exposição individual, a descrição do campo acústico, o estudo das condições de comunicação, e tendo como objetivo fornecer subsídio para a elaboração de métodos de controle e técnicas estruturados para a avaliação contínua destes.

Os níveis de ruídos são determinados por equipamentos medidores do nível de pressão sonora (NPS) ou nível sonoro (NS), denominados na prática, embora incorretamente, de "decibelímetros", analisador por faixas de freqüência, medidor de ruído de impacto, dosímetro de bolso, entre outros[2]. Essas medidas devem ser efetuadas tanto na fonte direta de ruído como na refletida.

Os níveis máximos aceitáveis, denominados de limite de tolerância são regulamentados pela NR-15 da Portaria nº 3.214, que considera a intensidade de ruído e o tempo que o trabalhador pode ficar exposto, sem que isso resulte em efeito adverso à sua saúde.

Controle do risco

Em virtude de a natureza da lesão provocada pela exposição em condições inadequadas ser geralmente irreversível, verifica-se a necessidade de adoção de medidas no ambiente de trabalho e no pessoal envolvido.

Controle no ambiente: pode ser feito na origem ou na via de transmissão. O primeiro caso corresponde ao método mais indicado, sendo possível realizar o controle no projeto de instalações de trabalho ou na aquisição de materiais. Nesta fase, existe maior oportunidade de as medidas serem técnica e economicamente viáveis[2]. No segundo caso, é recomendado o uso de barreiras de som de dois tipos: absorvente e refletiva. As absorventes são utilizadas como revestimento interno e têm como função reduzir o som refletido. As refletivas impedem a passagem do som. Vale salientar que não existe barreira totalmente eficiente, podendo a capacidade desta, ser medida tecnicamente, e sendo dependente do tipo de material, freqüências que compõem o som, além da intensidade de energia acústica transmitida e incidente.

Controle no pessoal: medida adotada quando não é possível utilizar medidas de controle de som no ambiente, por não existirem recursos técnicos disponíveis ou por serem economicamente inviáveis. Neste caso, recomendam-se a redução do tempo de exposição do indivíduo no ambiente, em conformidade com a legislação, a utilização de EPI e, ainda, a realização periódica de exames médicos específicos, de modo a prevenir o desenvolvimento de doença ocupacional relativa a esse risco.

Plano de Ação de Emergência — PAE

Aspectos gerais

Grande parte dos equipamentos e sistemas utilizados em laboratórios e serviços de saúde requer energia elétrica e água para seu perfeito funcionamento e operacionalização. A utilização correta e o gerenciamento destes dois recursos tornam-se essenciais à garantia de serviços com qualidade e segurança, visto que a falta deles acarreta distúrbios que podem ocasionar desde danos a equipamentos, em geral, de alto custo de aquisição e manutenção, a fatalidades decorrentes de motivos variados.

Os danos pela falta dos referidos recursos podem ser identificados através de um estudo de avaliação de riscos, incluindo métodos, como a análise preliminar de riscos (APR)[5] e a análise de perigo e operacionabilidade (Hazop)[9], cujos resultados levam às recomendações e medidas preventivas com orientações e requisitos organizados em um plano de gerenciamento de riscos com o principal objetivo de evitar acidentes. Este plano inclui a elaboração e adoção de planos de ação de emergência (PAE) em que são definidas, com base no estudo da avaliação dos riscos e na legislação vigente, as principais diretrizes que permitem orientar os usuários e demais envolvidos com relação aos procedimentos básicos e emergenciais indicados em situações de risco[3]. Dessa forma, alguns aspectos essenciais — tais como a descrição técnica e operacional das instalações envolvidas, os principais cenários acidentais conseqüentes, a área de abrangência do plano e a estrutura organizacional da instalação, com suas respectivas responsabilidades pelo plano — devem ser bem estabelecidos e documentados. Com base nestas informações, um fluxograma de acionamento, os procedimentos em resposta às ações emergenciais (combate a incêndio, evacuação, controle de vazamentos, etc.) bem como a disposição dos recursos materiais e humanos podem ser definidos.

Devido ao seu caráter de orientação e preventivo, o plano de ação de emergência deve ser divulgado e disponível a todos os usuários, e o responsável pela sua manutenção, atualização e aplicação deve garantir o treinamento e o acesso dos envolvidos às recomendações nele contidas.

A definição do responsável pelo PAE é diretamente relacionada com a existência de um organograma de cargos e atribuições bem-definidos, compostos por elementos da própria instituição, no qual devem constar as principais responsabilidades de cada setor e cada nível hierárquico com relação ao plano. Neste organograma, devem ser apresentados os nomes e o principal meio de contato, bem como os substitutos do responsável direto pelo PAE em ordem hierárquica, cujas funções permitam responder pelo plano na ausência do primeiro. A Fig. 10.1 apresenta um exemplo típico de organograma.

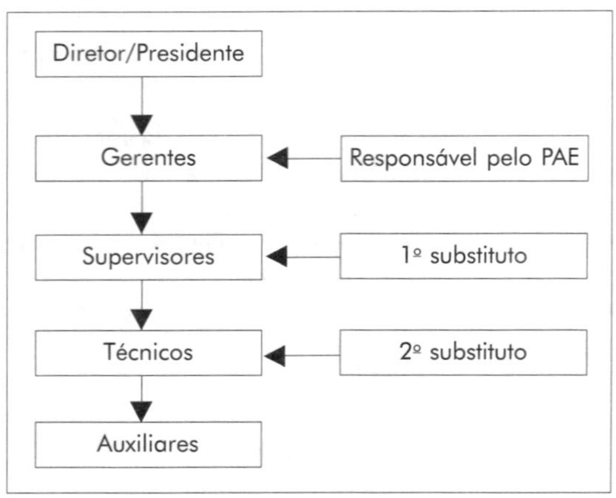

Fig. 10.1 — *Organograma típico de plano de ação de emergência.*

Os riscos físicos identificados em decorrência da falta de água e de energia elétrica em laboratórios e serviços de saúde são:

— calor: pela falta de ventilação e refrigeração dos ambientes; superaquecimento dos equipamentos com possibilidade de incêndio;

— umidade: geração de vapores e gases como conseqüência do superaquecimento dos equipamentos e instalações;

— sobrepressão: por explosão devido ao superaquecimento dos equipamentos.

Com base nestes cenários acidentais, são definidas instruções de emergência que atendam aos principais itens de um plano de ação de emergência.

Plano de ação de emergência para a falta de água

1. Definir e descrever, técnica e operacionalmente, os sistemas e equipamentos dependentes do fornecimento de água.
2. Identificar os principais cenários acidentais resultantes da falta de fornecimento de água em cada um dos sistemas abordados.
3. Acionar o coordenador do PAE.
4. Comunicar a anomalia aos demais indivíduos envolvidos nas instalações bem como aos responsáveis pela manutenção e garantia do fornecimento de água.
5. Realizar o procedimento de evacuação e acionamento da brigada de incêndio e demais órgãos externos competentes em caso de acidentes mais graves.
6. Investigar as causas do não fornecimento de água e dos acidentes decorrentes da sua falta.
7. Acionar os serviços de emergência (ambulância, defesa civil, etc.), se houver vítimas.
8. Acionar o programa de manutenção corretiva.
9. Estabelecer programas de manutenção preventiva.
10. Definir o consumo médio através de instrumentos medidores de vazão, tais como rotâmetros. Recomenda-se o uso de rotâmetros individuais.
11. Definir uma previsão de consumo para as situações de emergência.
12. Determinar a política de abastecimento de água com diretrizes para as situações de interrupção de fornecimento envolvendo a identificação das prioridades de consumo e a viabilidade das fontes alternativas de abastecimento.
13. Estabelecer campanhas para o uso consciente da água.
14. Estabelecer programas de divulgação do plano de ação de emergência e treinamento dos usuários frente às situações de interrupção de fornecimento.
15. Divulgar o plano às outras instituições similares e no entorno da instalação.

Plano de ação de emergência para a falta de energia elétrica

1. Identificar os sistemas dependentes de energia elétrica.
2. Identificar e mapear os setores prioritários de energia elétrica.
3. Identificar os principais cenários acidentais resultantes da falta de fornecimento de energia elétrica em cada um dos sistemas abordados.
4. Acionar o coordenador do PAE.
5. Comunicar a anomalia aos demais indivíduos envolvidos nas instalações bem como aos responsáveis pela manutenção e garantia do fornecimento de água.
6. Realizar o procedimento de evacuação e acionamento da brigada de incêndio e demais órgãos externos competentes em caso de acidentes mais graves.
7. Investigar as causas do não fornecimento de energia e dos acidentes decorrentes da sua falta.
8. Acionar os serviços de emergência (ambulância, defesa civil, etc.), se houver vítimas.

9. Investigar as causas da ausência do fornecimento de energia elétrica:
   - informar imediatamente o fornecedor principal da ausência de energia elétrica e solicitar informações a respeito da normalização do serviço;
   - comunicar ao serviço de manutenção corretiva.
10. Acionar as instituições conveniadas que permitam a continuidade das atividades em casos em que a falha não puder ser solucionada imediatamente.
11. Estabelecer programas de manutenção preventiva.
12. Definir um fluxograma de acionamento do PAE.
13. Estabelecer fontes alternativas para o suprimento de energia elétrica com grande autonomia de fornecimento.
14. Garantir o fornecimento automático de energia elétrica através de fontes alternativas de geração.
15. Instalar dispositivos de sinalização especiais para o fornecimento de energia elétrica auxiliar independentes do sistema de fornecimento principal.

Entre os cenários acidentais identificados, o superaquecimento dos equipamentos e instalações dos laboratórios e serviços de saúde é o principal cenário com potencial de ocasionar incêndio com prováveis danos materiais e vítimas. Com base nisso, uma das principais exigências estabelecidas legalmente pelo município e pelo estado para a implantação de laboratórios e serviços de saúde é a elaboração de um plano eficiente e seguro de combate ao incêndio com instruções de evacuação, instruções emergenciais e corretivas, listas de acionamento dos órgãos competentes externos bem como dos hospitais e prontos-socorros próximos. Este plano baseia-se nas disposições legais presentes na Portaria nº 3.214/78 e nas elaboradas pelo corpo de bombeiros municipal bem como por profissionais qualificados para as atividades nesta área específica de segurança no trabalho.

Referências bibliográficas

1. American Conference of Governmental Industry Hygienists. ACGIH, 1968.
2. Astete MW, Giampaoli E e Zidan LN. Riscos físicos. São Paulo: FUNDACENTRO, 1987. 112 p.
3. CETESB. Termo de referência para elaboração de estudos de análise de riscos. Parte II, São Paulo, 1999.
4. Comissão Nacional de Energia Nuclear — CNEN — Normas técnicas gerais de radioproteção. Centro de Informações Nucleares, Rio de Janeiro: 1978.
5. De Cicco F e Fantazzini ML. Introdução a engenharia de sistemas. 3ª ed., São Paulo: FUNDACENTRO, 1985:113 p.
6. Medical Accelerator Safety Considerations: Report of AAPM Radiation Therapy Commitee Task Group nº 35. Medical physics, 20(4); jul./aug., 1993.
7. Ministério da Saúde (MS). Segurança no ambiente hospitalar — Departamento de Normas Técnicas, Brasília: 1995, 196 p.
8. Normas Regulamentadoras. Portaria nº 3.214, Ministério do Trabalho e Emprego. Disponível em <URL: http://www.tem.gov.br/Temas/SegSau/Lesgilacao/Normas/default.asp/>. [março de 2002].
9. The Center for Chemical Process Safety. Guidelines for hazard evaluation procedures. New York: AIChE, 1985.

Capítulo 11

Aspectos Ergonômicos em Laboratórios e Serviços de Saúde

Ana Isabel Bruzzi Bezerra Paraguay

Introdução

Uma das características centrais de nosso tempo é a rapidez com que ocorrem as transformações na área das ciências da vida, em especial nas biotecnologias. Do ponto de vista da biossegurança, há numerosas implicações da aplicação das biotecnologias — sejam estas tecnologias em uso, atualmente projetadas ou ainda por aparecer. Neste contexto, são evidentemente necessários tanto a legislação pertinente[12,17,46] como as normas[19,24,33,34,43] e dados ou argumentos estritamente técnicos[1,3,38,45], para avaliar uma dada biotecnologia e seus impactos.

No Brasil, a lei de biossegurança data de 1995 e a legislação de biossegurança engloba apenas a tecnologia de engenharia genética — que é a tecnologia do DNA ou RNA recombinante — estabelecendo os requisitos para o manejo de organismos geneticamente modificados/OGMs, para permitir o desenvolvimento sustentado da biotecnologia moderna. O fundamento básico da biossegurança é assegurar o avanço dos processos tecnológicos e proteger a saúde humana, animal e o meio ambiente[17].

Mas os requisitos legais e normativos, embora necessários, ainda não são suficientes. Além destes, por exemplo, a constituição, o funcionamento — e, principalmente, o reconhecimento — de comissões nacionais como a de biossegurança em saúde e a de bioética, além da de biossegurança, devem ser considerados como outro aspecto fundamental no contexto das biotecnologias e, portanto, da biossegurança. A missão destas comissões e de iniciativas similares é a de subsidiar diversos interlocutores (governo, sociedade civil organizada), a partir de diferentes pontos de vista, para o debate sobre as perspectivas que as novas tecnologias podem trazer à vida das pessoas[4]. Esse tipo de informação e debate pode desenvolver uma postura menos de ufanismo e mais de precaução com relação aos riscos próprios e freqüentemente desconhecidos ou menosprezados das novas (bio)tecnologias, no tocante:

a) às relações das biotecnologias com as demandas sociais e seus impactos culturais, que subsidiam hoje os debates relativos às questões que envolvem os temas da biotecnologia e biodiversidade, ética, riscos, desenvolvimento sustentável, sociedade, impacto cultural e cultura científica;

b) às dificuldades típicas de previsão dos efeitos colaterais e de identificação do desenvolvimento com riscos a tempo de alertar sobre eles[30].

Como pressuposto para a discussão da temática biossegurança, reafirmamos aqui, portanto, o panorama das estreitas relações da biossegurança com a bioética, seja em pesquisa em seres humanos, saúde pública, reprodução, aborto, eutanásia, direitos humanos, erro médico, confiabilidade e privacidade[16,37,44]. Além destes, é claro, consideramos os aspectos já reconhecidos como legalmente relacionados com a biossegurança em termos da ética das manipulações genéticas e os aspectos que contemplam a construção, cultivo, manipulação, uso, transporte, armazenamento, comercialização, consumo, liberação e descarte relacionados com os organismos geneticamente modificados (OGMs), investigação de acidentes e de enfermidades verificados no curso dos projetos e das atividades na área de engenharia genética, bem como a fiscalização e monitoramento desses projetos e atividades, sejam de ensino, pesquisa ou desenvolvimento[17].

Por outro lado, este texto, embora centrado em aspectos específicos da biossegurança em saúde com relação à ergonomia, não pretende nem poderia reduzir tal complexa temática exclusivamente aos perigos de transmissão das doenças infecto-contagiosas (em consultórios, laboratórios ou serviços de saúde), a técnicas operatórias visando ao reconhecimento, avaliação e controle de riscos, ou, ainda, aos dispositivos de biossegurança ou aos parâmetros ocupacionais seguros, por mais desejáveis e obrigatórios que sejam!

Quais as possíveis contribuições da ergonomia à biossegurança em saúde?

O que nos propomos, então, a abordar neste texto?

Em primeiro lugar, enfatizamos que, mesmo havendo conhecimento científico acumulado há mais de 30 anos sobre o assunto (por exemplo, a implantação da OSHA — *Occupational Safety and Health Administration*, nos EUA, em 1972), é reconhecido que os laboratórios e serviços de saúde em geral:

a) não são intrinsecamente locais de trabalho seguros e o pessoal que neles trabalha pode-se defrontar com doenças, acidentes e até a morte — por incêndio, explosão, asfixia, envenenamento, infecção e/ou radiação, além dos riscos de quedas, queimaduras, cortes e queda de objetos[6], riscos à própria integridade física ou de dimensão pública, pois determinados impactos são de alcance coletivo;

b) possuem processos, práticas e exposição potencial a riscos que diferem substancialmente dos encontrados em ambientes industriais, o que gera dúvidas e questões complexas. Em outras palavras, os laboratórios e serviços de saúde representam um ambiente laboral único no qual os trabalhadores têm exposições de curta duração e freqüentemente abaixo dos limites aceitos para uma muito mais ampla variedade de agentes — por exemplo, químicos — do que os trabalhadores industriais[7]. Para citar somente duas categorias, apenas a avaliação da exposição ocupacional a agentes químicos e físicos em laboratórios já apresenta um desafio significativo[31]. Entre outros motivos, porque há diversas dificuldades para reconhecer e aplicar, nas mais variadas situações laboratoriais, tanto a legislação como as normas e técnicas de avaliação e controle de riscos, mesmo quando tais dados estão disponíveis e são consensuais — exemplo: para cada agente químico em separado. Os trabalhos em laboratórios e serviços de saúde configuram-se, pois, como situações de exposição múltipla, de curta duração e altamente variáveis, ainda que se conheça e enfatize a importância dos valores-limite de tolerância e da avaliação da exposição ocupacional como ferramentas básicas para quaisquer programas de proteção aos trabalhadores[31]. Ainda assim, aparentemente não mais faltam manuais, normas e legislação sobre a saúde e segurança do trabalho em laboratórios e serviços de saúde. Mas a importância de um protocolo ou de qualquer forma de controle está justamente no fato de o usuário — além de dispor dos recursos necessários, o que inclui informação e capacitação — conhecer e seguir as recomendações técnicas[29].

Além da exposição aos agentes ambientais já citados e da reconhecida e efetiva intervenção dos higienistas industriais e outros profissionais de saúde no trabalho, há várias outras fontes, como livros-texto e manuais, tanto de saúde e segurança do trabalho como de segurança em laboratórios, que citam a ergonomia neste contexto. Em tal categoria de publicações, a ergonomia aparece mais associada:

— ao trabalho repetitivo (exemplo: com pipetas, micromanipulações, pesagens), vapores, biossegurança, uso de computador (teclado) e de microscópio;

— lista de verificação (*checklist*) relacionada com Projeto de Laboratório;

— normas técnicas internacionais referentes à ergonomia do ambiente físico: vibração, temperatura, conforto térmico, iluminamento, comunicação verbal em ambientes ruidosos, alarmes e sinalização de perigo.

Para apresentar e discutir aqui a contribuição dos conhecimentos de ergonomia para a biossegurança em saúde, com situações de trabalho tão diversas como laboratórios e serviços de saúde, optamos por começar enfatizando o que os próprios higienistas industriais e os demais profissionais de saúde e segurança do trabalho já reconhecem:

— a necessidade de avaliar a exposição ocupacional em situação e tempo real devido às mudanças que ocorrem freqüentemente nos ambientes laboratoriais — novos procedimentos, experimentos, substâncias, pessoas[31];

— a identificação de riscos pode se dar (até muito) tardiamente com relação à exposição ocupacional devido aos fatores acima citados (situação dinâmica de trabalho) e requer, portanto, de todos os envolvidos o conhecimento prévio de "como administrar adequadamente as rotinas e procedimentos cotidianos ou as mudanças de materiais que não necessitem revisão de procedimentos. A necessidade de se efetivamente tomar conta do 'gerenciamento da mudança' é um dos requisitos-chave da norma OSHA de gestão de segurança de processos — 29 CFR 1910.119"[31];

— a segurança em laboratórios começa com a educação e o treinamento dos funcionários e estudantes (há autores que dizem até que com os estudantes... ensino médio), embora, por melhores que sejam a educação e o treinamento, a segurança está igualmente ancorada no projeto do laboratório. Este é um tema menosprezado ou tratado superficialmente, e requer, obrigatoriamente, "uma comunicação direta e eficaz entre usuários de um laboratório, engenheiros de projeto, arquitetos, engenheiros civis, e profissionais de saúde e segurança do trabalho". "Este requisito [de comunicação e interação entre diversos usuários e interlocutores] também deve ser considerado à luz do contexto de qualquer novo projeto ou reforma de laboratórios, onde outros fatores igualmente importantes são a eficiência, economia, conservação de energia e flexibilidade de projeto".

O que a ergonomia tem em comum com as questões anteriormente citadas? Como área específica do conhecimento, ela tem uma definição do seu objeto e método... diretamente relacionados com os referidos temas: situação e tempo real, dinâmica do trabalho, educação e treinamento, concepção e projeto de instalações e processos.

Para melhor entender a inter-relação destes temas com a ergonomia, resumiremos a seguir algumas definições e conceitos básicos em ergonomia (Tabela 11.1).

Este quadro-resumo de conceitos e definições, que datam de 1857 a 2000, demonstra o que há de comum entre tantos autores, conceitos e definições:

— a ergonomia é um campo de conhecimento multidisciplinar integrado, aplicado (avaliação, projeto, concepção do trabalho, produtos, sistemas), focado na adequação da tarefa às características psicofisiológicas dos

Tabela 11.1
Resumo de alguns conceitos e definições de ergonomia

Data	*Citação*	*Autor*
1857	"Estudos de Ergonomia, ou Ciência do Trabalho, Baseada nas Leis Objetivas da Ciência sobre a Natureza." (Traduzido e citado por Zínchenko V, Munípov V, 1985).	Jastrzebowskiw
1949	"Ergonomia é o conjunto de conhecimentos científicos relativos ao homem e necessários para os engenheiros conceberem ferramentas, máquinas e conjuntos de trabalho que possam ser utilizados com o máximo de conforto, segurança e eficiência. Utilizam-se conhecimentos de antropometria, fisiologia, psicologia e sociologia." (Traduzido e citado por Ferreira, Maciel e Paraguay, 1993.)	Murrel KFH
1963	"A ergonomia é um campo de conhecimentos muito vasto, onde deve haver uma abordagem integrada na qual a antropometria, a fisiologia, a psicologia experimental, a higiene e a toxicologia contribuam com a tecnologia e a organização do trabalho na descrição e melhoria da realidade do trabalho." (Traduzido e citado por Ferreira, Maciel e Paraguay, 1993.)	Wisner A
1965	*"... the scientific study of the relationship between man and his working environment . In this sense the term environment is taken to cover not only the ambient environment in which he may work but also his tools and materials, his methods of work and the organization of his work, either as a an individual or within a working group. All these are related to the nature of the man himself; to his abilities, capacities and limitations."*	Murrel KFH
1980	*"... is a study of man's behaviour in relation to his work. The object of this research is man at work in relation to his spatial environment.... The most important principle of ergonomics: Fitting the task to the man. Ergonomics is interdisciplinarian: it bases its theories on physiology, psychology, anthropometry, and various aspects of engineering."*	Grandjean E
1986	"Ergonomia (De erg(o) + nom(o) + ia.) Conjunto de estudos que visam à organização metódica do trabalho em função do fim proposto e das relações entre o homem e a máquina."	Buarque de Hollanda A
1989	*"... is the study of how humans accomplish work-related tasks in the context of human-machine system operation and how behavioural and non-behavioural variables affect that accomplishment."*	Meister D
1999	*"Ergonomics produces and integrates knowledge from the human sciences to match jobs, systems products and environments to the physical and mental abilities and limitations f people. In doing so it seeks to safeguard safety, health and well-being whilst optimising efficiency and performance."*	ISO – *International Standard Organization*
2000	*"Ergonomics is the theoretical and fundamental understanding of human behaviour and performance in purposeful interacting socio-technical systems, and the application of that understanding to design of interactions in the context of real settings."*	Wilson Jr.
2000	*"Ergonomics (or human factors) is the scientific discipline concerned with the understanding of interactions among humans and other elements of a system, and the profession that applies theory, principles, data and methods to design in order to optimise human well-being and overall system performance. Ergonomists contribute to the design and evaluation of tasks, jobs, products, environments and systems in order to make them compatible with the needs, abilities and limitations of people."*	IEA – *International Ergonomics Association*

trabalhadores/usuários (e não o inverso!), para assim conseguir eficiência e desempenho dos sistemas;

— adequação (*fitting*) ou compatibilidade (*making compatible tasks, jobs, products, environments and systems with the needs, abilities and limitations of people*) são as palavras-chave em ergonomia. Para conseguir a adequação e compatibilidade do trabalho com relação ao trabalhador, é imprescindível conhecer as características das tarefas/objetos e das pessoas envolvidas (trabalhadores, usuários). Por isso, os métodos e técnicas utilizados em ergonomia priorizam as situações reais em vez dos experimentos em laboratórios, embora a fisiologia, neurofisiologia e ciências cognitivas experimentais, aplicadas ao trabalho, não tenham sido desprezadas e ainda se pesquise com métodos experimentais. Entretanto, a ênfase atual volta-se cada vez mais para as situações-ambientes de trabalho dinâmicas, complexas, muito mais dificilmente ou impossíveis de serem reproduzidas em experimentos. Isto posto, pode-se entrever melhor como a ergonomia se relaciona com a biossegurança em saúde.

Um outro esquema para abordar as situações em questão pode ser o proposto por Wilson (2000)[47] (Fig. 11.1).

Este esquema retoma, de maneira didática, a rede de interações existentes em toda situação de trabalho. Tal como proposto pelo autor, cada uma destas redes de interações pode ser tratada como um elemento componente do sistema de trabalho. Entretanto, é sempre útil lembrar que na situação real tais interações podem acontecer simultaneamente ou ainda estarem conectada por seqüências ou resultados de ações, mesmo se distantes entre si no tempo ou no espaço.

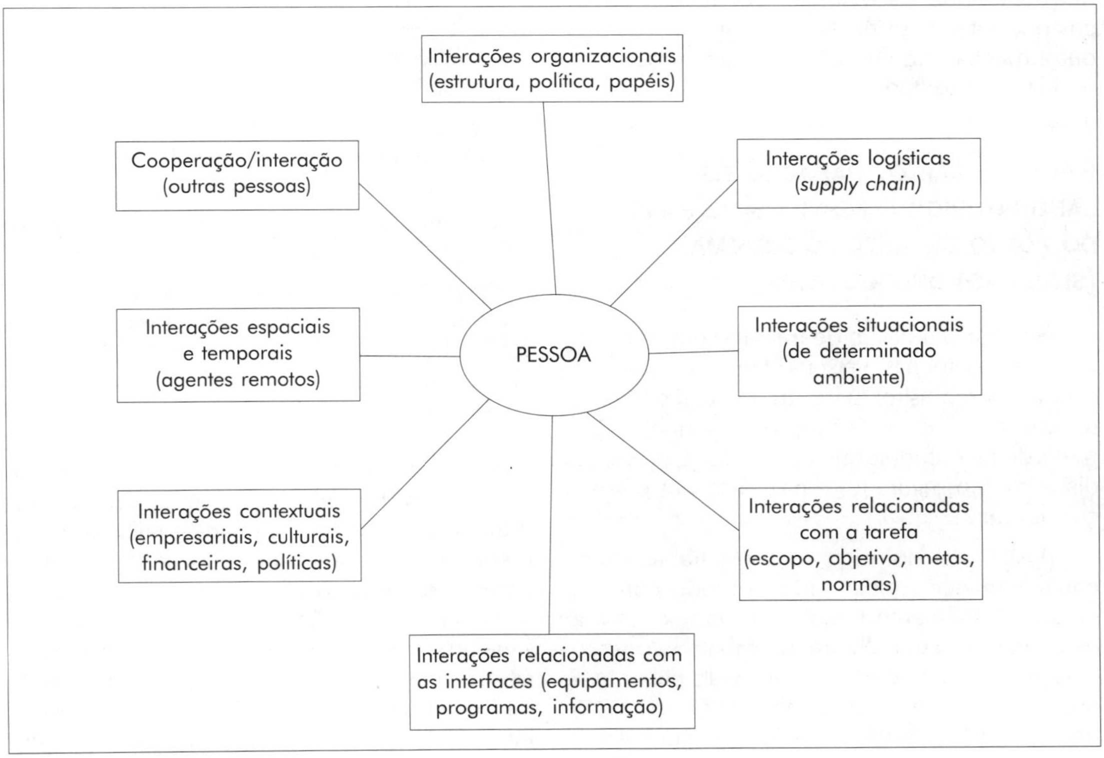

Fig. 11.1 — *Modelo de sistemas interativos em ergonomia.*

O que este esquema pode ter a ver com as situações de trabalho em laboratórios e serviços de saúde bem como com a temática da biossegurança em saúde? Tal representação gráfica do conceito de sistema permite identificar os planos de interação em que se podem reconhecer os problemas e dificuldades relacionados com os critérios de segurança e qualidade. A Fig. 11.1 é um modelo simplificado dos sistemas de interação, e tal representação gráfica facilita a compreensão sobre a complexidade e dinamismo de uma situação real de trabalho, bem como a não nos contentarmos com uma lista de verificação dos aspectos ambientais — mais ou menos controláveis — ou dos supostos "fatores ergonômicos", como o conforto a ser proporcionado por cadeiras, mesas, iluminação...[27].

A ergonomia preocupa-se com as situações reais e complexas de trabalho, e os ambientes dos laboratórios e serviços de saúde, como antes descritos neste texto por outros profissionais de saúde no trabalho, não-ergonomistas, são situações complexas, dinâmicas, com fatores e riscos que interagem entre si. A Fig. 11.1 é uma outra maneira de ilustrar as definições de ergonomia aqui adotadas.

Para pensar o trabalho em laboratórios e serviços de saúde do ponto de vista do sistema (situação) de trabalho

Analisar a situação de trabalho em seu conjunto, e não apenas em seus elementos isolados, é um dos requisitos para utilizar os conceitos, termos, métodos e técnicas da ergonomia. É a partir de tal enfoque que este texto se propõe a discutir a biossegurança em laboratórios e serviços de saúde.

A AET — análise ergonômica do trabalho tem como conceito fundamental o modo como o operador realmente trabalha. Utiliza-se, assim, do conceito de trabalho real e trabalho prescrito — e neste texto como desenvolvido pela ergonomia de origem francofônica. Para estudar o trabalho real e o prescrito, a AET fundamenta-se no seguinte:

a) na análise da tarefa: tanto da tarefa prescrita, ou seja, das prescrições (descrição e perfil dos cargos e funções, normas, regulamentos, procedimentos, rotinas, documentação, manuais), como da própria descrição que se fazem os trabalhadores daquilo que devem fazer: a tarefa real;
b) a análise da tarefa somente pode ser completa com a análise da atividade em situações reais de trabalho[20, 21].

Mesmo em se tratando de não especialistas em ergonomia, alguns dados podem ser coletados para uma análise preliminar da situação de trabalho, que é o que propomos.

Os dados necessários para tal análise inicial já foram explicitados em referências bibliográficas anteriores neste capítulo, mas citaremos aqui, a título de sugestão, alguns textos que podem servir de roteiro para os interessados em desenvolver uma análise geral e preliminar sobre as situações de trabalho:

— investigando a relação entre a saúde e trabalho;
— análise dos fatores econômicos, técnicos e organizacionais[20];
— identificação inicial dos principais problemas ou inadequações de ambiências, tarefa, meios e/ou materiais de trabalho (sistema de trabalho): técnicas e medidas em ergonomia[20] e lista de verificação e observação.

A partir da coleta e análise dos dados anteriormente citados — de uma empresa, setor e/ou seção de trabalho —, é que se pode ter mais clareza sobre os temas prioritários em saúde no trabalho e em biossegurança em saúde, e, com base na identificação destes, partir para uma análise mais aprofundada. Como? Primeiramente, é necessário lembrar que, embora possam ser muito diversificados, não parece faltar conhecimento básico sobre os processos e riscos dos laboratórios e serviços de saúde tradicionais. Assim, a continuação da análise geral, aqui sugerida, seria uma análise de situações de trabalho específicas, que envolveria a descrição e análise de dados próprios de cada situação em questão, iniciando-se pela literatura científica de referência no assunto.

Deste modo, a título ilustrativo, e adotando tal roteiro, efetuamos um levantamento parcial na Biblioteca da Faculdade de Saúde Pública da USP (www.bibcir.fsp.usp.br) e nos bancos de dados *online* nela disponibilizados. Tal bibliografia complementar está listada no item *Para saber mais...* no final deste capítulo como literatura de apoio aos interessados e para ilustrar um dos recursos conhecidos, que é o acesso e levantamento bibliográfico *online* em bibliotecas de universidades públicas. Recomendamos, também, a Biblioteca Virtual em Saúde Pública, http://www.saudepublica.bvs.br. Em outras palavras, reiteramos aqui que o conhecimento atualizado deve subsidiar toda análise do trabalho — aliás, como em qualquer estudo sistematizado.

E para a análise do trabalho em situações de trabalho específicas, mesmo feita por não especialistas em ergonomia?

A ergonomia, como vimos antes, tem como objeto a interação das pessoas em seu sistema de trabalho e, portanto, está centrada nas condições concretas de execução das tarefas, mais do que em normatizar ou auditar modos operatórios, processos, instalações ou ambiências. Ao contrário, o método utilizado, a AET — análise do trabalho, permite justamente identificar os conflitos entre as normas e a execução do ponto de vista da situação de trabalho encarada como um sistema, portanto facilita reconhecer os impactos de uma dada situação (ou sistema) de trabalho para a saúde, segurança e desempenho — nesta ordem de importância. A maior diferença da ergonomia com relação aos estudos mais comuns de avaliação de riscos é que estes priorizam os perigos de transmissão das doenças infectocontagiosas (como em um consultório odontológico) e propõem correções das técnicas operatórias, visando ao controle, por exemplo, da infecção cruzada. Assim, neste caso[14] são freqüentemente avaliados dispositivos de biossegurança, como máscaras (faciais, retangulares e ovais), óculos e luvas comercializados. Tais materiais são geralmente avaliados com relação à resistência (à incidência de microperfurações e localização destas por horas de trabalho), eficiência, visibilidade e comodidade. Do ponto de vista de uma auditoria, que com certeza tem seu merecido lugar, todos os dispositivos testados podem ser aprovados e considerados eficientes. Mas tal avaliação fora da atividade real tem suas limitações. Conforto, comodidade, por exemplo, não podem ser avaliados sem a dimensão tempo ou duração de uso, e das atividades específicas envolvidas. Há freqüentemente materiais e métodos testados e aprovados cujas instruções de uso inexistem ou são pouco claras, que não são utilizados como previsto ou ainda que conflitam entre si em determinadas situações. Se um estudo desconhece o cotidiano do uso, pode até aprovar materiais testados em condições artificiais ou "ideais" de uso, distantes do cotidiano dos trabalhadores, usuários. Nestes casos, pode-se acreditar que com tais materiais os riscos estejam controlados. Mas é justamente no cotidiano de trabalho que os riscos reaparecem ou são redescobertos...!

Diretrizes e Parâmetros Ergonômicos para os Laboratórios e Serviços de Saúde com Foco em Biossegurança

Como parte das diretrizes da ergonomia recomenda-se aprofundar a avaliação geral inicial das situações de trabalho (ambiências, espaços, *layouts*, processos, métodos e materiais, organização do trabalho, qualificação de pessoal) a partir da AET — análise da tarefa e atividade em situação real. Para tanto, repetimos, é necessário ter conhecimento aprofundado, atualizado, das atividades próprias ou administradas pelo serviço a ser estudado. Não basta considerar as atividades mais "visíveis" ou, ainda, tidas como "nobres", mas devem-se incluir todas as atividades na esfera da prestação de serviços, sejam estes próprios ou terceirizados.

A título meramente ilustrativo, pode-se utilizar a listagem de atribuições e ações em saúde como roteiro inicial para identificar, descrever, observar e analisar as características das tarefas, problemas e obstáculos conhecidos, para atender às normas e legislação pertinentes, os riscos e os demais indicadores em biossegurança em saúde. Como sugestão, pode-se completar tal mapeamento com o levantamento e análise dos incidentes e acidentes (e doenças) mais graves e/ou mais freqüentes relacionados com o trabalho.

A AET — análise ergonômica do trabalho se faz a partir da análise da tarefa e da atividade, e, neste contexto, devem ser consideradas todas as atribuições e ações de saúde de um serviço, tais como:

a) *ações básicas de saúde:* imunizações; primeiro atendimento; controle de doenças transmissíveis; visita domiciliar; coleta de material para exames; fiscalização e controle da qualidade dos produtos, serviços e do meio ambiente; campanhas educativas, etc.;

b) *atendimento eletivo de assistência à saúde em regime ambulatorial:* recepção, registro e marcação de consultas; procedimentos de enfermagem; consultas médicas, odontológicas, psicológicas, de assistência social, nutrição, fisioterapia, terapia ocupacional, fonoaudiologia, enfermagem; recepção, transferência, preparo de pacientes e realização de exames, anestesias e cirurgia ambulatoriais; apoio diagnóstico;

c) *atendimento imediato de assistência à saúde com e sem risco de vida:* triagem dos atendimentos; assistência social ao paciente e/ou acompanhante; higienização do paciente; procedimentos de enfermagem; atendimento e procedimentos de urgência; apoio diagnóstico e terapêutico de urgência; observação do paciente;

d) *atendimento de assistência à saúde em regime de internação:* primeiro atendimento, atendimento social ao paciente e/ou acompanhante, higienização do paciente; procedimentos e registros médicos, de enfermagem, de nutrição; apoio terapêutico cirúrgico; apoio diagnóstico laboratorial e de imagens; atendimentos e procedimentos de emergência; terapia, manutenção do paciente em observação; assistência psicológica e social; atividades de apoio terapêutico de reabilitação fisioterápica, recreação infantil, terapia ocupacional, assistência pedagógica infantil;

e) *atendimento e apoio ao diagnóstico e terapia:* atividades de patologia clínica e imagenologia, que envolvem, principalmente; recepção; assepsia pessoal; exames, intervenções e/ou consultas do paciente; receber ou proceder à coleta ou triagem de material; análise e procedimentos laboratoriais de agentes, substâncias e materiais; lavagem e preparo de materiais, desinfecção de material a ser descartado, pré-descarte ou descarte de resíduos dos serviços de saúde; procedimentos anestésicos, pré e pós-anestésicos; no caso da anatomia patológica, tratar de cadáveres; preparar peças, biópsias ou necrópsias; exames de materiais; preparar e manter documentação científica (fotos, peças de anatomia, lâminas); zelar pela proteção dos operadores; e, em medicina nuclear, proceder a toda uma série de manipulações de radioisótopos que requerem treinamento, equipamentos e monitoramento específicos;

f) *prestação de serviços de apoio técnico de:*

— *alimentação e nutrição* dos pacientes, funcionários e público em geral, que envolvem alimentos, utensílios, aparelhos; preparo e distribuição dos alimentos, dietas e fórmulas, condições e locais de refeição;

— *assistência farmacêutica:* requisitar, recepcionar, inspecionar, armazenar, controlar, distribuir, dispensar, manipular, preparar e/ou conservar os produtos farmacêuticos, medicamentos; realizar controle de qualidade; prestar informações sobre os produtos farmacêuticos;

— *esterilização de material* médico, de enfermagem, cirúrgico e roupas: recepcionar, desinfetar, separar, preparar e lavar ou esterilizar materiais com métodos específicos; efetuar controle microbiológico e de validade, armazenar, distribuir materiais esterilizados; zelar pela proteção e segurança dos operadores.

A partir de um mapeamento geral das atribuições e ações do serviço a ser estudado, pode-se iniciar a análise da tarefa e da atividade. Em qual setor ou tipo de atividade? Pode-se começar tanto por um ou mais setores específicos, como por situações consideradas prioritárias. De qualquer modo, para não-especialistas em ergonomia, independente do setor priorizado, sugere-se iniciar a AET com foco em três categorias de situações:

— do *cotidiano* com ou sem registros de incidentes ou acidentes;

— de *aprendizagem* de novas técnicas, métodos e processos;

— consideradas *atípicas*: de incidentes, acidentes e potencialmente perigosas (exemplo: introdução de novos materiais; reformas; mudanças de processo, pessoal ou clientela).

Esta fase da AET deve ser feita tanto com dados indiretos como com dados indiretos. Os dados indiretos são as informações pertinentes ao tipo de trabalho a ser estudado, que vão da legislação, normas e manuais técnicos especializados à descrição de funções; relatórios e documentos em geral — incluindo programas, procedimentos e rotinas, registro de incidentes ou acidentes, atas de reuniões de comissões (CIPA, qualidade, compras, biossegurança), riscos e queixas existentes, de saúde e segurança do trabalho, por parte dos trabalhadores, etc.

Os dados diretos são aqueles:

— coletados a partir de entrevistas e da observação da atividade em situação real de trabalho (sugestão: lista de verificação de Grandjean, 1995, e/ou método de AET de Rohmert e Landau, 1983), dados estes sistematizados para serem:

— consolidados com os trabalhadores e, preferencialmente, também com a supervisão e corpo gerencial. As técnicas para tal consolidação de dados podem variar de entrevistas coletivas, grupos focais, à pesquisa-ação, mas todas têm pressupostos éticos, metodológicos e operacionais que precisam estar claros para quem as utiliza. Além disso, os métodos citados têm em comum o reconhecimento implícito da relevância em "compreender os fatores críticos e determinantes da atividade" humana em determinado contexto.

Por que tanta ênfase em dados qualitativos de entrevista e de observação? Porque, em ergonomia, "a análise da atividade permite construir uma objetividade com relação à própria situação de trabalho, sua análise e as propostas de modificação"[21]. A construção de tal objetividade é, portanto, a construção de uma representação coletiva sobre as situações de trabalho, suas determinantes, prioridades e propostas de mudanças. Estes três aspectos são peças-chave para a implementação de qualquer melhoria: definição do problema, prioridades, propostas. Além disso, adotar tal filosofia de trabalho, além de ser uma posição ética, é também uma postura pragmática, como têm evidenciado os estudos e pesquisas em ergonomia:

— ao escutar e valorizar as percepções e opiniões dos trabalhadores, operacionaliza-se uma antecipação de riscos que, por sua complexidade ou caráter recente, às vezes ainda não foram oficialmente reconhecidos nem pela legislação nem pela literatura de referência;

— ao identificar as queixas de saúde, desconforto ou mal-estar, podem-se mais rapidamente mapear os problemas de saúde em seu estágio inicial e em sua relação com as condições e organização do trabalho;

— ao incluir a percepção dos trabalhadores, trabalha-se com o conhecimento tácito, implícito, muito mais dificilmente formalizado, o que tem valor inegável na identificação de riscos e problemas operacionais. Estes são muito mais dificilmente identificados por métodos e técnicas... que buscam apenas atestar a conformidade.

Recomendações Ergonômicas Específicas para Laboratórios e Serviços de Saúde

Recomendações específicas somente poderão ser elaboradas, se adequadas às tarefas, trabalhadores e população usuária de cada serviço. Neste sentido, serão tão mais adequadas, se fundamentadas em métodos e técnicas, como a AET.

Como não podemos tratar aqui de todas as situações típicas dos laboratórios e serviços de saúde, para exemplificar elencamos características gerais das situações de trabalho que podem ter impacto prejudicial sobre a saúde, bem-estar, conforto. Com isso, esperamos que as respectivas recomendações ergonômicas sejam identificadas:

— *Espaços de trabalho:* a disposição, a configuração dos postos de trabalho pode dificultar ou facilitar as comunicações, interações, movimentos e posturas ao longo das atividades. Os espaços de trabalham incluem o(s) prédio(s) onde se trabalha, mas também as áreas de circulação, de suporte (vestuários, copa, cozinha, banheiros, almoxarifado), de repouso, e como foram projetadas... Porque de nada adianta uma sala de repouso distante ou em outro andar, pias e torneiras em número insuficiente e/ou fora da área de trabalho ou de circulação imediata sem estreita relação com a arquitetura e serviços executados. A localização de um setor ou facilidade pode dificultar a correta utilização do recurso previsto, se significar sobrecarga de trabalho (aumento dos deslocamentos, do número ou complexidade das operações), principalmente em situações de emergência, falta de pessoal, etc. Assim, não é incomum encontrarmos espaços previstos para facilidades (repouso, vestuário, copa) que passaram a ser utilizados para outras finalidades, pois "ninguém usava"...! Embora não haja "receita ergonômica" para leiaute de posto e espaços de trabalho, um dos primeiros passos recomendados é conhecer e seguir a legislação existente e vigente sobre o assunto, para os serviços de saúde[9,10,13,15,17], a fim de aplicar e avaliar a legislação brasileira[45,46] e as normas técnicas[15,45], bem como outras, muito mais rígidas, como a legislação[22] e normas técnicas internacionais[2,18,19,26,33,35,36,43]. Um segundo passo é conhecer os serviços e requisitos para projetar ou reformar atendendo às necessidades locais. E verificar e atender o disposto na legislação e normas técnicas pertinentes pode auxiliar a diagnosticar falhas de concepção ou projeto que terão certamente repercussão futura em termos de conforto, adequação;

— *Ambiências e postos de trabalho:* são igualmente numerosos e variados, o que permite apenas indicar diretrizes e recomendações há muito existentes na literatura especializada, normas técnicas internacionais[2,26,28] e legislação brasileira[11] com ênfase nos postos informatizados (CLT/NR 17) e com repetitividade e/ou manuseio de cargas, esforços físicos[35], conforto ambiental[36];

— *Sistemas e equipamentos existentes:* os insumos e manutenção adequados[23] fazem parte de um sistema de trabalho e, se inexistentes, inadequados ou irregulares de maneira persistente, podem suscitar estratégias de compensação ("macetes") que fogem das preocupações e normas de segurança e qualidade, refletindo a degradação das condições de trabalho. As fontes de informação consultadas indicam já haver, pelo menos, a proposta na rede pública *de sistemas de gerência e manutenção de equipamentos médico-hospitalares que compõem as redes de saúde, com vistas a contribuir para uma maior resolubilidade, segurança e qualidade dos serviços de assistência à saúde prestados*[5], bem como a sistematização da coleta, tratamento e descarte de resíduos de serviços de saúde — RSS. Tanto a manutenção de equipamentos e sistemas quanto a gestão dos resíduos envolvem *as equipes técnicas de vigilância sanitária, os administradores de serviços de saúde, as autoridades municipais e demais responsáveis por programas de resíduos, de segurança de trabalho e de controle de infecção hospitalar*[40]. Assim, tornam-se mais compreensíveis duas das maiores dificuldades identificadas por estudos recentes: de um lado, a necessidade de metodologia apropriada — sendo *a caracterização destes resíduos... instrumento básico para seu gerenciamento, o qual permitirá a minimização dos riscos ocupacionais, sanitários e ambientais*[25], e, de outro, *o pouco interesse demonstrado tanto pelos responsáveis pelos serviços hospitalares quanto pela empresa terceirizada em gerenciar interna e externamente os RSS e evitar os acidentes do trabalho envolvendo funcionários que manipulam tais resíduos*[8]. Assim, se tais sistemas não existem ou são precários, torna-se muito difícil, senão impossível, implantar e cobrar normas operacionais apenas dos trabalhadores (atividade-fim), visto que o sistema como um todo funciona de maneira insatisfatória...!

— *normas, procedimentos e metas de trabalho:* em decorrência dos contextos mais amplos (governamental, empresarial, organizacional), uma recomendação ergonômica — já explicitada antes neste mesmo texto — seria mapear as questões e interações políticas, institucionais e programáticas, *antes* de enfocar e analisar as atividades operacionais, e, melhor ainda, descrevê-las e analisá-las à luz das condições institucionais mais amplas. Se não, corre-se o risco, ao pretender efetuar um estudo das condições e organização do trabalho — com ou sem ergonomia —, de apenas enfatizar que, *apesar de tais profissionais conhecerem as medidas de biossegurança recomendadas para a prevenção de acidentes com material biológico, não as têm empregado no cotidiano de sua prática. A prática relacionada com a biossegurança foi caracterizada por velhos hábitos e atos inseguros que expõem os profissionais aos riscos biológicos. Os maiores riscos foram os representados por acidentes com perfuro-cortantes, principalmente após o seu manuseio, situações estas que em sua maioria poderiam ter sido evitadas pela adoção de medidas de biossegurança*[42]. Ou ainda, apenas constatar que *grande parte dos trabalhadores de enfermagem da amostra não utiliza paramentação adequada, material de proteção e as técnicas de biossegurança recomendadas, evidenciando a necessidade de capacitação e recapacitação dos profissionais quanto a esses procedimentos*. Embora os estudos descritivos, obviamente, não tratem deste problema, apenas reduzindo-o às práticas individuais, uma possível interpretação de tais conclusões seria o uso do treinamento operacional (ou *capacitação e recapacitação dos profissionais quanto a esses procedimentos*) como única medida de intervenção nas situações de trabalho e, mais preocupante ainda, neste contexto, da tendência à responsabilização apenas dos trabalhadores pelos acidentes ocorridos ou falhas detectadas. Enfatizamos aqui, novamente, que a descrição, análise ou diagnóstico de não conformidade com a legislação, normas e procedimentos de (bio)segurança devem poder identificar, mas não se prender à *falta de treinamento específico para atuação na área, desconhecimento dos riscos ocupacionais pelos trabalhadores*[39], e sim relacionar, de maneira clara e inequívoca, tais dados, como, por exemplo, *as práticas laboratoriais de má qualidade, inexistência de um sistema de gerenciamento de resíduos, sistema de informação sobre agravos à saúde desorganizados, falta de estabelecimento de rotinas para a investigação das causas dos acidentes de trabalho, falta de um controle sobre os motivos para o absenteísmo*[39]. Assim, ainda *que a ocorrência de situações ameaçadoras tenha levado a percepção da susceptibilidade aos riscos e benefícios percebidos pelo uso do EPI, representando reforço positivo para o seu uso*[42], não tomaremos esta positiva reação de defesa como conclusão de que os EPIs são os únicos recursos de proteção, ainda mais por serem equipamentos individuais, e não *coletivos*. A diretriz por nós adotada coincide mais, entre outros, com a de estudos que reforçam vantagens e benefícios da *implantação de programa de saúde do trabalhador no âmbito dos laboratórios...*[39].

Em resumo, parecem não faltar manuais e diretrizes técnicas[32, 43], bem como conceitos gerais para o desenvolvimento de uma política específica na área de segurança hospitalar, além de orientações para os diferentes profissionais da área da saúde sobre os diversos riscos existentes em seu ambiente de trabalho, e soluções práticas para o estabelecimento de condições que facilitem a adoção das medidas de controle de risco, beneficiando os pacientes, visitantes e profissionais da área de saúde[10]. Resta equacionar o não atendimento das diretrizes existentes!

Considerações finais

Talvez em 1989 poderíamos ter concordado com Siqueira e cols.[41], de que *os procedimentos utilizados em biossegurança, tais como desinfecção, esterilização, anti-sepsia e outros, caracterizavam [naquela época]....um tema confuso e controverso, bem como mal-assistido pela legislação vigente.*

Mas, atualmente ainda se pode concordar com os mesmos autores que, em 1989, já enfatizavam que *biossegurança em laboratório [....] não é simples programa de proteção individual* [grifo nosso]... *compreende um conjunto de precauções especiais e que objetivam um amplo espectro de proteção.* Por outro lado, também como Ishak e cols. (1989), acreditamos que *o surgimento da síndrome da imunodeficiência adquirida* [serviu] *como fator de estímulo à adoção de normas eficazes de segurança laboratorial.*

Como ilustrado pelas referências bibliográficas e a literatura especializada no assunto, disponível inclusive em português, por mais diversificadas e complexas que sejam as situações de trabalho em laboratórios e serviços de saúde tradicionais (do sistema de saúde e rede privada), não nos parece faltar hoje conhecimento básico sobre seus processos e riscos específicos.

Embora admitamos ainda haver maior ou menor facilidade de acesso à literatura técnico-científica especializada, ressaltamos que as preocupações parecem estar muito mais voltadas para as dificuldades de implementar e avaliar medidas corretivas e preventivas eficazes em biossegurança em saúde e, em conseqüência, em qualidade de processos.

A ergonomia, como enfatizamos ao longo deste capítulo, tem como objeto a interação das pessoas em seu sistema de trabalho e, portanto, preocupa-se com as e ocupa-se das condições concretas de execução das tarefas, em vez de normatizar ou auditar modos operatórios — que seriam objeto de outras áreas de conhecimento. O método próprio da ergonomia, a AET — análise do trabalho —, permite justamente identificar defasagens e conflitos, por exemplo, entre a legislação e normas (prescrição) e a execução (trabalho real), do ponto de vista da situação de trabalho conceituada e tida como um sistema. Esse tipo de análise é que permite reconhecer concretamente os determinantes da ação humana e os resultados para a saúde, segurança, eficácia e desempenho. Ou seja: em ergonomia, a partir do reconhecimento e análise dos conflitos entre segurança e saúde, por exemplo, é que se podem propor melhorias que contemplem uma situação de trabalho estudada e, portanto, que sejam apropriadas a ela — e não de aplicação ampla, genérica, irrestrita. Exemplo: não usar luvas adequadas ou não seguir todos os passos de um procedimento estabelecido, pode ter explicações diferentes em situações de trabalho diversas, embora a norma possa ser única. Dentro do enfoque aqui proposto, seria altamente recomendável conhecer e tentar aplicar a norma, legislação ou procedimento, e, principalmente, conhecer os determinantes da atividade em dado contexto. Conhecer a situação real é que permitirá a compreensão da "defasagem" entre o real e o desejado, bem como a proposição de medidas, consensadas, para a melhoria das situações estudadas. Tais propostas terão muito maior eficiência e eficácia.

Um outro referencial teórico para a construção deste texto é o de pensar biossegurança em saúde com relação a outros dois eixos temáticos:

— *a política de biossegurança mais adequada a um país que chega recentemente à biotecnologia*[44];

— a gestão da qualidade e das inter-relações que deve manter *a bioética com a biossegurança*[15,44].

Um terceiro referencial teórico do texto parte dos riscos próprios aos sistemas sociotécnicos em rápida evolução ou *accelerating socio-technical systems*[30], cujos elementos-chave são:

— a imprevisibilidade dos sistemas em rápida evolução (pelo contínuo avanço técnico);

— a necessidade de adequada compreensão sobre como as novas tecnologias afetam os trabalhadores;

— os efeitos da evolução/involução dos interesses comerciais e de como estes influenciam a cultura de segurança nas organizações;

— as dificuldades de atualização legal e normativa com relação às novas tecnologias.

Acreditamos haver consenso quanto a considerar que a mudança ou inovação técnica seja muito mais rápida do que as mudanças cultural e organizacional[30]. Em contextos com agressiva competição comercial, tais pressões podem forçar gerentes, supervisores e trabalhadores a se preocuparem apenas com metas ou ganhos imediatos, e a desconsiderar os critérios de longo prazo relativos à saúde e segurança. Em tal caso, isso significa aceitar "correr riscos" mais do que "gerenciar os riscos" conhecidos.

O que se evoca, em contrapartida a tais contextos comerciais "de risco", é uma igualmente crescente opinião e pressão públicas, bem como uma capacidade de investimento em certas áreas (meio ambiente e, mais recentemente, em alimentos) que provocaram mudanças nas políticas de grandes corporações e forçam-nas a adotar estratégias de mais longo prazo[30]. Daí, a enorme importância de trazer, para qualquer público (leigo, técnico, político), a informação, o conhecimento e o debate sobre biossegurança em saúde, biotecnologias e bioética.

Referências bibliográficas

1. ACGIH. 2000 TLVS BEIs. Threshold limit values for chemical substances and physical agents and biological exposure indices. American Conference of Governmental Industrial Hygienists: Cincinnati, OH, 2000.
2. AFNOR — Association Française de Normalisation. Ergonomie. AFNOR, Paris, 1986.
3. Alaimo RJ (ed.). Handbook of chemical health and safety, American Chemical Society in partnership with Oxford University Press, 2001.
4. Almeida JLT, Valle S. Biossegurança no ano 2010: o futuro em nossas mãos?, Bioética (7): 2, 199-205, 1999.
5. Araújo OB. Sistema de manutenção de equipamentos médico-hospitalares — SISMEq Proequipo/Ministério da Saúde. Saúde & Tecnol; 1(1):3-4, 1994.
6. Bennet GF. Book review — Guidelines for Laboratory Design: Health and Safety Considerations (3rd Edition), Journal of Hazardous Materials (article in press, uncorrected proof), 2002.
7. Bigelow PL. Application of Threshold Values for chemical substances to employees in laboratories, Chemical Health and Safety: (8) 4, 16-21, 2001.
8. Bottiglieri CAM. Gerenciamento de resíduos dos serviços de saúde, riscos de acidentes de trabalho e doenças profissionais. Dissertação de Mestrado, Faculdade de Saúde Pública da USP, São Paulo, 1997.
9. BRASIL. Ministério da Saúde. Secretaria de Vigilância Sanitária. Manual básico de proteção radiológica para inspeção sanitária: rotina de fiscalização em raio X diagnóstico médico. V.1, Ministério da Saúde, Brasília, 1994.
10. BRASIL. Ministério da Saúde. Coordenação Geral de Normas. Segurança no ambiente hospitalar. Brasília, Ministério da Saúde, 1995.
11. BRASIL. Leis e decretos. Segurança e medicina do trabalho. São Paulo, Atlas. Manuais de Legislação. 16, 1997.
12. BRASIL. Ministério da Saúde. Fundação Nacional de Saúde. Resolução nº 01/88 (sobre normas de pesquisa em saúde) do Conselho Nacional de Saúde. Inf. Epidemiol. SUS, 4 (1):63-82, 1995.
13. BRASIL. Ministério da Saúde. Secretaria de Assistência à Saúde. Coordenação-Geral de Normas. Normas para projetos físicos de estabelecimentos assistenciais de saúde. Brasília, 136 p. (Série: Saúde & Tecnologia), 1994.
14. Chinellato LEM, Scheidt WA. Estudo e avaliação dos meios de biossegurança para o cirurgião-dentista e auxiliares contra doenças infecto-contagiosas no consultório odontológico. Rev. Fac. Odontol. Bauru 1(1/4): 60-66, 1993.
15. Costa MAF. Biossegurança: segurança química básica para ambientes biotecnológicos e hospitalares, São Paulo, Santos, 1996.
16. Costa SIF, Garrafa V, Oselka G. Iniciação à bioética, Brasília, CFM — Conselho Federal de Medicina, 1998.
17. CTNBio-Comissão Técnica Nacional de Biossegurança. Legislação, Brasília, CTNBio, 2000.
18. Diberardinis L. EHS best practices for project designers and managers, Chemical Health and Safety (9): 1, 15-19, 1997.
19. Diberardinis LJ, Baum JS, First M, Gatwood GT, Seth AK (eds.). Guidelines for Laboratory Design: Health and Safety Considerations (3ª. ed.), Wiley-Interscience, New York, 2001.
20. Ferreira LL, Maciel RH, Paraguay AIBB. A contribuição da ergonomia. In JTP Buschinelli, LE Rocha e RM Rigotto (orgs.) Isto é Trabalho de Gente? Vida, Doença e Trabalho no Brasil, São Paulo: Vozes, 215-231, 1993.
21. Fischer FM, Paraguay AIBB. A ergonomia como instrumento de pesquisa e melhoria das condições de trabalho in FM Fischer, JR Gomes e S Colacioppo (orgs.) Tópicos de saúde do trabalhador, São Paulo, HUCITEC, 19-71, 1989.
22. Flint J, Gil L, Verastegui J et al. Biosafety information management.2000.
23. Gewehr PM, Binseng W. Prevenção de riscos elétricos no ambiente médico-hospitalar: instalações elétricas, equipamentos eletromédicos. Rev. Bras. Saúde Ocup. 14 (54):22-30, 1986.
24. Grist NR. Manual de biossegurança para o laboratório, São Paulo, Santos, 1995.
25. Günther WMR. Gerenciamento de resíduos de serviços de saúde: a caracterização como instrumento básico para abordagem do problema. Dissertação de Mestrado. Faculdade de Saúde Pública da USP, São Paulo, 1993.
26. Hearn JR LC, Goode SL, Coble DF. OSHA laboratory standard, 29 CFR 1910.1450: implementation guide, Boca Raton, Lewis, 1991.

27. Helander MG. Seven common reasons not to implement ergonomics. Intl J. Ind. Ergon. (24): 1, 97-101, 2000.
28. ISO — International Standard Organization, ISO TC 159 SC5 — Ergonomics of the physical environment: summary of work.
29. Julien R, Diberardinis L, Herrick R, Edwards R. Strategy to assess exposure of laboratory personnel to select OSHA-regulated chemicals at MIT — Massachussetts Institute of Technology, Chemical Health and Safety (8): 4, 25-29, 2001.
30. Kirwan B. Coping with accelerating socio-technical systems, Safety Science (37): 2-3, 77-107, 2001.
31. Kretchman K. Exposure assessment in a laboratory environment. Chemical Health and Safety (9): 1, 10-14, 2001.
32. OMS — Organização Mundial de Saúde. Manual de bioseguridad en el laboratorio. 1994.
33. OPAS — Organização Pan-americana da Saúde. Centro Pan-americano de Engenharia Sanitária e Ciências do Ambiente. Divisão de Saúde e Ambiente. Guia para o manejo interno de resíduos sólidos em estabelecimentos de saúde, Brasília, Organização Pan-Americana da Saúde, 1997.
34. OSHA — Occupational Safety and Health Administration. Occupational exposure to hazardous chemicals in laboratories, Washington, Publication No. 29 CRF1910.1450. 1990.
35. OSHA 3123. US Department of Labor. Ergonomics program management guidelines for meatpacking plants (reprinted). 1993.
36. Parsons KC. Environmental ergonomics: a review of principles, methods and models, Applied Ergonomics (31): 6, 581-594, 2000.
37. Quinto-Neto A, Gastal FL. Acreditação hospitalar: proteção dos usuários, dos profissionais e das instituições de saúde, Porto Alegre, Dacasa, 1997.
38. Santos BR. AIDS/SIDA: normas de biossegurança para prevenção de transmissão do vírus da imunodeficiência humana em profissionais da área da saúde, Rev. AMRIGS 33 (2): 169-173, 1989.
39. Santos RAM. Biossegurança ocupacional: a questão da saúde dos Trabalhadores de laboratórios de patologia cínica de um Hospital Geral. Dissertação de Mestrado, Universidade Federal do Rio de Janeiro, Rio de Janeiro, 2001.
40. São Paulo [Estado]. Secretaria da Saúde. Centro de Vigilância Sanitária. Subsídios para organização de sistemas de resíduos em serviços de saúde. São Paulo, Secretaria da Saúde, 1989.
41. Siqueira LFG, Almeida RG, Lang D, Francisco W, Ottati SM, Santos Jr MFQ, Belda Jr. W, Silveira MC. Biossegurança em laboratórios de DST — parte I, Rev. Bras. Saúde Ocup. 17(65): 16-32, 1989.
42. Souza ACSE. Biossegurança e o cotidiano profissional de enfermeiros e auxiliares de enfermagem. Tese de Doutorado. Escola de Enfermagem da Universidade de São Paulo, 2001.
43. Stricoff RS, Walters DB. Handbook of laboratory health and safety, New York, John Wiley & Sons, 1995.
44. Teixeira P, Valle S. Biossegurança: uma abordagem multidisciplinar, Rio de Janeiro, FIOCRUZ, 1996.
45. USP — Universidade de São Paulo. FCF — Faculdade de Ciências Farmacêuticas. Comissão Interna de Biossegurança — CIBio. Manual de biossegurança, São Paulo, USP/ FCF/CIBio, 2000.
46. Valle S. Regulamentação da biossegurança em biotecnologia: legislação brasileira. Rio de Janeiro, FIOCRUZ, 1996.
47. Wilson JR. Fundamentals of ergonomics in theory and practice, Applied Ergonomics (31): 6, 557-576, 2000.

Para saber mais...

1. Binder MCP, Monteau M, Almeida IM. Árvore de causas: método de investigação de acidentes de trabalho. São Paulo, Publisher Brasil, 1996.
2. Brevidelli MM, Assayag RE, Turcato Jr. G. Adesão às precauções universais: uma análise do comportamento de equipe de enfermagem, Rer. bras. Enfermagem 48(3):218-32, 1995.
3. Brito LFM, Brito TRM, Buganza C. Segurança aplicada às instalações hospitalares. São Paulo, SENAC, 1998.
4. Busch OMS, Kovaliczn RA, Santi V. Lixo hospitalar: normas de manuseio. Universidade Estadual de Ponta Grossa. Departamento de Biologia. Ponta Grossa. (Cadernos Universitários, 36), 1991.
5. Candeias JAN. Laboratório de virologia: manual técnico. São Paulo: EDUSP, 1996.
6. Costa MAF et al. Biossegurança: ambientes hospitalares e odontológicos. São Paulo, Santos, 2000.
7. Costa MAF. Qualidade em biossegurança, Rio de Janeiro, Qualitymark, 2000.
8. Costa MAF et al (coord.). Gestão biotecnológica: alguns tópicos. Rio de Janeiro, Interciência, 1999.
9. Cruz, EA. Novas tecnologias em centro cirúrgico e centro de material: opinião dos enfermeiros. Rev. Baiana Enfermagem 8(1/2):102-15, 1995.
10. Dowdle W, Gary HE, Sanders R et al.. Can post-eradication laboratory containment of wild polioviruses be achieved? Bull World Health Organ, vol. 80, nº 4, 2000.
11. Dwyer T. Life and death at work: industrial accidents as a case of socially produced error. New York, Plenum Press, 1991 (Plenum studies in work and industry).
12. Esmen N, Hall T, Stone R, Marsh G, Gula M, Gause C. An Investigation of Secondary Exposure Missclassification Effects of Lifelong Occupational History in Exposure Estimation, Am. Ind. Hyg. Assoc. J. (60), 175-181, 1999.
13. Gomes RS, Gronchi CC, Costa RO, Salaroli CA. Relatório técnico de levantamento das condições ocupacionais aos raios x no setor de radiologia do Complexo Hospitalar do Mandaqui. São Paulo, FUNDACENTRO, 1994.
14. Gomes RS, Silva RG, Leonardo-Filho M. Segundo relatório técnico de visita no setor de radiologia do Hospital Irmandade da Santa Casa de Misericórdia de Santos. São Paulo, FUNDACENTRO, 1993.

15. Goodfellow H, Tahti E (eds.). Industrial ventilation design guidebook, Academic Press, 2001.
16. Greco DB, Neves MC. O profissional de saúde infectado pelo HIV — direitos e deveres. Bioética 1(1):39-47, 1993.
17. Harris R. Guideline for Collection of Industrial Hygiene Exposure Assessment Data for Epidemiologic Use, Appl. Occup. Environ. Hyg. J. (10): 9, 311-316, 1993.
18. Henry JÁ, Wiseman HM. Management of poisoning: a handbook for health care workers, Geneva, WHO — World Health Organization, 1997.
19. Ishak R, Linhares AC, Ishak MOG. Biossegurança no laboratório, Rev. Inst. Med. Trop. São Paulo, 31(2): 126-131, 1989.
20. Kulcsar-Neto F, Alves LC. Avaliação dos sistemas de ventilação local exaustora — Instituto Adolfo Lutz / Divisão de Bromatologia e Química: relatório técnico. São Paulo, FUNDACENTRO, 1993.
21. Lewis SR, Richard J. Rapid guide to hazardous chemicals in the workplace, New York, Van Nostrand Reinhold, 1994.
22. Liberman DF. Biohazards management handbook. New York, Marcel Dekker, 1995.
23. Luxon SG. Hazards in the chemical laboratory. Cambridge, Royal Society of Chemistry, 1992.
24. Martins MA. Manual de infecções hospitalares: prevenção e controle. Rio de Janeiro, MEDSI, 1993.
25. OSHA — Occupational Safety and Health Administration. General Industry Standard 29CFR1910.1000, Code of Federal Regulations, Washington, 2000.
26. Pike RM. Laboratory associated infections: summary and analysis of 3921 cases. Health Laboratory Science, 13:105-14, 1976.
27. Pinheiro ALB. Normas de segurança quando da utilização de lasers de CO_2. Rev. Bras. Med, 51 (8):1142-8, 1994.
28. Prüss A, Giroult ERIC, Rushbrook P. Safe management of wastes from health-care activities, Geneva, WHO — World Health Organization, 1999.
29. Rios AVV. Questões sobre biossegurança. Revista CEJ, agosto, 1999.
30. Sannazzaro CAC, Coelho LT, Lima VCVS, Rossin AC, Boselli IC, Sakuma T. O laboratório clínico e a eliminação de detritos perigosos e infecciosos. LAES/HAES 10 (60):60-7, 1989.
31. Santos BR. Transporte seguro de material com risco biológico. Rev. AMRIGS 35 (3): 182-3, 1991.
32. Sewell DL. Laboratory associated infections and biosafety. Clinical Microbiology Review, 8:389-405, 1995.
33. Stort JR W. Análise comparativa sobre centrifugas industriais nacionais. Hosp. Adm. Saúde, 17(4):182-5, jul.- ago., 1993.
34. Takayanagui AMM, Mendes MD, Dias L. Biossegurança, enfermagem e os resíduos de serviços de saúde, Rev. Bras. Saúde Ocup, 21(80): 23-27, 1993.
35. Tanabe S. Seringas, ampolas e código de barras: assim como no comércio, a automação pode tornar mais eficiente o controle administrativo dos hospitais. Rev. Automação Comercial, (21):37-42, 1995.
36. Tiglea P, Santos CCM. Manual de biossegurança para laboratórios de química. São Paulo, Secretaria de Estado da Saúde / CIP — Coordenadoria dos Institutos de Pesquisa /Instituto Adolfo Lutz, 1992.
37. Toledo JR ACC, Ribeiro FA, Ferreira FGF et al. Conhecimento, atitudes e comportamentos frente ao risco ocupacional de exposição ao HIV entre estudantes de Medicina da Faculdade de Medicina da Universidade Federal de Minas Gerais. Rev. Soc. Bras. Med. Trop. Vol. 32, no. 5, 1999.
38. Torres S, Lisboa TC. Limpeza e higiene, lavanderia hospitalar, São Paulo, CLR Balieiro, 1999.
39. Walters DB. Laboratory hoods: quo vadis? past, present and future, Chemical Health and Safety, (8): 2, 17-22, 2000.

Capítulo 12

Principais Doenças Infecciosas Diagnosticadas em Profissionais de Saúde

Cristiane Rapparini
Denise Mary Cardo

Introdução

A referência a riscos biológicos para determinadas profissões foi descrita desde a obra de Bernardino Ramazzini, Pai da Medicina do Trabalho, datada de 1700. Mas a preocupação especificamente relacionada com os trabalhadores da área da saúde só passou a ser discutida a partir do início do século XX. Estudos mais sistematizados foram baseados na constatação dos agravos à saúde dos profissionais que exerciam atividades em laboratórios onde se dava a manipulação de microrganismos e material clínico. Nos anos 40, diferentes autores publicaram a ocorrência de casos de infecções bacterianas e virais relacionados com o trabalho com nexos causais explícitos com a atividade em laboratórios. Em sua maioria, eram atribuídos ao procedimento de pipetar com a boca ou a acidentes envolvendo o uso de seringas e agulhas. Pouco depois, já havia a conclusão de que o conhecimento, as técnicas e os equipamentos para a prevenção da maioria destas infecções estavam disponíveis[20,21,25]. As primeiras normatizações e diretrizes sobre os aspectos de prevenção em atividades realizadas em laboratórios e em serviços de saúde se deram a partir de publicações dos *Centers for Diseases Control and Prevention* (CDC — EUA) nos anos 70[21].

As doenças profissionais constituem um importante problema de saúde pública em todo o mundo, mas historicamente os profissionais de saúde não foram considerados categoria profissional de alto risco para acidentes de trabalho. As doenças podem atingir aqueles que se inserem direta ou indiretamente na prestação de serviços de saúde. Admite-se que, nos EUA, por exemplo, ocorram aproximadamente 1.000 exposições percutâneas a material biológico por dia nos hospitais[7]. Há que considerar que o problema assume maiores proporções do que as estatísticas existentes permitem estimar, e o seu dimensionamento real tem sido dificultado por diversos fatores, como a evolução silenciosa e demorada das doenças, dificultando a percepção do nexo causal entre o trabalho e o agravo; o despreparo dos profissionais de saúde para reconhecer o trabalho como um possível agente causal para os agravos à saúde e a falta de informação dos trabalhadores sobre os riscos ocupacionais aos quais estão expostos, contribuindo para uma importante subnotificação das exposições[16]. Convém ressaltar que, no Brasil, os estudos efetuados se referem exclusivamente a programas realizados de forma individualizada em hospitais universitários e outros serviços de saúde, não existindo estimativa nacional da ocorrência de exposições e infecções ocupacionais relacionadas com atividades profissionais envolvendo material biológico.

O risco de infecções ocupacionais vai depender de vários fatores, como as atividades realizadas pelo profissional e os setores de atuação dentro dos serviços de saúde; a natureza e a freqüência das exposições; a probabilidade de a exposição envolver material infectado pelo agente infeccioso; a resposta imunológica do profissional exposto e a possibilidade de infecção após determinado tipo de exposição[1,11].

De forma geral, a transmissão dos agentes biológicos ocorre por inalação; penetração através da pele (parenteral); contato com pele e mucosas; ou ingestão (Tabela 12.1)[8,9,17,22,23]. Uma grande variedade de agentes infecciosos pode ser responsável pela contaminação de profissionais de saúde (Tabela 12.2)[8,9,22,23].

As infecções por patógenos de transmissão sangüínea estão entre os principais riscos para os profissionais de saúde. Nas infecções de curta duração, que cursam com baixos níveis do agente infeccioso na circulação sangüínea e nas quais há contenção da infecção pelo sistema imunológico, a possibilidade de contaminação do profissional acidentado durante o curto período de circulação sangüínea é improvável, e tais doenças não são normalmente de transmissão sangüínea. Outras infecções cursam com a presença contínua ou intermitente de partícula infecciosa

Tabela 12.1
Vias de transmissão das principais doenças ocupacionais infecciosas[8,9,17,22,23]

Transmissão por via respiratória	*Transmissão por via fecal-oral*	*Transmissão por via sangüíneo-parenteral*	*Transmissão por contato*
Por gotículas	*Clostridium difficile*	Arenavírus – vírus da febre Lassa	Dermatófitos — *Tinea corporis*
- Adenovírus			
- *Bordetella pertussis*	*Cryptosporidium*	HIV	Papilomavírus humano (HPV)
- Meningococo			
- Parvovírus B19	*Helicobacter pylori*	Vírus da febre hemorrágica da Criméia	Herpesvírus
- Vírus da SARG			
- Vírus da Caxumba	*Salmonella spp.*	Vírus da hepatite B	—
- Vírus da Rubéola	*Shigella spp.*	Vírus da hepatite C	—
- Vírus Influenza	Vírus da hepatite A	Vírus Ebola	—
- Vírus sincicial respiratório	Vírus Norwalk	Vírus Marburg	—
	Vírus da poliomielite	—	—
Aérea			
- *Mycobacterium tuberculosis*	—	—	—
- Vírus do Sarampo	—	—	—
- Vírus Varicela-Zoster	—	—	—

Tabela 12.2
Infecções ocupacionais e categorias/grupos profissionais[8,9,22,23]

Categorias/grupos profissionais	*Infecções*
Profissionais da área de laboratório	Brucelose Coccidioidomicose Dermatomicoses Doença meningocócica Encefalite eqüina venezuelana Febre hemorrágica por arenavírus Febre Q Febre tifóide Hepatite B Psitacose Riquetsioses Tuberculose Tularemia
Profissionais dos serviços de anatomia patológica	Antraz Doença de Creutzfeld-Jakob Estreptococia Febre Lassa Febre tifóide Hepatite B Infecção pelo HIV/AIDS Legionelose Tétano Tuberculose
Cirurgiões-dentistas	Caxumba Hepatites B e C Herpes – panarício herpético Tuberculose
Anestesiologistas	Hepatite Infecções por rinovírus
Profissionais de lavanderia	Escabiose Febre Q Hepatite A Salmonelose
Profissionais grávidas	Citomegalovirose Enteroviroses Parvovirose (parvovírus B19) Rubéola Varicela

na corrente sangüínea, oferecendo um risco contínuo de transmissão. Dessa forma, o papel das bactérias, dos fungos e dos parasitas nas doenças ocupacionais por transmissão sangüínea não é tão importante quanto os riscos associados à transmissão viral. O HIV, o vírus da hepatite B e o da hepatite C são os agentes mais importantes envolvidos nessas infecções ocupacionais. Nas infecções causadas pelos referidos vírus, é freqüente a ocorrência de longos períodos de tempo sem sinais ou sintomas clínicos que indiquem a suspeita do risco de infecção[8,9,13,15]. Embora o risco para a aquisição de hepatite B por acidente de trabalho seja conhecido desde 1949, um plano sistemático para a redução dos riscos de exposição só foi desenvolvido após o aparecimento da epidemia da síndrome de imunodeficiência adquirida (AIDS).

Entre as infecções ocupacionais de transmissão por via aérea, a tuberculose merece especial consideração. A transmissão hospitalar bem como o maior risco de infecção tuberculosa e doença ativa nos profissionais de saúde têm sido evidenciados desde o início do século passado. Estudos brasileiros recentes demonstram taxas de viragem tuberculínica anual que podem ultrapassar 10%, superiores estimada na população geral do Brasil (1%) e à de alguns países africanos (2% a 4%)[10,24].

Outras doenças infecciosas que igualmente podem ser diagnosticadas em profissionais de saúde também são de transmissão por via aérea ou, ainda, por gotículas. São classificadas como imunopreveníveis, como: influenza, varicela, coqueluche e doença meningocócica. Como regra geral, são mais amplamente contagiosas, destacando-se, além da possibilidade de exposição direta dos profissionais de saúde, o risco significativo de transmisão destas infecções para os pacientes ou, mesmo, para outros profissionais[17,22,23].

Infecções ocupacionais relacionadas a laboratórios de pesquisa envolvendo outros agentes etiológicos não fazem parte do objetivo deste capítulo.

Hepatite B

Um dos primeiros casos bem-documentados de soroconversão ocupacional com patógenos de transmissão sangüínea foi publicado em 1949 envolvendo um funcionário de banco de sangue que se contaminou com o vírus da hepatite B. Desde o início dos anos 1960, o aumento da incidência de hepatite em profissionais de saúde foi determinado, estimando-se que a taxa anual de soroconversão era superior a 60 casos para 100.000 profissionais, enquanto, na população geral, os índices eram inferiores a um terço desta taxa[19].

Nos EUA, em 1991, foi estimada a ocorrência anual de 8.700 infecções pelo vírus da hepatite B (VHB) por acidente de trabalho entre os profissionais de saúde. Levando em consideração a história natural da doença e sua provável evolução nos trabalhadores, a suposição era da ocorrência de 200 mortes entre estes casos. Após a implementação de normas rígidas relacionadas principalmente com os treinamentos para a prevenção de exposições e disponibilidade de vacina para a hepatite B, houve uma diminuição importante do número estimado de profissionais contaminados pelo VHB, com redução para 1.000 casos de infecção com 18 mortes no ano de 1994 e 400 casos de infecções no ano de 1995 (Fig. 12.1). Durante o período de 1983 a 1995, ocorreu uma redução de 95%, e a taxa de infecção entre profissionais de saúde atualmente é inferior à população geral norte-americana[19]. No Brasil, é provável que taxas altas de soroconversões ainda estejam ocorrendo, já que entre algumas categorias de profissionais de saúde e cidades do país, apesar de recomendada desde o início dos anos 1990, a proporção de vacinação contra a hepatite B é inferior a 50% (Fig. 12.2). Os principais motivos pelos quais os profissionais de saúde não são vacinados estão vinculados especialmente à falta de informação sobre os riscos e os benefícios envolvidos com a vacinação.

O risco relativo após exposição percutânea a sangue contaminado pelo vírus da hepatite B é bastante superior aos riscos de transmissão do HIV e do vírus da hepatite C. O risco de contaminação e de hepatite clínica após exposição a pacientes-fontes HBSAg e HbeAg-positivos (o que reflete uma alta taxa de replicação viral e, portanto, maior quantidade de vírus circulante) varia de 22% a 31%, e o de evidência sorológica de infecção é de 37% a 62%. Em exposições a pacientes-fontes HBSAg-positivos e HbeAg-negativos, o risco de hepatite clínica pelo VHB é de 1% a 6%, e o de evidência sorológica de infecção pelo VHB é de 23% a 37%[2,7,11].

Apesar de as exposições percutâneas serem a forma mais eficiente de contaminação pelo VHB, estas exposições provavelmente represen-

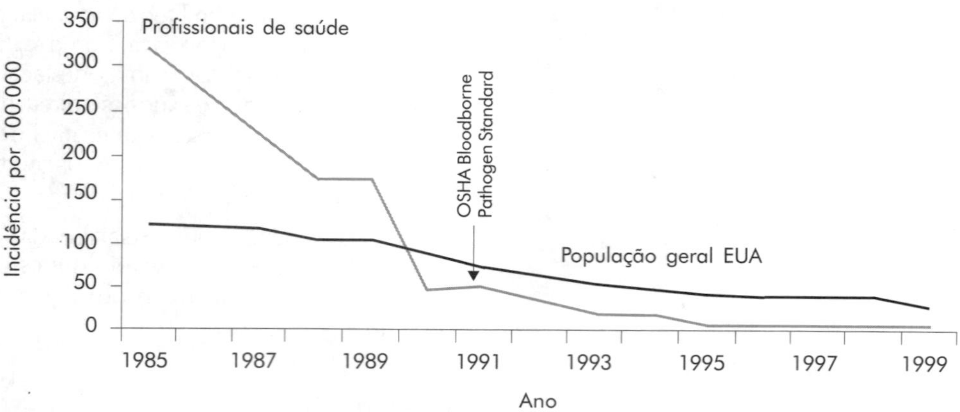

Fig. 12.1 — *Incidência estimada de infecção pelo HBV nos EUA. Profissionais de saúde e população geral.*

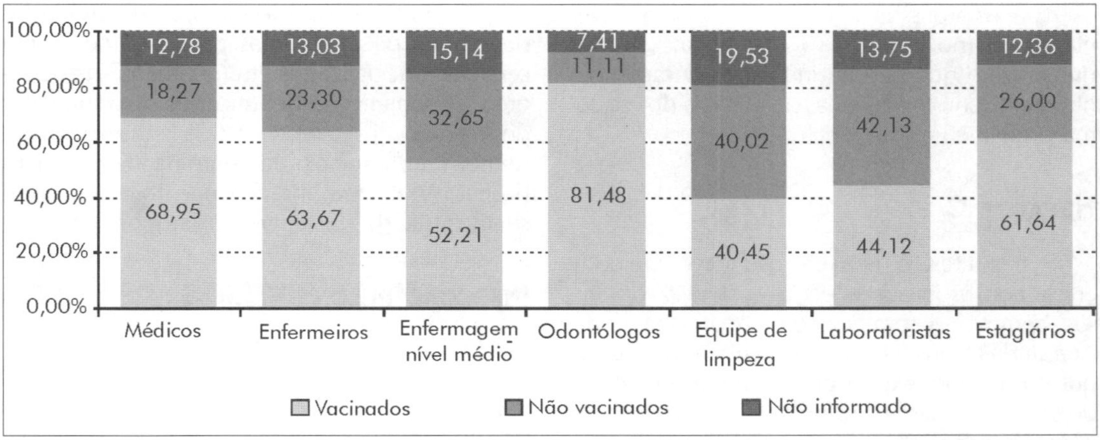

Fig. 12.2 — *Proporção de vacinação contra a hepatite B segundo a categoria profissional no município do Rio de Janeiro. N = 15.035 acidentes notificados no período de 1997 a 2004.*

tam somente uma minoria dos casos de infecção em profissionais de saúde. Diversos trabalhos mostraram que a maioria dos profissionais contaminados não relata e não se lembra de ter tido uma exposição percutânea. Já foi demonstrado que o vírus pode sobreviver em superfícies por períodos de até uma semana. Os casos de contaminação podem ser resultado, portanto, de contato direto ou indireto com material biológico que inocula o vírus em áreas de pele não-íntegra e membranas mucosas.

Uma das principais medidas de prevenção da hepatite B é a vacinação pré-exposição, indicada para todos os profissionais da área de saúde. A vacina é recomendada em três doses nos intervalos de zero, um e seis meses. A imunidade contra a hepatite B é prolongada, não sendo recomendadas doses de reforço após o esquema vacinal completo[2,7,11].

É uma vacina extremamente eficaz (90% a 95% de resposta vacinal em adultos imunocompetentes) e segura; os efeitos colaterais são raros e geralmente pouco importantes, como dor discreta no local da aplicação (3% a 29%), febre nas primeiras 48-72 horas após a vacinação (1% a 6%) e, excepcionalmente, fenômenos alérgicos relacionados com determinados componentes da vacina. A gravidez e a lactação não são contra-indicações para a utilização da vacina[7].

Os profissionais que tenham interrompido o esquema vacinal após a primeira dose devem tomar a segunda dose logo que possível, e a terceira dose deverá ser indicada com um intervalo pelo menos de dois meses da dose anterior. Os profissionais de saúde, que tenham interrompido o esquema vacinal após a segunda dose devem tomar a terceira dose da vacina tão logo seja possível. Quando não há resposta vacinal adequada após a primeira série de vacinação, grande parte dos profissionais (até 60%) responde a uma série adicional de três doses. Caso persista a falta de resposta, não é recomendada revacinação[7].

Alguns autores indicam que deve ser feita a confirmação da resposta vacinal entre os profissionais de saúde, especialmente entre os que manipulam freqüentemente material biológico. Para a avaliação desta resposta, é necessária a determinação do teste sorológico anti-HBs um a dois meses após o término do esquema vacinal. Tiítulos acima de 10mUI/ml são considerados protetores[2,7].

A gamaglobulina hiperimune para a hepatite B (HBIG), que representa altos títulos de anti-HBS, pode ser indicada em algumas exposições. A maior eficácia na profilaxia é obtida com o uso precoce após a exposição (dentro de 24 a 48 horas). Não há benefício comprovado na utilização da HBIG após uma semana do acidente[2,7,11].

Para os profissionais que fizeram uso das profilaxias, como HBIG e vacina, alguns autores preconizam que não há indicação de acompanhamento sorológico pela alta eficácia do esquema profilático[7].

Hepatite C

A hepatite C é uma infecção grave que pode cursar com cronicidade em mais de 85% dos casos, bem como com cirrose e hepatocarcinoma. Apesar de alguns trabalhos iniciais terem sugerido que o risco após exposição percutânea envolvendo sangue contaminado pelo vírus da hepatite C possa chegar a 10%, tem-se estimado que, na realidade, ele esteja em torno de 1,8% a 3%[2,7,11].

Para efeito de seguimento, devem ser consideradas como de risco as exposições que envolvam sangue ou qualquer material biológico em que haja a presença de sangue.

Não existe medida específica eficaz para a redução do risco de transmissão após exposição ocupacional ao vírus da hepatite C. Os estudos não comprovaram benefício profilático com o uso da gamaglobulina. A única medida eficaz para a eliminação do risco de infecção pelo vírus da hepatite C é por meio da prevenção da ocorrência do acidente[2,7,11].

Apesar de não haver medida específica, é importante sempre realizar a investigação do paciente-fonte e o acompanhamento sorológico do profissional de saúde, para comprovar uma doença ocupacional, caso haja a contaminação do profissional. Sugerem-se a realização de sorologia anti-HCV por métodos enzimáticos no momento inicial e após seis meses da exposição, bem como a dosagem das transaminases (TGP) no momento da exposição, após quatro a seis semanas e no sexto mês de acompanhamento. Testes de biologia molecular realizados nas primeiras semanas pós-exposição também auxiliam no diagnóstico de infecção aguda pelo HCV.

O objetivo é identificar os casos de soroconversão, já que estudos recentes têm demonstrado que o tratamento da infecção aguda pelo HCV com interferon e ribavirina apresenta resultados bastante satisfatórios. Ainda não se sabe o melhor momento para início do tratamento antiviral. Profissionais que tenham soroconvertidos devem ser encaminhados para tratamento em serviços especializados em tratamento de hepatite C. O objetivo é identificar os casos de soroconversão, já que estudos recentes têm demonstrado que o tratamento da infecção aguda pelo VHC com interferon e ribavirina apresenta resultados bastante satisfatórios[2,7,11].

Infecção pelo HIV/AIDS

Desde o início da epidemia de AIDS, os sistemas de vigilância demonstraram não haver um risco maior de infecção pelo HIV entre pessoas que trabalham na área de saúde, quando comparadas à população em geral. Os casos de AIDS entre os profissionais de saúde são relacionados, em sua grande maioria, com fatores de risco não-ocupacionais reconhecidos[1,12,14].

O primeiro caso de contaminação ocupacional pelo HIV em profissional de saúde foi publicado em 1984. Em um hospital na Inglaterra, uma enfermeira teve uma exposição percutânea durante o reencapamento de uma agulha utilizada para a coleta de sangue arterial em paciente com AIDS[12,14].

Desde o início da epidemia da AIDS, em 1981 até dezembro de 2002, 106 casos comprovados e 238 casos prováveis de profissionais de saúde pelo HIV por acidente de trabalho foram publicados em todo o mundo. Entretanto, analisados de forma isolada, esses dados não refletem a realidade da transmissão do HIV entre os profissionais de saúde. Menos de 5% dos casos comprovados são relatados por países africanos, havendo, também, surpreendente ausência de publicações de países localizados no subcontinente indiano e no sudeste da Ásia. Em alguns desses países, a prevalência da infecção pelo HIV é alta, mas os sistemas de monitoramento e notificação das exposições ocupacionais são precários ou mesmo inexistentes, não permitindo a avaliação de exposição ocupacional. Além de a vigilância das exposições não ser realizada em todos os países, a documentação dos casos pode ser difícil, quando as exposições não são relatadas logo após a ocorrência[1,4,12,14]. No Brasil, até agosto de 2005, somente um caso comprovado havia sido oficialmente notificado ao Ministério da Saúde. Outros três casos comprovados também já foram descritos. A grande maioria dos casos de contaminação pelo HIV ocorridos em todo o mundo envolve profissionais da equipe de enfermagem e da área de laboratório (Tabelas 12.3 e 12.4)[4,12,14].

O risco da infecção após exposição percutânea com sangue infectado pelo HIV foi estimado em dados provenientes de 25 estudos prospectivos, nos quais 6.955 profissionais de saúde foram avaliados. Vinte e dois profissionais

Tabela 12.3
Casos de soroconversão pelo HIV entre os profissionais de saúde por acidente de trabalho[12]

Países/regiões	*Casos comprovados*	*Casos prováveis*	*Total*
Estados Unidos	57	139	196
Europa	35	85	120
Outros países	14	14	28
Total	106	238	344

Tabela 12.4
Casos de soroconversão pelo HIV por acidente de trabalho segundo a categoria profissional[4,12,14]

Categoria profissional/área de atuação	*Casos comprovados*	*Casos prováveis*	*Total*
Equipes de enfermagem e parteiros	56	72	128
Médicos clínicos e estudantes de medicina	14	28	42
Médicos das áreas cirúrgicas	1	17	18
Odontólogos e técnicos de odontologia	-	8	8
Funcionários de laboratórios clínicos	17	22	39
Paramédicos e funcionários de ambulâncias	-	13	13
Funcionários de laboratórios não-clínicos	3	4	7
Funcionários de morgue e embalsamadores	1	3	4
Técnicos da área cirúrgica	2	3	5
Técnicos da área de diálise	1	3	4
Fisioterapeutas respiratórios	1	2	3
Atendentes de enfermagem/outros funcionários das áreas de apoio	2	19	21
Equipe de limpeza/manutenção e portaria	3	15	18
Outros/não-especificados	5	29	34
Total	106	238	344

se contaminaram, caracterizando um risco de 0,32% (IC 95% 0,18%-0,45%). Esse risco representa a média entre diversos tipos de exposição e não reflete necessariamente, de forma precisa, o risco de uma exposição específica ocorrida com um profissional. Em um estudo de caso-controle multicêntrico, o risco de contaminação do profissional exposto com o HIV foi maior, quando o paciente-fonte estava em fase avançada de AIDS. Outros fatores de gravidade identificados eram relacionados com indicadores de quantidade de material biológico envolvido na exposição, como acidentes com lesões profundas, lesões provocadas por instrumentos visivelmente contaminados com sangue e dispositivos utilizados previamente na veia ou na artéria do paciente-fonte (Tabela 12.5)[3,5].

Tabela 12.5
Estudo de caso-controle de fatores de risco para a soroconversão pelo HIV em exposições percutâneas[3,5]

Fator de risco	*Odds ratio*	*IC 95%*
Lesão profunda	15	6,0-41
Sangue visível no dispositivo	6,2	2,2-21
Agulha previamente em veia ou artéria do paciente-fonte	4,3	1,7-12
Paciente-fonte com AIDS em fase terminal	5,6	2,0-16
Uso de zidovudina após exposição	0,19	0,06-0,52

O risco associado à exposição em mucosas por sangue contaminado com HIV foi estimado em 0,03% (IC 95% 0,006% e 0,19%) com base em uma única soroconversão ocorrida entre 2.910 profissionais acompanhados em 21 estudos transversais e prospectivos. Apesar de já terem sido descritos casos de transmissão de HIV em exposições envolvendo pele não-íntegra, o risco de contaminação por esta via não é determinado, sendo estimado como menor que o risco de exposições em membranas mucosas[1,14].

De todos os casos comprovados de profissionais de saúde que se contaminaram com o HIV devido a acidente de trabalho, 89% ocorreram após exposições percutâneas e 8% após exposições mucocutâneas. Na maioria dos casos, a exposição foi provocada por agulhas com lúmen, mas também já foram descritos casos resultantes de acidentes com lancetas, pinos ortopédicos, vidros quebrados e bisturis. Aproximadamente 90% das contaminações ocorreram após exposições envolvendo sangue, tendo sido descrito também um caso com material biológico com sangue visível (líquido pleural hemorrágico). Sangue, qualquer fluido orgânico contendo sangue, secreção vaginal e sêmen, tecidos e materiais concentrados de vírus (laboratórios de pesquisa, com cultura de vírus e vírus em grandes quantidades) são materiais biológicos envolvidos na transmissão do HIV. Apesar de o vírus já ter sido detectado em diversos fluidos corporais, o risco de transmissão do HIV após a exposição ocupacional a outros materiais biológicos não é conhecido. Líquidos de serosas (peritoneal, pleural, pericárdico), líquido amniótico, líquor, líquido articular e saliva (em ambientes odontológicos) são materiais de risco indeterminado para a transmissão do vírus, e as exposições a esses materiais devem ser avaliadas de forma individual. Suor, lágrima, leite materno, fezes, urina e saliva (exceto em serviços odontológicos) são líquidos biológicos sem risco de transmissão ocupacional do HIV. Se houver a presença de sangue nesses materiais, deverão ser considerados materiais biológicos de risco. Qualquer contato direto com material concentrado de HIV em laboratórios de pesquisa deve ser considerado uma exposição que requer avaliação clínica[1,4,7,12,14].

Em um estudo de caso-controle multicêntrico publicado no final de 1995, 33 profissionais de saúde que se contaminaram após uma exposição percutânea documentada ao HIV foram comparados com 679 profissionais que não soroconverteram após a exposição. Análises multivariadas, usando a regressão logística, identificaram os potenciais fatores de risco de gravidade da exposição. O uso do AZT foi associado a um efeito protetor, com uma razão de chances de 81% entre os indivíduos expostos que fizeram uso da medicação e não se contaminaram e aqueles que não fizeram uso do AZT e se contaminaram[3,5]. Além desse estudo, dados provenientes de experimentos em animais e de prevenção da transmissão mãe-filho do HIV representam evidências indiretas sobre o uso da quimioprofilaxia anti-retroviral pós-exposição (PEP) como medida de prevenção da contaminação pelo HIV[1,7].

Quando indicada, a quimioprofilaxia deve ser iniciada o mais rápido possível, idealmente dentro de uma a duas horas após o acidente. Estudos em animais sugerem que a quimioprofilaxia não é eficaz, quando iniciada 24 a 48 horas depois do acidente. As publicações nacionais e internacionais recomendam que o prazo máximo para o início da quimioprofilaxia seja de 72 horas após a exposição. O tempo de duração total de uso dos anti-retrovirais é de quatro semanas[1,2,7].

A indicação ou não de quimioprofilaxia requer a avaliação cuidadosa do risco de infecção, devendo ser recomendada aos profissionais de saúde em exposições com risco significativo de contaminação pelo HIV. Para as exposições com menor risco, a quimioprofilaxia deve ser cogitada na presença de altos títulos virais no paciente-fonte. A PEP pode não ser justificada nas situações com risco insignificante de contaminação, nas quais o risco de efeitos tóxicos dos medicamentos ultrapassa o de transmissão do HIV[1,2,7].

Até agosto de 2005, existiam 21 medicamentos disponíveis com atuações em diferentes áreas do ciclo de replicação viral do HIV, incluindo os agentes que atuam na inibição do processo de transcrição reversa (abacavir, didanosina, emtricitabina, tenofovir, lamivudina, zidovudina, estavudina, zalcitabina, delavirdina, efavirenz e nevirapina), inibidores de protease (amprenavir, atazanavir, fosamprenavir, indinavir, lopinavir, nelfinavir, ritonavir e saquinavir) e inibidores de fusão (enfuvirtida). Algumas associações de inibidores de protease podem estar recomendadas com finalidade de potencialização das drogas ou melhoria de esquemas posológicos, por exemplo, como o uso de ritonavir associado ao indinavir. Já foram publicados casos de soroconversão apesar do uso da quimioprofilaxia, incluindo algumas situações em que esquemas combinados de anti-retrovirais foram utilizados[1,2,7].

Estudos prospectivos de avaliação e registro de toxicidade demonstram que mais da metade a dois terços dos profissionais apresentam efeitos adversos à quimioprofilaxia anti-retroviral combinada e que um terço aproximadamente interrompe o uso da PEP pela presença de efeitos adversos. Ressalta-se que os sintomas geralmente são inespecíficos e autolimitados, como os efeitos gastrintestinais, cefaléia e fadiga, e as alterações laboratoriais são usualmente leves, transitórias e pouco freqüentes. Porém, efeitos adversos mais graves já foram relatados, como nefrolitíase complicada por sepse urinária, rabdomiólise, pancitopenia, síndrome de Stevens-Johnson e hepatite. Um caso de insuficiência hepática fulminante que exigiu transplante hepático foi descrito em um profissional que fez uso de nevirapina[1,2,7].

Os profissionais que iniciam anti-retrovirais devem ser orientados a procurar atendimento assim que surjam sintomas ou sinais clínicos que possam sugerir toxicidade medicamentosa. É importante ressaltar que alguns deles, como *rash* cutâneo, podem ser confundidas, devendo ser diferenciados da síndrome da soroconversão (febre, linfadenopatia, faringite, exantema, ulceração mucocutânea, mialgia, artralgia e hepatoesplenomegalia)[1,2,7].

Na presença de intolerância medicamentosa, a adequação do esquema de anti-retrovirais deve ser tentada, não sendo necessária, na maioria das vezes, a interrupção da profilaxia. Esquemas alternativos podem ser necessários nos pacientes que não toleram o esquema inicial proposto, na tentativa de manter a quimioprofilaxia durante as quatro semanas[1,2,7].

Na escolha da PEP, as informações sobre condições subjacentes, como hepatopatia ou nefropatia, devem ser investigadas na anamnese do acidentado. A possibilidade de interações da profilaxia com medicamentos de que o profissional faça uso regular também deve ser sempre avaliada, incluindo os anticoncepcionais orais[1,2,7].

Recomenda-se a realização de sorologia anti-HIV por ensaios imunoenzimáticos no momento do acidente e após 45, 90 e 180 dias depois da exposição[1,2,7].

TUBERCULOSE

A infecção com o *Mycobacterium tuberculosis* representa um risco comprovado para os profissionais de saúde. O bacilo da tuberculose pode ser encontrado no escarro e secreções respiratórias, em líquidos de lavagem gástrica, líquido cerebroespinhal, urina e nas lesões em vários tecidos. A principal forma de transmissão do bacilo se dá por inalação de aerossóis, mas também já foram descritos casos de tuberculose cutânea por inoculação (*prosector's wart*). As áreas de maior risco de exposição são as enfermarias de pacientes com infecção pelo HIV/AIDS (20% a 40% dos pacientes podem ter tuberculose ativa, sendo a maioria com apresentação atípica da doença), laboratórios, salas de broncoscopia e escarro induzido, bem como salas de necrópsia[6,10,24].

Estudos pioneiros do início do século XX demonstraram importante conversão da prova tuberculínica de estudantes de enfermagem durante a graduação, alertando sobre o risco da transmissão intra-hospitalar da tuberculose e o risco de contato com o bacilo durante as atividades em serviços de saúde[6,10,24].

Em um estudo realizado entre 1999 e 2000, com 4.419 profissionais de saúde em atividade em quatro hospitais em três estados brasileiros a taxa de positividade para prova tuberculínica foi de 63,1%. A conversão tuberculínica foi de 8,7% (10,7 por 1.000 pessoas mês). Na análise multivariada, os fatores de risco associados à esta conversão (aumento de 10mm em relação à enduração inicial) foram: exposição nosocomial a paciente com tuberculose pulmonar, categoria profissional de enfermagem — nível superior e hospital sem medidas de biossegurança implantadas. Os profisssionais analisados referiram no período do estudo contato com Tuberculose na comunidade em 1,5%, enquanto que no seu local de trabalho em 33%.

Nos últimos anos, pôde-se verificar o surgimento de casos de tuberculose por bacilos resistentes aos medicamentos tuberculostáticos afetando não somente os pacientes que abandonam o tratamento e são retratados, mas também os casos de resistência primária à rifampicina e isoniazida. Vários casos de contaminação por bacilos multidroga-resistentes foram descritos em profissionais de saúde em hospitais norte-americanos durante os anos de 1990 e 1991. Também no Brasil, casos têm sido descritos na última década. Esta situação, além de trazer dificuldade na obtenção de esquemas terapêuticos alternativos eficazes, pode agravar os riscos de morbiletalidade associados à doença bem como os relacionados com a toxicidade medicamentosa[6,10,24].

A realização e o acompanhamento dos profissionais de saúde com teste cutâneo com derivado de proteína purificada (PPD) têm sido o principal procedimento de vigilância da tuberculose ocupacional. No momento da admissão, todos os funcionários devem realizar a prova tuberculínica. Recomenda-se o controle clínico e radiológico com periodicidade semestral ou anual para os profissionais reatores tuberculínicos. Cuidadosa investigação deve ser feita para descartar a doença entre todos os sintomáticos respiratórios e/ou aqueles com alterações radiológicas[6,10].

Quanto aos profissionais não-reatores, há importante divergência sobre a melhor conduta a ser indicada. Alguns autores preconizam a vacinação com BCG de todos os profissionais não-reatores, enquanto outros indicam a realização e o acompanhamento anual da prova tuberculínica, bem como o uso da isoniazida nos casos de viragem e soroconversão. A preocupação dos autores que não preconizam BCG é associada ao fato dos profissionais vacinados poderem apresentar reatividade na prova tuberculínica como resultado da própria vacinação, dificultando portanto a detecção de viragem tuberculínica por exposição ao bacilo e a possibilidade de diagnóstico de um caso recente de infecção. Como o risco de reativação de tuberculose é muito maior nos primeiros anos após a infecção primária — 5% a 15% dos indivíduos imunocompetentes desenvolvem tuberculose ativa durante os dois primeiros anos após a infecção inicial —, justifica-se o início da quimioprofilaxia nos casos de conversão recente[6,10].

Outras medidas de controle da tuberculose ocupacional incluem de forma hierárquica:

— medidas administrativas — exemplos: agilidade na coleta e liberação dos resultados laboratoriais (baciloscopia), restrição do número de dias de internação dos pacientes bacilíferos;

— medidas de engenharia: como exaustão de ambientes fechados e utilização de filtros especiais[6,10];

— precauções de isolamento respiratório: indicadas para todos os casos bacilíferos ou suspeitos de tuberculose pulmonar, o que inclui o uso de respiradores N95 como equipamentos de proteção individual pelos profissionais de saúde.

INFLUENZA

As infecções respiratórias virais são problemas comuns nos serviços de saúde, tanto nos de atendimento a pacientes agudos como em unidades de pacientes crônicos. Estas infecções podem ser causadas por um grande número de vírus, destacando-se que a infecção nosocomial pelo vírus influenza contribui para importante morbimortalidade entre os profissionais de saúde e os pacientes[17,22,23].

A contaminação pelo vírus influenza se dá pessoa a pessoa através da transmissão por gotículas respiratórias. Apesar de a transmissão por via aérea ou por contato (mãos ou fômites contaminados) também ocorrerem, não se constituem na principal forma de contaminação[17].

A vacinação dos profissionais de saúde é fundamental para reduzir a transmissão entre os profissionais e pacientes. Além de prevenir a transmissão de gripe dos profissionais para os pacientes com alto risco de complicações (por exemplo, cardiopatas, pneumopatas, pacientes com *diabetes mellitus*), pode reduzir o absenteísmo durante os surtos comunitários. Vários estudos têm demonstrado que as taxas de vacinação entre os trabalhadores da área da saúde é extremamente baixa. Devem ser prioridades absolutas as medidas administrativas e educativas permanentes como responsabilidade de toda a equipe no esforço de convencer sobre a importância da vacinação anual entre os profissionais de saúde. Medidas administrativas e educativas permanentes devem ser responsabilidade de toda a equipe no esforço de convencer sobre a importância da vacinação anual entre os profissionais de saúde[17,22,23].

Em períodos de surtos de gripe, os profissionais de saúde com infecção respiratória aguda febril não devem prestar assistência aos pacientes com alto risco de complicações. Durante os surtos nosocomiais de gripe, antivirais profiláticos podem ser usados em conjunto com a vacina contra a influenza, para reduzir a gravidade e a duração da doença entre os profissionais não-vacinados. A quimioprofilaxia deve ser considerada para todos os profissionais expostos e não-vacinados, e usada por duas semanas. Entre os que se recusam a ser vacinados ou para os quais a vacina é contra-indicada, a quimioprofilaxia deve ser considerada durante todo o período de atividade da doença na comunidade ou término do surto[17,22,23].

Outras medidas de controle incluem precauções por gotículas para os pacientes com quadros suspeitos ou confirmados de influenza, cortes destes pacientes com profissionais vacinados, reoferecimento de vacina para a equipe não vacinada e restrição de movimentação do *staff* entre as enfermarias e do contato dos pacientes com a equipe e visitantes. O uso dos antivirais (amantadina, rimantadina, oseltamivir e zanamivir) para o tratamento dos indivíduos com influenza diminui a duração do tempo de doença entre os casos não-complicados[17,22,23].

VARICELA-ZÓSTER

A exposição ocupacional ao vírus varicela-zóster é bastante conhecida e comum. As fontes de infecção incluem casos de varicela ou herpes-zóster entre os pacientes, seus visitantes ou os próprios profissionais de saúde. A principal forma de contaminação pelo vírus nos casos de varicela é através da via inalatória. Apesar de ser mais comumente transmitido pelo contato com as lesões infectadas nos casos de herpes-zóster, também tem sido descrita a contaminação de susceptíveis na ausência de contato direto com os pacientes, sugerindo, portanto, a possibilidade nos serviços de saúde da ocorrência da transmissão pela via inalatória ou por gotículas[17,22,23].

Todos os adultos susceptíveis no setor de saúde estão sob risco de varicela e suas complicações. Recomenda-se que somente os profissionais que tenham imunidade contra a doença cuidem dos pacientes internados por varicela-zóster. É importante ressaltar que a história de um profissional ter tido varicela é altamente preditiva de imunidade sorológica (97% a 99% de soropositividade). Mesmo entre os adultos que tenham história negativa ou incerta de doença, a maioria também é soropositiva (70% a 93%). Alguns autores recomendam a vacinação destes profissionais sem a indicação de triagem sorológica prévia, enquanto outros discutem a realização da sorologia e a vacinação somente dos que apresentem resultados negativos. O custo de exames para a detecção da presença de anticorpos contra a varicela ou a vacinação sem testagem prévia deve ser avaliado nos diferentes serviços de saúde, mas é provável haver custo-efetividade na triagem sorológica dos profissionais com história negativa ou incerta da doença[17,22,23].

A vacina contra a varicela é produzida com vírus vivo atenuado, sendo disponível desde os anos 1990. Ela oferece 70% de proteção contra a infecção e 95% contra os quadros graves de doença pelo período de sete a dez anos[17].

Em profissionais de saúde não-vacinados e susceptíveis expostos ao vírus, a vacinação deve ser indicada. A vacinação pós-exposição é efetiva na prevenção ou modificação da gravidade da doença, se usada dentro de três dias — e possivelmente até cinco dias — após a exposição. O uso de imunoglobulina contra a varicela-zóster (VZIG) não é recomendado de rotina para os profissionais imunocompetentes pela incerteza quanto à eficácia, o custo elevado e o possível prolongamento do período de incubação da doença, se a profilaxia falhar. A VZIG pode ser indicada entre os profissionais de saúde expostas que estejam grávidas ou sejam imunodeficientes. Não existem recomendações definitivas sobre as condutas pós-exposição envolvendo profissionais de saúde vacinados. Podem-se indicar a testagem sorológica e o acompanhamento rígido para a avaliação do surgimento da infecção clínica[17,22,23].

Os profissionais susceptíveis e expostos ao vírus devem ser afastados das suas atividades nos serviços de saúde por um período de tempo que varia de acordo com exposição a caso de varicela ou de herpes-zóster, condição de imunidade do profissional, uso de VZIG pós-exposição e surgimento ou não de infecção clínica[17,22,23].

Coqueluche

A coqueluche é uma doença infecciosa altamente contagiosa, e a transmissão nosocomial envolvendo tanto pacientes quanto profissionais de saúde já foi descrita por diferentes autores. Estudos sorológicos dos profissionais indicam que a infecção é muito mais freqüente que o indicado pela ocorrência de doença clínica reconhecida. Nas últimas duas décadas, vem ocorrendo um ressurgimento de casos em alguns países, e a proporção de casos entre os adultos tem aumentado. O diagnóstico de coqueluche em adultos representa um importante desafio, devendo ser considerado, quando há tosse de início agudo e prolongado, principalmente se associada a paroxismos, ruídos inspiratórios e ocorrência de vômito após os acessos de tosse[17,22,23].

A transmissão da *Bordetella pertussis* se dá pelo contato com secreções respiratórias ou através de gotículas de aerossol do trato respiratório eliminadas por pessoas infectadas. A prevenção da transmissão secundária da coqueluche é especialmente difícil durante os estágios iniciais da doença, porque por ser altamente transmissível na fase catarral, quando os sintomas são inespecíficos e o diagnóstico incerto[17,22,23].

As medidas de prevenção da transmissão da coqueluche nos serviços de saúde envolvem o diagnóstico e o tratamento precoces dos pacientes infectados, as precauções por gotículas, a exclusão dos profissionais infectantes do trabalho e a administração de profilaxia pós-exposição aos profissionais expostos[17,22,23].

O uso da vacina convencional contra a coqueluche em adultos não é recomendado por causa das reações locais e sistêmicas observadas mais freqüentemente neste grupo do que em crianças. A vacina acelular é imunogênica em adultos e associa-se a menor risco de efeitos adversos do que as vacinas com células inteiras, mas ainda não se encontra liberada para uso em maiores de seis anos. Apesar de a eficácia não estar comprovada, sugere-se que a profilaxia pós-exposição para os profissionais susceptíveis pode diminuir o risco de transmissão. A profilaxia deve ser feita com eritromicina ou sulfametoxazol-trimetoprima. O papel dos novos macrolídeos (azitromicina e claritromicina) na quimioprofilaxia ainda não foi estabelecido[17].

Doença meningocócica

A transmissão nosocomial da *Neisseria meningitidis* é incomum. A doença é transmitida pessoa a pessoa através das secreções da nasofaringe, principalmente pelo contato íntimo com o portador ou o doente, como em situações de respiração boca a boca ou intubação traqueal sem o uso de máscaras. Vários sorogrupos da *N. meningitidis* são descritos de acordo com antígenos polissacarídeos da cápsula, sendo mais comumente, em nosso meio, os sorogrupos A, B e C. Alguns países relatam freqüência elevada também dos sorogrupos W135 e Y[17,22,23].

Apesar de o meningococo ser freqüentemente isolado em laboratórios clínicos, historicamente tem sido pouco freqüente o relato de infecções adquiridas no laboratório. A *N. meninigitidis* representa um risco para os microbiologistas, e todo o material potencialmente infectante deve ser manipulado de forma a minimizar a exposição a gotículas e aerossóis. A manipulação da suspensão das bactérias fora das cabines de segurança biológica representa alto risco de contaminação. Recentemente, os CDCs publicaram a ocorrência de dois casos fatais de doença meningocócica provavelmente adquirida em laboratórios. A investigação identificou outros 14 casos não-notificados[17,22,23].

A antibioticoprofilaxia é indicada para os profissionais de saúde que hajam tido exposição ou contato íntimo com os pacientes infectados sem o uso de máscaras. Diferentes medicamentos podem ser usados na profilaxia, como a rifampicina, ceftriaxona ou quinolona. Os funcionários de laboratórios com exposição percutânea a cepas invasivas da bactéria isoladas de um sítio estéril devem ser tratados com penicilina[17,22,23].

As vacinas contra a *N. meningitidis* normalmente têm por base a reação imunogênica do hospedeiro ao polissacarídeo capsular dos meningococos e, portanto, são sorogrupo-específicas. As vacinas disponíveis comercialmente são contra o sorogrupos A e C (isoladas ou combinadas), e a tetravalente contra os meningococos dos sorogrupos A, B, W135 e Y. Deve-se considerar a vacinação dos profissionais de laboratórios industriais e de pesquisa rotineiramente expostos ao meningococo em soluções que podem ser aerossolizadas. Além disso, a vacina pode ser usada como medida preventiva adicional para os microbiologistas dos laboratórios clínicos[17,22,23].

SARG - Síndrome Respiratória Aguda Grave

Em 2003, a Organização Mundial de Saúde divulgou um alerta global sobre a Síndrome Respiratória Aguda Grave (SARS - Severe Acute Respiratory Syndrome), uma pneumonia atípica grave, cujos primeiros casos ocorreram no final de 2002 na China. A doença é causada por um novo coronavírus denominado SARS-CoV.

Além da China, a doença se disseminou rapidamente e vários outros países notificaram a ocorrência de casos, com um número maior relatado por Taiwan, Canadá, Singapura e Vietnã. O último boletim da OMS com notificações de novembro de 2002 a julho de 2003, refere um total de 8098 casos, sendo 1707 (21%) em profissionais de saúde. Informações mais específicas de Hong Kong, Singapura, Província Guangdond e Toronto revelaram que o percentual de trabalhadores da área da saúde e estudantes de medicina ultrapassou 50% (57% — 378 de 667 casos) dos indivíduos acometidos. As manifestações clínicas mais comuns são de febre alta de início súbito, tosse seca, mialgia, cefaléia e dor de garganta. Relata-se ainda a ocorrência de perda do apetite, dispnéia, confusão mental, exantema e diarréia.

Dez a vinte por cento dos pacientes evoluem para forma grave, com pneumonia bilateral e insuficiência respiratória. No geral, a taxa de letalidade foi de 9,6% (774/8098).

O tratamento consiste basicamente em medidas de suporte.

Em relação a forma de transmissão da doença parece ser possível a transmissão respiratória (principalmente por gotículas) e pelo contato direto com material biológico. A maioria dos casos ocorreu em profissionais da área da saúde e contactantes próximos dos indivíduos doentes (como familiares). O contato casual não parece implicar em risco de transmissão. Recomendam-se medidas de precauções básicas, de contato e respiratórias, incluindo lavagem das mãos, quartos privativos (preferencialmente com pressão negativa) e equipamentos de proteção individual como uso de avental ou capote, de óculos de proteção e de respiradores N95 (estes últimos especialmente quando forem realizados procedimentos que possam provocar aerossolização como entubação orotraqueal e procedimentos de broncoscopia).

Considerações finais

Apesar de historicamente os profissionais de saúde não terem sido considerados categoria profissional de risco para os acidentes de trabalho e doenças profissionais, verifica-se uma atenção cada vez maior para esse importante problema de saúde pública. Uma grande variedade de agentes infecciosos pode ser responsável pela contaminação dos profissionais de saúde, já tendo sido descritos casos de infecção ocupacional com mais de 30 diferentes patógenos. De modo geral, a transmissão dos agentes biológicos ocorre por inalação; penetração através da pele (parenteral); contato com a pele e mucosas; ou ingestão. Medidas profiláticas pré e pós-exposição, como imunizações e uso de quimioprofilaxias, podem ser indicadas de acordo com o tipo de exposição e o agente infeccioso envolvido.

Referências bibliográficas

1. Bell DM & Gerberding JL. Human immunodeficiency virus postexposure management of health care workers: report of a workshop. Am J Med 1997, 102 (5B).
2. Beltrami EM, Williams IT, Shapiro CD, Chamberland ME. Risk and managemente of bloodborne infections in health care workers. Clin Microbiol Rev 2000; 13(3): 385-407.
3. Cardo DM, Culver DH, Ciesielski CA et al. A case-control study of HIV seroconversion in health care workers after percutaneous exposure. N Engl J Med 1997, 337: 1485-90.
4. Centers for Disease Control and Prevention — Table 17: Health care workers with documented and possible occupationally acquired Aids/HIV infection, by occupation, reported through june 1999, United States. HIV/Aids Surveillance Report 2000, 12 (1): 24.
5. Centers for Disease Control and Prevention. Case-control study of HIV seroconversion in health-care workers after percutaneous exposure to HIV-infected blood—France, United Kingdom, and United States, January 1988-August 1994. MMWR 1995, 44: 929-33.
6. Centers for Disease Control and Prevention. Guidelines for preventing the transmission of Mycobacterium tuberculosis in health care settings, 1994. MMWR 1994; 43(RR-13).
7. Centers for Disease Control and Prevention. Updated U.S. Public Health Service Guidelines for the Management of Occupational Exposures to HBV, HCV, and HIV and Recommendations for Postexposure Prophylaxis. MMWR 2001, 50 (RR011): 1-67.
8. Collins CH & Kennedy DA. A review: microbiological hazards of occupational needlesticks and "sharps" injuries. J Appl Bacteriol 1987, 62: 385-402.
9. Collins CH. Bacterial and other agents of blood-borne infections. In: Collins CH, Kennedy DA, ed. Occupational blood-borne infections. 1.ed. Cambridge, CAB International, 1997. p.17-26.
10. Conde MB, Silva GRM, Kritski AL. Tuberculose do ambulatório a enfermaria. Rio de Janeiro: Atheneu, 1999. pp. 1-174.
11. Gerberding JL. Management of occupational exposures to blood-borne viruses. N Engl J Med 1995; 332: 444-451.
12. Health Protection Agency Centre for Infections & Collaborators, London. Occupational Transmission of HIV - Summary of Published Reports - Data to December 2002. March 2005 Ed; 1-39.
13. Heptonstall J et al. Occupational transmission of HIV: summary of published reports. Communicable Disease Surveillance Centre. Internal PHS Report, London, 1999.
14. Hunt DL. Epidemiology of blood-borne infections. In: Collins CH, Kennedy DA, ed. Occupational blood-borne infections. Cambridge: CAB International, 1997. pp. 27-58.
15. II Consenso Brasileiro de Tuberculose - Diretrizes Brasileiras para Tuberculose. Ministério da Saúde, 2004.
16. Ippolito G, Puro V, Henptonstall J, Jagger J, De-Carli G, Petrosillo N. Occupational human immunodeficiency virus infection in health care workers: worldwide cases through september 1997. Clin Infect Dis 1999; 28:365-83.
17. Jeffries DJ. Viral agents of blood-borne infections. In: Collins CH & Kennedy DA, ed. — Occupational blood-borne infections. Cambridge: CAB International, 1997. pp. 1-16.
18. Kelafant GA. Occupations at risk. In Couturier A. (ed.) Occupational infectious disease, pp. 133-140, OEM Press, 2000.
19. Kuehnert MJ & Cardo DM. Infections associated with health-care personnel: vaccine-preventable disea-

ses and bloodborne pathogens. Curr Infect Dis Rep 2000; 2: 475-483.
20. Lamphear BP. Trends and patterns in the transmission of bloodborne pathogens to health care workers. Epidemiol Rev 1994; 16: 437-50.
21. Mahoney FJ, Stewart K, Hu H, Coleman P, Alter MJ. Progress toward the elimination of hepatitis B virus transmission among health care workers in the United States. Arch Intern Med 1997; 157: 2601-5.
22. Panlilio AL, Orelien JG, Srivastava PU, Jagger J, Cohn RD, Cardo DM, the NaSH Surveillance Group, the EPINet Data Sharing Network. Estimate of the annual number of percutaneous injuries among hospital-based healthcare workers in the United States, 1997–1998 - Infect Control Hosp Epidemiol 2004;25:556-562.
23. Pike RM. Laboratory-associated infections: incidence, fatalities, acuses and prevention. Ann Rev Microbiol 1979; 33: 41-66.
24. Richmond JY & Mckinney RW (ed.) Biosafety in microbiological and biomedical laboratories. 4ª ed., Washington, U.S. Government printing office, 1999. Tradução disponibilizada pela Fundação Nacional de Saúde em http://www.funasa.gov.br/pub/pdfs/livro_biossegurança.pdf.
25. Sepkowitz KA. Occupationally acquired infections in health care workers. Part II. Ann Intern Med 1996, 125 (11): 917-28.
26. Sepkowitz KA. Occupationally acquired infections in health care workers. Part I. Ann Intern Med 1996; 125 (10): 826-34.
27. Sepkowitz KA. Tuberculosis and the health care worker: a historical perspective. Ann Intern Med 1994, 120: 71-79.
28. Sulkin SE & Pike RM. Survey of laboratory-acquired infections. Am. J. Public Health 1951, 41(7): 769-81.
29. WHO Guidelines for the global surveillance of severe acute respiratory syndrome (SARS). Update recommendations, October 2004.

Capítulo 13

Aspectos Psicológicos Associados ao Acidente Ocupacional com Material Biológico Potencialmente Contaminado

Alcyone Artioli Machado
Maria Rosa Rodrigues Rissi

Introdução

A síndrome da imunodeficiência adquirida (AIDS), desde sua descrição clínica na década de 80 do século XX, vem-se configurando uma epidemia dinâmica que a todo o momento desperta a comunidade científica para novas dimensões, determinando, assim, diferentes preocupações e aprofundamentos temáticos.

No início da epidemia de AIDS, identificou-se, entre os profissionais da saúde que trabalhavam com pacientes portadores do HIV/AIDS, uma "epidemia do medo", reações irracionais que chegavam à recusa do paciente, quando não um atendimento marcado pela discriminação e desvitalização do processo de tratá-los.

Ainda hoje, o estigma que acompanha os aspectos relacionados com a AIDS, constitui um bloqueio ao atendimento e assistência ao paciente portador do HIV/AIDS. Além disso, a complexidade deste trabalho tem um duplo efeito sobre o profissional: além de acarretar enorme desgaste psicológico, dificulta a identificação dos principais fatores de tal desequilíbrio, multideterminados pelo medo, falta de informação, crenças individuais e, principalmente, pela forma fragmentada com que a doença é encarada nos meios especializados[7].

Adiciona-se a isso o risco de contaminação implícito no decorrer dos procedimentos que o profissional de saúde efetua, ao cuidar dos pacientes portadores do HIV/AIDS, através de exposição acidental a material biológico potencialmente contaminado (MBPC) no transcurso do seu trabalho. Sabe-se que os acidentes com este tipo de material acontecem das mais variadas formas, como o uso e descarte inadequado de material até o desconhecimento da forma de uso dele[17].

Estudos realizados no Canadá destacam o medo do contágio como o principal assunto das discussões de um grupo de trabalhadores da saúde que lidam com o paciente portador do HIV/AIDS, seguido por diversos temas estigmatizantes, como a homofobia, por exemplo, indicando a necessidade de repensar posições e atitudes com relação ao paciente, bem como a necessidade de apoio para expressar medos e fantasias[24].

Outras manifestações acerca das dificuldades deste contato aparecem na forma de angústia e ansiedade do profissional diante da presença subjetiva da perda do paciente, ou ainda outras situações extremas que incidem como fatores desencadeantes do estresse e do desconforto emocional por eles percebidos. Há igualmente a extensão do estresse no dia-a-dia do trabalhador, fora de seu ambiente profissional, e as respectivas preocupações e implicações que incidem sobre sua vida pessoal[5,14,15]. Além disso, aqueles que exercem assistência à AIDS acabam isolados pelos próprios pares e não recebem o merecido reconhecimento por seu trabalho.

De acordo com Tellier e cols.[26], o advento da AIDS tem sido uma oportunidade para um maior reconhecimento do papel dos profissionais da saúde tanto no campo da clínica e prevenção, como no de saúde pública como um todo, inserindo sua prática além do campo técnico, abrangendo, sobretudo, os aspectos ligados com a relação que se estabelece com a pessoa doente.

Estes fatos apontam para a necessidade da construção de vínculos e possibilidade de uma comunicação efetiva e confiável entre o equipe clínica e o paciente, o que se tornou essencial diante da possibilidade de tratar a AIDS como uma síndrome mais crônica do que letal. Tal fato torna ainda mais complexo o aspecto emocional que permeia o trabalho e vem reafirmar a importância de as instituições oferecerem mecanismos de suportes psicológicos os referidos profissionais.

Além disso, dado o grande número de profissionais da saúde que atuam intensamente no contato com a pessoa infectada e com sua família, espera-se que estejam preparados para informar e apoiar, viabilizando, assim, a volta do doente, em boas condições clínicas, para casa, papel este que requer treino.

As questões relacionadas com a implicação psicológica do evento de exposição acidental a MBPC têm sido pouco discutidas na literatura[1,8,22,28]. Maior ênfase tem sido dada aos aspectos ligados à profilaxia pós-exposição, às dificuldades de notificação do acidente e de aderência destes profissionais à terapia medicamentosa prescrita, reforçada, mais uma vez, pelo medo de serem alvos de discriminação[9,12,18].

É sabido que a freqüência da exposição acidental a MBPC em profissionais da saúde varia de acordo com a ocupação, os procedimentos realizados e as medidas preventivas efetuadas[2,11]. Alguns trabalhos têm sido conduzidos para verificar quais as categorias profissionais mais expostas ao risco de acidentes durante o exercício de suas funções[3,12]. Além disso, o potencial de contaminação pelo HIV ou pelos vírus das hepatite B ou C, no caso de exposição acidental a MBPC, está diretamente relacionado com o tipo de acidente e condições clínicas do paciente-fonte. Segundo os centros de controle de infecções, como os *Centers for Disease Control* (CDCs), com sede em Atlanta, Estados Unidos, em casos em que o risco é comprovado, ou seja, quando o paciente fonte é infectado pelo HIV, tem sido demonstrado que a probabilidade de soroconversão é de 0,3%[4,20]. Quanto à hepatite B, a probabilidade de soroconversão para os indivíduos não-vacinados seria 100 vezes maior e, para o vírus da hepatite C, cerca de 4% a 10% em diferentes casuísticas[17].

Alguns trabalhos publicados e relevantes observações informais retratam que o episódio de acidente ocupacional é vivenciado com muita angústia pelos profissionais de saúde. Assim, para os profissionais da saúde que atendem aos pacientes portadores do HIV/AIDS, o exercício do trabalho transcende os aspectos técnicos intrínsecos a ele, exigindo uma outra dimensão no atendimento que inclua a tarefa de ser continente às carências psicossociais de tais pacientes, indicando uma preocupação com o lado mais humano desta questão[2,9,19].

Um estudo realizado na Austrália, para detectar as reações psicológicas de um grupo de profissionais da saúde expostos ao risco da infecção pelo HIV, relacionou a percepção objetiva e a percepção subjetiva dos riscos de acidente. O evento em si foi constatado como significativo e traumatizante para o profissional, independente do tipo de acidente ou soroconversão[27].

Desta forma, parece evidente que, além da formação em nível técnico para o atendimento da AIDS, é de absoluta importância a compreensão dos diversos aspectos psicossociais inerentes à prática do profissional, o que aponta para a crescente necessidade de programas de apoio e suporte psicológico na busca de uma relação menos ameaçadora e mais verdadeira com o doente.

Profissionais da saúde e os significados atribuídos ao trabalho realizado com os pacientes portadores do HIV/AIDS

Um estudo conduzido junto a profissionais da saúde (médicos, enfermeiros e auxiliares de enfermagem, auxiliares de serviços gerais e cirurgiões-dentistas que atendem a pacientes portadores do HIV/AIDS em um hospital-escola de Ribeirão Preto) apontou a existência de uma tendência de atuação profissional pautada na busca de auto-realização[19]. Como os aspectos clínicos e psicossociais da AIDS se apresentam de forma bastante complexa, o envolvimento do profissional da saúde com o trabalho e com o paciente se torna instrumento privilegiado e imprescindível no prognóstico favorável da evolução do tratamento. Desta maneira, parece haver uma complementaridade entre as necessidades apresentadas pelos indivíduos infectados e aqueles que se encarregam de cuidá-los.

Quando se referem ao trabalho em si, as crenças e os valores identificados nestes profissionais demonstram que há uma compreensão sobre as necessidades emocionais dos pacientes, e atendê-las é parte integrante do papel profissional, o que acaba deslocando para outro nível de significado o reconhecimento da competência técnica e científica, que, embora indiscutivelmente necessária, não é suficiente para tratar a AIDS.

O ato de compreender pode significar conter em si, colocando o profissional como depositário de todos os sentimentos e sentidos que façam parte do significado da doença para o portador. Strawn[23] refere que, em geral, as pessoas reagem de modo individual a doenças com risco de vida, em especial a AIDS. Assim, a autora aponta que as reações estão relacionadas com o significado da doença para cada pessoa, assim como sua extensão bem como as conseqüências físicas e mentais. Doenças acompanhadas de estigma carregam consigo não apenas o temor da morte mas também o da discriminação e possíveis interferências nos relacionamentos sociais e afetivos. Segundo a autora, tais reações podem ser mais devastadoras que a própria doença.

Se considerarmos o fato de que diante desta realidade, nas relações estabelecidas entre o profissional da saúde e o paciente portador do HIV/AIDS encontraremos elementos afetivos implicados, é preciso refletir sobre a possibilidade de manutenção de um espaço seguro entre o saber técnico e o envolvimento emocional.

Assim, o profissional parece afastar-se da realidade das dificuldades do dia-a-dia e agir com base em idealizações a respeito de seu trabalho, entendendo o paciente como digno de carinho e compreensão, ainda que seja preciso distanciar-se de julgamentos no que se refere às diferentes formas de contágio e estilos de vida. A idealização incide ainda sobre a própria percepção da capacidade de exercer suas funções, mesmo que não se sinta completamente seguro diante da possibilidade de vir a sofrer uma contaminação através da ocorrência de um acidente ocupacional.

Ocorre aqui um processo de afastamento da realidade, do risco concreto de se acidentar e se infectar com o HIV, que torna possível ao profissional continuar sua busca de auto-realização. Tal idealização sugere um sentimento de onipotência, a crença de que os profissionais possuem qualidades especiais que lhes possibilitam cuidar de vidas tão ameaçadas tanto pelos aspectos relacionados com a própria doença, quanto a todo o contexto social e emocional que envolve a síndrome. Segundo Figueiredo e Turato[8], o sentimento de onipotência do profissional da saúde é, muitas vezes, um fator determinante na própria escolha da profissão, a qual pode ser utilizada, consciente ou inconscientemente, para que o profissional se sinta mais potente, numa reação contra a fragilidade dos seres humanos frente à doença e à morte.

A necessidade de cuidar e entender o ser humano doente parecem também ressignificar a atuação profissional, o que implica a necessidade de suporte para que tais angústias, rechaçadas de sua vivência diária, possam ser sentidas e elaboradas, pois, assim, este profissional poderia trabalhar de uma forma mais verdadeira com relação a seus propósitos e desejos.

Todas estas reflexões apontam para a importância de pensarmos, como objetivo do trabalho, a busca do bem-estar do paciente. Contudo, é preciso estar atento à extensão das dificuldades peculiares ao atendimento da doença AIDS: a variedade de enfermidades que se verificam no desenvolvimento desta, a especificidade psicossocial determinada em diferentes contextos e o importante aspecto associado ao risco de contaminação durante os procedimentos que envolvem o material biológico.

O LUGAR DO PACIENTE NA PRÁTICA COTIDIANA E AS POSSIBILIDADES DE IDENTIFICAÇÃO QUE EMERGEM DIANTE DO RISCO DE CONTAMINAÇÃO ATRAVÉS DE ACIDENTE OCUPACIONAL COM MBPC

No que se refere ao paciente em atendimento, predominam crenças concernentes a um processo de afiliação que colocam o paciente em lugar de destaque na vida do trabalhador. O paciente portador do HIV/AIDS parece ocupar um papel central no processo que se configura como uma busca da realização profissional do trabalhador da saúde. Este significado carrega em si valores e funções nas mais diferentes direções[19].

Dado que o paciente é sentido como a principal motivação para o desempenho das funções profissionais dos trabalhadores da saúde em questão, da evolução e resposta ao tratamento acompanhadas na trajetória deste paciente, disso depende também o sucesso de quem os cuida, acabando, assim, por "diluir" o controle sobre sua própria realização. Tudo aquilo que for possível deve ser realizado, podendo o fracasso ser atribuído a diversos fatores externos.

A auto-estima do profissional também depende da condição do paciente, principalmente porque o profissional assume o ônus de mantê-lo no caminho do tratamento, além de cuidar para garantir, através de informação e suporte, a qualidade de vida do paciente.

Em nossa experiência, existe uma significativa diferença com relação à auto-estima dos profissionais da saúde, se utilizarmos como parâmetro a vivência de um acidente ocupacional que tenha envolvido MBPC. Os profissionais que nunca sofreram acidente apresentam-se insatisfeitos com relação ao desejo de estarem sendo devidamente reconhecidos através do seu trabalho. É possível supor que os profissionais que já se acidentaram se aproximam um pouco mais do universo de representação do papel do profissional do ponto de vista do paciente, e então fica mais clara a importância deste papel para a manutenção do vínculo com a vida, principalmente nos primeiros momentos. Um aumento da auto-estima deve estar relacionado com o sucesso do seguimento terapêutico.

Em face da nova configuração do tratamento da AIDS, o profissional da saúde passa a atuar sobre uma realidade diferente, uma vez que atualmente a sobrevida do paciente portador do HIV/AIDS é bem maior. Com a introdução da terapia combinada de medicamentos anti-retrovirais (ARV), temos a AIDS como uma doença crônica que possibilita ao paciente melhor qualidade de vida e, conseqüentemente, viver por mais tempo. Contudo, esse processo é um desafio constante ao profissional da saúde, que continuamente precisa rever suas motivações e dificuldades para continuar atendendo a tal população. A adesão é um processo permanente e contínuo que exige do profissional disponibilidade para aprender e ensinar[25].

A questão da adesão está presente desde o início da epidemia, embora a proposta terapêutica da época fosse frágil e estivesse voltada para o tratamento das doenças oportunistas e profilaxias secundárias. Após novembro de 1996, com a distribuição dos medicamentos ARV, a terapia combinada abriu novos caminhos, alterando o perfil clínico da doença. A medicação passa agora a exercer um papel de controle sobre a replicação do vírus, deixando de incidir exclusivamente sobre as infecções secundárias decorrentes da queda da imunidade do paciente.

Este novo panorama despertou os profissionais da saúde para a necessidade de estabelecer um diálogo confiável com o paciente. Além disso, tal profissional deve estar pronto para auxiliar o paciente na construção de estratégias que efetivem o cumprimento do esquema terapêutico recomendado, observando para tanto hábitos da vida cotidiana deste paciente, a exemplo dos horários e da qualidade de sua alimentação.

Outros níveis de representação dizem respeito ao impacto e a conseqüente reação de revolta do paciente, bem como ao diagnóstico/prognóstico da infecção. Nestes aspectos, os profissionais que trabalham com AIDS podem não expressar significativamente alguma direção, o que faz pensar nas dificuldades reais, e nas sentidas internamente, de julgar as reações dos pacientes que possuem um conteúdo emocional fortemente negativo, como o sentimento de revolta.

Os profissionais da saúde enxergam o paciente portador do HIV/AIDS como "difícil", fundamentados em seu convívio direto e nas dificuldades que enfrentam nesse lidar, implicando obstáculos que incidem no cotidiano de tais relações. Eles percebem que a "parte psicológica" representa uma dimensão especial do cuidado e, conforme observam, o termo difícil aparece interligado a agressividade, exigência, carência, rebeldia, angústia e depressão[5,19].

Flaskerud[10] sugere que os pacientes portadores do HIV/AIDS são extremamente desafiadores para os profissionais tanto no que se refere aos valores individuais quanto aos ideais religiosos, à cultura e à ética que pregam. Sem dúvida, lidar com todos estes sentimentos e aspectos da intersubjetividade que incidem na relação do profissional da saúde com seus pacientes soropositivos requer preparo, valorização e reconhecimento, para que o trabalho possa ser desenvolvido com possibilidade de satisfação.

Em geral, o que acaba acontecendo é uma tentativa, por parte do profissional, realizada através de "comportamentos de ajuda", quando este passa a ouvir e dar opiniões sobre a conduta de seus pacientes, sem nunca ter sido preparado para tal, e sem ter seu próprio espaço para pensar a respeito das dúvidas e angústias que afligem a ele próprio. Questões de técnica profissional ou o conhecimento dos mecanismos envolvidos nestas situações são simplesmente ignorados, o que acaba por facilitar o envolvimento emocional entre profissional e paciente. Conseqüentemente, um processo de identificação profissional acaba gerando sentimentos de pena e uma carga ainda maior de sofrimento psíquíco[8,19].

Outra crença bastante discutida entre os profissionais da saúde diz respeito ao fato de que alguns pacientes se arrependem da exposição ao HIV, contudo encontramos no estudo por nós conduzido uma divergência entre os profissionais que nunca sofreram acidente ocupacional e os que já se acidentaram[19]. Para os primeiros, este acontecimento é valorizado positivamente, o que parece apontar para a possibilidade de o paciente se redimir, levando a uma abertura para um processo de acolhimento e filiação. Por outro lado, as respostas emitidas pelos profissionais que já se acidentaram sugerem uma dificuldade de avaliar racionalmente a possibilidade de reconhecimento, por parte do paciente, das escolhas que ele fez em sua vida pregressa.

Esta divergência aponta para o fato de que a responsabilidade da possível aquisição do HIV através da exposição acidental a MBPC parece se aproximar das chamadas formas passivas de contágio, como no caso da aquisição através de transfusão sangüínea ou de crianças que se infectaram por transmissão vertical, através do cordão umbilical, da amamentação ou procedimentos cirúrgicos no decorrer do parto. Segundo Figueiredo e Turato[8], em casos assim o profissional reage com pena e identificação com o paciente, quase nunca questionando a co-responsabilidade do indivíduo. Desta forma, ele consegue se afastar da própria responsabilidade no que se refere à possibilidade de evitar o acidente através do uso correto das precauções universais e da utilização de equipamento de proteção individual.

No entanto, as reações típicas do momento do acidente, apontadas em diferentes estudos, como o medo, o transtorno emocional e, até mesmo, o desespero do acidente, parecem desencadear a necessidade de assumir crenças e mitos que o profissional tem a respeito do paciente. Sua capacidade de afastamento do sofrimento real fica comprometida e, então, o profissional se identifica com o paciente, com toda a gama de preconceitos e tabus que cercam a vida destes doentes. O trabalhador acaba sendo alvo de estigmas ligados à AIDS, sendo necessário que eles enfrentem seus medos e receios, ao cuidar de tais pacientes[15,21,28].

Souza[22] aponta a preocupação não só com o acidente em si mas também com um retorno às próprias concepções sobre o paciente e seu modo de vida, emergindo, de forma preponderante, os preconceitos com relação aos comportamentos de risco. O fato de que os modos de infecção, as visões sobre os comportamentos de risco e julgamentos pessoais permeiam o cotidiano das relações estabelecidas entre profissionais e pacientes portadores do HIV/AIDS é verificado com freqüência[8,14]. Além disso, tais trabalhadores estão sujeitos à mesma discriminação inclusive no seu grupo social.

A reflexão realizada nos parágrafos precedentes precisa estar ancorada em um enfoque particular e que se refere à própria organização do trabalho, que apregoa o sofrimento físico como o único acontecimento merecedor de atenção e consideração por parte do grupo responsável por tal monitoramento. Dada a complexidade inerente à dinâmica do trabalho com o paciente portador do HIV/AIDS, é plausível assegurar que o sofrimento mental é parte constante da rotina profissional destes trabalhadores. No entanto, esta condição é tratada com desdém e marginalizada pela sociedade como se não fosse real[6]. Incomoda o fato de que, em algumas ocasiões, a ocorrência de acidentes ocupacionais é a expressão concreta (ou física) de um processo paralelo e contínuo de desgaste e sofrimento mental.

De modo geral, o profissional, por acompanhar muito de perto o processo de doença dos pacientes, envolve-se e acaba por participar da mesma dor, além de, muitas vezes, ser solicitado pelo paciente como sendo seu último contato social[8].

As conseqüências dos acidentes ocupacionais são discutidas por Feix e cols.[6], os quais demonstram que, quando o profissional passa por situações que desencadeiam reações de medo e sofrimento, ele aproxima da sua realidade de atuação os riscos a que se expõe diariamente, assim como as frustrações a que se submete. É como se diante desta situação ele tomasse a consciência exata do risco presente durante a execução das tarefas. No caso daqueles que trabalham com AIDS, o profissional se vê invadido pela certeza de que vai se contaminar pelo HIV.

Profissionais da saúde que se expõem a MBPC percebem as ameaças físicas e psicológicas com reflexo para sua vida social e familiar. Diferentes autores[21,22] discutiram as reações dos profissionais que se acidentaram, demonstrando o impacto do acidente inclusive em ambientes sociais mais amplos, não penalizando apenas o profissional, havendo uma extensão à esfera familiar, o que acaba por elevar seu sofrimento.

Diante desta realidade, o receio de contrair infecção no contato com o paciente pode causar, inclusive, pânico entre as equipes de saúde, dificultando o recrutamento para este tipo de atendimento e causando, até mesmo, abandono de emprego, o que, algumas vezes, é exigência da família, que alega, assim, evitar a contaminação dos profissionais e dela[5,14].

Tribonnière e cols.[28] perceberam, em profissionais que se acidentaram com MBPC, sentimentos de ansiedade, raiva, cólera, insônia e depressão. Neste sentido, a capacidade de assumir sentimentos negativos em relação ao trabalho e à pessoa cuidada parece ser facilitada pelo episódio do acidente, havendo a presença subjetiva de preconceitos e julgamentos no contato do profissional com o paciente portador do HIV/AIDS[5,8,14,22].

Assim, a dimensão do temor ao acidente e suas conseqüências parece estar ligada a possíveis identificações com o próprio paciente. De acordo com Figueiredo e Turato[8], alguns fatores importantes levam o profissional a continuar trabalhando com o paciente portador do HIV/AIDS. Para estes autores, a capacidade de identificação do profissional com a situação do paciente está associada à luta contra a discriminação deste ser humano infectado, assim como à discriminação que incide sobre aqueles que se propõem a cuidá-lo. Desta forma, seria contraditório abandoná-lo. Outras fontes de identificação e sensação de vulnerabilidade pessoal à doença e ao óbito apontadas pelos autores referem-se ao fato de cuidarem de pessoas jovens, até então saudáveis, que enfrentam uma rápida deterioração física até o óbito.

Analisando tais questões, é possível perceber que o medo presente na AIDS se relaciona com alguns outros medos que podem se referir ao temor do abandono da família e dos amigos, rejeição da sociedade e o contato com o viver e o morrer[13]. Além disso, todas as medidas necessárias para a profilaxia pós-acidente são desconfortáveis e acabam colocando o profissional em circunstâncias muito parecidas com aquelas que o paciente com AIDS vivencia cotidianamente, como o grande número de medicamentos que precisam ser tomados, os efeitos colaterais que, algumas vezes, acabam sendo bastante incômodos, a necessidade do uso de preservativos em todas as relações sexuais assim como os cuidados para evitar uma possível gravidez durante este período de observação. O acidente faz com que o profissional passe a ser tão vulnerável quanto o seu paciente. Passe a ser um igual.

Além destes aspectos, a possibilidade de se infectar com o HIV através de exposição acidental, ao que tudo indica, desperta o profissional para questões mais imediatas, até então colocadas em outro nível de representação. É neste momento que ele pode perceber que as necessidades básicas ligadas ao real, como a segurança para o trabalho e sua saúde, encontram-se invariavelmente sobre alicerces frágeis. Também o medo da discriminação e da rejeição social pode passar a incidir sobre a vida e a prática destes profissionais da saúde.

Em tal contexto, surge o estresse, ligado ao desgaste do profissional e que se refere, segundo Feix e cols.[6], ao resultado de um desequilíbrio entre a demanda ambiental e as capacidades individuais de atendê-las. De acordo com os referidos autores, as questões de subsistência que envolvem as situações de trabalho *versus* doença, o medo da desaprovação do grupo e/ou sociedade, bem como os sentimentos de auto-estima e auto-imagem prejudicados também se tornam grande fonte de estresse.

Pasacreta & Jacobsen[16] afirmam, ainda, que, para os enfermeiros que iniciam seu trabalho com AIDS, a preocupação maior é com a contaminação. No entanto, após algum tempo de experiência, o medo decorrente desta preocupação é superado pelo uso dos equipamentos de proteção. Surge, então, o *burnout* ou o consumo da força vital do profissional, que utiliza tal força para a competência e a resistência emocional necessárias para o desempenho de suas funções. Quando o *burnout* se instala, o profissional da saúde manifesta sentimentos de angústia e impotência, passando a apresentar recusa ao trabalho, depressão, estresse, e podendo chegar até mesmo à discriminação dos pacientes que até então eram por eles atendidos[8].

É importante ressaltar que, embora poucos estudos tenham sido conduzidos para avaliar a adesão e o seguimento proposto para profilaxia ARV após exposição acidental pelo profissional de saúde, alguns autores sugerem que a adesão é geralmente baixa[9,12,29]. Segundo eles, isso se deve provavelmente ao fato de que, após o pânico inicial gerado no momento do acidente ser superado, abre-se caminho para uma nova construção dos sentimentos anteriores ao acidente. Os sentimentos de imortalidade e onipotência são características da personalidade do próprio profissional da saúde, que usa estes mecanismos como uma forma de "proteção" contra o adoecimento[9].

Assim, os dois pólos de representação e conduta do trabalhador da saúde que atende ao paciente portador do HIV/AIDS ficam definidos entre uma perda de contato com os riscos reais, imediatos e uma supervalorização da possibilidade de diminuir o sofrimento do outro, em que se encontra depositada grande parte das expectativas de realização em nível pessoal e profissional.

Um terceiro nível de desdobramento, referente aos aspectos técnicos que influenciam a prática, é representado pela crença de que a pressa pode ser uma das causas de acidentes ocupacionais. Contudo, esta contingência parece estar associada a outras dificuldades verificadas no *setting* de trabalho, como o número insuficiente de funcionários, a negligência do uso de equipamentos de proteção em função do tempo, a conduta inadequada no descarte de materiais e as dificuldades do trabalho em equipe[19].

Um aspecto em especial, que parece ser bastante significativo quando o profissional de saúde trabalha com pacientes portadores do HIV/AIDS, refere-se à gama de preocupações embutidas no ato de se paramentar para prestar o atendimento necessário. Se, por um lado, esta atitude protege o profissional da ocorrência de acidente, dado o risco de transmissibilidade, por outro produz uma sensação identificada como desconforto e que tange sua relação com o paciente. O que deveria ser interpretado como um cuidado necessário à proteção de ambos, muitas vezes ganha a tonalidade de preconceito, já que tantas barreiras são interpostas no contato entre dois indivíduos. Cabe ressaltar que o uso correto e sistemático das precauções universais, assim como do equipamento de proteção individual, é de suma importância, para que o acidente seja evitado.

Neste sentido, Souza[22] destaca que os profissionais de enfermagem vivenciam situações de risco cotidianamente, deixando de se proteger, de se cuidar, como se fosse uma atitude "natural", essencial para o exercício da profissão cujo objeto é a prática do cuidar. Observa-se que, muitas vezes, a atenção dos componentes da equipe no ambiente de trabalho se concentra no cuidar, porém no cuidar apenas "dos outros".

Alguns estudos[21,28] destacam que grande parte dos profissionais que vivenciaram alguma ocorrência de exposição ocupacional ao HIV conseguiu modificar hábitos, principalmente os referentes ao uso das precauções universais e do equipamento de proteção individual.

Os trabalhadores que conseguem elaborar, de forma consistente, a situação do acidente e repensam suas vidas sob o olhar dos acontecimentos, normalmente apresentam respostas cognitivas importantes, transformando suas práticas do ponto de vista da segurança profissional. Contudo, alguns relatos encontrados no estudo de Souza[21] apontam que nem sempre as respostas são determinadas pela situação estressante, dependendo, sobretudo de experiências anteriores e de crenças pessoais.

Para Meneghin[14], o medo do contágio pelo HIV não percorre os caminhos da evidência científica sobre a doença, mas perpassa pelos meandros dos valores individuais e das crenças da população, evidenciando aspectos simbólicos da doença ligados intimamente à contaminação.

Diante desta realidade, o trabalho realizado pelos referidos profissionais que atendem a pacientes portadores do HIV/AIDS é percebido como um desafio no sentido mais amplo da palavra, uma vez que a tranqüilidade necessária para o cumprimento das tarefas é frágil e a exigência que o trabalho impõe muito grande. Além disso, as dificuldades emocionais do paciente se refletem no dia-a-dia do profissional, que reconhece suas demandas e acaba se sentindo responsável pelo bem-estar do paciente. Em contrapartida, o contato com o próprio sofrimento, com os próprios preconceitos e estigmas, com os riscos e com a satisfação de necessidades imediatas através da realização do trabalho é colocado, equivocadamente, em outro plano.

Assim, a complexidade do trabalho acarreta significativo desgaste emocional, apontando para a importância de ações que visem a oferecer condições favoráveis de atuação, incluindo apoio e suporte psicológico aos profissionais, no intuito de caminhar na direção de uma relação menos ameaçadora e mais verdadeira com o paciente portador do HIV/AIDS.

Referências Bibliográficas

1. Canini SRMS. Situações de risco para a transmissão de patógenos veiculados pelo sangue entre a equipe de enfermagem de um hospital universitário do interior paulista. Ribeirão Preto, 2000. 122p. Dissertação (Mestrado) — Escola de Enfermagem de Ribeirão Preto, Universidade de São Paulo.
2. Cardo DM. Patógenos veiculados pelo sangue. In: Rodrigues EAC. et al,. Infecções hospitalares: prevenção e controle. São Paulo, Sarvier, 1997, p. 341-51.
3. Centers for Disease Control and Prevention. Case control study of HIV seroconversion in health-care workers after percutaneous exposure to HIV-infected blood — France, United Kingdom, and United States, January 1988-August 1994. MMWR, Atlanta, v. 44, n. 50, pp. 929-33, 1995.
4. Centers for Disease Control and Prevention. Public health service guideline for the management of healtcare workers exposure to HIV and recommendation for post exposure prophylaxis. MMWR, v. 47, n. 7, 1998.
5. Dresler DE, Boemer MR. O significado do cuidado do paciente com Aids — Uma perspectiva de compreensão. R. Bras. Enfermagem, v. 44, n. 1, p. 70-81, 1991.

6. Feix MAF et al. Reflexões acerca do estresse ocupacional. Rev. Gaúcha Enfermagem, v. 19, n. 1, p. 11-4, 1998.
7. Figueiredo MAC. Aids, Ciência e Sociedade. A dicotomia entre o conhecimento técnico e a competência social no trabalho do profissional de saúde, Ribeirão Preto. Departamento de Psicologia e Educação, FFCLRP — USP, 1995.
8. Figueiredo RM, Turato ER. A enfermagem diante do paciente com AIDS e a morte. J. Bras. Psiq., v. 44, n. 12, p. 641-7, 1995.
9. Figueiredo RM et al. Adherence of professionals to follow up treatment after exposure to contaminated material in a brasilian univ. hospital. Abstract. Infection control and Hospital Epidemiology, v.21, n.2, p.109, 2000.
10. Flaskerud JH. Psychosocial aspects. J. Psychos. Nurs., v. 25, n. 12, pp. 9-16, 1987.
11. Machado AA. Acidentes de exposição ao sangue. Informativo Epidemiológico de Ribeirão Preto, n. 28, 1999.
12. Machado AA et al. Occupational exposure to potentially contamined material among health care workers at the university hospital. In: Congresso Brasileiro de Controle de Infecções e Epidemiologia Hospitalar, 7; Congresso Pan-americano de Controle de Infecções e Epidemiologia Hospitalar, 3, Congresso de Odontologia de Minas Gerais de Controle de Infecções e Epidemiologia Hospitalar, 1, Belo Horizonte, 2000. Anais. Belo Horizonte, Associação Brasileira de Controle de Infecção Hospitalar, p. 109, 2000.
13. Martin L, Baldessin A. Conviver com Aids: subsídeos para o doente, sua família e grupos de apoio. Editora Santuário, Aparecida (SP), 1990, 88p.
14. Meneguin P. Entre o medo da contaminação pelo HIV e as representações simbólicas da Aids: o espectro do desespero contemporâneo. Rev. Esc. Enfermagem USP. v. 30, n. 3, p. 399-415, 1996.
15. Niven CA, Knussen C. Measuring the stress associated with caring clients with HIV/AIDS. Aids Care, v.11, n. 2, p. 171-80, 1999.
16. Passacreta JV, Jacobsen PB. Adressing the need for staff amonstg nurses caring for the Aids. Oncol. Nurs. Fórum, v. 16, n.5, p. 659-63, 1989.
17. Puro V et al. Occupational risk of HIV and other bloodborne infection. Am. J. Infect. Control. v. 23, n. 5, pp. 273-7, 1995.
18. Puro V, Ippolito G. Brief report: effect of antiretroviral agents on T-lymphocyte subset counts in healthy HIV-negative individuals. The Italian Registry on anti-retroviral postexposure prophylaxis. J Acquir Immune Defic Syndr, v. 24, n. 5, p. 440-3, 2000.
19. Rissi MRR. Um estudo de determinantes afetivos sobre a prática de profissionais da saúde que trabalham com síndrome da imunodeficiência adquirida (AIDS). Ribeirão Preto, 2001. 124p. Dissertação (Mestrado) — Faculdade de Filosofia, ciências e Letras de Ribeirão Preto, Universidade de São Paulo.
20. São Paulo. Secretaria do Estado de Saúde. Programa Estadual DST/AIDS: Biossegurança. São Paulo, 1998, 75p.
21. Souza A. Risco biológico e biossegurança no cotidiano de enfermeiros e auxiliares de enfermagem. Ribeirão Preto, 2000. 183p. Tese (Doutorado) — Escola de Enfermagem de Ribeirão Preto, Universidade de São Paulo.
22. Souza M. Acidentes ocupacionais e situações de risco para equipe de enfermagem: um estudo em cinco hospitais do Município de São Paulo. São Paulo, 1999, 163. Tese (Doutorado) — Escola Paulista de Medicina, Universidade Federal de São Paulo.
23. Strawn JM. As conseqüências psicossociais da Aids. In: Durhan JD, Cohein FL. A enfermagem e o aidético. Trad. Carlos Henrique Nachif. São Paulo: Manole, 1989, pp. 126-49.
24. Taerk G et al. Recurrent themes of concern in group for health care professionals. Aids Care, v. 5, n. 2, p. 215-22, 1993.
25. Teixeira PR et al. Tá difícil engolir?: experiências de adesão ao tratamento anti-retroviral em São Paulo. São Paulo, Nepaids, 2000.
26. Tellier A et al. Health care workers'(HCW) perceptions of changes in HIV infection. Paris: Association Didier Seux-Santè Mentale et Sida. In: International AIDS Conference, Genebra, Suíça, 1998.
27. Treolar CJ et al. The personal experience of Australian health care workers accidentally exposed risk of HIV infection. AIDS, v. 9, n. 12, p. 1385-6, 1995.
28. Tribonnière X et al. Tolerance, compliance and psychological consequences of post-exposure prophylaxis in health-care workers. Int. J. STD & AIDS, n. 9, p. 591-4, 1998.
29. Wang S et al. Experience of healthcare workers taking postexposure prophylaxis after occupational HIV exposures: findings of the HIV postexposure prophylaxis registry. Infect. Control. Hosp. Epidemiol., v. 21, p. 780-5, 2000.

Capítulo 14

Boas Práticas em Laboratórios e Serviços de Saúde

Marco Fabio Mastroeni

Introdução

As boas práticas de laboratório, e aqui estendidas também aos serviços de saúde, dizem respeito a técnicas, normas e procedimentos de trabalho que visam a minimizar e controlar a exposição dos trabalhadores aos riscos inerentes às suas atividades. A aplicação das boas práticas é indispensável à segurança do trabalhador, do produto que está manipulando e do ambiente em que atua, devendo fazer parte de sua rotina de trabalho.

O uso das boas práticas em laboratórios e serviços de saúde deve ser de caráter coletivo, e não somente individual. Todos os trabalhadores precisam ser constantemente atualizados quanto às técnicas seguras de trabalho, caso contrário, o não cumprimento destas técnicas certamente irá gerar risco não só a um indivíduo, mas também a todos os que atuam naquele ambiente.

Infelizmente, muitas vezes assumimos uma visão egoísta dos fatos, ao pensarmos que basta "eu" estar utilizando um equipamento de proteção individual (EPI) para estar totalmente protegido de eventuais acidentes. Um exemplo muito prático deste caso, e que tem ocorrido com freqüência em laboratórios de pesquisa e serviços de saúde, pode ser ilustrado quando um trabalhador procede à descontaminação de uma bancada, segurando um frasco de álcool, e não percebe a chama do bico de Bunsen acesa. Se neste momento ocorrer uma explosão e outra pessoa estiver próximo ao acidente, mesmo vestindo o jaleco, este EPI não será suficiente para garantir total proteção contra os ferimentos gerados pelo fogo. A desatenção e, provavelmente, a falta de treinamento de um indivíduo podem colocar em risco a vida de outros membros da equipe. Fica claro, então, que todos devem possuir uma visão de prevenção e profissionalismo no ambiente de trabalho, e não somente parte da equipe.

Com facilidade, é possível presenciarmos locais em que somente alguns trabalhadores fazem uso dos EPIs de forma rotineira em suas atividades. Geralmente nestes locais, as pessoas que não possuem o hábito de utilizar tais equipamentos são justamente as responsáveis pelo setor, as quais pensam estar protegidas sob os anos de experiência proporcionados pela vida naquele ambiente. Infelizmente, as referidas pessoas, que deveriam encabeçar o exemplo do uso das boas práticas de laboratório, são as que mais resistem à mudança de hábito, ainda que seja para proporcionar maior segurança pessoal à equipe e ao ambiente de trabalho.

Costa (1996)[6] relata que a estatística dos acidentes de trabalho envolvendo substâncias químicas, assim como a grande maioria dos acidentes em geral, mostra maior freqüência de casos em trabalhadores que apresentam falta de experiência e trabalhadores que apresentam excesso de confiança, e menor freqüência de casos em trabalhadores que apresentam equilíbrio profissional. Isso mostra a importância de dar ao funcionário que está iniciando suas atividades um treinamento consistente e que deve ser mantido ao longo dos anos de atividade que exerce no seu ambiente de trabalho.

Quando entramos no âmbito do controle e contenção de infecção, principalmente no ambiente hospitalar, o aspecto mais importante está relacionado com a aderência, por parte dos trabalhadores, das práticas e técnicas padrões em microbiologia[19]. Um estudo interessante, desenvolvido por Queiroz (2001)[17], demonstrou as atitudes e comportamentos de enfermeiros assistenciais em resposta às táticas de influência do serviço de controle de infecção hospitalar de três hospitais da cidade de São Paulo. Neste estudo, as cinco táticas de influência mais aceitas por 392 enfermeiros assistenciais, para promover a aderência às medidas de prevenção de infecção hospitalar, foram:

— Informar ser em benefício do paciente;

— Ressaltar a necessidade da aderência;

— Reunir funcionários e explicar as medidas;

— Descentralizar os procedimentos;

— Buscar a colaboração de enfermeiros.

Neste mesmo estudo, as táticas de influência menos aceitas pelos mesmos 392 enfermeiros assistenciais foram:

— Ignorar o funcionário;

— Oferecer algo em troca;

— Oferecer benefícios;

— Impor as medidas e ignorar a opinião;

— Simplesmente mandar cumprir.

As pessoas que trabalham com agentes infecciosos ou com materiais potencialmente contaminados devem-se conscientizar sobre os riscos potenciais, devendo ser treinadas e estarem aptas a exercer as técnicas e práticas necessárias ao manuseio seguro destes materiais. Cabe ao diretor ou a pessoa que coordena o laboratório a responsabilidade também pelo fornecimento ou pela elaboração de um treinamento adequado aos trabalhadores de sua instituição[2].

Uso de equipamentos de proteção individual

Um fato que preocupa e dificulta a aderência dos trabalhadores a utilizarem os EPIs está relacionado com a estética destes. Por incrível que possa parecer, muitos trabalhadores deixam de usar o EPI por considerá-lo esteticamente desagradável, para não dizer feio. A função fundamental do EPI é fornecer proteção ao trabalhador sob as diversas formas de atividades que ele desempenha. Como um fator secundário, mas não menos importante que a proteção, está o conforto no uso destes equipamentos de proteção. De nada adianta um EPI apresentar total proteção ao trabalhador, se este não consegue utilizá-lo por mais do que alguns minutos. Sabemos que grande parte dos EPIs é utilizada por várias horas e, conseqüentemente, precisa proporcionar conforto aliado à proteção ao trabalhador. Se estas duas características não estiverem bem relacionadas, o EPI certamente irá gerar riscos ao trabalhador, pois este provavelmente não irá utilizá-lo ou, caso o utilize, estará trabalhando sob condições de estresse com o constante objetivo de terminar sua atividade o mais rápido possível para retirar o EPI. Um estudo que avaliou a tendência de acidentes em um laboratório de pesquisa bioquímica de uma Universidade, envolvendo alunos de graduação e pós-graduação, mostrou que 50% dos alunos não faziam uso de EPI's no momento do acidente. Neste mesmo estudo, 44,4% dos entrevistados relataram ter sofrido o acidente devido à sua própria imprudência[13], fato que intensifica ainda mais a necessidade de usar o EPI.

Associado ao uso dos EPIs está a questão da qualidade dos mesmos. É fundamental que os EPIs tenham boa qualidade, característica que deve ser exigida pelo comprador da instituição, e não somente baixo custo. Quando a instituição adquire equipamentos de qualidade sob aprovação de quem realmente os utiliza, é compreensível que este procedimento irá proporcionar a diminuição da incidência de riscos de acidentes em seus estabelecimentos. Assim evitam-se baixas desnecessárias, gastos com medicamentos, substituições de trabalhadores, entre outras situações resultantes dos acidentes de trabalho.

Acidentes em Laboratórios e Serviços de Saúde

Acidente pode ser definido como um acontecimento infeliz, casual ou não, de que resultam dano, ferimento, estrago, prejuízo, avaria, ruína etc. [7]. Exceto os de origem natural, como terremotos, vulcões etc., todo acidente pode ser prevenido. Entre as causas possíveis de gerar acidentes, podemos destacar[6]:

- — Fatores sociais;
- — Instrução inadequada;
- — Mau planejamento;
- — Supervisão incorreta e/ou inapta;
- — Não observância de normas;
- — Práticas de trabalho inadequadas;
- — Manutenção incorreta;
- — Mau uso dos equipamentos de proteção;
- — Uso de materiais de origem desconhecida;
- — *Layout* inadequado;
- — Higiene pessoal;
- — Jornada excessiva de trabalho.

As doenças profissionais e os acidentes de trabalho constituem um importante problema de saúde pública em todo o mundo. As estimativas da Organização Internacional do Trabalho (OIT), que revelam a ocorrência anual de 160 milhões de doenças profissionais, 250 milhões de acidentes de trabalho e 330 mil óbitos, são baseadas somente em doenças não-transmissíveis[18]. Entre os acidentes mais comuns sofridos pelos profissionais de saúde, estão as lesões lombares, as quais podem ser evitadas com a utilização de técnicas corporais adequadas[1] às diferentes atividades desenvolvidas.

Uma das tarefas mais difíceis de se realizar em laboratórios e serviços de saúde é o registro dos acidentes de trabalho. Qualquer trabalhador que desenvolve atividades em tal ambiente possui potencial para sofrer algum tipo de acidente. Caso isso ocorra, o referido trabalhador deve ter responsabilidade, para consigo próprio e para com as pessoas que o cercam, de notificar imediatamente o acidente gerado[1].

Entre os diversos fatores que ilustram a importância da notificação do acidente à instituição e seus funcionários, alguns podem ser descritos como:

- — Elaboração de um plano de tendência de acidentes;
- — Notificação de familiares, colegas de trabalho e pacientes nos casos em que houver possibilidade de contágio com o envolvido;
- — Tratamento imediato do envolvido;
- — Controle dos riscos capazes de gerar um novo acidente;
- — Aquisição ou troca de EPIs, quando for o caso;
- — Investimento em treinamento.

A consciência de que acidentes aparentemente simples e casuais, sem risco evidente, podem estar escondendo graves riscos para os trabalhadores e demais pessoas que circulam no ambiente é um fato a ser considerado. Vejamos um exemplo bastante comum e prático para análise:

Um trabalhador está caminhando dentro de seu ambiente de trabalho e bate com a perna em uma bancada. Como a batida foi leve e não causou dano aparente, o trabalhador ignora e dá continuidade à sua atividade de trabalho, sem registrar o acidente. No dia seguinte, outro trabalhador, ao passar pelo mesmo local, sofre idêntico acidente e igualmente ignora, prosseguindo em seu trabalho sem registrar o acidente. Durante a noite deste mesmo dia, um funcionário da limpeza, ao exercer sua função, também bate na mesma bancada e, infelizmente, não considera necessário registrar o acidente. Passando por rápida e simples análise, vemos que, ao identificarmos o acidente como sendo individual, e não coletivo, não lhe conferimos a devida importância. No entanto, se relacionarmos o número de acidentes com o local em que ocorreram em determinado período, como, por exemplo, um mês, facilmente identificamos os riscos a que os trabalhadores estão expostos. Para o exemplo descrito, tais riscos podem compreender:

— Hematoma na perna;

— Queda do trabalhador sem causar maior dano;

— Queda do trabalhador causando lesão no braço, perna, etc.;

— Desequilíbrio do trabalhador, ao bater na bancada, causando o derramamento de líquidos ou produtos perigosos à sua integridade física;

— Desequilíbrio do trabalhador, provocando a queda de materiais ou equipamentos de trabalho.

Enfim, vários são os acidentes possíveis de ocorrer, caso a situação de risco não seja rapidamente controlada. O interessante é que, na maioria das vezes, basta o desenvolvimento de simples modificações, sem custos, como por exemplo a sinalização do risco ou a mudança de localização da bancada.

A seguir, são relatados alguns casos reais de acidentes ocorridos em laboratórios de análises clínicas. Os relatos foram descritos por alunos de cursos e disciplinas relacionados à biossegurança, sendo omitidos os nomes das pessoas e das instituições em que ocorreram os acidentes.

Relato 1

Ao manusear tubo de ensaio contendo amostra para análise, profissional causa agitação do tubo e respingo do conteúdo em seus olhos.

Relato 2

Ao perceber que a mangueira de água do destilador se desconectou, funcionário corre para reconectá-la, escorrega e bate com a cabeça na bancada. Após o acidente, o funcionário foi medicado e recebeu oito pontos na cabeça.

Relato 3

Após coletar o sangue de um paciente, funcionário volta-se repentinamente para trás e, acidentalmente, pica outro funcionário que transitava naquele momento. Após o acidente, o funcionário picado precisou fazer tratamento preventivo para AIDS.

Relato 4

Ao descartar seringa na caixa para descarte de perfurocortantes, funcionário não percebe que ela está cheia e é picado com uma agulha disposta apontada para a extremidade superior da caixa.

Relato 5

Após coletar sangue de um paciente, funcionário tenta reencapar a agulha com as duas mãos e se pica. Neste caso, não foi efetuado o tratamento preventivo para AIDS.

Relato 6

Ao tentar conectar uma pipeta de vidro à "pêra de borracha", a pipeta quebra e parte desta penetra na mão do funcionário.

Boas práticas em laboratórios e serviços de saúde

O estabelecimento de mudanças nas práticas de trabalho envolve a implementação e o desenvolvimento de uma política específica de revisão de procedimentos e alterações nas atividades realizadas pelos profissionais de saúde, de modo a reduzir a probabilidade da exposição a materiais biológicos. Grande parte destas ações está direcionada a cuidados específicos com materiais perfurocortantes, à prevenção da contaminação ambiental por materiais biológicos e à subseqüente exposição dos patógenos de transmissão sangüínea.

A seguir, são descritos exemplos de normas, técnicas e procedimentos que proporcionam segurança nas atividades diárias dos trabalhadores, facilitando a rotina de trabalho. Cabe ressaltar que cada laboratório ou ambiente de trabalho deve desenvolver seu próprio roteiro de boas práticas, acrescentando novas técnicas na medida em que se modificam as condições de trabalho ou quando a equipe julgar necessário.

Normas gerais

1. Seja consciente do que estiver fazendo.
2. Procure manter as técnicas e procedimentos utilizados em seu trabalho sempre atualizados.
3. Procure organizar um protocolo das atividades que irá realizar no dia. Isso evita paradas desnecessárias ao longo das suas atividades.
4. Ao término das suas atividades, recoloque os materiais nos locais em que foram retirados, o que possibilita que outros possam facilmente localizá-los quando necessário.
5. O acesso ao laboratório deverá ser limitado ou restrito quando houver experimentos em andamento.
6. Procure desenvolver suas atividades nos horários de menor fluxo de pessoas. Isso possibilita maior atenção às suas atividades e maior disponibilidade de equipamentos e materiais.
7. Use protetor auricular sempre que exercer atividades que possam gerar ruído elevado.
8. Evite ao máximo a geração de aerossóis. Procure realizar movimentos leves, quando estiver manuseando produtos que possam gerar aerossol.
9. É expressamente proibido pipetar com a boca qualquer tipo de produto, inclusive água. Utilize sempre os dispositivos mecânicos especialmente desenvolvidos para tal procedimento.
10. Quando trabalhar com sangue e demais líquidos fluidos-corpóreos, parta do princípio de que o material está contaminado e utilize os EPIs necessários à sua segurança.
11. Utilize sempre as ferramentas adequadas a cada tipo de atividade.
12. Não cultive plantas ou circule com animais dentro do laboratório.
13. Dê preferências a alças de transferência descartáveis; assim, você evita a flambagem e, conseqüentemente, o aerossol.
14. Como segurança quanto ao risco de contaminação dos dispositivos de pipetagem, mantenha todas as pipetas de vidro com rolha de algodão hidrófobo.
15. Nunca sopre uma pipeta para eliminar o resto de líquido existente. Aprenda a utilizar corretamente o dispositivo de pipetagem.
16. Jamais utilize recipientes de trabalho para uso comum, como Becker, para beber água, café, sucos etc.
17. Procure se atualizar quanto às normas e práticas de biossegurança.
18. Nunca trabalhe sozinho dentro de câmaras frias.
19. Quando estiver trabalhando na bancada, mantenha no fundo desta um recipiente para descarte, contendo algodão embebido em álcool a 70%.

Higiene

1. Lave as mãos antes e após cada atividade.
2. É imprescindível manter as unhas sempre curtas. Jamais utilize luvas com unhas compridas, pois estará se expondo ao risco de contaminação.
3. Não tente coçar os olhos, o nariz, o ouvido ou a boca com as mãos calçando luvas.
4. Não manipule lentes de contado em seu ambiente de trabalho.
5. Se você possui cabelos longos, mantenha-os presos no ambiente de trabalho e, quando necessário, faça uso do gorro protetor.
6. Após cada atividade, mantenha o local limpo, para que outros possam utilizá-lo de forma segura.

7. Procure não aplicar perfumes e desodorantes fortes que possam incomodar os colegas de trabalho.
8. Nunca faça refeições em seu ambiente de trabalho. Procure o refeitório ou local específico para esta finalidade.
9. Todo material e equipamento que entrar em contato com microrganismos devem ser descontaminados.
10. Mantenha seu jaleco sempre limpo. Caso você o lave em casa, utilize hipoclorito de sódio a 1%, para descontaminá-lo, e lave-o separadamente de suas roupas de uso diário.
11. Não manuseie maçanetas, telefones, puxadores de armários ou outros objetos de uso comum, usando luvas durante a execução das suas atividades.
12. Quando estiver manipulando material contaminado, procure manter, próximo à sua atividade, papel absorvente embebido em desinfetante, a fim de evitar a dispersão de derramamento ou respingo acidental.
13. Não deixe material de trabalho sujo por muito tempo na bancada ou na pia. Imediatamente após o uso, mantenha-os submersos no desinfetante, seguindo o tempo exigido pelo fabricante.

Equipamentos de proteção individual (EPIs)

1. A partir do momento que você entrou em um laboratório ou ambiente de trabalho, sempre faça uso do jaleco.
2. Sempre use protetor facial, ao manipular produtos que possam gerar aerossóis e respingos.
3. Quando necessário, faça uso dos diferentes tipos de óculos de proteção, específicos para cada atividade.
4. Mantenha o uso de luvas descartáveis como um hábito em seu ambiente de trabalho. Nunca entre em contato direto com sangue e demais substâncias que possam estar contaminados.
5. Os EPIs foram desenvolvidos para serem utilizados somente dentro do ambiente de trabalho. Nunca se retire do laboratório vestindo o jaleco ou calçando luvas e máscara.
6. Caso a luva de látex esteja lhe causando alergia, troque-a imediatamente por outra adequada à sua pele, seguindo orientação médica.
7. Nunca lave ou desinfete luvas cirúrgicas ou de procedimentos para reutilizá-las posteriormente. Estas são do tipo descartável e não podem ser reutilizadas.
8. O jaleco objetiva reduzir a exposição do trabalhador à contaminação de objetos e ambiente de trabalho. Desta forma, deve ser usado sempre fechado.
9. Evite usar calçados abertos e desconfortáveis no ambiente de trabalho. Dê preferência a calçados fechados e adequados à ergonomia.
10. Lembre-se de que existem diferentes tipos de luva para diferentes tipos de atividade e produto químico. Use sempre a luva adequada.
11. Para os processos de desinfecção de paredes, tetos, tubulações etc., proteja totalmente seu corpo, inclusive a cabeça.

Prevenção de acidentes

1. Reencapar agulhas é terminantemente proibido. Agulhas não devem ser entortadas, removidas ou quebradas. Em casos de procedimentos estritamente específicos que necessitam do reencape, utilize um dispositivo mecânico ou a técnica de "cavar" com apenas uma das mãos.
2. Nunca apanhe cacos de vidro com as mãos ou pano. Use sempre pá e vassoura.
3. Ao derramar qualquer substância, providencie a limpeza imediatamente, seguindo as recomendações de segurança necessárias a cada produto.
4. Jamais corra no ambiente de trabalho.
5. Concentre-se na sua atividade. Evite conversar enquanto realiza alguma tarefa que exige atenção.

6. Não obstrua os ouvidos com qualquer tipo de equipamento sonoro, enquanto trabalha. Você precisa estar atento a qualquer ruído à sua volta.
7. Procure trabalhar no máximo oito horas por dia. Nunca sobrecarregue seu limite de trabalho.
8. Jamais trabalhe no mesmo horário que o pessoal da limpeza. Para diminuir a exposição ao aerossol gerado pelo pessoal da limpeza, procure aguardar 15 a 30 minutos para reiniciar sua atividade após o término da limpeza.
9. Ao abrir ampolas, proteja suas mãos com algodão ou pano, para não se cortar.
10. Muito cuidado ao introduzir objetos perfurocortantes no recipiente específico para tal fim. Observe se ele ainda apresenta capacidade de armazenamento.
11. Evite usar relógio no pulso durante as suas atividades. Qualquer desatenção para verificar as horas pode causar acidentes, quando estiver manuseando frascos contendo líquidos ou similares.
12. Não utilize vidrarias trincadas ou quebradas. Descarte-as em local adequado e substitua-as por novos materiais.
13. Ao retirar ou colocar material de uma mufla, use sempre óculos de proteção, luvas de amianto e pinças adequadas.
14. Nunca coloque material aquecido diretamente em superfícies desprotegidas como: aço inoxidável, fórmica ou pedra.
15. Após utilizar o bico de Bunsen ou maçarico, procure sinalizá-los com o aviso "Cuidado! Material aquecido", a fim de evitar que outra pessoa sofra queimadura.
16. Nunca segure as garrafas ou frascos somente pelo gargalo. Coloque sempre uma das mãos, devidamente protegida, sob a garrafa ou frasco.

Cuidados com a ergonomia

1. Ao transportar materiais pesados, peça auxílio a um colega ou faça uso de dispositivos auxiliares, como carrinho, elevador etc.
2. Procure não realizar movimentos repetitivos por muito tempo.
3. Utilize sempre cadeiras adequadas a uma boa postura, conforme a NR-17 do MTE.

Eletricidade

1. Apague as luzes sempre que a sala não for mais utilizada.
2. Não utilize equipamentos que apresentem seus componentes alterados, como fios desencapados, tomadas desprotegidas etc.
3. Não trabalhe sob condições de iluminação impróprias. Verifique se a quantidade de lâmpadas existente está de acordo com o tamanho do ambiente.
4. Não utilize mais do que um equipamento na mesma tomada.
5. Antes de ligar qualquer equipamento, certifique-se de que ele se encontra na voltagem adequada à rede.
6. Ao retirar um plugue da tomada, puxe-o pelo plugue, nunca pelo fio.
7. Jamais coloque aparelhos elétricos em superfícies molhadas ou úmidas.

Saúde

1. Mantenha o controle de sua imunização atualizado
2. Se estiver se sentindo mal ou identificar qualquer situação anormal quanto à sua integridade física, procure imediatamente orientação médica.
3. Relate imediatamente qualquer acidente de trabalho ao departamento médico da instituição. Acidentes aparentemente ocasionais podem mostrar-se freqüentes, quando, ao final de cada mês, são avaliados todos os relatos de acidentes da instituição.

Segurança

1. Evite trabalhar sozinho. Caso necessário, mantenha alguém avisado e peça que entre em contato a cada hora.

2. Obedeça à sinalização de segurança existente nos diferentes ambientes de trabalho.
3. Ao transportar material para outra sala, mantenha-o em recipiente fechado e a prova de vazamentos.
4. Ao calçar as luvas certifique-se de que não apresentam dano quanto à integridade física.
5. Quando estiver visitando algum laboratório de pesquisa ou saúde, evite tocar ou encostar-se às bancadas e equipamentos de trabalho. Em um ambiente desconhecido, você não sabe como ocorre o processo de limpeza, por isso não vacile.

Armazenamento e estoque de materiais

1. Nunca armazene mais do que um litro ou um quilograma de produto químico em seu ambiente de trabalho. Quantidades maiores devem ser estocadas em local específico, previamente estabelecido.
2. Mantenha a integridade do rótulo dos produtos armazenados.
3. Antes de armazenar ou estocar materiais, anexe o rótulo com os dados completos do produto, como data, tipo de produto, forma de armazenamento, periculosidade, demais dados necessários e o seu nome.

Manuseio de produtos químicos

1. Sempre manipule produtos químicos cancerígenos e teratogênicos dentro das cabines de segurança química (CSQ).
2. Sempre que possível, solicite ao químico responsável da instituição a reciclagem do componente material ou energético do resíduo.
3. Não tente cheirar nem provar qualquer produto químico.
4. Leia com atenção o rótulo dos reagentes, antes de abri-los.
5. Procure manusear produtos químicos sobre uma bandeja, para prevenir derramamentos em caso de ruptura dos frascos.

Cabines de segurança biológica (CSB)

1. Ao utilizar a CSB, mantenha as portas e janelas do laboratório fechadas. Evite a circulação de ar neste momento.
2. Mantenha o sistema de filtro HEPA e a luz UV funcionando durante 15-20 minutos antes do e após o uso da cabine.
3. Descontamine o interior da CSB com gaze estéril embebida em álcool 70% antes do e após o uso.
4. Procure fazer movimentos leves dentro da cabine. Movimentos bruscos ocasionam a ruptura do fluxo laminar de ar, comprometendo a segurança da seu trabalho.
5. Conduza as manipulações no centro da área de trabalho.
6. Mantenha um frasco contendo algodão embebido em álcool a 70%, para o descarte de ponteiras e demais materiais utilizados durante a sua atividade, no fundo da CSB.
7. Evite manter qualquer tipo de chama acesa no interior da cabine por mais do que alguns minutos. Prefira o uso de microqueimadores automáticos, que possuem controle da chama.
8. Não armazene objetos no interior da CSB. Toda superfície interna deve estar desobstruída para limpeza antes do e após o uso.
9. Não introduza cadernos, lápis, caneta ou borracha no interior da CSB. Estes materiais possuem elevado grau de sujidade.
10. Não obstrua a grade frontal (fluxo de ar) com objetos de trabalho.

Uso e manutenção de equipamentos

1. Se no seu ambiente de trabalho existir equipamentos que possam gerar ruído elevado, solicite sua manutenção ou a troca por equipamentos que possam provocar menos ruído.
2. Para evitar transtornos no uso de equipamentos entre várias equipes, sempre agende o horário em que for utilizar cada equipamento.

3. Nunca exceda a capacidade de um equipamento. Mantenha sempre a margem de segurança recomendada.
4. Ao utilizar a balança, certifique-se da ausência de correntes de ar.
5. Usando qualquer tipo de centrífuga, não se esqueça de equilibrar os porta-tubos, os quais devem ter pesos correspondentes.
6. Quando for utilizar a centrífuga, mantenha os tubos fechados, para evitar a geração de aerossóis.
7. Faça a limpeza regular do banho-maria, a fim de evitar a multiplicação de microrganismos.
8. Ao armazenar ou estocar materiais em geladeira ou *freezer*, certifique-se de que estão bem-identificados e o rótulo é resistente à umidade.
9. O material orgânico deve ser carbonizado em bico de Bunsen, antes de ser colocado na mufla.
10. Antes de colocar materiais dentro da autoclave, certifique-se de que a água está no nível adequado.

Considerações finais

A utilização das boas práticas de laboratório é, na verdade, a aplicação do bom senso no desenvolvimento de cada atividade. O laboratório, seja de ensino, pesquisa ou serviço de saúde representa um ambiente diferenciado e, desta forma, requer atenção especial do trabalhador/pesquisador. Quando aplicadas de forma correta, as boas práticas minimizam os riscos de acidentes, otimizam as atividades, aumentam a produtividade bem como melhoram a qualidade do produto e ambiente de trabalho. Cabem ao responsável pelo laboratório ou instituição o incentivo e a aplicação de tais normas, permitindo, com isso, a manutenção de um ambiente seguro e confiável.

Referências bibliográficas

1. Bolick D, Brady C, Bruner DW, Edelstein S, Lane K, Mc Laughlin MB, et al. Entenda o que é segurança no local de trabalho. In: Cosendey CH, tradutor; Carmagnani MIS, Revisora técnica. Segurança e controle de Infecção. Rio de Janeiro: Reichmann & Affonso Editores: 1-27, 2000 (Enfermagem prática.)
2. Brasil. Ministério da Saúde. Fundação Nacional de Saúde. Níveis de biossegurança laboratorial. In: Biossegurança em laboratórios biomédicos e de microbiologia. Santos AR, Millington MA, Althoff, MC (orgs.). Brasília: MS-FUNASA: 19-59 2001.
3. Carvalho PR. Riscos em ambientes de saúde. In: Boas práticas químicas em biossegurança. Rio de Janeiro: Editora Interciência, 89-108, 1999.
4. Centers for Disease Control and Prevention and National Institute of Health. BSC Use by the Investigator: Work Practices and Procedures. In: primary containment for biohazards: selection, installation and use of biological safety cabinets. Department of Health and Human Services, Public Health Service, 1995.
5. Conselho Nacional do Meio Ambiente — CONAMA. Ministério do Meio Ambiente. Resolução nº 283, de 12/7/01. Brasília, 2001.
6. Costa MAF. Riscologia química. In: Biossegurança: segurança química básica em biotecnologia e ambientes hospitalares. São Paulo: Editora Santos, 17-28, 1996.
7. Ferreira ABH. Dicionário Aurélio básico da língua portuguesa. Rio de Janeiro: Editora Nova Fronteira, 1988.
8. Hirata RDC. Biossegurança em laboratórios de pesquisa. In: Hirata MH, Mancini Filho J. (orgs.). Manual de biossegurança. São Paulo: Manole, 21-46, 2001.
9. Jardim WF. Gerenciamento de resíduos químicos em laboratórios de ensino e pesquisa. Química Nova. 1998; 21(5):671-3.
10. Laboratório Central do Estado do Paraná. Biossegurança para laboratório biológico. In: Manual de biossegurança e segurança química em laboratório de saúde pública. Curitiba, LACEN: 13-4, 2000.
11. Mastroeni M. Biossegurança em laboratórios de parasitologia. In: De Carli GA. (orgs.). Parasitologia Clínica: seleção e uso de métodos e técnicas de laboratório para o diagnóstico das parasitoses humanas. São Paulo: Atheneu, 623-37, 2001.
12. Matos MP, Santos UP. Medidas de controle do ruído. In: Santos UP. (org.). Ruído: riscos e prevenção. 3ª ed. São Paulo, HUCITEC, 93-109, 1999.
13. Müller IC, Mastroeni MF. Tendência de acidentes em laboratórios de pesquisa. Revista Biotecnologia Ciência e Desenvolvimento. 2004; 33: 101-8.
14. Norma Regulamentadora nº 17 (NR 17). Ergonomia. Ministério do Trabalho e Emprego. Disponível em <URL: http://www.mte.gov.br/Temas/SegSau/Legislacao/Normas/conteudo/nr17/default.asp/>. [20 Jan 2002]
15. Norma Regulamentadora nº 23 (NR 23). Proteção contra incêndios. Ministério do Trabalho e Emprego. Disponível em <URL: http://www.mte.gov.br/

Temas/SegSau/Legislacao/Normas/conteudo/nr23/default.asp/>. [20 Jan 2002]

16. Occupational Safety and Health Administration (OSHA). What are some methods of control? In: Occupational exposure to bloodborne pathogens — precautions for emergency responders. U.S. Title 29 CFR, Part 1919.1030, Department of Labor, OSHA 3130: 10-6, 1998.
17. Queiroz ML. Atitudes e comportamentos de enfermeiros assistenciais em resposta às táticas de influência do serviço de controle de infecção hospitalar. São Paulo, 2001 [Tese de Mestrado — Escola Paulista de Medicina — Universidade Federal de São Paulo].
18. Risco Biológico. Acidentes de trabalho. Disponível em <URL: http://www.riscobiologico.org/acidentesdetrabalho/htm/> [14 mar. 2001].
19. Stricoff RS, Walters DB. Handbook of laboratory health and safety. New York: John Wiley & Sons, Inc.; 1995.
20. Teixeira P, Valle S. Riscos biológicos em laboratórios de pesquisa. Teixeira P, Valle S, organizadores. In: Biossegurança. Uma abordagem multidisciplinar. Rio de Janeiro: Editora FIOCRUZ, 41-64, 1996.
21. Vendrame AC. Insalubridade por agentes biológicos. Revista CIPA. 1999; 241: 40-8.
22. World Health Organization. Safety checklist. In: Laboratory biosafety Manual. 2ª ed. Geneva: WHO, 111-9, 1993.

Capítulo 15

Manuseio de Perfurocortantes

Maria Meimei Brevidelli

Introdução

Diariamente, nas instituições de saúde, o cuidado ao paciente requer o manuseio e o descarte de objetos perfurocortantes (OPC). Quanto maior a necessidade de cuidado, maior a probabilidade de manipulação intensa e freqüente de agulhas, bisturis, cateteres intravenosos em procedimentos invasivos ou cirúrgicos. Como conseqüência, os profissionais de saúde são constantemente suscetíveis a acidentes com perfurocortantes.

Na última década, é inegável que houve um enorme avanço no conhecimento da epidemiologia dos acidentes perfurocortantes. Os Estados Unidos possuem o maior número de investigações em tal campo, fornecendo dados estatísticos de quando, como e onde os acidentes ocorrem. Ainda assim, estes dados são incompletos, se considerarmos que estão focados apenas em instituições hospitalares, nas quais se encontra alocada cerca da metade dos oito milhões de profissionais de saúde americanos. Ainda não existem dados confiáveis sobre a ocorrência de acidentes com perfurocortantes nas demais instituições de saúde[48,65].

No Brasil, assim como em outros países da América do Sul, os dados apresentados ainda são escassos e poucos comparáveis, uma vez que apenas algumas instituições de saúde possuem o registro sistemático das circunstâncias e dos materiais envolvidos nestes acidentes. No entanto, a inexistência de dados não significa que não haja problema, como nos mostra Jagger (1995), que estuda os riscos ocupacionais envolvidos no manuseio de perfurocortantes desde 1985 e hoje é diretora do Centro Internacional de Segurança do Profissional de Saúde da Universidade de Virginia (EUA).

Assim, o objetivo deste capítulo é chamar a atenção dos profissionais de saúde brasileiros para a natureza complexa de tal problema, a fim de que, com base nos estudos já realizados, possamos encontrar estratégias de prevenção adequadas à nossa realidade. Em primeiro lugar, descreveremos os riscos ocupacionais envolvidos no manuseio de perfurocortantes para, em seguida, analisarmos de que forma as estratégias de prevenção se desenvolveram. Finalmente, apresentaremos um programa de prevenção de acidentes com perfurocortantes fundamentado nos estudos desenvolvidos até o momento.

Risco ocupacional relacionado com o manuseio de perfurocortantes

O manuseio dos objetos perfurocortantes é associado à ocorrência de acidentes percutâneos.

Um acidente percutâneo pode ser definido como a ocorrência de uma perfuração na pele de um profissional de saúde provocada por objeto perfurante ou similar[65].

De acordo com o documento "Prevenindo os acidentes percutâneos em instituições de saúde", publicado em 1999 pelos Centros de Prevenção e Controle de Doenças (CDCs), definimos *profissional de saúde* como todo o profissional de uma instituição de saúde que usa (ou está exposto a agulhas ou outros materiais cortantes, que podem conter sangue ou outro fluído potencialmente contaminado. Assim, estão incluídos em tal categoria médicos, enfermeiros, dentistas, pessoal de laboratório, paramédicos, bem como pessoal da limpeza, lavanderia e manutenção[46].

Anualmente, estima-se que ocorram cerca de 385.000 acidentes percutâneos em instituições hospitalares nos Estados Unidos. A magnitude deste número deve-se ao registro sistemático de acidentes em bases de dados eletrônicos coletados em mais de 50 hospitais. O número de acidentes ocorridos é correlacionado com o de admissões hospitalares e ajustado a taxas médias de 50% de subnotificação[49].

Uma das primeiras bases de dados sobre acidentes com perfurocortantes foi desenvolvida por pesquisadores da Universidade de Virginia (EUA). Conhecida como EPINet (*exposure prevention information network*) ou rede de informações sobre prevenção de exposições ocupacionais, esta base coleta informações obtidas em hospitais norte-americanos e de outros países, como Itália, Canadá, Austrália e, em menor escala, Brasil e Japão[38].

Apenas em dois anos de coleta de dados nesta rede, existe o registro de mais de 3.000 acidentes com material biológico, sendo 84,5% causados por objetos perfurocortantes. Duas são as categorias profissionais que lideram a lista de ocorrências: os profissionais de enfermagem, com quase 50% dos casos relatados, e os médicos com cerca de 13% dos casos. Pessoal de laboratório, da lavanderia e da limpeza está implicado em quase 10% dos acidentes[36,48].

As agulhas utilizadas para administrar medicação, retirar sangue e obter um acesso vascular foram responsáveis por 62% a 68% das ocorrências, fato que revela a gravidade do problema dos acidentes percutâneos, pois este tipo de material é bastante implicado na transmissão de infecções sangüíneas, como a síndrome da imunodeficiência adquirida (AIDS) bem como as hepatites B e C[36,46,48,65]. Tal risco se deve à permanência de sangue dentro do orifício da agulha após o uso. Esta quantidade é considerada maior em agulhas ocas, como as de medicação, do que em agulhas de corpo sólido, como, por exemplo, as agulhas de sutura. A quantidade de sangue a que o profissional de saúde é exposto durante um acidente percutâneo ou mucocutâneo é fator de risco para a aquisição de infecções sangüíneas[13,43,66].

Na década de 80 do século XX, os primeiros relatos de contaminação de profissionais de saúde com o HIV tornou mais preocupante a questão dos riscos ocupacionais associados ao manuseio de objetos perfurocortantes. Após um acidente percutâneo contendo sangue contaminado com o HIV, o risco de contaminação é de 0,3%, isto é, um para cada 300 lesões. Entretanto, a exposição a grande quantidade de sangue, associada às seguintes condições, pode potencializar o risco de transmissão ocupacional do HIV: sangue visível no OPC, procedimento com agulha sendo introduzida em veia ou artéria, e lesão profunda[12].

Sem dúvida, a contaminação com o HIV é uma das conseqüências mais sérias dos acidentes percutâneos, entretanto não é a única que merece atenção. Todos os anos, centenas de profissionais são afetados psicológica e emocionalmente, esperando o resultado de testes sorológicos, considerando as interferências na vida pessoal e profissional da possibilidade de se tornar HIV positivo. O conflito entre vida e morte, vivenciado pela pessoa contaminada no próprio ambiente de trabalho, é um sentimento extremamente perturbador para todos os profissionais da área de saúde.

O relato de Lynda Arnold, enfermeira norte-americana contaminada pelo HIV após uma picada de agulha, expressa este conflito:

"Desde aquele dia [em que uma agulha contaminada perfurou sua mão], minha vida mudou. Não trabalho mais [...] por incapacidade. Não estou envolvida com cuidados diretos de pacientes. Luto contra a fadiga e neuropatia periférica. Fui internada três vezes. Fiz terapia com vários tipos de drogas antivirais [...]. Hoje sou uma verdadeira mulher HIV-positivo. Tenho medo de morrer antes de fazer 40 anos" [1].

Em todo o mundo, já existem 99 casos confirmados de contaminação ocupacional pelo HIV segundo dados recentes divulgados pelos CDCs. Até junho de 2000, os profissionais norte-americanos constituíam 66% deste total, com 56 casos confirmados, 46 deles após um acidente percutâneo[12].

No Brasil, os órgãos governamentais de saúde apontam, até setembro de 2001, quatro casos de contaminação ocupacional do HIV após acidente percutâneo[53,59]. Entretanto, a ausência de registros e programas de acompanhamento do profissional acidentado em grande parte das instituições de saúde brasileiras torna desconhecida a real situação dos acidentes percutâneos em âmbito nacional.

É difícil explicar a despreocupação com os acidentes percutâneos antes do surgimento da AIDS, uma vez que o risco de contaminação com o vírus da hepatite B (HBV) sempre esteve presente[37]. Ainda hoje, a transmissão ocupacional do HBV é um problema de grande magnitude, já que o risco de contaminação é de 6% a 40% após um acidente percutâneo, ou seja, mais de 100 vezes o risco estimado com o HIV. Anualmente, ocorrem 1.000 novos casos de contaminação pela hepatite B entre os profissionais de saúde norte-americanos[12, 48].

A partir da década de 90 do século XX, uma nova ameaça vem sendo enfrentada pelos profissionais de saúde. Os acidentes percutâneos são a causa mais freqüente de exposição ocupacional ao vírus da hepatite C (HCV). Ao contrário da hepatite B, que pode ser prevenida por meio de vacinação, não há ainda qualquer medida preventiva para a hepatite C e tampouco profilaxia pós-exposição efetiva[48].

Com risco médio de transmissão estimado entre 1,8% a 10%, estão previstos de 200 a 500 novos casos por ano de contaminação com o HCV entre os profissionais de saúde. Esta infecção é hoje a maior causa de doença hepática crônica, ocorrendo em 85% das pessoas infectadas. As conseqüências são cirrose, câncer hepático, liderando as causas de transplantes hepáticos[12,48].

Fatores de risco para os acidentes com perfurocortantes: tipo e *design* do material e práticas de trabalho

A preocupação com o risco envolvido no manuseio de perfurocortantes levou vários pesquisadores a se dedicarem à tarefa de investigar os fatores de risco para acidentes percutâneos. Um dos primeiros trabalhos importantes nesta área é o de Jagger e colaboradores (1988), da Universidade de Virginia, intitulado "Taxas de acidentes percutâneos causados por vários dispositivos em um hospital universitário".

Um dos aspectos mais importantes investigados pelo estudo é a relação entre a ocorrência de acidentes percutâneos com a quantidade disponibilizada de objetos perfurocortantes. Tal relação pôde ser verificada por meio do cálculo de taxas de acidentes percutâneos. Estas taxas relacionaram o número de acidentes atribuídos a determinado dispositivo perfurocortante com o número comprado dos referidos dispositivos durante o período de estudo.

Assim, foi possível identificar que os materiais que requereram maior manipulação, tais como sistemas vasculares que demandam conexão de agulha, dispositivos para coleta de sangue, cateteres endovenosos de material plástico ou com agulhas do tipo *butterfly*, apresentaram taxas maiores de acidentes (18,2 a 36,7 acidentes/100.000 itens comprados)[37].

Este trabalho foi um dos primeiros a identificar que a ocorrência de acidentes percutâneos depende, em parte, do tipo e do *design* do material perfurocortante. Estudos subseqüentes tornaram tais informações mais evidentes.

Segundo levantamento do Centro Internacional de Segurança do Profissional de Saúde (*International Health-Care-Worker Safety Center, University of Virginia, EUA*), as seringas descartáveis contabilizaram 29% dos acidentes percutâneos registrados em 1998, no sistema EPINet. Agulhas de sutura e lâminas de bisturis responderam por 12% e 5% dos acidentes, respectivamente. Sistemas endovenosos com agulhas do tipo *butterfly*, cateteres endovenosos de material plástico e agulhas para coleta de sangue em tubos a vácuo foram implicados em 20% dos acidentes[36].

O recente Estudo italiano sobre risco ocupacional de infecção com o HIV[52], que coletou dados de 18 hospitais voluntariamente participantes na Itália, apresenta quase 11.000 acidentes percutâneos ocorridos entre janeiro de 1994 e dezembro de 1998. Novamente, seringas e agulhas descartáveis estavam implicadas em cerca de 48% dos acidentes, assim como as agulhas do tipo *butterfly* em 28% e os cateteres de infusão endovenosa em 9,5%.

O estudo de Jagger e cols. (1988) também discutiu as circunstâncias em que se verificaram os acidentes. Cerca de 70% ocorreram após o uso e antes do descarte, isto é, ao reencapar agulhas durante o manuseio ou o transporte para o descarte, durante desconexão, por deslocamento da capa após reencapar, ao ser atingido por colega, entre outras situações. Em menor proporção, 17% dos acidentes ocorreram durante o uso de materiais e 13% durante ou após o descarte.

Com estes resultados, fica bastante evidente a relação entre algumas práticas de trabalho e a ocorrência dos acidentes. Ao longo dos anos, duas práticas de trabalho mostraram-se fortemente associadas aos acidentes percutâneos, tornando-se, portanto, práticas de risco. São elas:

1) o ato de reencapar agulhas;
2) o descarte inadequado de objetos perfurocortantes que pode ser entendido como o descarte destes objetos em lixo comum, em recipientes não-apropriados ou em superfícies, tais como leito do paciente, mesas de cabeceira e bandejas de medicação[46,48].

O ato de reencapar agulhas, associado ao alto potencial de acidentes, é reconhecido como uma das principais formas de exposição ocupacional ao HIV, HBV e HCV. Por esta razão, tal prática vem sendo desestimulada desde meados da década de 80 do século XX, quando foram introduzidas as primeiras medidas preventivas de exposição ocupacional a infecções sangüíneas, isto é, as precauções universais, redenominadas precauções padrões em 1996.

Historicamente, no entanto, a prática de reencapar agulhas manteve-se freqüente nas instituições hospitalares. A Fig. 15.1 apresenta índices de acidentes percutâneos descritos em estudos nacionais e internacionais, no período de 1990 a 2001.

De acordo com este panorama, não podemos afirmar que houve diminuição dos acidentes percutâneos relativos a tal prática. Recente levantamento realizado pela Secretaria Municipal de Saúde do Rio de Janeiro (1997 a 2001) identificou a prática de reencapar agulhas como responsável por cerca de 12% a 25% dos acidentes com material biológico, segundo categorias profissionais distintas[53].

Outros estudos descreveram os índices da prática de reencapar agulhas sob três diferentes indicadores:

1) proporção de agulhas reencapadas obtida por meio de observação direta das agulhas usadas ou dos procedimentos;
2) *proxy* de agulhas reencapadas que se obteve pela análise da forma de descarte das agulhas desprezadas nos recipientes apropriados;
3) proporção de profissionais que relatam reencapar agulhas durante a realização do seu trabalho.

A Tabela 15.1 apresenta estes índices obtidos em estudos publicados no período de 1990 a 2001.

Alguns fatores têm contribuído para a manutenção da prática de reencapar agulhas, como veremos mais adiante. Por ora, queremos destacar que a adoção da recomendação de não reencapar levou à ocorrência de uma nova categoria de acidentes, isto é, os gerados pela manipula-

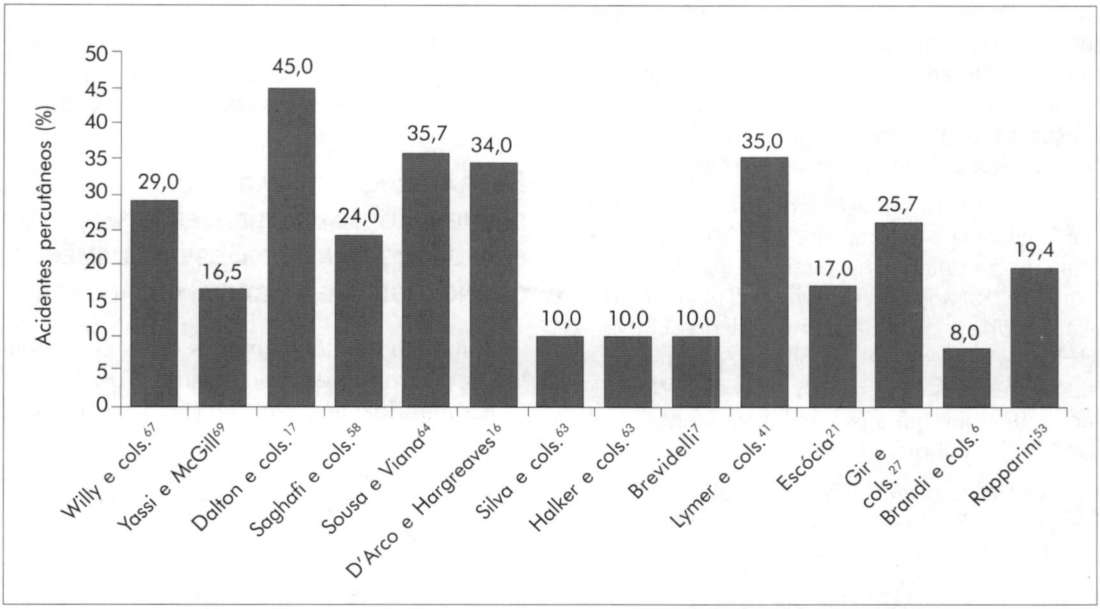

Fig. 15.1 — *Índices de acidentes percutâneos descritos em estudos nacionais e internacionais, em 1990-2001.*

Tabela 15.1
Índices da prática de reencapar agulhas segundo a ordem cronológica de estudos publicados, 1990-2001

Indicador da prática de reencapar	*Estudo publicado*	*Índice*
Proporção de agulhas reencapadas (observação direta)		
• Agulhas usadas	Henry e cols.,1992 [33]	50,5%
	Henry e cols.,1994 [32]	34,4%
• Procedimentos	Picheansathian,1995 [50]	10%
	Diekema e cols.,1995 [20]	24%
Proporção de agulhas reencapadas desprezadas nos recipientes		
	Becker e cols.,1990 [3]	25% a 50%
	Dalton e cols.,1992 [17]	60%
	Brevidelli e cols., 1995 [9]	32% a 45%
	Brevidelli,1997 [7]	50%
	Silva e cols., 2000 [62]	37,5%
Proporção de profissionais que relataram reencapar agulhas		
	Wiliams e cols.,1994 [66]	11% a 57%
	Hoefel e cols.,1994 [35]	40%
	Hersey e Martin,1994 [34]	45% a 55%
	Gershon e cols.,1995 [25]	27%
	Michalsen e cols.,1997 [45]	44%
	Richards e Jenkin,1997 [56]	67%
	Brevidelli,1997 [7]	75%
	Basso,1999 [2]	54%

ção e descarte de agulhas desprotegidas. Sem a necessária reestruturação do ambiente de trabalho, aproximando os recipientes de descarte do local de uso das agulhas, as não-reencapadas, desprezadas em lixo comum ou deixadas em superfícies, podem causar acidentes.

Segundo informações obtidas pelo Sistema de Vigilância Nacional dos CDCs em profissionais de instituições hospitalares (*NaSH — CDC National Surveillance System for Hospital Health Care Workers*), e pela base de dados EPINet, o descarte inadequado de objetos perfurocortantes foi responsável por 10% dos mais de 3.000 acidentes percutâneos catalogados entre junho de 1995 e julho de 1999[46].

Um estudo feito em um hospital universitário em São Paulo aponta a mesma prática como causa de 25% dos acidentes envolvendo perfurações, registrados no período de 1990 a 1996. Além disso, cerca de 46% destes acidentes ocorreram em conseqüência de diversas práticas de risco, como:

1. Reencapar agulhas;
2. Descarte inadequado de perfurocortantes;
3. Descarte de agulhas em recipientes superlotados;
4. Manipulação do corpo de recipientes de descarte de objetos perfurocortantes superlotados;
5. Transporte ou manipulação de agulhas desprotegidas;
6. Desconexão da agulha da seringa[7].

Pelo exposto, fica claro que dois fatores têm contribuído para a ocorrência dos acidentes percutâneos. O primeiro deles diz respeito ao próprio tipo e *design* do material perfurocortante, no qual estão implicados alguns materiais que requerem intensa manipulação, além de reterem em seu orifício maior quantidade de sangue (exemplo: agulhas de medicação, cateteres endovenosos e dispositivos para coleta de sangue). O segundo fator está relacionado com a manutenção de práticas de risco, entre os quais, maior destaque para a prática de reencapar agulhas e o descarte inadequado de materiais perfurocortantes.

Na seção seguinte, analisaremos a evolução cronológica nas estratégias utilizadas para minimizar a ocorrência dos acidentes com perfurocortantes e que eficácia elas têm alcançado.

Estratégias Utilizadas na Prevenção dos Acidentes com Perfurocortantes: Desenvolvimento Cronológico e Eficácia Alcançada

Em resposta aos primeiros casos documentados de transmissão ocupacional do HIV, os CDCs introduziram, em 1985, um conjunto de recomendações, com objetivo de impedir a exposição ocupacional a sangue e outros fluidos orgânicos. Ao denominar estas medidas de precauções universais (PU), estava implícito que todos os pacientes deveriam ser considerados potencialmente contaminados por patógenos transmissíveis por via sangüínea[14].

As PUs introduziram um novo conceito para a utilização de medidas preventivas de transmissão de infecção no ambiente de trabalho. Ao considerar todos os pacientes como potencialmente contaminados para algumas infecções, as medidas preventivas passaram a ser orientadas em função de a ação a ser desenvolvida, considerando seu potencial para exposição a sangue e outros fluídos orgânicos.

De forma normativa, as PUs abrangem diversos âmbitos do cuidado ao paciente, considerando tanto o potencial de risco de atividades diárias como o risco de transmissão ambiental. Para este último, existem recomendações voltadas às ares de limpeza, manutenção e lavanderia, entre outras.

Em janeiro de 1996, a última versão do guia Precauções de isolamento em hospitais[22] reformulou o conceito de precauções universais para precauções-padrão (PP). A diferença conceitual entre as duas está no fato de as "universais" considerarem somente alguns fluidos orgânicos como contaminados, enquanto as "padrões" consideram contaminados todos os fluidos orgânicos, tornando as recomendações mais práticas.

De maneira geral, as PP mantiveram as recomendações contidas nas PU. Entretanto, existem algumas modificações que merecem ser observadas. No que diz respeito à prevenção dos acidentes percutâneos, as PP consideram que reencapar com uma das mãos ou utilizar dispositivos mecânicos são práticas seguras de descarte. A técnica de reencapar com uma das mãos, denominada naquele documento de *one-handled scoop tecnique*, caracteriza-se pelo movimento em curva de uma das mãos, semelhante a uma colherada, para encaixar a capa na agulha.

Na Tabela 15.2, vamos observar as semelhanças e diferenças nas recomendações para a prevenção de acidentes percutâneos contidas nas PUs e PPs.

Podemos observar que as medidas preventivas contidas nestes guias estão focadas na reorientação das práticas de trabalho consideradas de risco para acidentes percutâneos, tais como reencapar agulhas e desprezá-las em locais impróprios.

Ao longo dos anos, uma discussão polêmica vem-se mantendo a respeito da real eficácia destas medidas na redução do risco de exposição parenteral na forma de acidentes percutâneos. De um lado, alguns estudos apontam que a adoção das recomendações, mesmo tendo diminuído os acidentes relacionados com a prática de reencapar agulhas, não foi suficiente para gerar a diminuição global dos acidentes percutâneos[5,40,42,55,60,61].

Por outro lado, ao avaliar as tendências nas taxas de ocorrência dos acidentes percutâneos antes da e após a implantação destas medidas em instituições hospitalares, os trabalhos de Wong (1991), Haiduven (1992) e Beekman (1994) constataram significativa diminuição nos índices do período pós-implantação.

Tabela 15.2
Recomendações para a prevenção de acidentes percutâneos descritas nas precauções universais e nas precauções padrão (resumo)

Precauções universais	*Precauções padrões*
1. Não reencape, entorte, quebre, manipule agulhas ou desconecte-as das seringas com as mãos.	1. Nunca reencape agulhas usadas ou manipule-as usando as duas mãos, e sequer use outra técnica que envolva direcionar a ponta da agulha a qualquer parte do corpo. Prefira usar a técnica da "colherada" com uma das mãos ou um dispositivo mecânico, para segurar a borda da agulhas.
2. Manipule as agulhas, bisturis ou outros objetos perfurocortantes com cuidado durante a realização de procedimentos, limpeza e descarte.	2. Manipule as agulhas, bisturis ou outros objetos perfurocortantes com cuidado durante a realização de procedimentos, limpeza e descarte.
3. Descarte as agulhas e seringas, bisturis e outros objetos perfurocortantes em recipientes resistentes a perfurações.	3. Não entorte, quebre, manipule ou desconecte das seringas, com as mãos, as agulhas usadas.
4. Disponha, de forma prática, os recipientes para o descarte de objetos perfurocortantes, isto é, próximos à área de uso.	4. Descarte as seringas e agulhas usadas, lâminas de bisturis ou outros objetos perfurocortantes em recipientes apropriados, resistentes a perfurações, colocados em áreas próximas à área de uso.
5. Coloque agulhas reutilizáveis em recipientes resistentes a perfurações, para transportá-las até a área de reprocessamento.	5. Coloque as seringas e agulhas reutilizáveis em recipientes resistentes a perfurações, para transportá-las até a área de reprocessamento.

Fonte: *Centers for Disease Control* (1987)[14]; *Centers for Disease Control* (1989)[13] ; Garner (1996)[22].

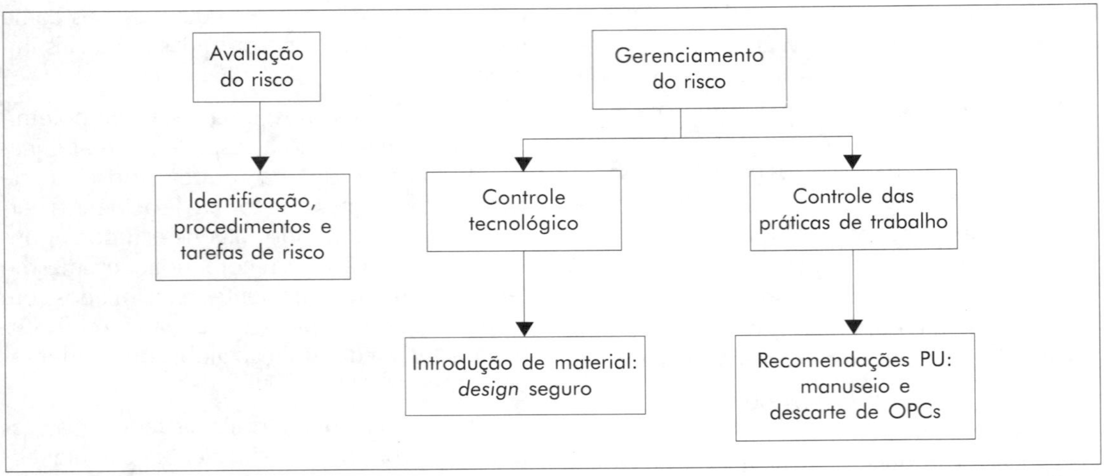

Fig. 15.2 — *Diretrizes e estratégias de ação para a prevenção dos acidentes com perfurocortantes segundo os padrões OSHA.*

Em 1991, a agência federal para a regulação da saúde e segurança dos trabalhadores, nos Estados Unidos, denominada *Occupational Safety and Health Administration* — OSHA, finalizou os padrões para a exposição ocupacional aos patógenos transmitidos por via sangüínea. Estes padrões OSHA constituem as primeiras medidas legais para garantir a segurança dos profissionais de saúde norte-americanos com relação à exposição ocupacional a sangue e outros fluidos orgânicos. Neles foram determinados diversos aspectos a serem cumpridos tanto pelos empregadores das instituições de saúde quanto pelos profissionais empregados por elas. De forma prescritiva, os padrões OSHA exigem que a instituição de saúde forneça condições seguras de trabalho e o profissional atenda às recomendações de segurança. O não cumprimento das exigências, tanto por parte da instituição como por parte do profissional, implica infração legal[18].

Uma das primeiras e mais importantes medidas dos padrões OSHA foi tornar obrigatórias a implantação das PU* , pelas instituições de saúde e a adesão das recomendações pelos profissionais[18]. Duas principais diretrizes de ação podem ser percebidas nos padrões OSHA:

1. Avaliação do risco;
2. Gerenciamento do risco.

A avaliação do risco implica a determinação das categorias profissionais que podem ser expostas a sangue e outros fluidos orgânicos, bem como dos procedimentos e tarefas que colocam os profissionais em risco de exposição. Como gerenciamento de risco, entendem-se o desenvolvimento e a implementação de procedimentos operacionais, ou estratégias para minimizar o risco, claramente definidos em um plano de controle das exposições[26].

Discutiremos apenas as diretrizes básicas e as estratégias de ação relativas à prevenção dos acidentes com objetos perfurocortantes apontados nos padrões OSHA. A Fig. 15.2 apresenta estes aspectos.

Para o gerenciamento dos riscos ocupacionais relacionados com os acidentes percutâneos, a OSHA destaca dois principais procedimentos operacionais: o controle de engenharia e o controle das práticas de trabalho. Neste último, estão incluídas as recomendações para o manuseio e o descarte seguros dos OPC, incorporadas das precauções universais. Entretanto, apesar de ser

* Neste momento da discussão, utilizaremos a expressão "precauções universais", indicando medidas de prevenção da exposição ocupacional a sangue e outros fluidos orgânicos recomendadas pelos CDCs, pois estas foram redenominadas precauções padrões muito posteriormente à introdução dos padrões OSHA, ocorrida em 1991.

proibido reencapar com as duas mãos, o ato de reencapar com uma das mãos ou utilizando um dispositivo mecânico é permitido, quando o empregador pode demonstrar que não há outra alternativa possível ou que tal ação é exigida em um procedimento médico ou odontológico[29].

É interessante notar que, mesmo antes dos CDCs, a OSHA já previa a necessidade de aceitar como possível, em circunstâncias bastante excepcionais, o ato de reencapar com uma das mãos. O principal é perceber que os padrões representam um avanço no desenvolvimento das estratégias de ação, pois neste documento a OSHA destaca o controle de engenharia, isto é, o controle dos riscos atribuídos ao ambiente, como a abordagem mais desejada[18].

Ao introduzir esta nova diretriz de ação, a OSHA sugere que o comportamento do profissional com relação à autoproteção no trabalho não pode ser superestimado como principal fonte de risco tanto dos acidentes percutâneos como das demais exposições ocupacionais às infecções sangüíneas. Com esta perspectiva, desde 1991 a OSHA incentivou o desenvolvimento e o uso de material com *design* seguro, isto é, um material que incorporou uma inovação tecnológica, para reduzir o risco de acidente percutâneo antes do, durante ou após o uso[48, 57] (como, por exemplo, conectores de sistema intravenoso sem agulha, cateteres venosos sem agulha, agulhas com capas protetoras, seringas com agulha retrátil e agulhas cirúrgicas de ponta cega). A Tabela 15.3 apresenta algumas características que definem os materiais com *design* seguro e os tipos de sistema de segurança incorporados aos materiais.

Entretanto, uma política clara sobre o controle de engenharia na prevenção dos acidentes percutâneos ficou definida apenas com a lei sobre segurança e prevenção de acidentes com agulhas (HR 5.178) em novembro de 2000. Com esta lei, passou a ser obrigatório o uso de dispositivos com *design* seguro contra ferimentos com perfurocortantes. A definição de "controle de engenharia" foi ampliada e inclui os referidos materiais como exemplos adicionais de tais controles[51].

Até o momento, o uso de materiais com *design* seguro é considerado a medida mais eficien-

Tabela 15.3
Características dos materiais com *design* seguro e tipos de sistema de segurança

Características dos materiais com design *seguro*	*Tipos de sistemas de segurança incorporados aos materiais*
Fornece uma barreira entre as mãos e a agulha após o uso	Sistema passivo: permanece antes do, durante e após o uso; não requer ser ativado pelo profissional (desejável)
Permite ou exige que as mãos do profissional permaneçam atrás da agulha todo o tempo de uso	Sistema ativo: requer ser ativado pelo profissional; exige o uso adequado, para garantir a eficácia
O sistema de segurança é parte integrante do sistema e não um acessório	Sistema de segurança integrado: o sistema de segurança é parte integral do dispositivo e não pode ser removido (desejável)
O sistema de segurança deve estar presente antes da desconexão e permanecer após o descarte, para proteger o pessoal da limpeza	Com acessório de segurança: o sistema de segurança é externo ao dispositivo e requer ser acionado para uso; depende da adesão do profissional ao uso adequad
De fácil manuseio e exige pouco ou nenhum treinamento para o uso eficiente	

Fonte: *Occupational Safety and Health Administration* (1997)[48].

te na redução dos acidentes percutâneos. Estudos conduzidos pelo Programa de Infecção Hospitalar do Centro Nacional de Doenças Infecciosas do EUA [*The National Center for Infectious Disease (NCID) Hospital Infections Program*] apontam a redução dos acidentes percutâneos em:

a) 86% durante as cirurgias ginecológicas após a introdução de agulhas de sutura de ponta cega[10];
b) 27% a 76% durante a retirada de sangue com o uso de agulhas seguras[11].

O impacto positivo desta estratégia para o gerenciamento dos riscos ocupacionais encontra-se bem documentado em diversos estudos que avaliaram a eficácia de tal medida na redução dos acidentes percutâneos[16, 23, 39, 54, 70].

De acordo com o documento Segurança ocupacional: custos e benefícios dos dispositivos de prevenção de acidentes percutâneos para hospitais[65], os benefícios do uso de materiais seguros excedem os custos em algumas circunstâncias. Segundo este relatório, 69.000 acidentes percutâneos são preveníveis com o uso de tal material, o que implica na prevenção de 25 infecções pelo HBV e 16 pelo HCV por ano*. Entretanto, estes materiais apresentam sérias limitações de uso, tais como:

— elevado custo de compra comparado com o material convencional;
— resistência dos profissionais de saúde ao uso do dispositivo;
— tempo necessário para o treinamento do profissional no uso correto do dispositivo.

Somam-se a estes os efeitos adversos causados nos pacientes, como o aumento no número de venopunções e na sensação dolorosa, hematomas e até aumento das taxas de infecção relacionadas a cateter com o uso de cateteres venosos sem agulhas[39,65]. Por esta razão, é necessário que cada instituição de saúde selecione os materiais que melhor atendam às suas necessidades bem como avalie sua eficácia na prevenção dos acidentes percutâneos. São preconizados os seguintes critérios para a seleção e avaliação dos referidos materiais:

1) ser eficaz na redução dos acidentes percutâneos;
2) ser aceitável pelos usuários;
3) não causar efeito adverso ao paciente[46].

A avaliação da eficácia destes materiais, de acordo com tais critérios, requer que os dados sobre os acidentes percutâneos sejam registrados, discriminando a categoria profissional envolvida, o dispositivo utilizado e as circunstâncias envolvendo o acidente[48].

Assim, a introdução dos materiais de *design* seguro acabou criando a necessidade de gerenciar o problema dos acidentes com perfurocortantes de forma abrangente, isto é, integrando ações estratégicas com ações de investigação, e inter-relacionando os diferentes aspectos envolvidos na ocorrência de tais acidentes. Isso significa que tanto os fatores de risco como as estratégias utilizadas para minimizá-los não podem mais ser considerados isoladamente, mas sim em conjunto.

Na seção seguinte, discutiremos como pode ser elaborada uma abordagem mais abrangente e integrada para a prevenção dos acidentes com perfurocortantes através da criação de um programa de prevenção de acidentes percutâneos.

Direcionando estratégias de intervenção de forma abrangente e integrada

Nas seções anteriores, pudemos analisar a magnitude dos acidentes percutâneos associados ao manuseio dos materiais perfurocortantes. Além disso, também vimos como, de forma evolutiva, o fator comportamental, inserido nas práticas de risco, deixou de ser superestimado, direcionando as ações preventivas para o avanço tecnológico do ambiente de trabalho.

Continuando a evoluir, o contexto organizacional também passou a ser encarado como um aspecto relevante no gerenciamento dos riscos ocupacionais ligados ao manuseio de perfurocor-

*Projeção feita pelo *U.S. General Acconting Office*[65] usando dados do *CDC National Surveillance System for Health Care Workers (CDC-NASH)*.

tantes. De forma semelhante aos estudos de Cohen (1977) e Zohar (1980) desenvolvidos na área industrial, o comprometimento da organização com aspectos de segurança, percebidos como um "clima de segurança", teve impacto positivo na adoção das precauções padrões[19,24,25,28,45].

Portanto, a partir de agora podemos distinguir três aspectos básicos para a análise dos acidentes percutâneos:

1) comportamento: quais são as práticas de trabalho que envolvem risco?
2) material: quais são os materiais envolvidos nos acidentes?
3) organização: existem políticas organizacionais de incentivo à adoção de práticas seguras no manuseio de perfurocortantes?

As políticas de incentivo à segurança no manuseio de perfurocortantes podem ser percebidas, quando, por exemplo, a instituição de saúde promove um ambiente seguro, suprindo e disponibilizando os recipientes para descarte do material perfurocortante de acordo com as necessidades dos usuários. O incentivo à notificação dos acidentes, o estabelecimento de protocolos de acompanhamento do profissional acidentado e a participação dos diversos profissionais em um comitê de segurança também demonstram o comprometimento da organização com a segurança do profissional.

Vários estudos discutem as vantagens de analisar o problema dos acidentes percutâneos com esta perspectiva tridimensional[16,31,44,71]. Como já vimos anteriormente, historicamente o

Tabela 15.4
Programa de gerenciamento dos riscos ocupacionais ligados ao manuseio de perfurocortantes: diretrizes e estratégias de ação

Primeira diretriz: Identificação do risco

— Registrar e analisar os acidentes de forma sistemática e padronizada (buscar bases de dados já existentes)
— Identificar as circunstâncias, categorias profissionais e materiais implicados nos acidentes
— Identificar os padrões de ocorrência e tendências
— Comparar os dados entre instituições (nacionais e internacionais)

Segunda diretriz: Estratégias de controle e prevenção

Definir as prioridades de acordo com a análise dos dados obtidos na primeira fase

Estratégia 1. Controle de engenharia

— Definir os critérios de seleção e avaliação dos materiais com *design* seguro
— Substituir os materiais convencionais associados a acidentes por aqueles com *design* seguro
— Fornecer treinamento para uso adequado do material com *design* seguro
— Avaliar o custo-efetividade do material com *design* seguro.

Estratégia 2. Controle das práticas de trabalho

— Fornecer treinamento nas precauções padrões
— Desenvolver as habilidades técnicas necessárias à adoção das práticas seguras: discutir e recriar as situações de trabalho, de forma a treinar para a nova prática em um contexto
— Monitorar a adesão às práticas seguras
— Fornecer *feedback* do desempenho profissional em relação à adoção das práticas seguras

Terceira diretriz: Suporte organizacional: políticas organizacionais de incentivo à segurança

— Incentivar a notificação dos acidentes percutâneos
— Estabelecer protocolos de acompanhamento do profissional acidentado
— Suprir e disponibilizar recipientes apropriados para o descarte dos objetos perfurocortantes de acordo com as necessidades
— Promover a educação continuada das práticas seguras no manuseio dos perfurocortantes
— Estimular o envolvimento das diversas categorias profissionais com o problema, criando um comitê de segurança

aspecto comportamental foi bastante superestimado. Por esta razão, maior ênfase foi (e ainda é) dada ao treinamento nas PPs, de modo a modificar as práticas inseguras de trabalho. Para diversas instituições de saúde, esta ainda é a principal, senão a única, estratégia utilizada.

No entanto, o treinamento em PPs não tem sido suficiente para modificar as práticas de risco, tais como a de reencapar agulhas, que continuam apresentando índices significativos em estudos recentes. Tal constatação sugere, em primeiro lugar, que esta talvez não seja a única estratégia para tentar minimizar os acidentes percutâneos. Em segundo lugar, é necessário redirecionar o foco informativo do treinamento oferecido nas instituições de saúde. Além de informação sobre as recomendações seguras, o treinamento deve dar oportunidade ao desenvolvimento de uma competência (ou habilidade) técnica aplicada à reorganização das práticas de trabalho. Isso implica discutir ou recriar situações nas quais o profissional se vê envolvido diariamente no manuseio de perfurocortantes, de modo a treinar a prática segura da manipulação dentro de um contexto cuidativo[8].

Finalizando esta discussão, apresentamos um programa de gerenciamento dos riscos ocupacionais ligados ao manuseio de perfurocortantes, fundamentado na análise do problema dos acidentes percutâneos nas três dimensões apresentadas. A Tabela 15.4 apresenta as diretrizes básicas do programa (identificação do risco, estratégias de controle e prevenção, suporte organizacional) bem como os procedimentos operacionais para alcançá-las.

Agradecimentos

À Doutora Cristiane Rapparini pela imprescindível colaboração na obtenção dos dados estatísticos nacionais.

Referências bibliográficas

1. Arnold L. My needlestick. Revista Nursing 1997; set: 48-50.
2. Basso M. Acidentes ocupacionais com sangue e outros fluidos corpóreos em profissionais de saúde. [Dissertação]. São Paulo (SP): Escola de Enfermagem / Universidade de São Paulo; 1999.
3. Becker MH, Janz NK, Band J, Bartley J, Snyder MB, Gaynes RP. Noncompliance with universal precautions: why do physicians and nurses recap needles? Am J Infect Control 1990; 18: 232-39.
4. Beekmann SE, Vlahov D, Koziol DE, McShalley ED, Schmitt JM, Henderson DK. Temporal association between implementation of universal precautions and sustained, progressive decrease in percutaneous exposures to blood. Clin Infect Dis 1994; 18: 562-569.
5. Birnbaum D. Needlestick injuries among critical care nurses before and after adoption of universal precautions or body substance isolation. J Healthcare Mat Manag 1993; sep.: 38-42.
6. Brandi S, Bennatti MCC, Alexandre NMC. Ocorrência de acidente do trabalho por material perfurocortante entre trabalhadores de enfermagem de um hospital universitário da cidade de Campinas, Estado de São Paulo. Rev Esc Enf USP 1998; 32 (2):124-33.
7. Brevidelli MM. Exposição ocupacional aos vírus da AIDS e da hepatite B: análise da influência das crenças em saúde sobre a prática de reencapar agulhas. [Dissertação]. São Paulo (SP): Escola de Enfermagem / Universidade de São Paulo; 1997.
8. Brevidelli MM. Influência de fatores individuais, organizacionais e próprios do trabalho na adesão às precauções-padrão: implicações para o gerenciamento de riscos ocupacionais. [projeto doutorado]. São Paulo (SP): Escola de Enfermagem da Universidade de São Paulo; 2000.
9. Brevidelli, MM, Assayag RE, Turcato Jr G. Adesão às precauções universais: uma análise do comportamento da equipe de enfermagem. Rev Bras Enf 1995; 48 (3): 218-232.
10. Center for Disease Control and Prevention (a). Evaluation of blunt suture needles in preventing percutaneous injuries among health care workers during gynecological surgical procedures. MMWR 1997; 46 (2): 29-33. Available from: http://aepo-xdv-www.epo.cdc.gov/wonder/PrevGuid/m0045660/m0045660.asp
11. Center for Disease Control and Prevention (b). Evaluation of safety devices for preventing percutaneous injuries among health care workers during phlebotomy procedures. MMWR 1997; 46 (2): 21-29. Available from: http://aepo-xdv-www.epo.cdc.gov/wonder/PrevGuid/m0045648/m0045648.asp
12. Center for Disease Control and Prevention. Updated U.S. Public Health Service Guidelines for the Management of Occupational Exposures to HBV, HCV, and HIV and Recommendations for Postexposure Prophylaxis. MMWR 2001; 50 (RR-11): 1- 52.
13. Center for Disease Control. Guideline for prevention of transmission of human immonodeficiency virus and hepatitis B virus to healt-care and public safety workers. MMWR 1989; 38 (S-6). Available from: http://aep-xdv-www.epo.cd.gov/wonder/prevguid/p0000114/p0000114.asp

14. Center for Disease Control. Recommendations for prevention of HIV transmission in health-care settings. MMWR 1987; 36 (2S): 3S- 18S.
15. Cohen A. Factors in successful occupational safety program. J Safety Res 1977; 9: 167-78.
16. D'Arco SH, Hargreaves, M. Needlestick injuries: a multidisciplinary concern. Total Quality Management 1995, 30 (1): 61- 76
17. Dalton M, Blondeau J, Dockerty E, Fanning C, Johnston L, Le Fort-Jost S, et al. Compliance with a nonrecapping needle policy. Can J Infect Control 1992; 7 (2): 41-44.
18. Decker MD. The OSHA bloodborne hazard standard. Infect Control Hosp Epidemiol 1992; 13: 407-417.
19. Dejoy DM, Murphy LR, Gershon RRM. The influence of employee, job/task, and organizational factors on adherence to universal precautions among nurses. Intern J Ind Ergon 1995; 16: 43-55.
20. Diekema DJ. Universal precautions training of preclinical students: impact on knowledge, attitudes, and compliance. Prev Med 1995; 24: 580-85.
21. Escócia, F. Erros básicos causam acidentes em hospital. Folha de São Paulo 1998; 20 jun.
22. Garner JS. Guideline for isolation precaution in hospitals. Infect Control Hosp Epidemiol 1996; 17 (1): 53-80.
23. Gartner K. Impact of a needless intravenous system in a university hospital. AJIC 1992; 20 (2): 75-9.
24. Gershon RRM, Karkashian CD, Grosh JW, Murphy LR, Escamilla-Cejudo A, Flanagan PA et al. Hospital safety climate and its relationship with safe work practices and workplace exposure incidents. AJIC Am J Infect Control 2000; 28: 211-21.
25. Gershon RRM, Vlahov D, Felknor S, Vesley D, Johonson PC, Delclos GL, Murphy LR. Compliance with universal precautions among health care workers at three regional hospitals. AJIC Am J Infect Control 1995; 23: 225-36.
26. Gilman EA. Development and implementation of an effective training program to meet the requirements of the occupational safety and health administration (OSHA) bloodborn pathogen standard. In: Liberman DF. (ed.). Biohazards management handbook, New York: Marcel Deker, Inc; 1995. p.433-443.
27. Gir E, Costa FPP, Silva AM. A enfermagem frente acidentes de trabalho potencialmente contaminado na era do HIV. Rev Esc Enf USP, 1998; 32 (3): 262-72.
28. Grosch JW, Gershon RRM, Murphy LR, DeJoy DM. Safety climate dimensions associated with occupational exposure to blood-borne pathogens in nurses. Am J Ind Med 1999; suppl 1: 122-4.
29. Haiduven DJ, DeMaio TM, Stevens DA. A five-year study of needlestick injuries: a significant reduction associated with communication, education, and convenient placement of sharps containers. Infec Control Hosp Epidemiol 1992; 13: 265-71.
30. Halker E, Parreira F, Costa ML, Ferrari ACS, Febré N, Wey SB, Medeiros EAS. Programa de notificação de acidentes e exposição de mucosa para profissionais da área de saúde de um hospital de ensino. Anais do V Congresso Brasileiro de Controle de Infecção; 1996 Rio de Janeiro, p.127.
31. Hanharan A, Reutter LA. Critical review of the literature on sharps injuries: epidemiology, management of exposures and prevention. Journal of Advanced Nursing 1997; 25: 144-154.
32. Henry K, Campbell S, Colier P, Williams CO. Compliance with universal precautions and needle handling and disposal practices among emergency department staff at two community hospitals. Am J Infect Control 1994; 22: 129-37.
33. Henry K, Campbell S, Maki M. A comparison of observed and self-reported compliance with universal precautions among emergency department personnel at a Minnesota public teaching hospital: implications form assessing infection control programs. Ann Emerg Med 1992; 21: 940-46.
34. Hersey JC, Martin LS. Use of infection control guidelines by workers in healthcare facilities to prevent occupational transmission of HBV and HIV: results of a national survey. Infect Control Hosp Epidemiol 1994; 15: 243-252.
35. Hoefel HHK, Diogo L, Hoppe J. Conhecimento e adesão às precauções universais por profissionais que realizam punção venosa em hospital. Rev Control Infec Hosp 1994; agost (1): 15-20.
36. International Healthcare Worker Safety Center. Annual number of occupational percutaneous injuries and mucocutaneous exposures to blood or potentially infective biological substances. International Healthcare Worker Safety Center. University of Virginia; 1998jun. Available from: http://www.med.virginia.edu/epinet/estimates.html. Date accessed: 2000 october 13.
37. Jagger J, Hunt EH, Brand-Elnaggar J, Pearson RD. Rates of needle-stick injury caused by various devices in a university hospital. New Engl J Med 1988; 319 (5): 284-288.
38. Jagger J. Mecanismos para prevenir las exposiciones ocupacionales a patógenos sanguíneos; observaciones del ambiente laboral de los profesionales de salud. In: V Congresso Nacional de SIDA; 1995. noviembre 30; México, D.F.
39. Lawrence LW, Delclos GL, Felknor S, Johnson PC, Frankowski RF, Cooper S et al. The effectiveness of a needleless intravenous connection system: an assessment by injury rate and user satisfaction. Infect Control Hosp Epidemiol 1997; 18: 175-182.
40. Linnemann CC, Cannon C, DeRonde M, Lamphear B. Effect of educational programs, rigid sharps containers, and universal precautions on reported needlestick injuries in healthcare workers. Infect Control Hosp Epidemiol 1991; 12: 214-19.
41. Lymer UB, Schutz AA, Isaksson B. A descriptive study of blood exposure incidents among healthcare workers in a university hospital in Sweden. J Hosp Infect 1997; Mar 35 (3): 223-235.

42. Makofsky D, Cone JE. Installing needle disposal boxes closer to the bedside reduces neele-recapping rates in hospital units. Infect Control Hosp Epidemiol 1993; 14: 140-44.

43. Marcus R. and the CDC Cooperative Needlestick Servillance Group. Servillance of health care workers exposed to blood from patients infected with the human imunodeficiency virus. New England Journal of Medicine 1988; 319: 11118-1123.

44. McConnell EA. Pointed strategies for needlestick prevention. Nursing Management 1999; jan: 57-60.

45. Michalsen A, Delclos GL, Davidson AL, Jonhson PC, Vesley D, Murphy LR et al. Compliance with universal precautions among physicians. JOEM 1997; 39 (2): 130-137.

46. National Institute for Occupational Safety and Health. NIOSH Alert: preventing needlestick injuries in health care settings. DHHS (NIOSH) Publication N. 2000-108, Cincinnati (OH): 1999. Available from: http://www.cdc.gov/niosh/2000_108.html Date accessed: may 01, 2001

47. Occupational Safety and Health Administration. Regulations (Standards — 29CFR). Bloodborne pathogens — 1910.1030. OSHA. US Department of Labor. Available from: http://www.osha-sic.gov/OshStd_data/1910_1030.html. Date accessed: 2002 jan 21.

48. Occupational Safety and Health Administration. Safer needles devices: protecting health care workers. Occupational Safety and Health Administration. Directorate of Technical Support. Office of Occupational Health Nursing, october 1997. Available from: http://www.osha-slc.gov/SLTC/needlestick/saferneedledevices/saferneedledevices.html Date accessed: 2001 set 18.

49. Panlilio AL, Cardo DM, Srivastava PU, Williams I, Jagger J, Orelien J et al. Estimates of the annual number of percutaneous injuries in US health-care-workers. [abstract]. In: Forth Decennial International Conference on Nosocomial & Healthcare-Associated Infectious; 1998. Available from: http://www.cdc.gov./ncidod/hip/NASH/4thabstracts.htm. Date accessed: 2001 01 may.

50. Picheansathian W. Compliance with universal precautions by emergency room nurses at Maharj Nakorn Chiang Mai Hospital. J Med Assoc Thai 1995; 78 (suppl.2): S118-S122.

51. Pugliese G, Perry J. Lei sobre segurança e prevenção dos acidentes com agulhas (H.R. 5178). O que ela exige? [translated with permission] From: Advances in Exposure Prevention 2000; 5 (4).

52. Puro V, De Carli G, Petrosillo N, Ippolito G. Risk of exposure to bloodborne infection for italian health-care workers, by job category and work area. Infect Control Hosp Epidemiol 2001; 22: 206-210.

53. Rapparini, C. Riscos biológicos e vigilância ocupacional. [CD ROM]. I Simpósio sobre Risco e Prevenção de Acidentes com Perfurocortantes 2001; Hospital do Câncer, São Paulo (SP); 2001, 7 de dezembro.

54. Reducing needlesticks and blood exposure: tracking, training, technology. Hosp Security Safety Manag 1999; mar: 5-10.

55. Ribner BS, Ribner BS. An effective educational program to reduce the frequency of needle recapping. Infect Control Hosp Epidemiol 1990; 11:635-638.

56. Richards MJ, Jenkin GA. Universal precautions: attitudes of Australian and New Zealand anesthetists. Med J Aus 1997; 152: 315-16.

57. Roup BJ. OSHA' s new standard. Exposure to bloodborne pathogens. AAOHN J 1993; 41 (3): 136-142.

58. Saghafi L, Raselli P, Francillon C, Francioli P. Exposure to blood during various procedures: results of two surveys before and after the implementation of universal precautions. AJIC Am J Infect Control 1992; 20: 53-7.

59. Secretaria do Estado de São Paulo. Boletim epidemiológico Ano XVII. São Paulo (SP): CRT DST/AIDS 1999; set (2): 19.

60. Sellick JA, Hazamy PA, Mylotte JM. Influence of an educational program and mechanical opening needle disposal boxes on occupational needlestick injuries. Infect Control Hosp Epidemiol 1991; 12: 725-31.

61. Seto WH, Ching TY, Chu YB, Fielding F. Brief report: reduction in the frequency of needle recapping by effective education: a need for conceptual alteration. Infect Control Hosp Epidemiol 1990;11: 194-96.

62. Silva CC, Vieira PP, Fonseca MO, Ramalho M, Abreu ES. Reencape de agulhas: taxas ainda elevadas.[resumo] In: Congresso ABIH, Belo Horizonte (MG); 2000. Disponível em: http://www.riscobiologico.org/bioinfo/congressos/anteriores/cong_00_01.htm. Data de acesso: 2002, 15 de janeiro.

63. Silva RF, Oliveira NMVD, Bittencourt RR, Araújo VRC. Educando os servidores e controlando os acidentes com perfurocortantes. Anais do V Congresso Brasileiro de Controle de Infecção 1996; Rio de Janeiro, p.127.

64. Souza M, Viana LAC. Incidência de acidentes de trabalho relacionada com a não utilização das precauções universais. R Bras Enferm 1993; 46 (3/4): 234-44.

65. U.S. General Accounting Office. Occupational safety: selected cost and benefit. Implications of needlestick prevention devices for hospital. GAO-01-60R Needlestick prevention. Washington (DC):U.S. General Accounting Office,2000 Nov.

66. Williams C.O., Campbell S., Henry K, Collier P. Variables influencing worker compliance with universal precautions in the emergency department. American Journal of Infection control 1994; 22: 138-148.

67. Willy ME, Dhillon GL, Loewen NL, Wesley RA, Henderson DK. Adverse exposures and universal precautions practices among a group of highly exposed health professionals. Infect Control Hosp

Epidemiol 1990; 11 (7): 351-56.
68. Wong ES, Stotka JL, Chinchilli VM, Williams DS, Stuart GC, Markowitz SM. Are universal precautions effective in reducing the number of occupational exposures among health care workers? A prospective study of physicians on a Medical Service. JAMA 1991; 265 (9): 1123-28.
69. Yassi A, McGill M. Determinants of blood and body fluid exposure in a large teaching hospital: hazards of the intermittent intravenous procedure. Am J Infect Control 1991; 19 (3): 129-35.
70. Yassi A, McGill ML, Khokhar JB. Efficacy and cost-effectiveness of a needless intravenous access system. Am J Infect Control 1995; 23: 57-64.
71. Zafar AB, Butler RC, Podgorny JM, Mennonna PA, Gaydos LA, Sandiford JA. Effect of a comprehensive program to reduce needlestick injur. Infect Control Hosp Epidemiol 1997; 18 (10): 712-15.
72. Zohar D. Safety climate in industrial organizations: theoretical and applied implications. J Appl Psychol 1980; 65: 96-102.

Capítulo 16

Roteiro de Inspeção de Segurança

Marco Fabio Mastroeni

Introdução

O Roteiro de Inspeção de Segurança é uma técnica simples e que pode ser utilizada por qualquer profissional. Nesta técnica, uma pessoa (ou um grupo de pessoas que se revezam periodicamente) irá inspecionar todos os laboratórios (ou outros ambientes que forem considerados de risco) da instituição, anotando todos os itens potencialmente geradores de risco, como por exemplo, uma lâmpada queimada, um vidro quebrado ou um fio desencapado. O procedimento ideal para ser utilizada a técnica de inspeção de segurança estabelece-se, em geral, após a aplicação do plano de gerenciamento de riscos, no qual os riscos existentes e possíveis de ocorrer, em um prazo determinado, já deverão estar bem descritos e conhecidos por todos os trabalhadores que executam suas atividades em determinado laboratório ou serviço de saúde. Junto a esses riscos, encontram-se também descritas as respectivas formas de controle e procedimentos a serem utilizados, caso se tornem acidentes.

Tendo sido os riscos devidamente identificados e controlados em um ambiente de trabalho, o responsável pelo local deve conduzir a uma rotina de inspeção de segurança, de forma a monitorar a efetividade deste controle e identificar o surgimento de novos ou previamente não detectados riscos[19].

Além de requerer pouco tempo para conduzir à inspeção de segurança, esta técnica não demanda a presença de profissionais com maiores titulações para seu desenvolvimento, mas apenas de trabalhadores que façam parte do ambiente de trabalho no qual será aplicada a técnica e que tenham recebido o treinamento básico em segurança[19].

Aliado ao fato de proporcionar a identificação e controle dos riscos, a inspeção de segurança visa, também, a olhar pela manutenção dos equipamentos. Atualmente, com o grande número de equipamentos sofisticados e sensíveis que vêm sendo utilizados na área da saúde, atenção especial deve ser fornecida à manutenção destes equipamentos, evitando seu dano através da inspeção periódica do seu funcionamento[8].

As inspeções devem ser realizadas periodicamente, de preferência uma vez ao mês ou a critério da equipe de profissionais responsáveis pela segurança da instituição. É importante que as inspeções não sejam desenvolvidas sempre pelo mesmo profissional, já que, sabidamente, as pessoas tendem a apresentar percepções diferenciadas de riscos, característica que possibilita maior amplitude na identificação dos riscos.

Aplicando a Técnica de Inspeção de Segurança

Para conduzir a técnica de inspeção de segurança, a equipe de profissionais responsável pela segurança da instituição deve, em conjunto com os trabalhadores, desenvolver uma lista de questões relativas à saúde e segurança dos trabalhadores. Estas questões compreendem práticas de trabalho, equipamentos de proteção individual e coletiva, estoque e manipulação dos produtos químicos, instalações, descarte e manipulação dos resíduos, ventilação, entre outras, que irão investigar a existência de riscos em todas as áreas da instituição.

No momento em que a pessoa destacada para aplicar a inspeção de segurança — o investigador — realizar a inspeção, em um ou vários ambientes de trabalho, tornar-se-á importante a participação efetiva dos trabalhadores, levantando a existência de algum risco novo ou não percebido pelo próprio investigador. Esta característica é importante devido ao fato de que, muitas vezes, os trabalhadores de um setor específico conseguem visualizar melhor os riscos existentes naquele ambiente do que uma pessoa que não trabalhe no setor.

Finalmente, cada inspeção deve ser identificada pelo investigador que a conduziu, incluindo data, observação das situações inadequadas e dos riscos novos identificados. Terminada a coleta das informações e conclusão da inspeção, dela devem também constar, os dados da instituição, os dados do investigador e a respectiva assinatura. Todas as informações devem ser apresentadas aos trabalhadores, para que possam estar cientes e atualizados sobre a situação do ambiente em que trabalham e, eventualmente, sugerirem possíveis modificações que possam contribuir para o bom andamento das atividades.

A seguir, é apresentado um modelo de roteiro de inspeção de segurança que pode ser utilizado como exemplo nos vários ambientes de uma instituição, mas é importante salientar que cada ambiente de trabalho, seja um laboratório ou serviço de saúde, deve desenvolver seu próprio roteiro de inspeção de segurança, submetido à análise da comissão de biossegurança, antes de ser apresentado aos trabalhadores. À medida que as inspeções forem efetuadas, periodicamente o roteiro deverá, necessariamente, passar por modificações através do acréscimo ou retirada de alguns itens, em virtude das constantes modificações efetuadas no ambiente de trabalho.

Roteiro para inspeção de segurança[1-21]

Ver tabelas.

Tabela 16.1
Instalações

Quesitos	*Sim/não*	*Observações*
1. Existe a presença de luz natural no ambiente de trabalho?		
2. A temperatura do ambiente é confortável aos trabalhadores?		
3. Os banheiros são separados por sexo?		
4. Os vestiários ou banheiros possuem chuveiro quente funcionando?		
5. Existe vestiário para guardar os objetos pessoais dos trabalhadores fora do ambiente de trabalho?		
6. Há um local específico para as refeições?		
7. Os níveis de ruído obedecem à Norma Regulamentadora nº 15 (NR 15) do Ministério do Trabalho e Emprego (MET)?		
8. Existem papel-toalha, sabão e água disponíveis para uso nos banheiros?		
9. A luz solar incide diretamente sobre os equipamentos?		

Tabela 16.1 (cont.) Instalações		
Quesitos	*Sim/não*	*Observações*
10. Há ventilação adequada para manter o ar limpo no ambiente de trabalho?		
11. Existe água potável próxima aos trabalhadores?		
12. As portas dos laboratórios são adequadas à necessidade das atividades (a porta abre e fecha com visor)?		
13. As superfícies das bancadas são resistentes a choque mecânico, calor e produtos químicos?		
14. O piso do ambiente de trabalho é de fácil limpeza com mínima porosidade?		
15. Existe proteção contra a entrada de insetos e roedores no ambiente de trabalho?		
16. As escadas (quando houver) apresentam corrimão e sistema antiderrapante nos degraus?		
17. Nos ambientes em que se manipulam organismos geneticamente modificados e organismos contaminados, as pias estão providas com torneiras de acionamento automático?		
18. Há defeitos estruturais nos pisos, escadarias, paredes e telhados?		
19. Os corredores da instituição são adequados para a circulação de pessoas e materiais?		
20. As linhas de serviço (gás, água, vapor, ar, etc.) estão identificadas segundo as cores padrões da NR-26 do MET?		
21. Existe espaço para trabalhar com segurança no ambiente de trabalho?		
22. Cada laboratório está equipado com pia para a lavagem das mãos?		
23. Há algum tipo de sistema de isolamento ou proteção no(s) ambiente(s) em que se manipulam produtos radioativos?		
24. As tubulações de vapor são cobertas com material isolante?		
25. As tubulações de ar limpo possuem filtros adequados à atividade?		
26. Existe o símbolo de risco biológico afixado na porta de entrada dos ambientes em que se manipulam agentes infecciosos?		
27. A água para uso geral é de boa qualidade?		
28. Todas as instalações da instituição estão protegidas contra alagamentos?		

Tabela 16.1 (cont.) Instalações		
Quesitos	*Sim/não*	*Observações*
29. Nas áreas confinadas (câmara fria, laboratório fotográfico e outras), os sistemas de intercomunicadores estão funcionando de forma adequada?		
30. Existe sinalização compatível nas áreas de manipulação dos produtos radioativos?		

Tabela 16.2 Cuidados relacionados com a eletricidade		
Quesitos	*Sim/Não*	*Observações*
1. A iluminação geral é adequada ao ambiente de trabalho?		
2. A instituição conta com gerador e *no break* caso haja queda de energia elétrica?		
3. A instituição dispõe de um sistema de segurança contra raios?		
4. Existem tomadas para os aparelhos de 110V e 220V?		
5. Há alguma tomada com mais de um aparelho conectado?		
6. Os interruptores de acionamento das luzes estão em locais visíveis e devidamente identificados?		
7. Todos os circuitos dos ambientes de trabalho possuem interruptores para o caso de falha do aterramento?		
8. Existem cabos elétricos dos equipamentos atravessando a área de trabalho?		
9. Há extensões elétricas para o funcionamento dos equipamentos?		

Tabela 16.3 Equipamentos de Proteção Individual (EPIs)		
Quesitos	*Sim/Não*	*Observações*
1. Existem EPIs disponíveis a todos os trabalhadores para os diferentes tipos de atividade desenvolvidos?		
2. Os EPIs são vistoriados periodicamente quanto à sua integridade física?		
3. Os EPIs estão dentro da validade?		
4. Os EPIs disponíveis são considerados confortáveis pelos trabalhadores?		

Tabela 16.3 (cont.)
Equipamentos de Proteção Individual (EPIs)

Quesitos	Sim/Não	Observações
5. Os jalecos são trocados e higienizados periodicamente?		
6. As máscaras de proteção respiratória são imediatamente descontaminadas após o seu uso?		
7. As máscaras de proteção contra aerossóis e respingos são imediatamente descontaminadas após o seu uso?		
8. Existem diferentes tamanhos de luvas disponíveis para uso?		
9. O jaleco e demais EPIs permanecem sempre dentro do ambiente de trabalho nas ocasiões de saída dos trabalhadores?		
10. Existem luvas especiais para o manuseio dos objetos aquecidos?		

Tabela 16.4
Equipamentos de Proteção Coletiva (EPCs)

Quesitos	Sim/Não	Observações
1. Existe chuveiro de descontaminação próximo ao ambiente de trabalho?		
2. Há lava-olhos no ambiente de trabalho?		
3. A solução dos lava-olhos é trocada periodicamente?		
4. Existe balde de areia ou solução absorvente de soluções químicas dentro do ambiente de trabalho?		
5. As cabines de segurança biológica (CSB) são vistoriadas periodicamente?		
6. É realizado o expurgo do chuveiro de descontaminação semanalmente?		
7. Estão sendo estocados reagentes dentro das cabines de segurança química (CSQ)?		
8. As CSBs são imediatamente desinfetadas após o seu uso?		
9. Estão sendo estocados objetos dentro das CSBs?		
10. Os recipientes coletores de lixo infectante possuem pedal para o acionamento da tampa?		

Tabela 16.5 Aspectos ergonômicos		
Quesitos	*Sim/Não*	*Observações*
1. Existe carrinho para o transporte de materiais?		
2. As bancadas, mesas, cadeiras e bancos estão na altura e profundidade adequadas para o trabalho segundo a NR-17 do MET?		
3. Há descansos para os pés?		
4. As pias para a lavação dos materiais utilizados apresentam profundidade adequada?		
5. Junto às estantes e armários, existem escadas ou bancos apropriados para uso em caso de se alcançarem objetos nas prateleiras mais altas?		
6. Existem atividades repetitivas e monótonas no ambiente de trabalho?		

Tabela 16.6 Prevenção de incêndio		
Quesitos	*Sim/Não*	*Observações*
1. A instituição conta com um sistema de alarme de incêndio?		
2. As saídas de emergência estão desobstruídas, sinalizadas e em condições de uso, caso necessário?		
3. Os extintores de incêndio são em número e tipo adequados aos diferentes ambientes de trabalho segundo a NR-23 do MTE?		
4. A instituição possui treinamento de combate e prevenção aos princípios de incêndio periódico?		
5. Os extintores de incêndio situam-se em locais visíveis e sinalizados?		
6. Os extintores de incêndio encontram-se dentro da validade?		
7. O sistema de mangueira de incêndio está em local de fácil acesso e pronto para uso, caso necessário?		
8. Existe um hidrante próximo à instituição?		
9. Os laboratórios possuem luzes de emergência?		
10. As portas dos ambientes de trabalho são dispostas, de modo a abrirem de dentro para fora?		

Tabela 16.7 Manuseio e descarte de resíduos		
Quesitos	*Sim/Não*	*Observações*
1. Os resíduos infectantes são descartados em sacos plásticos resistentes, com coloração branco-leitosa e sinalizados com o símbolo de risco biológico?		
2. Os resíduos químicos são neutralizados antes de serem descartados?		
3. Os diferentes tipos de resíduo são manipulados com EPIs adequados?		
4. A instituição possui um plano de gerenciamento de resíduos?		
5. Os trabalhadores são atualizados periodicamente quanto ao descarte dos diferentes tipos de resíduo?		
6. Existe um local apropriado para o armazenamento temporário dos resíduos químicos fora do ambiente de trabalho?		
7. O serviço de terceiros responsável pela coleta do lixo infectante efetua a coleta e descarte do material de acordo com as normas sanitárias vigentes?		
8. Existe um local diferenciado e devidamente sinalizado para o armazenamento temporário do resíduo infectante?		
9. A coleta do lixo comum é realizada diariamente?		
10. Existem recipientes seguros para o descarte dos vidros quebrados?		
11. Culturas, colônias e demais resíduos similares são devidamente descontaminados, antes de serem descartados?		
12. Os materiais enviados para a descontaminação fora da instituição são embalados de acordo com as normas municipais, estaduais e federais, antes de serem removidos?		

Tabela 16.8 Serviços		
Quesitos	*Sim/Não*	*Observações*
1. Existe material de primeiros socorros disponível e em local de fácil acesso aos trabalhadores?		
2. Há serviço de alimentação próximo à instituição?		
3. Existe transporte público próximo à instituição?		
4. A instituição mantém horário de trabalho compatível com o do transporte público?		
5. Existe equipe de manutenção disponível na instituição?		

Tabela 16.9 Limpeza e condições sanitárias		
Quesitos	*Sim/Não*	*Observações*
1. Os banheiros são limpos e desinfetados diariamente?		
2. O piso dos ambientes de trabalho é limpo diariamente?		
3. As tampas do sistema de esgoto estão devidamente lacradas, sendo capazes de impedir a saída de insetos e roedores?		
4. As janelas são limpas periodicamente?		
5. Existe a permanência de objetos sujos na pia por mais de um dia?		
6. Os recipientes coletores de lixo são higienizados periodicamente?		
7. O sistema de filtros do condicionamento de ar é higienizado periodicamente?		
8. A descontaminação das superfícies das bancadas e das áreas de trabalho é realizada diariamente?		
9. No fluxo de trabalho, existe o cruzamento de materiais limpos e sujos?		
10. O sistema de filtros dos bebedouros é trocado periodicamente?		
11. É feita a higienização das caixas de água a cada seis meses?		

Tabela 16.10 Armazenamento e estoque de produtos		
Quesitos	*Sim/Não*	*Observações*
1. Dentro do ambiente de trabalho, são armazenadas quantidades superiores a 2kg de cada produto?		
2. Existe o armazenamento de algum cilindro de gás próximo aos cilindros que estão sendo utilizados?		
3. A central de gás está localizada fora do ambiente de trabalho e protegida pelas ações do tempo?		
4. Os cilindros de gás estão dispostos verticalmente e presos por correntes junto à parede?		
5. Os cilindros de gás são estocados de acordo com a compatibilidade?		
6. As tampas de proteção dos cilindros de gás são utilizadas quando eles não estão em uso ou quando estão sendo transportados?		
7. Os produtos químicos são armazenados em ambiente escuro e fresco, e protegidos da ação dos insetos e roedores?		

Tabela 16.10 (cont.) Armazenamento e estoque de produtos		
Quesitos	*Sim/Não*	*Observações*
8. Os produtos químicos são estocados de acordo com a compatibilidade química?		
9. Nos locais de armazenamento e estoque de produtos químicos e gases, o sistema de exaustão emana o ar exaurido a uma distância segura do ambiente de trabalho?		
10. Nos locais de armazenamento e estoque de produtos químicos e gases, existe sistema de exaustão de emergência, caso o principal pare de funcionar?		
11. Todos os produtos estão devidamente rotulados contendo dados de validade, periculosidade, precauções e fonte?		
12. Os produtos corrosivos e inflamáveis são armazenados e estocados na parte inferior da estante (abaixo do nível dos olhos)?		
13. Os produtos inflamáveis são armazenados e estocados de forma a estarem protegidos de fontes de ignição?		
14. O profissional responsável pelo estoque dos produtos químicos e gases possui treinamento adequado para o desenvolvimento da atividade?		
15. Novos reagentes desenvolvidos no dia-a-dia são devidamente rotulados de acordo com a sua periculosidade?		
16. O material armazenado no *freezer* está rotulado com data, tipo de material e responsável?		
17. O rótulo das embalagens armazenadas no *freezer* encontra-se protegido da ação da umidade, de modo que permaneçam constantemente afixados?		
18. O material infectante está separado dos outros materiais armazenados na geladeira e no *freezer*?		
19. As prateleiras e estantes possuem proteção frontal contra eventuais quedas dos produtos armazenados?		
20. Nos locais de armazenamento e estoque de materiais, existe o acúmulo de lixo, de materiais indesejáveis e de objetos que possa acarretar o perigo de tropeço, de incêndio ou de abrigo a roedores e insetos?		
21. Os locais de armazenamento e estoque de produtos químicos são equipados com plugues e lâmpadas antiexplosão segundo a NR 10 do MET?		
22. Existe armazenamento de materiais radioativos em armários, geladeiras e *freezers* sem a devida licença liberada pelo CNEN?		

Tabela 16.11 Segurança		
Quesitos	*Sim/Não*	*Observações*
1. Existe livre acesso de pessoas estranhas (não-autorizadas) nos diferentes setores?		
2. O segurança noturno possui treinamento adequado para lidar em situações de emergência na área da saúde?		
3. Cada setor ou laboratório possui, visivelmente anexado à porta de entrada, um telefone de emergência e dados do responsável para os casos de emergência?		
4. É realizado o monitoramento periódico da radiação nos setores ou laboratórios que manipulam produtos radioativos?		
5. Existe algum dano físico nas instalações elétricas que possa acarretar perigo de incêndio?		
6. Há o mapa de riscos afixado em cada ambiente de trabalho?		
7. Os visitantes recebem algum tipo de orientação, antes de entrarem nas dependências restritas?		
8. Os trabalhadores que manipulam produtos radioativos possuem treinamento adequado?		
9. Os trabalhadores fazem uso de capa e dosímetro, quando manipulam os produtos radioativos?		

Tabela 16.12 Saúde		
Quesitos	*Sim/Não*	*Observações*
1. O monitoramento da imunização dos trabalhadores é realizado periodicamente?		
2. As mulheres em idade fértil estão cientes das conseqüências de trabalho com determinados organismos bem como substâncias carcinogênicas e teratogênicas?		
3. A instituição conta com ambulatório médico ou profissional qualificado e disponível para atendimento em caso de emergência?		
4. Existe o registro das doenças e eventuais acidentes de trabalho?		
5. As mulheres continuam trabalhando na mesma função de risco, após comunicarem estar no período gestacional?		
6. O material de primeiros socorros encontra-se em local visível e de fácil acesso?		
7. Existe algum trabalhador desenvolvendo atividades normais de trabalho e que apresente lesão na pele?		

Tabela 16.13 Equipamentos		
Quesitos	*Sim/Não*	*Observações*
1. Os refrigeradores que estocam produtos químicos são específicos para tal atividade?		
2. As centrífugas são higienizadas após o uso de material infectante?		
3. As autoclaves passam por controle periódico de esterilização?		
4. As balanças estão em local fresco, protegidas da vibração e passagens de ar?		
5. Os refrigeradores e *freezers* possuem o sistema de degelo controlado periodicamente?		
6. Os equipamentos que geram radiações são seguros à manipulação?		
7. Existem equipamentos ou instrumentos sendo utilizados em condições precárias?		
8. As mangueiras dos microincineradores e bicos de Bunsen estão em adequadas condições de uso?		
9. As amostras são dispostas de forma balanceada nos rotores das centrífugas, antes de serem processadas?		
10. A água contida no banho-maria é trocada periodicamente?		
11. Os equipamentos elétricos possuem aterramento conectado?		
12. Existe um registro diário de uso dos equipamentos?		
13. Os microscópios e seus componentes são higienizados após cada utilização?		
14. Os ambientes de trabalho que apresentam *freezers*, refrigeradores, autoclaves, fornos para esterilização e demais equipamentos que geram calor possuem adequado sistema de exaustão?		
15. Os profissionais da área clínica estão utilizando equipamentos tecnologicamente compatíveis com a demanda?		

Tabela 16.14 Boas práticas de laboratório		
Quesitos	*Sim/Não*	*Observações*
1. São observados hábitos de fumar, de beber ou de se alimentar no local de trabalho?		
2. Comida e bebida são estocadas dentro do laboratório?		
3. Os procedimentos de pipetagem são efetuados com o auxílio de peras e pipetadores automáticos?		

Tabela 16.14 (cont.) Boas práticas de laboratório		
Quesitos	*Sim/Não*	*Observações*
4. Os produtos químicos perigosos e nocivos à saúde são manipulados na CSQ?		
5. Todos os trabalhadores fazem uso de calçados fechados e confortáveis para trabalho?		
6. Os equipamentos de proteção individual são de uso rotineiro dos trabalhadores e adequados a cada atividade desenvolvida?		
7. Os objetos perfurocortantes são descartados em recipiente apropriado imediatamente após o seu uso?		
8. Os profissionais que trabalham com luvas possuem as unhas sempre cortadas?		
9. Após a utilização de pipetas, ponteiras e demais artigos de trabalho em contato com sangue, eles são mantidos em desinfetante, antes de serem esterilizados?		
10. Existe o hábito de pipetar com a boca?		
11. As pias para a lavação dos materiais apresentam protetor contra choque mecânico em seu interior?		
12. Os trabalhadores apresentam o hábito de lavar as mãos várias vezes ao dia?		
13. Existe o hábito de algum profissional trabalhar sozinho no período noturno?		
14. Novos estagiários, bolsistas ou funcionários recebem treinamento, antes de iniciarem as atividades de trabalho?		
15. Os objetos de vidro trincados ou lascados estão sendo inutilizados?		
16. Há um manual de biossegurança e materiais educativos relacionados disponíveis na instituição?		
17. Existe o hábito de atendimento do telefone calçando luvas?		
18. Existe o hábito de utilizar assessórios sob as luvas, como anéis, pulseiras e relógios?		
19. Há plantas decorando os laboratórios de saúde?		
20. Existe um registro diário de uso dos produtos químicos?		

CONSIDERAÇÕES FINAIS

A elaboração de um Roteiro de Inspeção de Segurança é uma ferramenta de extrema valia para o gerenciamento de riscos de acidentes nos mais diversificados tipos de ambientes. Quando bem aplicada, possibilita a identificação rápida de possíveis acidentes capazes de gerar sérias conseqüências aos trabalhadores que ali atuam. A característica desta técnica está baseada na facilidade de sua elaboração, não necessitando de pessoas com elevado grau de conhecimento em segurança, o que a coloca também como um instrumento de aprendizagem e interação entre os trabalhadores.

REFERÊNCIAS BIBLIOGRÁFICAS

1. Brasil. Ministério da Saúde. Secretaria das Políticas de Saúde. Departamento de Políticas Estratégicas. Assessoria de Ciência e Tecnologia. Fundação Oswaldo Cruz. Núcleo de Biossegurança. Silva, FHAL. Barreiras de Contenção. In: Oda LM, Ávila SM, organizadora. Biossegurança em laboratórios de saúde pública. Rio de Janeiro: FIOCRUZ: 31-55, 1998.
2. Brasil. Ministério da Saúde. Secretaria das Políticas de Saúde. Departamento de Políticas Estratégicas. Assessoria de Ciência e Tecnologia. Fundação Oswaldo Cruz. Núcleo de Biossegurança. In: Oda LM, organizadora. Manual para identificação da percepção dos riscos em laboratórios de saúde pública. Fundação Oswaldo Cruz, Rio de Janeiro, FIOCRUZ: 7-40, 1998.
3. Carvalho PR. Riscos em ambientes de saúde. In: Boas práticas químicas em biossegurança. Rio de Janeiro: Interciência: 89-108, 1999.
4. Centers for Disease Control and Prevention and National Institute of Health. Laboratory Biosafety Level Criteria. In: Biosafety in microbiological and biomedical laboratories. 3ª ed., Washington, Department of Health and Human Services, Public Health Service: 16-42, 1993.
5. Centers for Disease Control and Prevention and National Institute of Health. Laboratory Biosafety Level Criteria. In: Biosafety in microbiological and biomedical laboratories, 4ª ed., Washington, Department of Health and Human Services, Public Health Service, 1999.
6. Centers for Disease Control and Prevention and National Institute of Health. BSC Use by the Investigator: Work Practices and Procedures. In: Primary containment for biohazards: selection, installation and use of biological safety cabinets. Department of Health and Human Services, Public Health Service, 1995.
7. Costa MAF. Cenários de laboratórios. In: Qualidade em biossegurança. Rio de Janeiro: Qualitymark: 25-56, 2000.
8. Furr AK. Appendix: Laboratory Checklist. In: CRC handbook of laboratory safety. 5ª ed. Boca Raton, CRC Press: 747-9, 2000.
9. Grist NR. Lista de controle das medidas de segurança laboratorial. In: Manual: de biossegurança para laboratório. 2ª ed. São Paulo Editora Santos: 113-9, 1995.
10. Hirata MH. O laboratório de ensino e pesquisa e seus riscos. In: Hirata MH, Mancini Filho J, organizadores. Manual de biossegurança. São Paulo: Manole: 1-19, 2001.
11. Laboratório Central do Estado do Paraná. Segurança para laboratório químico. In: Manual de Biossegurança e segurança química em laboratório de saúde pública. Curitiba, LACEN: 87-96, 2000.
12. Norma Regulamentadora nº 10 (NR 10). Instalações e serviços em eletricidade. Ministério do Trabalho e Emprego. Disponível em <URL: http://www.mte.gov.br/Temas/SegSau/Legislacao/Normas/conteudo/nr10/default.asp/>. [20 Jan 2002]
13. Norma Regulamentadora nº 15 (NR 15). Atividades e operações insalubres. Ministério do Trabalho e Emprego. Disponível em <URL: http://www.mte.gov.br/Temas/SegSau/Legislacao/Normas/Download/NR_15.pdf/>. [20 Jan 2002]
14. Norma Regulamentadora nº 17 (NR 17). Ergonomia. Ministério do Trabalho e Emprego. Disponível em <URL: http://www.mte.gov.br/Temas/SegSau/Legislacao/Normas/conteudo/nr17/default.asp/>. [20 Jan 2002]
15. Norma Regulamentadora nº 23 (NR 23). Proteção contra incêndios. Ministério do Trabalho e Emprego. Disponível em <URL: http://www.mte.gov.br/Temas/SegSau/Legislacao/Normas/conteudo/nr23/default.asp/>. [20 Jan 2002]
16. Norma Regulamentadora nº 26 (NR 26). Sinalização de segurança. Ministério do Trabalho e Emprego. Disponível em <URL: http://www.mte.gov.br/Temas/SegSau/Legislacao/Normas/conteudo/nr26/default.asp/>. [20 Jan 2002]
17. Office of Radiation, Chemical and Biological Safety. Blood born Pathogens Site-Specific Training Checklist. In: Blood born pathogens exposure control plan. Michigan: Michigan State University Occupational Health Services, 2000.
18. Office of Radiation, Chemical and Biological Safety. Recommended Work Practices. In: Biosafety manual. Michigan: Michigan State University, 1998.
19. Stricoff RS, Walters DB. Attachment 2: Sample Laboratory Inspection Checklist. In: Handbook of laboratory health and safety. New York: John Wiley & Sons Inc.: 37-43, 1995.
20. Teixeira P, Valle S. Riscos biológicos em laboratórios de pesquisa. Teixeira P, Valle S, organizadores. In: Biossegurança. Uma abordagem multidisciplinar. Rio de Janeiro: FIOCRUZ: 41-64, 1996.
21. World Health Organization. Safety checklist. In: Laboratory biosafety manual. 3ª ed. Geneva: WHO: 125-131, 2004.

Capítulo 17

Conduta Ética em Pesquisa

Volnei Garrafa
Mauro Machado do Prado

Introdução

A cada nova descoberta, emergem situações, muitas vezes intrigantes e complexas, com repercussões morais e éticas de grande significado para a humanidade e a vida em geral. Todo desenvolvimento nos campos da ciência e da tecnologia deve ter sempre como objetivo principal a melhoria da qualidade de vida no planeta. No entanto, a História é repleta de exemplos de desrespeito e violação dos direitos humanos, exclusão e alijamento social, de degradação ambiental, de crueldade contra os animais humanos e não-humanos.

Neste início do século XXI, está configurada a possibilidade de a técnica vir a dominar o mundo, a sociedade e a natureza, pois o assombroso desenvolvimento da engenharia genética e outros tantos avanços tecnocientíficos passaram a imprimir narrativas curtas e fragmentadas na história da humanidade[12]. A reprodução medicamente assistida, a clonagem, a transgenia, entre outras descobertas, (re)iniciaram narrativas, (re)criaram fatos, fazendo surgir um novo contexto histórico.

William Saad Hossne[10], com propriedade, salienta que a primeira revolução científica, iniciada no século XVI, precisou de cerca de três séculos para a sua consolidação, enquanto, no século XX, já ocorreram duas importantes revoluções. Na primeira metade do século, houve a revolução atômica; na segunda metade, a molecular. Como lembra o referido autor, a revolução atômica trouxe os radioisótopos, a energia nuclear, a ressonância e, por outro lado, a bomba atômica. Ainda, a revolução molecular proporcionou domínio e poder sobre a manipulação biológica, com inegáveis conquistas nos campos da reprodução humana, da manipulação genética, dos transplantes e, inevitavelmente, também no domínio das armas biológicas. Com isso, fica evidente que o ser humano passou a exercer enorme interferência nos fenômenos da natureza, portanto da vida.

O ser humano tem agora em suas mãos um poder de proporções inimagináveis diante da possibilidade de desenvolver pesquisas para a obtenção do conhecimento desejado, mas possui também responsabilidades de natureza ética sem precedentes na sua história, pela preocupação de assegurar que o desenvolvimento científico e tecnológico seja sempre voltado para o benefício do ser humano.

Segundo a Resolução nº 196 (1996), do Conselho Nacional de Saúde, pesquisa é entendida como uma "classe de atividades cujo objetivo é desenvolver ou contribuir para o conhecimento generalizável. O conhecimento generalizável consiste em teorias, relações ou princípios, ou no acúmulo de informações sobre as quais está baseado, que possam ser corroborados por métodos científicos aceitos de observação e inferência"[4]. Em geral, uma investigação tem início com a construção de hipóteses, as quais passam a ser verificadas em laboratórios, *in vitro* e em animais, sendo necessária, muitas vezes, a realização de experimentos com a participação de seres humanos. Por isso, os países e organismos internacionais estão preocupados com a necessidade de observância de princípios éticos, quando da realização de pesquisas, principalmente se há o envolvimento direto do homem como sujeito participante.

O progresso depende da realização de pesquisas e experimentações científicas, mas é preciso que os experimentos estejam de acordo com os valores da sociedade, que obedeçam a uma metodologia adequada e que sejam observadas as recomendações éticas internacionais, para que não se incorra em abusos, bem como, ainda, que os pesquisadores tenham consciência da sua responsabilidade para com a humanidade, a natureza e as gerações futuras.

Nesse sentido, não se pretende que a tecnologia e a ciência sejam eticamente submissas nem se pode permitir que venham a se tornar histericamente perversas e dominadoras. Deve-se buscar a articulação entre aquilo que é cientificamente válido e as injunções morais, ou seja, o que deve ser evitado a todo custo precisa ser determinado exatamente pelo que deve ser preservado de igual maneira. É claro que, entre os grandes problemas práticos da bioética, está a dificuldade de trabalhar as relações entre a certeza do benefício e a dúvida sobre os limites a serem observados, sobre o que deve ser controlado e, fundamentalmente, como se deve processar esse controle.

É exatamente em tal fronteira, tremendamente insegura, que conta com tão pouca iluminação moral capaz de conduzir para as certezas, que se situam os campos da prudência e da responsabilidade. É preciso analisar, crítica e cuidadosamente, todas as implicações sociais, políticas e filosóficas das pesquisas feitas para o avanço do conhecimento.

Resta ao homem, então, dirigir seu fazer pelos estreitos limites entre o necessário e o possível. A grande questão relacionada com a manipulação da vida humana e planetária não rende na realização de experimentos nem na utilização de novas tecnologias ainda não assimiladas moralmente pelas sociedades, mas no controle de tais atividades e novidades. E este deve-se dar em um plano não exclusivamente técnico ou científico, pois o diálogo entre todas as partes envolvidas é necessário e possível. O controle sobre a pesquisa deve ser social, coletivo, mundial: tal controle é ético. Por esta razão, a chamada ética prática ou aplicada, por meio da bioética, torna-se a cada dia mais relevante, imprescindível[7].

Este capítulo busca abordar os principais aspectos éticos relacionados com a pesquisa científica, elencar os documentos mais importantes no que diz respeito às diretrizes e normas éticas em pesquisa, bem como levar à reflexão sobre a importância do tema para o bem-estar da coletividade.

Principais documentos relacionados com a ética em pesquisa

Documentos internacionais

Claude Bernard[14], já em 1865, assim se manifestou sobre o tema da pesquisa: "O princípio da moralidade médica e cirúrgica consiste em nunca executar no homem uma experiência que possa produzir nele malefício de qualquer espécie, mesmo que o resultado possa ser altamente vantajoso para a ciência, isto é, para a saúde de outros."

O estabelecimento de padrões éticos e científicos de pesquisa é, há muito tempo, motivo de preocupação e discussões não só pela comunidade científica mas também pela sociedade em geral, que busca proteger a liberdade, a integridade, a dignidade, os direitos e o bem-estar do homem. Todos os documentos elaborados com esse fim são conseqüências de conquistas da humanidade e representam teses democráticas da maior importância para a comunidade mundial[6].

As principais diretrizes, regulamentações e normas internacionais, elaboradas para o respeito e resgate dos valores éticos e morais da humanidade, são descritas a seguir.

Código de Nüremberg (1947): representa um marco histórico da humanidade e tem inegável importância, por ser o primeiro documento internacional sobre a ética na pesquisa envolvendo seres humanos. O tribunal de guerra julgou os crimes cometidos contra a humanidade durante a Segunda Guerra Mundial e, na ocasião, as dez recomendações que compõem o documento foram elaboradas. Questões, como a utilidade do experimento, sua inocuidade, proteção aos participantes, qualificação do pesquisador e autodecisão do sujeito (necessidade do consentimento voluntário), foram contempladas[14].

É fundamental manter a memória, trazer o debate para o momento atual, a fim de prevenir a ocorrência de tais situações. Nesse sentido, o Código de Nüremberg deve ser sempre lembrado.

Após ter o mundo tomado conhecimento das atrocidades realizadas, em nome da ciência, pelos nazistas, houve uma "crise de consciência" na comunidade científica, e outras regulamentações foram sendo elaboradas[6].

Declaração Universal dos Direitos do Homem (1948): a Assembléia Geral da Organização das Nações Unidas (ONU), ainda aturdida com os acontecimentos da Segunda Grande Guerra Mundial, proclamou este documento com ênfase na dignidade e igualdade humanas, reforçando as noções centrais presentes na discussão ética[14].

Declaração de Helsinki (1964): documento adotado pela 18ª Assembléia Geral da Associação Médica Mundial (AMM) na Finlândia, contendo orientações éticas mais completas para as pesquisas médicas em seres humanos. Foi revisada em Tóquio (1975), Veneza (1983), Hong Kong (1989), Somerset West (1996) e Edimburgo (2000)[6,14].

Deve ser considerada muito mais que um documento da categoria médica pela sua importância histórica e inegável aceitação mundial, por representar um valor de referência em suas diretrizes éticas para as pesquisas com seres humanos. As legislações de diversas nações recomendam-na e cobram que as pesquisas biomédicas sejam conduzidas segundo seus preceitos éticos.

Não se pode deixar de mencionar a polêmica gerada pelas tentativas de alterações na Declaração de Helsinki, que, entre outros itens, diziam respeito principalmente à universalidade do acesso aos melhores cuidados médicos e ao uso do placebo. Havia clara intenção, da parte dos países desenvolvidos, de flexibilização dos padrões éticos estabelecidos, com a argumentação de que deveriam ser diminuídas as exigências éticas para os ensaios clínicos realizados em países em desenvolvimento, sob a falácia da urgência, desconsiderando o propósito humanitário e seguindo a ética do mercado.

Estas tentativas tiveram início com uma proposta da Associação Médica Estadunidense, na Assembléia Geral da AMM, em Hamburgo, já em 1997. Houve reação da comunidade mundial e, após discussões em diversos fóruns internacionais, a AMM resolveu adiar sua decisão sobre as modificações na Declaração de Helsinki bem como abrir o processo para uma discussão mais ampla, com a participação das associações médicas de cada país e pela Internet. Assim, a proposta que seria apreciada pela 51ª Assembléia Geral da AMM, em Tel Aviv/1999, foi adiada para a 52ª Assembléia Geral da AMM, realizada em Edimburgo/2000[6].

Dirceu Greco[9] alertou para o fato de que a proposta colocada em Israel procurava convencer a todos de que o padrão das pesquisas e do acesso aos cuidados médicos deveria ser aquele possível de ser alcançado no país onde o ensaio fosse realizado, havendo a justificativa, inclusive, para o uso de placebo mesmo quando existe tratamento eficaz bem-estabelecido internacionalmente. As diretrizes éticas aplicáveis à pesquisa contidas no referido documento foram revisadas, mas, em razão das manifestações contrárias de diversas partes do mundo, felizmente não ocorreram como queriam os países centrais.

Nota: a Declaração de Helsinki pode ser consultada no site <http://www.wma.net>.

Acordo Internacional sobre os Direitos Civis e Políticos (1966): adotado pela Assembléia Geral das Nações Unidas (ONU). Aprovado pelo Congresso Nacional Brasileiro em 1992. Versa, em seu Artigo 7°, que "ninguém será submetido a tortura ou a tratamento ou punição cruel, desumano ou degradante. Em particular, ninguém será submetido, sem seu livre consentimento, a experiências médicas ou científicas"[14].

Relatório Belmont (1978): documento estadunidense elaborado pela *National Commission for the Protection of Human Subjects of Biomedical and Behavioral Research*, contendo diretrizes e princípios éticos para a proteção dos sujeitos humanos de pesquisa. Apontou os princípios éticos básicos (*respect for persons, beneficence* e *justice*) e discorreu sobre os requisitos para a sua aplicação (*informed consent, risk/benefit assessment e selection of subjects of research*). É referencial para a conduta ética em pesquisa e fundamental na origem e consolidação da corrente principalista bioética[19].

Diretrizes Éticas Internacionais para as Pesquisas Biomédicas Envolvendo Seres Humanos (1982 e 1993): o Conselho para as Organizações Internacionais de Ciências Médicas (CIOMS) e a Organização Mundial de Saúde (OMS) promoveram discussões sobre o tema da pesquisa, que culminaram com a publicação, em 1982, desta proposta de diretrizes. Elas contemplam indicações para a aplicação prática da Declaração de Helsinki, principalmente em países em desenvolvimento, e definem que todos os protocolos de pesquisas envolvendo seres humanos devem ser submetidos à análise e aprovação de um ou mais comitês independentes de revisão ética e científica[14].

Diretrizes Internacionais para a Revisão Ética de Estudos Epidemiológicos (1991): documento também elaborado pelo CIOMS e pela OMS, com o objetivo de apontar os aspectos éticos relacionados com os estudos epidemiológicos[14].

Declaração Ibero-latino-americana sobre Ética e Genética/Declaração de Manzanillo (1996 e 1998): os participantes nos Encontros sobre Bioética e Genética de Manzanillo (1996) e de Buenos Aires (1998), procedentes de diversos países da Ibero-américa e da Espanha, bem como de diferentes disciplinas relacionadas com a bioética, declaram nesse documento sua adesão aos valores e princípios proclamados tanto na Declaração Universal sobre o Genoma Humano e os Direitos Humanos — da *United Nations Educational, Scientific and Cultural Organization* (UNESCO) — como no Convênio sobre Direitos Humanos e Biomedicina — do Conselho da Europa.

Declaração Universal sobre o Genoma Humano e os Direitos Humanos (1997): um conjunto de mais de 80 países, com o apoio da UNESCO, firmou esta declaração, com ênfase no respeito à dignidade, à liberdade e aos direitos humanos, assim como a proibição de toda forma de discriminação baseada em características genéticas.

Convênio sobre Direitos Humanos e Biomedicina (1997): o Convênio para a Proteção dos Direitos Humanos e a Dignidade do Ser Humano com Respeito às Aplicações da Biologia e da Medicina, do Conselho da Europa, é o primeiro tratado internacional nesse campo. Trata-se, ao mesmo tempo, de um documento jurídico e de uma série de princípios éticos aplicados ao exercício das ciências biomédicas.

Documentos nacionais

Inicialmente, algumas normas deontológicas devem ser lembradas como documentos nacionais que, desde 1975, tratavam da questão ética em pesquisa. As resoluções emanadas do Conselho Federal de Medicina (CFM) que dizem respeito ao tema, são a Resolução CFM nº 671 (1975), Resolução CFM nº 1.098 (1983) e a Resolução CFM nº 1.246 (1988). A primeira representa o marco oficial das discussões da classe médica brasileira sobre a necessidade e relevância de as questões éticas serem abordadas nas pesquisas envolvendo seres humanos, uma vez que, a partir dela, o CFM resolveu adotar as recomendações contidas na Declaração de Helsinki e recomendou a sua aplicação como guia para a pesquisa clínica. A segunda refere-se aos princípios básicos da pesquisa biomédica clínica e não-clínica, tendo sido publicada para que fossem adotados os novos preceitos decorrentes da primeira revisão feita na Declaração de Helsinki, no Japão, em 1975. Por fim, a terceira e última resolução referidas linhas atrás corresponde ao Código de Ética Médica, que contém as normas éticas a serem observadas pelos médicos no exercício de sua profissão. Vale destacar os capítulos XII, sobre pesquisa médica (artigos 122 a 130), e XIII, intitulado Publicidade e Trabalhos Científicos (artigos 131 a 140).

Resolução do Conselho Nacional de Saúde (CNS) nº 01 (1988): representa a participação efetiva do Ministério da Saúde, através do Conselho Nacional de Saúde, numa discussão que até então estava circunscrita na âmbito do CFM. Foi editada logo após a promulgação da Constituição Federal de 1988. Regulamenta o credenciamento dos centros de pesquisa no país e recomenda a criação de um comitê de ética em pesquisa (CEP) em cada centro. O documento significou, na época, um avanço importante para a conduta ética em pesquisa, mas foi pouco observado e colocado em prática, com dificuldades operacionais apresentadas no período da sua vigência. Foi revogada pela Resolução CNS nº 196, de 1996[16].

Lei da biossegurança (1995): Lei nº 8.974, que regulamenta os incisos II e V do parágrafo 1º do artigo 225 da Constituição Federal. Estabelece as normas de segurança para o uso das técnicas de engenharia genética bem como liberação e descarte de organismo geneticamente modificado (OGM), visando a proteger a vida e a saúde do homem, dos animais e das plantas, bem como o meio ambiente. Autoriza, ainda, a criação da Comissão Técnica Nacional de Biossegurança (CTNBio).

Resolução CNS nº 170 (1995): define a formação de um grupo executivo de trabalho para a revisão da Resolução CNS nº 01/88, com os objetivos de atualizá-la e de preencher as lacunas geradas pelo desenvolvimento científico. Compuseram o grupo representantes de vários segmentos sociais e profissionais de diversas áreas: comunidade científica, pesquisadores, representantes dos Ministérios da Saúde e da Ciência e Tecnologia, do Conselho Federal de Medicina, da área jurídica e dos direitos humanos, Ordem dos Advogados do Brasil, instituições religiosas — CNBB, representantes da sociedade —, usuários do Sistema Único de Saúde, intergrantes do movimento de mulheres, de organizações não-governamentais, de setores específicos ligados à bioética, à indústria e outros. O grupo foi coordenado pelo Prof. William Saad Hossne, conselheiro titular representante da sociedade civil e da comunidade científica e então presidente da Sociedade Brasileira de Bioética[4, 16].

Resolução CNS nº 173 (1995): define o plano de trabalho de revisão da Resolução CNS nº 01/88, incluindo a normatização de áreas temáticas especiais.

Este processo, com metodologia de ampla consulta, foi pioneiro no país e teve como etapa inicial a identificação das entidades e pessoas envolvidas com a pesquisa, a bioética e com as políticas públicas; incluiu as associações científicas, centros universitários, instituições de pesquisa, entidades profissionais e da sociedade civil nas áreas de direitos humanos, direito sanitário, proteção e defesa do consumidor, movimentos feministas, associações de portadores de patologias, instituições religiosas, entre outras. Foi, então, encaminhada correspondência a todos com material básico que pudesse servir de subsídio para o envio de sugestões[4].

O trabalho realizado consistiu em complexo processo que incluiu divulgação de informações; consulta a cientistas, a entidades de pesquisa e à sociedade civil; revisão da literatura e da legislação brasileira, de diversos países e de organismos internacionais; promoção de discussões e debates internos e externos em fóruns bastante diversificados; e, por fim, a elaboração do texto com as normas atualizadas[4,16].

Resolução CNS nº 196 (1996): após um ano de trabalho, chegou-se ao primeiro documento oficial resultante do trabalho do grupo criado pelo CNS, contendo as diretrizes e normas regulamentadoras de pesquisas envolvendo seres humanos, ficando revogada a Resolução CNS nº 01/88. Esta resolução é documento da maior importância para a ética em pesquisa no país e para a bioética brasileira, uma vez que torna públicas as discussões que estavam antes restritas ao meio médico.

Fundamenta-se nos principais documentos internacionais, cumpre as disposições da Constituição da República Federativa do Brasil e da legislação brasileira correlata, incorpora referenciais básicos da bioética, e visa a assegurar os direitos e deveres que dizem respeito à comunidade científica, aos sujeitos da pesquisa e ao Estado.

O documento contempla a estruturação e os aspectos operacionais de um sistema em rede, com instância nacional (Comissão Nacional de Ética em Pesquisa — CONEP) e instâncias institucionais locais credenciadas (comitês de ética em pesquisa — CEPs) para o acompanhamento da conduta ética em pesquisa no país, ou seja, o sistema CEPs/CONEP[4, 16] (que será discorrido a seguir).

Resolução CNS nº 240 (1997): define o termo "usuários" para efeito de participação nos CEPs das instituições[4,16].

Resolução CNS nº 246 (1997): designou a composição dos membros da Comissão nacional de ética em pesquisa[4,16].

Resolução CNS nº 251 (1997): contempla a norma complementar para a área temática específica de pesquisa com novos fármacos, medicamentos, vacinas e testes diagnósticos. Delega aos CEPs a análise final dos projetos nessa área, que deixa de ser especial. Reporta-se, ainda, à Resolução do Grupo Mercado Comum (GMC) nº 129 (1996), da qual o Brasil é signatário, que dispõe acerca do regulamento técnico sobre a verificação das boas práticas de pesquisa clínica[4,16].

Instruções Normativas da Comissão Técnica Nacional de Biossegurança (CTNBio) nºs 8 e 9 (1997): a primeira dispõe sobre manipulação genética e clonagem em seres humanos e a segunda versa sobre a intervenção genética em seres humanos. Interessante ressaltar que o ponto 4.3 da Instrução CTNBio nº 9 sugere a observância da Resolução CNS nº 196/96 para a seleção de pacientes.

Resolução CNS nº 292 (1999): estabelece normas específicas para a aprovação de protocolos de pesquisa com cooperação estrangeira, mantendo o requisito de aprovação final pela CONEP após a aprovação do CEP[4,16].

Resolução CNS nº 301 (2000): diz respeito ao posicionamento do CNS e CONEP, contrário a modificações na Declaração de Helsinki[16].

Resolução CNS nº 303 (2000): contempla norma complementar para a área da reprodução humana, estabelecendo subáreas que devem ser analisadas na CONEP, e delegando aos CEPs a análise de outros projetos da área temática[16].

Resolução CNS nº 304 (2000): sobre norma complementar para a área da pesquisas em povos indígenas[16].

Bioética e a Ética em Pesquisa

A partir dos anos 60 do século XX, nos Estados Unidos e Europa, surgiu um interesse pela ética prática ou aplicada, em suas três abordagens: a ética ambiental, a ética dos negócios e a bioética.

Na *Encyclopedia of bioethics*, edição de 1978, a bioética aparece definida como "estudo sistemático da conduta humana no campo das ciências da vida e da saúde, enquanto essa conduta é examinada à luz dos valores e princípios morais". Já em 1995, como "estudo sistemático das dimensões morais — incluindo a visão, decisão, conduta e normas morais — das ciências da vida e do cuidado da saúde, utilizando uma variedade de metodologias éticas num contexto multidisciplinar"[15].

No contexto do surgimento da bioética, é importante mencionar o trabalho de Henry K. Beecher, que publicou, em 1966, o artigo *Ethics and clinical research*, consistindo em uma análise sobre a eticidade de 50 estudos publicados em renomadas revistas científicas, onde o autor identificou e apontou 22 experimentos com problemas éticos com relação à participação dos sujeitos humanos nas pesquisas. Assim, veio à tona o fato de que o desrespeito e a violação aos direitos dos participantes em pesquisas continuavam sendo praticados mesmo após a elaboração de documentos internacionais, como o Código de Nüremberg e a Declaração de Helsinki[3].

Também no final dos anos 60 e início dos anos 70, o oncologista e pesquisador norte-americano Van Rensselaer Potter, com sua visão global da humanidade, empregou o neologismo bioética para expressar preocupação com a qualidade de vida, referindo-se a todos os sistemas viventes, com as gerações futuras e a sobrevivência do planeta. Publicou um artigo em 1970 e, posteriormente, em 1971, seu livro intitulado *Bioethics: bridge to the future*. Potter defendia a importância das ciências biológicas para a humanidade sob a argumentação de que os valores éticos não podem ficar separados dos fatos biológicos[1].

André Hellegers, da Universidade de Georgetown, Washington D.C., assumiu o termo como campo de estudo e como movimento social, contextualizando-o. A partir de então, o conceito de bioética foi rapidamente difundido, passando a estar muito associado aos aspectos médicos, ou seja, como ética aplicada aos campos da medicina e da biologia. Assim, a idéia inicial de Potter foi, de certa forma, desvirtuada[1].

Outro fato fundamental na origem e desenvolvimento da bioética foi a constituição, em 1974, da *National Commission for the Protection of Human Subjects of Biomedical and Behavioral Research* pelo governo dos EUA em resposta às pressões decorrentes da reação pública diante da veiculação na imprensa leiga de artigos mostrando conflitos morais nos campos da ciência e tecnologia. Essa comissão tinha o objetivo de identificar os princípios éticos básicos que deveriam nortear as experimentações envolvendo seres humanos. Mas, apesar do prazo estipulado de alguns meses, só em 1978 tal comissão divulgou o texto conhecido como *Belmont report*, que apontava três princípios, fortemente presentes nas tradições morais da civilização ocidental, como fundamentais: o respeito pelas pessoas, a beneficência e a justiça. Este documento trouxe um novo enfoque ético de abordagem metodológica para os conflitos resultantes das pesquisas realizadas com a participação de sujeitos humanos[19].

Logo após o Relatório Belmont, Tom L. Beauchamp e James F. Childress publicaram, em 1979, a primeira edição do livro que é referência para os estudos em bioética, de título *Principles of biomedical ethics*, que discorria sobre quatro princípios éticos fundamentais, três deles já abordados no texto mencionado: autonomia, beneficência, não-maleficência e justiça. Tais princípios foram também aplicados na análise das questões éticas no contexto da prática clínica e assistencial em saúde. A escola estadunidense elaborou, então, um pensamento bioético que recebeu o nome de principialismo, o qual, embora não possa ser confundido com a própria bioética, representa a corrente que se tornou hegemônica na reflexão da disciplina[13]. É claro que essa teoria precisa ser analisada sob o ponto de vista da necessidade de contextualização de tal modelo à realidade das diferentes culturas.

O surgimento, difusão e consolidação da bioética aparecem, desta maneira, ligados às conquistas referentes aos direitos humanos indisponíveis e aos conflitos morais decorrentes dos rápidos e constantes avanços científicos e tecnológicos, neste contexto inseridas as pesquisas diversas, envolvendo ou não a participação de animais e homens. E a preocupação mundial com a retomada da reflexão ética tem como um de seus principais focos de atenção a conduta ética em pesquisa pela situação de vulnerabilidade em que as pessoas envolvidas se encontram e, portanto, a evidente necessidade de serem respeitadas e protegidas.

A bioética, como ética aplicada à qualidade de vida, não se pauta em proibições, vetos, limitações, normatizações nem mesmo em mandamentos. Ela atua positivamente, afirmativamente, tendo como essência o pluralismo moral, o respeito, a prudência e a liberdade, porém com compromisso e responsabilidade. Caracteriza-se por proceder à análise processual dos conflitos a partir de uma ética minimalista que possa proporcionar, na medida do possível, a mediação e a busca de solução pacífica para as divergências com base no diálogo exaustivo e na tolerância às diferenças[7].

Princípios éticos gerais

Alguns princípios éticos básicos, discorridos a seguir, servem de orientação para a preparação consciente de propostas de pesquisas científicas.

O primeiro deles, o princípio da autonomia, recebe outras denominações, como respeito pelas pessoas, respeito pela autonomia, princípio do consentimento. Deriva dos termos auto (eu, próprio) e nomos (regra, norma, lei), designando auto-governo, autogerência, autodeterminação[12]. Isso significa dizer que a pessoa tem o direito de decidir autonomamente sobre a conveniência e oportunidade de atos que digam respeito aos seus próprios interesses. Envolve, pois, a ocorrência de alternativas de ação, possibilidade de escolha, capacidade, discernimento e poder de decisão. Deve ser entendido como uma decisão autóloga, ou seja, coerente com a própria lei ou interesse[2,12].

Para algumas escolas bioéticas, este princípio autoriza todo ser humano mentalmente competente a livremente tomar decisões, mesmo que estas atentem contra os seus próprios interesses. Miguel Kottow lembra que a análise do respeito à autonomia deve considerar se a omissão ou a negativa têm conseqüências toleráveis ou um risco sustentável. Nesse sentido, alguns autores sustentam que toda autonomia que se exerce em prejuízo próprio carece de adequada ponderação e deve, portanto, ceder aos argumentos da beneficência e da não-maleficência em respeito à integridade do indivíduo[12].

Aparece o termo de consentimento livre e esclarecido como o termo preferencialmente utilizado para a tradução de *informed consent*, e que consiste na elaboração da anuência, autorização consciente dada pelo paciente com relação ao tratamento que irá receber ou pelo sujeito de pesquisa com relação a sua participação voluntária na investigação[2,19].

Nesse contexto, deve sempre ser analisada a eventual condição de vulnerabilidade das pessoas para a verificação do real exercício da sua autonomia. Tanto mais importante quando se refere à pesquisa com seres humanos, situação em que todos aqueles que tiverem sua autonomia alterada ou diminuída precisam ser respeitados e tutelados, sob o risco de ocorrerem abusos ou violação a direitos[12, 14].

Outro princípio, o da beneficência, é preceito antigo da ética médica, de tradição hipocrática, que envolve a idéia de ação. Refere-se à obrigação ética de promover o bem, prevenir e retirar danos e riscos, maximizar os benefícios e minimizar danos, riscos e custos[2,12,14,19].

Todo ato ético deve ser benéfico tanto para o agente como para o paciente, sendo a realização de um bem ou a satisfação de uma necessidade mais valiosas, é claro, para quem recebe, por ser ele o mais fraco ou necessitado. Deve ser exercido sob a virtude da prudência, a fim de evitar atitude paternalista para com o sujeito/paciente, para que ele não seja ignorado como sujeito moral, que deve ser respeitado e considerado em sua individualidade[12].

Segundo esse princípio, o protocolo da investigação deve ser analisado quanto aos riscos e benefícios esperados, os pesquisadores devem ser competentes e a pesquisa precisa salvaguardar o bem-estar de todos os participantes[14,19].

O princípio da não-maleficência, também de tradição hipocrática, remete à idéia de abstenção, no sentido de que ao menos não se devem causar danos. Tem sua interpretação associada ao princípio da beneficência e a prudência como base para o agir de modo a evitar acidentes e erros[2].

Ainda que um ato não traga benefício, pode ser eticamente positivo na medida em que evite danos. Entretanto, a omissão de atos pode ser moralmente reprovável, se desencadeia uma situação lesiva ou mesmo expõe a riscos. Para alguns autores, evitar danos é um postulado fundamental demais para ser discutido. Outros, como Miguel Kottow[12], afirmam que este princípio cobra sua importância em situações, como quando o risco de causar dano é inseparável de um ato moralmente prescrito segundo outro princípio, quando se trivializa o dano provocado ou quando há dúvida sobre o que é danoso.

Por fim, outro orientador é o princípio da justiça, que diz respeito à obrigação ética de dar a cada pessoa aquilo que lhe é devido, de tratar cada um de acordo com o que é moralmente certo e adequado[2,12,14,19]. Tem a eqüidade como ponto de partida para atingir o objetivo que é a igualdade, a justiça. Significa considerar uma distribuição igual, a menos que uma distribuição desigual resulte em benefício.

Está relacionado com a equanimidade na repartição dos recursos e bens considerados comuns bem como igualdade de oportunidades de acesso a bens e serviços[12].

Com relação à ética na pesquisa, refere-se à justiça distributiva: exige a distribuição equânime tanto dos ônus quanto dos benefícios para todos os sujeitos participantes. Cumpre lembrar que qualquer diferença na distribuição de ônus e benefícios entre indivíduos deve ser moralmente relevante e justificável, sendo uma dessas condições a situação de vulnerabilidade das pessoas envolvidas[14,19].

A hegemonia da corrente principialista na reflexão bioética pode ser explicada pelo seu poder de convencimento, pois os princípios servem como "ferramentas morais", com base teórica filosófica e eficácia instrumental e operacional. Entretanto, nenhum princípio esclarece sozinho uma orientação ética, pois não é independente e, ainda, não é absoluto nem taxativo. O principialismo reconhece não se poder sempre respeitar os quatro princípios básicos em razão de haver ocasionais situações de conflitos entre eles, portanto não podem ter aplicação prática simples, unilateral, sob pena de perderem sua eficácia moderadora. São, sem dúvida, importantes referenciais que ordenam os argumentos para a análise ética diante de conflitos morais, mas não se pode permitir sua transculturação acrítica, ou seja, sua incorporação e assimilação sem a devida contextualização, sem a sua adequação às realidades culturais específicas[5].

A ÉTICA DA RESPONSABILIDADE SEGUNDO HANS JONAS

Este item tem por objetivo uma reflexão sobre a ética da responsabilidade segundo o filósofo alemão Hans Jonas[11], entendendo-a como de fundamental importância na atualidade, tendo em vista o contexto de desenvolvimento técnico-científico acelerado em que se vive e seus reflexos na qualidade de vida da humanidade.

Os pontos mais importantes na reflexão de Jonas podem ser apontados como relativos ao princípio da responsabilidade e às noções de imperativo tecnológico e heurística do temor, a seguir trabalhados.

O princípio da responsabilidade de Hans Jonas, entre sua vasta produção, foi o que lhe conferiu maior reconhecimento. Diz respeito à formulação de uma nova proposição ética, decorrente de uma avaliação crítica do papel da ciência e da tecnologia no mundo atual. Trata da necessidade de uma ética que contemple a natureza e não mais somente a pessoa humana, em resposta aos reflexos da moderna intervenção da tecnologia, ou seja, seu grande poder transformador. A ética da responsabilidade aparece como proposta necessária na busca de regras moderadoras, para ordenar o agir humano, submetendo a ciência moderna a uma crítica sistemática[8,11,18].

Com relação ao imperativo tecnológico, este contempla a relação entre ciência e técnica, que resulta, segundo a abordagem do autor, em dominação com poderes perversos pela interação entre pesquisa e poder e o descompromisso com a reflexão ética. Aparece, então, a *tecnociência*[18] como intervencionista e modificadora do mundo. O imperativo tecnológico advém do saber moderno, que é técnico, e do seu poder transformador muitas vezes alheio à reflexão ética moderadora. A preocupação de Jonas pauta-se no coletivo e contempla o futuro, ou seja, a continuidade da existência humana e sua responsabilidade para com ela, frente a essa capacidade de mudança no curso da história da vida.

A heurística do temor, outro aspecto importante na obra de Hans Jonas, refere-se à preocupação com os perigos que ameaçam a humanidade, contemplada aqui a natureza, em decorrência das intervenções que vem sofrendo pela ação do homem, no que tange à sua permanência, sua sobrevivência, sua continuidade[11].

Segundo José Eduardo de Siqueira[18], ao referir-se ao tema, "em suma, pela técnica, o homem tornou-se perigoso para o homem". Continua o autor: "À vulnerabilidade da vida, o homem da era tecnológica acrescenta um fator desagregador suplementar que é sua própria obra." Assim, proporcional ao perigo levantado por Jonas, cresce em importância a responsabilidade do ser humano quanto ao poder de sua atuação.

Hoje, não mais se aceitam o mito da neutralidade do conhecimento científico nem o conceito do conhecimento como bem absoluto e inquestionável, sem possibilidade de reflexos sociais negativos, sobre ele devendo incidir a ponderação ética. Diante do poder transformador da ciência, pelas novas dimensões das ações humanas, propõe-se uma ética de previsão pautada na reflexão responsável, ligada aos novos desafios que surgem como resultantes das interferências humanas na ordem da vida como um todo[8].

Como exemplos do poder transformador, há as questões do projeto genoma humano em toda a sua complexidade, por trazer o homem como objeto da própria tecnociência, a clonagem, a engenharia genética, seus efeitos sobre a riqueza e importância da biodiversidade, a biologia molecular, os organismos geneticamente modificados — transgênicos, a degradação do meio ambiente em suas múltiplas facetas, a reprodução assistida, o renascimento dissimulado de antigas práticas eugênicas, entre outros itens que poderão advir[7].

Existe a consciência de que os poderes do homem não são mais os de outrora. São agora muito maiores (por que não extraordinários?), e suas conseqüências, diferentemente do passado, podem trazer danos irreparáveis sobre si mesmo e sobre a natureza extra-humana, apontada por Jonas como suporte de existência desse agente que a transforma irresponsavelmente. É importante, de seu ensinamento, assumir o agir com responsabilidade, que implica cautela, previsão e compromisso com o futuro.

Hans Jonas fala contra a "tirania" da tecnociência, sobre a incapacidade das diretrizes éticas de responder às novas questões apresentadas pela modernidade, com referência, ainda, a um certo "pessimismo" (quando considera a predominância dos "prognósticos maus sobre os bons") e "temor" dos perigos apresentados pela técnica, mas consegue criar, apesar disso, um imperativo de esperança[18].

À guisa de conclusão, o princípio da responsabilidade pede que se preserve a condição de existência da humanidade e mostra a vulnerabilidade que o agir humano suscita, pelo seu poder de transformação e consciência dos possíveis danos. Daí, a necessidade de preservação da natureza como condição de sobrevivência do homem. Jonas faz um apelo ético pela calma, prudência e equilíbrio, por considerar que o desenvolvimento incontrolável da tecnologia deve merecer avaliação, propondo uma ética nova para os tempos modernos, com limites éticos para a intervenção humana. Sua leitura, pois, torna-se imperiosa para os que se preocupam com os rumos que vem tomando a comunidade científica, inconseqüente em sua atuação e alheia à reflexão ética, desconsiderando a opinião daqueles a quem deveria servir.

O sistema CEPs/CONEP

No ano de 1996, após o trabalho de revisão da Resolução CNS nº 01/88, foi divulgada a Resolução CNS nº 196, que constitui marco histórico para a ética em pesquisa no Brasil. A Resolução CNS nº 196 (1996) é resultado de um amplo e cuidadoso trabalho de consulta e participação plural, tendo sua elaboração contado com a contribuição não só da comunidade científica mas também da sociedade em geral, aí incluídos os próprios sujeitos de pesquisa, revelando grande sensibilidade e compromisso social[4,16].

A referida resolução regulamenta a criação da Comissão Nacional de Ética em Pesquisa (CONEP), ligada ao Conselho Nacional de Saúde do Ministério da Saúde, fundamental para a efetivação da conduta ética em pesquisa no Brasil, proporcionando ao país um elogiável controle sobre o desenvolvimento de investigações com sujeitos humanos. A CONEP representa a base estrutural, como instância nacional, de um sistema que conta com a participação de mais de 300 comitês de ética em pesquisa (CEPs) locais, espalhados por todo o território nacional e devidamente cadastrados pela CONEP[14].

A CONEP, instância colegiada de composição multi e transdisciplinar, tem natureza consultiva, deliberativa, normativa e educativa. Possui as funções de desenvolver a regulamentação sobre a proteção dos sujeitos de pesquisa, ser um centro de recursos, coordenar os CEPs bem como apreciar, aprovar e acompanhar os protocolos de pesquisa em áreas temáticas definidas como especiais pela Resolução CNS nº 196. São elas: genética e reprodução humana; novos equipamentos, insumos e dispositivos para a saúde; novos procedimentos ainda não consagrados na literatura; populações indígenas; projetos que envolvam aspectos de biossegurança; pesquisas coordenadas do exterior ou com participação estrangeira, e pesquisas que envolvam a remessa de material biológico para o exterior; e projetos considerados pelo CEP como merecedores de análise pela CONEP. Há também a área temática específica de pesquisa com novos fármacos, medicamentos, vacinas e testes diagnósticos, cujos projetos devem ser enviados pelos CEPs à CONEP para acompanhamento[4,16].

Os CEPs são colegiados interdisciplinares e independentes, de caráter consultivo, deliberativo e educativo. Têm o papel de sempre, em suas análises e orientações, resguardar a integridade, a dignidade e os direitos dos participantes em pesquisas, visando à sua proteção em defesa do exercício da cidadania. Atuam em conjunto com a comissão nacional, mantendo com ela comunicação regular e permanente, a fim de contribuir para o desenvolvimento da pesquisa dentro de padrões éticos. O desenvolvimento qualitativo dos CEPs proporcionará a intensificação do processo de descentralização das atribuições da CONEP, imprimindo responsabilização gradativa e supervisionada aos CEPs[4,16].

Além da Resolução CNS nº 196, que tem abordagem mais ampla, cumpre mencionar a importância das resoluções complementares elaboradas para algumas áreas temáticas específicas, já descritas no início deste capítulo, para a operacionalização, controle e acompanhamento da pesquisa no país.

No entanto, alguns problemas são, identificados e precisam ser resolvidos, entre os quais tem-se a necessidade de melhor capacitação dos membros dos CEPs tanto para melhorar as condições de funcionamento como para desenvolver a qualidade dos julgamentos éticos, o que vem sendo trabalhado com a realização de cursos por todo o país, financiados pelo Ministério da Saúde. Também, é preciso viabilizar e realizar um melhor acompanhamento dos projetos nas duas instâncias (CONEP e CEPs), conscientizar os pesquisadores sobre a relevância da entrega dos relatórios parciais e finais, entre outras questões que dificultam a promoção da eticidade dos procedimentos realizados.

A CONEP vem empreendendo atividades educativas e de divulgação através da edição da revista *Cadernos de Ética em Pesquisa*, da publicação da Série Cadernos Técnicos, com as resoluções e normas em português e inglês, de *folders* sobre o sistema de acompanhamento da ética em pesquisa no país e do *site* na Internet. Foram realizados, também, encontros regionais de integração dos CEPs e o primeiro encontro nacional de comitês de ética em pesquisa, além de outros cursos. Está em fase de teste o sistema informatizado on line, com banco de dados único, que possibilitará o registro de protocolos pelos próprios pesquisadores e consulta por usuários e interessados.

É claro que ainda há muito trabalho a ser desenvolvido e que o sistema apresenta seus pontos frágeis, mas isso não tira o mérito do avanço ético já conquistado por aqueles que, voluntária e altruisticamente, dedicam-se à ética em pesquisa no Brasil.

Considerações finais

A sociedade precisa encarar as pesquisas científicas de qualquer natureza, principalmente as experimentações envolvendo seres humanos, com seriedade, prudência e responsabilidade. Retomando jonas, vale a pena lembrar a passagem do seu livro *O princípio da responsabilidade*, no qual analisa que a liberdade da pesquisa apóia-se exatamente no fato de que a atividade de investigar, juntamente com o conhecimento, deve estar separada da esfera da ação. Arremata o autor que "...na hora da ação, naturalmente, toda liberdade tem suas barreiras na responsabilidade, nas leis e nas considerações sociais"[11].

Se a ciência, como tal, não pode ser ética ou moralmente qualificada, podem sê-lo, no entanto, a utilização que dela se faça, os interesses a que serve e as conseqüências sociais de sua aplicação. Está também inserido nesta pauta o tema da democratização do acesso de todas as pessoas, indistinta e equanimemente, aos benefícios do desenvolvimento científico e tecnológico (as descobertas e invenções). Nesse sentido, parece indispensável trazer à discussão alguns referenciais que tangenciam as fronteiras do desenvolvimento, sem obrigatoriamente limitá-lo. Além da pluralidade, da prudência, da tolerância e da responsabilidade já mencionadas, é conveniente agregar a eqüidade e a justiça distributiva dos benefícios, bem como a participação e o controle social nos campos da democracia e dos direitos humanos.

O controle sobre a elaboração ou mesmo alteração de qualquer documento que represente teses democráticas vencedoras da segunda metade do século passado — relacionadas com a essência da cidadania e direitos humanos — e que, portanto, são patrimônio da humanidade, deve ser coletivo, mundial, societário. Qualquer alteração em tais conquistas não deve ser determinada com base no viés exclusivo da ciência ou da técnica, pois suscita ampla participação, debate e discussão, para que não implique retrocesso humanitário. Os cientistas, os pesquisadores, as grandes empresas multinacionais, as associações de classe, os governantes, ninguém tem procuração da humanidade, muito menos poder moral, para decidir unilateralmente por todas as sociedades do planeta, por mais elevada que seja sua competência técnica.

Cumpre lembrar que esse controle é ético. E a ética sobrevive sem a ciência e a técnica, pois sua existência não depende delas.No entanto, a ciência e a técnica não podem prescindir da ponderação ética, sob pena de se transformarem em armas desastrosas para o futuro da humanidade nas mãos de minorias poderosas e/ou mal-intencionadas.

Ainda, na esfera da pesquisa científica, é importante que se faça uma interpretação sociopolítica das questões controversas, sempre que houver conflitos de interesses, com o cuidado de evitar que o fundamentalismo econômico por parte dos países ricos resulte em um conseqüente imperialismo ético, levando as comunidades dos países pobres a situações de vulnerabilidade, discriminação e exclusão social ainda piores[6].

O que se tem percebido, no Brasil, é um esforço para educar a todos, a fim de as práticas estabelecidas, e antes pouco analisadas e discutidas, passem por modificações, visando à observação das diretrizes adotadas pelo país. Para tanto, a CONEP e todos os CEPs das diferentes instituições nacionais têm tido um papel extremamente digno. O sistema CEPs/CONEP mostra avanços na sua operacionalização e implementação das normas éticas para as pesquisas envolvendo a participação de seres humanos. Paralelamente, ocorre a discussão de temas relacionados com a reflexão em bioética e, com isso, vai se consolidando nas instituições nacionais de pesquisa a incorporação da análise bioética em suas atividades de investigação.

Assim, dentro de uma escala hipotética de valores vitais para a humanidade, a ética ocupa posição diferenciada em comparação com a pura ciência e a técnica. Nem anterior nem superior, mas simplesmente diferenciada, pois serve como instrumento preventivo contra abusos atuais e futuros em oposição a qualquer forma de alijamento e sofrimento da sociedade.

Referências bibliográficas

1. Anjos MF. Bioética: abrangência e dinamismo. O mundo da saúde 1997; 21(1):4-12.
2. Beauchamp TL, Childress JF. Part II. In: Principles of biomedical ethics 5ª ed., New York, Oxford University Press: 57-282, 2001.
3. Beecher HK. Ethics and clinical research. New England Journal of Medicine. 1966; 274(24):1354-60.
4. Brasil. Ministério da Saúde. Conselho Nacional de Saúde. Comissão Nacional de Ética em Pesquisa. Normas para pesquisa envolvendo seres humanos (Res. CNS196/96 e outras). Série Cadernos Técnicos. Brasília, MS-CNS-CONEP:5-87, 2000.
5. Garrafa V, Diniz D, Guilhem D. Bioethical language and its dialects and idiolects. Cadernos de Saúde Pública 1999; 15(1):35-42.
6. Garrafa V, Prado MM. Mudanças na declaração de Helsinki: fundamentalismo econômico, imperialismo ético e controle social. Cadernos de Saúde Pública. 2001; 17(6):1489-96.
7. Garrafa V. Bioética e ciência: até onde avançar sem agredir. In: Costa SIF, Garrafa V, Oselka G, organizadores. Iniciação à bioética. Brasília, Conselho Federal de Medicina: 99-110, 1998.
8. Garrafa V. Perspectivas futuras — A ética da responsabilidade: científica e social. In: A dimensão da ética em saúde pública. São Paulo, Faculdade de Saúde Pública-USP/ Kellogg Foundation:53-7,1995.

9. Greco D. Ensaios clínicos em países "em desenvolvimento": a falácia da urgência ou ética versus pressão econômica. Doutor! O Jornal do Médico. 1999; 83:3.
10. Hossne WS. Nós e a Bioética. Cadernos de ética em pesquisa 1999; ano II, n. 3:3.
11. Jonas H. Il principio responsabilità. In: Il Principio Responsabilità: un' ética per la civiltà tecnológica. Turim, Einaudi Editore: 3-32, 1990.
12. Kottow MH. Fundamentos de bioética. In: Introducción a la bioética. Santiago de Chile, Editorial Universitaria:72-6, 1995.
13. Pessini L, Barchifontaine CP. Bioética: do principialismo à busca de uma perspectiva latino-americana. In: Costa SIF, Garrafa V, Oselka G. (orgs.). Iniciação à bioética. Brasília, Conselho Federal de Medicina: 81-98, 1998.
14. Pessini L, Barchifontaine CP. Pesquisa com seres humanos. In: Problemas atuais de bioética, 5ª ed., São Paulo, Loyola: 137-50, 2000.
15. Reich WT. Encyclopedia of bioethics, Edição revista, New York: MacMillan Press: vol.1, XXI, 1995.
16. Resoluções do Conselho Nacional de Saúde (CNS 01/88, 170/95, 173/95, 196/96, 240/97, 246/97, 251/97, 292/99, 301/00, 303/00 e 304/00). Ética em pesquisa. Ministério da Saúde. Disponíveis em <URL:http://www.conselho.saude.gov.br/comissao/eticapesq_3.htm>. [25 jan. 2003].
17. Sfesz L. A saúde perfeita: crítica de uma nova utopia. São Paulo: Loyola,1996. 402 p.
18. Siqueira JE. O imperativo tecnológico e as dimensões da responsabilidade. In: Ética e tecnociência: uma abordagem segundo o princípio da responsabilidade de Hans Jonas. Londrina: Editora UEL: 23-42, 1998.
19. The National Commission for the Protection of Human Subjects of Biomedical and Behavioral Research (USA). The Belmont Report: ethical principles and guidelines for the protection of human subjects of research. In: Encyclopedia of Bioethics. Reich, WT. (org.). New York, Macmillan Press: 2767-73,1995.

Capítulo 18

Biossegurança na Manipulação de Plantas Transgênicas em Contenção

Rubens Onofre Nodari
Miguel Pedro Guerra

Introdução

As chamadas "novas biotecnologias" associadas à tecnologia do DNA recombinante têm seu maior impacto na possibilidade de reprogramação da vida, inclusive a do ser humano, e, adicionalmente, da valoração econômica dos recursos genéticos. Uma de suas aplicações mais polêmicas é o desenvolvimento de organismos geneticamente modificados (OGMs), aqui considerado como tendo o mesmo significado de organismos transgênicos. O manuseio destes OGMs, tanto em condições de confinamento quanto em estações experimentais, requer o estabelecimento de normas básicas de biossegurança, uma vez que pouco ainda se conhece sobre os impactos e efeitos deles sobre a saúde humana e animal, bem como o meio ambiente.

Em tal contexto, este artigo procura abordar a natureza dos insertos transgênicos, os riscos decorrentes da natureza e expressão das seqüências introduzidas, bem como as normas e procedimentos de biossegurança. Como proposta em aberto, ele não pretende esgotar o tema, mas contextualizar e confrontar os principais argumentos que surgem neste debate, uma vez que, ao contrário das outras biotecnologias, a transgenia, por ser de abrangência ampla e de caráter multidisciplinar, apresenta profundas implicações relacionadas com seus impactos ao meio ambiente e à saúde humana, bem como suas implicações sobre aspectos socioeconômicos e culturais, sobre a bioética e as relações político-institucionais, notadamente as relacionadas com o papel das agências regulatórias[12].

Este capítulo encontra-se estruturado de maneira a permitir a compreensão dos elementos conceituais bem como proceder a uma análise comparativa da transgenia em plantas com os métodos tradicionais de melhoramento genético. Na seqüência, são abordadas as características e diferenças entre biotecnologias e biossegurança, as primeiras preocupações com os possíveis riscos decorrentes do uso da tecnologia e a avaliação dos riscos. Posteriormente, discutem-se as abordagens associadas às incertezas, princípios e normas para os experimentos em contenção, com ênfase nas principais características das normatizações dos sistemas norte-americano e brasileiro. Ao final do capítulo, são abordados os riscos já avaliados ou potenciais, e a forma precaucionária de enfrentar esta situação.

MELHORAMENTO GENÉTICO (TRADICIONAL) E TRANSGENIA

Técnicas de melhoramento geram novas combinações genéticas por meio de cruzamentos sexuais entre plantas que apresentam as características desejadas. Os cruzamentos são feitos entre plantas da mesma espécie, ocasionalmente entre espécies do mesmo gênero e, muito raramente, entre plantas de gêneros afins. O processo de recombinação possibilita que o melhorista combine numa progênie alelos de dois ou mais genes que estavam separados nos progenitores, o que se torna possível pelo fato de que a recombinação substitui um alelo por outro.

Na transgenia, seqüências de DNA são cortadas por enzimas de restrição, ligadas a outras seqüências, incluindo as regulatórias, e inseridas em uma célula que deve apresentar competência para regenerar uma planta transgênica. Assim, a soja transgênica resistente ao herbicida *Round-up* contém material genético menos de pelo quatro diferentes organismos: vírus-do-mosaico-da-couve-flor, petúnia e duas seqüências gênicas derivadas do *Agrobacterium*. Neste caso, várias seqüências foram adicionadas e nenhuma substituída.

Configura-se, então, que a natureza da modificação é diferente. Além disso, as seqüências inseridas não são comuns às plantas cultivadas, especialmente as destinadas à alimentação. Neste sentido, a falta de conhecimento sobre os riscos de tais seqüências e, mesmo, dos OGMs levou os países a normatizar o seu manuseio.

O Brasil aprovou a Lei nº 8.974 em 1995, que passou a ser denominada de lei de biossegurança. Esta lei trata da segurança alimentar e da segurança para a saúde humana e ambiental. Assim, as plantas transgênicas foram consideradas diferentes das não-transgênicas não só quanto à natureza biológica mas também do ponto de vista legal.

BIOTECNOLOGIAS X BIOSSEGURANÇA

Em seu sentido mais amplo as biotecnologias compreendem a manipulação de microrganismos, plantas e animais, objetivando a obtenção de processos, produtos e serviços. Já, a biossegurança é o conjunto de ações voltadas à prevenção, minimização ou eliminação dos riscos inerentes as atividades de pesquisa, produção, ensino, desenvolvimento tecnológico e prestação de serviços, riscos estes que podem comprometer a saúde humana, dos animais, das plantas e do meio ambiente[24].

Enquanto a primeira aborda o potencial e a natureza das tecnologias, a segunda discute os impactos e os riscos dos produtos oriundos da primeira. Boa parte da polêmica estabelecida em nível mundial decorre de uma tentativa deliberada de confundir ambas, de natureza e objeto diferentes, e que apresentam características próprias. É importante mencionar que diferentes produtos oriundos de uma mesma tecnologia podem apresentar riscos e impactos diferenciados. Daí a importância da análise caso a caso e passo a passo.

Por se tratar de uma nova tecnologia, e considerando o reduzido conhecimento científico a respeito dos riscos e impactos de OGMs, torna-se indispensável que a liberação para plantio comercial de plantas transgênicas e o consumo de seus produtos sejam precedidos de uma análise criteriosa de risco, respaldada em estudos de impacto ambiental, conforme apregoa a legislação vigente. Contudo, estes estudos devem ser conduzidos com segurança e sob normas rígidas, tanto em confinamento quanto em estações experimentais, visando a proteção da saúde dos trabalhadores, as comunidades circunvizinhas e o ambiente.

É justamente o escasso conhecimento sobre o controle destes genes após a sua inserção no genoma da célula hospedeira que torna a imprevisível tecnologia do DNA recombinante. Este *status* representa o principal entrave para a aplicação destas biotecnologias avançadas na agricultura, pois a tecnologia ainda não permite controle sobre o sítio de inserção do transgene, a expressão gênica, o destino do transgene e os efeitos de sua disseminação.

A Conferência de Asilomar

Uma carta, assinada por vários cientistas que receberam o prêmio Nobel, publicada pela revista *Science* em 26 de julho de 1994, fazia várias recomendações sugerindo precaução à comunidade científica no que tange ao uso da tecnologia do DNA recombinante, em face dos potenciais riscos de danos à saúde humana. Em decorrência disso, houve a realização da primeira conferência de biossegurança, a de Asilomar, em 1975. Nesta conferência, diante da ignorância sobre os efeitos da tecnologia e a necessidade de utilizar salvaguardas biológicas para evitar a disseminação de tais moléculas recombinantes, os cientistas tomaram várias decisões voluntárias, cabendo destaque para:

— elaboração e padronização de normas de segurança para laboratórios;

— avanço no conhecimento científico sobre os riscos da tecnologia do DNA recombinante;

— escolha de estratégias adequadas para tratar dos perigos potenciais[2].

Na execução das referidas decisões, os seguintes princípios são norteadores:

a) a contenção dos materiais de risco deve ser parte essencial do delineamento experimental;

b) a eficiência da contenção deve ser proporcional ao risco estimado.

Decorrentes destes princípios, as atividades envolvendo os OGMs devem, portanto, incluir a contenção biológica, a contenção física, a estimativa de riscos, a educação das pessoas envolvidas e procedimentos laboratoriais rígidos.

Posteriormente, outros princípios foram incorporados, como a distinção entre manuseio em confinamento e no meio ambiente. Assim, pretende-se, neste capítulo, tratar mais especificamente da biossegurança de OGMs em confinamento. É importante mencionar que, contrariamente aos Estados Unidos, tanto no Brasil quanto em países europeus a avaliação de risco é baseada no processo de obtenção e não no produto *per se*. Assim, um produto resultante do uso da tecnologia do DNA recombinante deve ser submetido à referida análise de segurança alimentar e ambiental.

Vinte e cinco anos depois (2000), uma nova conferência, na mesma cidade, foi feita, para proceder a uma avaliação da situação, na qual vários participantes do evento de 1975 estavam presentes. A principal conclusão foi a de que não seria apropriado deixar ao encargo apenas de cientistas a responsabilidade pelas análises de risco, desconsiderando, por exemplo, questões éticas. Além disso, ficou evidente na referida conferência, que as aplicações comerciais das biotecnologias ocorreram rapidamente e que houve um estreitamento das relações entre a academia e as indústrias. Constatou-se, também, a insuficiência do debate público sobre o uso e aplicações das modernas biotecnologias, notadamente das plantas transgênicas, em face da considerável rejeição delas pelos consumidores na maioria dos países.

Avaliação de riscos

A análise de riscos inclui as etapas de avaliação, gerenciamento e comunicação de riscos. Em última instância, tal análise é subjetiva. Contudo, deve ser baseada na magnitude do risco do agente.

A avaliação sistemática dos riscos associados à saúde e à segurança humana e ambiental baseia-se no emprego de procedimentos que devem incluir a identificação dos perigos, a estimativa de sua magnitude e as freqüência de ocorrência, bem como as alternativas ao OGM. Como os riscos associados a uma variedade transgênica dependem das interações complexas decorrentes da modificação genética, da ontogenia dos organismos envolvidos e das propriedades do ecossistema no qual o OGM é liberado[18,30], estes procedimentos devem ser aplicados em ampla escala (Fig. 18.1). Assim, a abrangência de tal avaliação de riscos deve ser baseada numa matriz, a qual, de um lado, inclua a escala espacial (planta, parcela, lavouras agrícolas e região) e, de outro lado, os efeitos diretos e indiretos na agricultura, ecologia e economia[17].

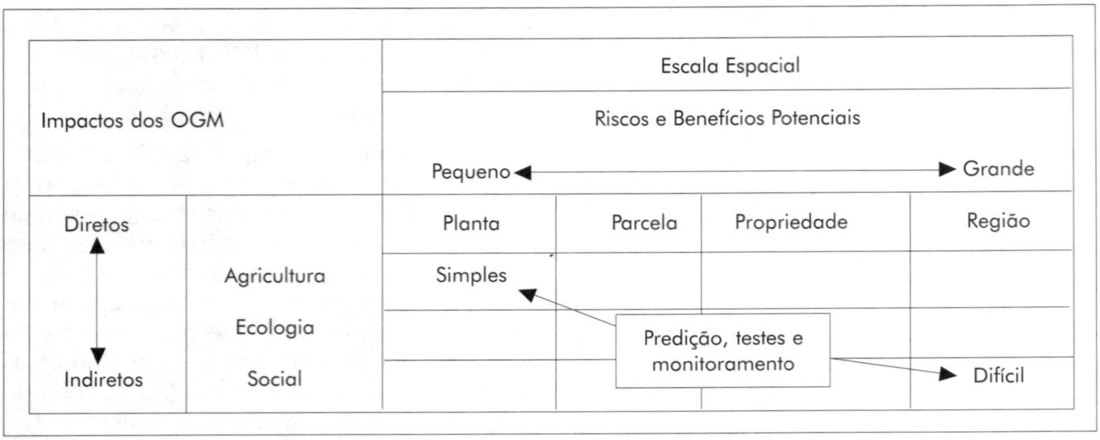

Fig. 18.1 — *Efeitos diretos e indiretos das plantas transgênicas (OGMs) bem como as interações complexas que fazem parte da avaliação de risco ambiental*[18].

É legalmente mandatório que a liberação de um cultivar transgênico para o cultivo comercial em larga escala deve ser precedida de um estudo do impacto ambiental que inclua a avaliação de riscos caso a caso e passo a passo.

Os protocolos e princípios básicos da avaliação de riscos das plantas transgênicas e as práticas adequadas para simplificar o processo de avaliação de riscos, enfrentar a incerteza e melhorar a segurança são, em grande parte, decorrentes da Conferência de Asilomar. Recentemente, um documento contendo uma revisão e análise sobre eles foi feito na Inglaterra pelo *Department for Environment, Food & Rural Affairs* — ACRE[7], cujo resumo é apresentado a seguir, com pequenas adaptações.

Desta maneira, ao longo da avaliação de riscos os perigos potenciais devem ser identificados, estimando sua probabilidade de ocorrência bem como as conseqüências dos danos em caso de liberação do OGM. Risco é, então, o produto destas duas variáveis. A decisão de liberação de um OGM deve ser baseada somente na segurança.

As avaliações de riscos geralmente incluem considerações sobre os principais perigos das plantas transgênicas. Assim, consideram-se:

a) a vantagem seletiva conferida a um parente silvestre decorrente da transferência de genes para plantas sexualmente compatíveis;

b) a possibilidade de transferência horizontal ou lateral do transgene;

c) a possibilidade de alergenicidade e toxicidade mediada pelo pólen;

d) o aumento da sobrevivência, estabelecimento e disseminação das plantas transgênicas;

e) os efeitos adversos em organismos não-alvo e a toxicidade devido aos efeitos diretos ou indiretos do transgene.

Um princípio que deve ser levado em conta na avaliação de risco é o da unificação, que consiste na conexão entre o perigo, o caminho, o receptor e o efeito. É relevante que tal conexão entre estes componentes seja demonstrada. Se qualquer elemento for desconsiderado, o risco de um determinado perigo poderá ser desconsiderado, e nenhuma outra análise deve ser feita.

Esta conexão pode ser ilustrada com uma planta transgênica que produz uma toxina inseticida, a qual, quando presente no pólen e adicionada à dieta em laboratório, é tóxica à larva de uma borboleta (Fig. 18.2). A planta transgênica pode, assim, representar um perigo para a borboleta no ambiente, que fica sob risco, se o perigo se concretizar. Contudo, se a planta não florescer ou o produto gênico não estiver no pólen, a larva não será exposta e a conexão será desconsiderada. Da mesma forma, se as plantas florescerem, mas não produzirem pólen ou o pólen tiver dispersão limitada, novamente não haverá exposição das larvas ao produto transgênico.

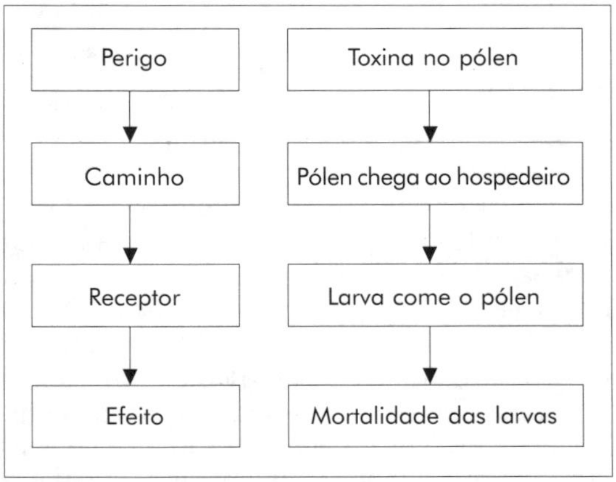

Fig. 18.2 — *Formulação do problema para a avaliação de risco das plantas transgênicas*[7].

A avaliação de riscos dos OGMs, como qualquer outra avaliação de risco, tem suas deficiências, que devem ser identificadas e superadas em um processo de melhoria permanente nos protocolos.

Lidando com a Incerteza

A avaliação de riscos dos OGMs deve ser feita com base nas melhores evidências científicas disponíveis no momento. Quando, em uma área específica da avaliação de riscos, o conhecimento é limitado, a incerteza pode levar a um conflito sobre a possibilidade de ocorrência de tais riscos e a busca de modificações nas técnicas empregadas. Este é o caso dos genes marcadores de resistência a antibióticos, não aceitos pelas instâncias regulatórias da comunidade européia a partir de 2002. Mesmo considerando a ausência de suficientes evidências científicas para demonstrar a transferência dos genes de resistência a antibióticos das plantas transgênicas e seus produtos para as bactérias, os cientistas europeus alertam para as sérias conseqüências pela diminuição da eficiência do uso terapêutico dos antibióticos, se esta transferência ocorrer.

Os efeitos a longo prazo de qualquer nova tecnologia também representam um teste para a avaliação de riscos. O monitoramento após a liberação é útil para a detecção de efeitos adversos. Neste caso, o principal desafio consiste em identificar as principais áreas de incerteza e estabelecer os métodos adequados de monitoramento.

O princípio da boa prática, como uma das bases para a avaliação de riscos, consiste em estabelecer estratégias para os perigos identificados e não-identificados. O principal objetivo da melhor prática no planejamento de plantas transgênicas é reduzir os riscos dos transgenes e seus produtos. Existem três maneiras de obter isso:

a) evitar ou minimizar a inclusão de seqüências transgênicas supérfluas;

b) evitar ou minimizar a expressão supérflua do transgene;

c) evitar ou minimizar a dispersão do transgene no meio ambiente.

Em resumo, a filosofia subjacente ao princípio da boa prática é mais ampla do que auxiliar na simplificação da avaliação de riscos. Ela representa, também, uma estratégia para reduzir riscos não-identificados, reduzindo, assim, as oportunidades para a ocorrência de interações prejudicais difíceis de serem previstas, avaliadas ou monitoradas. Para ilustrar isso, pode-se considerar que a toxina inseticida codificada por determinado transgene não seja tóxica a uma larva específica, mas inesperadamente uma versão mutante ou defeituosa de tal transgene seja tóxica a ampla gama de insetos benéficos. A melhor prática seria associada a evitar a integração no inserto transgênico de genes *multilocus* ou de deleções, proporcionando um evento transgênico mais simples e diminuindo a possibilidade de ocorrência de interações não-previstas.

Na medida em que a compreensão dos fundamentos da genética molecular aumenta, a tecnologia do DNA recombinante pode tornar-se mais precisa e mais previsível nos seus efeitos. Assim, será possível produzir modificações genéticas mais refinadas e OGMs mais seguros. Mesmo assim, as conseqüências de negligenciar o manejo de risco de uma característica específica devem ser consideradas na avaliação de riscos.

Como a tecnologia avança em descompasso com a base do conhecimento científico, torna-se relevante contextualizar risco, incerteza e ignorância. Assim, de acordo com Gee[10], torna-se importante explorar como a precaução pode ser aplicada melhor à ciência e a definições de políticas na presença de incertezas e de ignorância. Diante disso, existem dificuldades na aplicação do princípio da precaução quando não há concordância com a terminologia e as definições em questões com alto nível de complexidade, incerteza e ignorância. Assim, este autor propôs definições e exemplos para ilustrar tais questões (Tabela 18.1).

De qualquer maneira, as políticas de biossegurança parecem mais efetivas, quando a incerteza científica é incorporada como conhecimento e não como ignorância, em um rigoroso esquema teórico de tomada de decisão, conforme sugerido por Bradshaw e Borchers[3]. Assim, há a necessidade de que as pesquisas tenham como objetivo diminuir tanto a ignorância quanto a incerteza, e aumentar o conhecimento sobre os riscos. Desta forma, os riscos e incertezas seriam elementos cruciais na tomada de decisões.

Princípios, normas e cuidados nos experimentos em contenção

A avaliação de riscos é um processo subjetivo, segundo o *Department of Health and Human Services*[6], que envolve as contenções física e biológica, bem como as boas práticas. O pesquisador precisa fazer uma avaliação inicial do risco baseada no grupo de risco de um agente. Os fatores a serem considerados para a determinação do nível de contenção incluem a virulência, patogenicidade, estabilidade ambiental e efeito dos produtos gênicos, tais como toxicidade, atividade fisiológica e alergenicidade. Os

Tabela 18.1
Incerteza e precaução visando ao esclarecimento da terminologia[10]

Situação	*Estado do conhecimento*	*Exemplos de ação*
Risco	— Impactos conhecidos — Probabilidades conhecidas Exemplo: os bifenilos policlorados (PCBs) imitam os hormônios em animais	— prevenção: a ação é empreendida para reduzir os riscos conhecidos Exemplo: eliminar a exposição de fêmeas durante a gravidez
Incerteza	— Impactos conhecidos — probabilidades desconhecidas Exemplo: os antibióticos na alimentação animal e resistência aos antibióticos	— prevenção precaucionária: ação tomada para reduzir riscos potenciais Exemplo: reduzir ou eliminar exposição aos antibióticos na alimentação animal
Ignorância	— Impactos desconhecidos — Probabilidades desconhecidas Exemplo: as "surpresas" com os clorofluorcarbonos (CFCs) e a camada de ozônio antes de 1974	— Precaução: ação tomada para antecipar, identificar e reduzir os impactos das "surpresas" Exemplo: uso de propriedades dos químicos, tais como persistência e bioacumulação, como indicadores de danos potenciais — Uso de fontes amplas de informações; — Promoção de tecnologias robustas, distintas e adaptáveis, bem como arranjos sociais, para atender às necessidades, com pouco monopólio

patógenos exógenos de plantas e animais devem ter restrições mais acentuadas que os nativos.

O principal objetivo da contenção física é impedir uma transmissão não-intencional do genoma de um organismo ou vírus contendo moléculas de DNA recombinante[6]. Também é um objetivo da contenção reduzir a exposição das equipes laboratoriais aos referidas organismos e vírus contendo tais moléculas recombinantes. Esta contenção é alcançada através do uso de práticas laboratoriais, equipamentos de contenção e de um laboratório desenhado para tal.

A contenção biológica constitui-se nos procedimentos e atividades que promovem a incapacidade infectiva dos vetores bem como evitem disseminação e sobrevivência do OGM no ambiente. Assim, o vetor e o hospedeiro devem ser considerados conjuntamente.

Para determinadas plantas transgênicas, por exemplo, o nível de contenção pode ser reduzido como resultado de certas práticas, tais como a condução de experimentos com vírus transmitidos obrigatoriamente por um inseto vetor, na ausência deste vetor ou então, empregando uma linhagem geneticamente atenuada deste vírus. Tal procedimento é uma das maneiras de promover a contenção biológica.

As normas brasileiras seguem, em grande parte, os princípios preconizados na Conferência de Asilomar[2] bem como as diretrizes do Instituto Nacional de Saúde (NIH) dos EUA[6]. As diretrizes do NIH são aplicáveis tanto para moléculas de DNA recombinante, também denominadas de transgenes ou insertos, quanto para os organismos e vírus contendo moléculas de DNA recombinantes, normalmente denominados de OGMs ou transgênicos.

Seguindo o princípio de passo a passo, os primeiros testes devem ser feitos em contenção (ou confinamento). Com base nas evidências de riscos obtidas nesta fase, os ensaios devem ou não prosseguir para as estações experimentais. Existem normas e procedimentos de segurança para a realização dos referidos testes em contenção. As normas sobre classificação dos experimentos com vegetais geneticamente modificados quanto aos níveis de risco e de contenção constam da Instrução Normativa nº 6, baixada pela CTNBio ainda em 1997.

Estas normas estabelecem quatro grupos de risco (I a IV), aos quais foram estabelecidos quatro níveis de biossegurança para plantas (NB-P 1 a NB-P 4), associados a níveis crescentes de risco à saúde humana e ao meio ambiente. Segundo a IN-6, na determinação do nível de risco do OGM devem ser considerados o DNA/RNA transferido; o vetor utilizado; o hospedeiro; a quantidade do organismo envolvido e o local de realização do(s) experimento(s). Quanto ao DNA/RNA transferidos, é necessário considerar o gene transferido, a expressão deste no organismo hospedeiro, o sistema de vetor utilizado e as interações entre o gene e o sistema de vetor. Para os genes que codificam produtos nocivos à saúde humana, animal ou do meio ambiente, o sistema de vetor utilizado deve ter habilidade limitada para sobreviver fora do laboratório.

Assim, os experimentos envolvendo vegetais geneticamente modificados — cujos organismos parentais, historicamente, não causam doenças ao homem, animais ou plantas, não são ervas daninhas ou não cruzam com estas, ou que, devido à localização geográfica do experimento, não cruzem com ervas daninhas — são classificados como de grupo de risco I — NB-P 1.

O grupo de risco II — NB-P 2 envolve experimentos com:

a) vegetais geneticamente modificados que são ervas daninhas ou podem cruzar com ervas daninhas em área geográfica que torne este cruzamento possível;
b) plantas nas quais os DNA/RNA introduzidos representam o genoma completo de um agente infeccioso não-exótico, ou em que haja a possibilidade de reconstituição completa e funcional do genoma deste agente infeccioso por complementação genômica na planta;
c) plantas associadas a microrganismos geneticamente modificados não-exóticos que tenham potencial de produzir efeitos negativos em ecossistemas naturais ou manejados;
d) plantas nas quais os DNA/RNA introduzidos representam o genoma completo de um agen-

te infeccioso exótico, ou em que haja a possibilidade de reconstituição completa e funcional do genoma deste agente infeccioso por complementação genômica na planta que não tenha potencial para produzir efeitos negativos em ecossistemas naturais ou manejados;

e) plantas associadas a microrganismos geneticamente modificados exóticos que não tenham potencial de produzir efeitos negativos em ecossistemas naturais ou manejados;

f) plantas associadas a artrópodes ou pequenos animais geneticamente modificados, ou microrganismos a eles associados, se o organismo geneticamente modificado não tiver potencial de produzir efeitos negativos em ecossistemas naturais ou manejados.

O grupo de risco III — NB-P 3 inclui plantas nas quais os DNA/RNA introduzidos representam o genoma completo de um agente infeccioso exótico transmissível, ou em que haja a possibilidade de reconstituição completa e funcional do genoma deste agente infeccioso por complementação genômica na planta que tenha o potencial de produzir efeitos negativos em ecossistemas naturais ou manejados, como plantas ou microrganismos a eles associados, em que foram introduzidas seqüências que codificam para toxinas a vertebrados, microrganismos patogênicos a insetos ou outros pequenos animais associados com plantas, se o organismo geneticamente modificado tem potencial de produzir efeitos negativos em ecossistemas naturais ou manejados.

Já os do grupo de risco IV — NB-P 4 envolvem os agentes infecciosos exóticos transmissíveis na presença do seu vetor que tenha o potencial de ser um agente patogênico para as espécies cultivadas no país. É vedado este tipo de experimento em larga escala.

As normas estabelecem, ainda, as características das casas de vegetação para os diferentes níveis de biossegurança (NB-P 1 a NB-P 4). Quanto maior o grupo de risco, maior o nível de biossegurança e, conseqüentemente, o nível de contenção. Este maior nível é materializado pelas características de restrição e controle do acesso, paredes e pisos resistentes à entrada de químicos e líquidos, presença de filtros e controle sanitário.

Como tais normas se encontram em uma instrução normativa, são passíveis de modificação. Desta forma, recomenda-se que os interessados procurem, antes de mais nada, averiguar quais são as normas mais recentes, conhecer as boas práticas de outros laboratórios que utilizam tais sistemas rotineiramente e acompanhar a literatura sobre o assunto. De fundamental importância são os demais procedimentos recomendados pelas normas e boas práticas, como o controle do acesso de pessoas, registros da natureza e período das atividades realizadas, materiais utilizados, descontaminação, entre outros.

Os riscos decorrentes na natureza do inserto

Atualmente, já se dispõe de conhecimento e experiência acumulados sobre os efeitos dos agroquímicos e agrotóxicos liberados para o uso após a Segunda Guerra Mundial, sem a realização de testes suficientes e adequados de biossegurança. Só posteriormente, parte dos seus danosos e prolongados efeitos à saúde humana e animal, bem como ao meio ambiente se tornaria conhecida[17].

Contudo, como o transgene codifica para uma nova característica — em geral, desconhecida —, é expressa no genoma de uma planta domesticada, o pouco conhecimento e a experiência acumulados são insuficientes para prever com precisão as implicações na saúde humana e ambiental[25]. Entretanto, é crescente o número de pesquisadores envolvidos com a investigação da biossegurança de OGMs bem como o número de trabalhos publicados a respeito disso mesmo na ausência de insuficiente apoio por parte das agências de fomento à pesquisa no mundo inteiro.

Os impactos ecológicos da transferência de pólen dependem da capacidade dos híbridos de sobreviver e reproduzir. As taxas de sobrevivência ou de reprodução indicam a oportunidade da introgressão de transgenes em populações naturais, dependendo do fluxo gênico subseqüente e da pressão de seleção[30]. Estes autores relataram 11 casos de surgimento de híbridos entre variedades transgênicas e plantas aparentadas e/ou daninhas. Os resultados dos estudos experimentais relatados indicam que os híbridos entre transgênicos e não-transgênicos, mesmo interespecíficos, constituem apenas barreira temporária e incompleta na disseminação dos transgenes para os tipos silvestres[4,8,21,29]. Uma vez incorporados no genoma das populações silvestres, os transgenes podem tornar estas plantas mais invasivas e, portanto, potencialmente perigosas para a agricultura ou a biodiversidade[9].

Quando existe transferência de genes entre espécies filogeneticamente diferentes, na ausência do acasalamento sexual configura-se a transferência lateral ou transferência horizontal[17]. Exemplos já são conhecidos e documentados por Syvadan[22]. Embora não se conheça a magnitude da contribuição da engenharia genética para a transferência horizontal, é possível levantar a hipótese de que o cultivo em larga escala de plantas transgênicas possa favorecê-la. Geralmente, as plantas transgênicas contêm elementos mediadores da transformação *in vitro*, como plasmídeos, transposons e vírus. Os vetores utilizados para a obtenção de plantas transgênicas freqüentemente apresentam, na construção quimérica, origem de replicação, seqüências de transferência, promotores fortes e genes de resistência aos antibióticos. Todos estes elementos facilitam a recombinação e a transferência dose genes. Os plasmídeos e vírus quiméricos estão sujeitos a instabilidades estruturais, o que também facilita a recombinação[13].

A promiscuidade na transferência do DNA entre plantas é maior do que se suspeitava. Além da transferência horizontal de seqüências específicas[5], diversos casos de absorção do DNA por parte das células eucariotas foram também registrados[23]. Experimentalmente, Nielsen e cols.[16] verificaram que o DNA da beterraba transgênica foi transferido para a bactéria de solo *Acinetobacter sp.* linhagem BD413. Neste caso, a transferência horizontal ocorreu de um extrato celular para os plasmídeos das bactérias.

Outros estudos indicam a ocorrência de recombinação entre moléculas de organismos e vírus que envolve o transgene[11], ou ilegítima ou não-homóloga, mediada pelo promotor do vírus do mosaico-da-couve-flor (CaMV), presente na maioria das plantas transgênicas e nas suas progênies[14]. Desta forma, não se pode descartar a possibilidade de recombinações entre o transgene e outros vírus, resultando em novas combinações genéticas, cujas propriedades não são conhecidas.

Estas e outras constatações revelam a grande freqüência das trocas de material genético na natureza e trazem preocupações, em especial quanto à possível interação entre plantas transgênicas e outros organismos, vegetais ou não.

De crucial importância também, é o efeito individual de cada transgene. Um dos componentes do sistema terminator é a enzima recombinase, a qual tem o potencial de misturar genomas. Esta foi a principal conclusão a que chegaram Schmidt e cols.[20]. Segundo os referidos autores, altos níveis de expressão da recombinase "Cre" nas espermátides de ratos transgênicos heterozigotos, levam a 100% de esterilidade em machos. A esterilidade seria causada pela quebra e reunião do DNA em sítios inapropriados.

As ameaças aos componentes da biodiversidade são múltiplas, pois, em um ecossistema, devem ser considerados não somente os organismos vivos mas também os processos ecológicos. Revisões sobre este assunto foram publicadas[9,12,17,26,30], indicando a necessidade de mais estudos antes da liberação para cultivo em larga escala.

O manuseio de OGMs contendo genes de resistência a antibióticos requer cuidados especiais. Caso a planta transgênica contenha gene de resistência aos antibióticos, ele poderá ser transferido dos tecidos das plantas para bactérias humanas, o que se constitui num risco a ser considerado[13]. A relação entre os genes de resistência aos antibióticos e a saúde humana reside no fato de que, nos últimos 20 anos, mais de 30 novas doenças ocorreram na espécie humana (AIDS, Ebola e hepatite, entre outras) e houve o ressurgimento de doenças, como a tuberculose, a malária, a cólera e a difteria com muito mais agressividade por parte dos microrganismos patogênicos. Paralelamente, ocorreu um decréscimo na eficiência dos antibióticos[13].

Entre as revisões sobre os riscos potenciais, realizada pela *The Royal Society of Canada*[25] é uma das mais abrangentes e profundas.

A IMPREVISILIBIDADE DA TECNOLOGIA

Os avanços no conhecimento científico demonstram que os produtos da tecnologia apresentam efeitos difíceis de serem previstos e de controlar. A recente descoberta da presença de seqüências extras de DNA (534 pares de bases) na soja RR[28] e os numerosos casos de efeitos não esperados ilustram a falta de precisão e controle da tecnologia.

Em um artigo publicado na edição de 20/11/99, a *New Scientist*[15] relata resultados de Bill Vencill, pesquisador da *University of Georgia*, EUA, sobre a *performance* da soja RR cultivada em solos sob temperaturas amenas e elevadas. A soja transgênica RR apresentou menor tamanho, produção e peso, quando submetida a temperaturas de solo de 40° a 50°C. As perdas chegaram a 40% comparativamente à soja convencional. Sugeriu-se que a causa desta má performance é a maior produção de lignina na soja RR (até 20% mais), o que pode provocar rachaduras no caule em 50% a 70% das plantas. Os resultados foram apresentados na reunião científica da *British Crop Protection Council* realizada em Brighton, UK, naquele ano. A pesquisa foi feita por demanda de agricultores dos EUA, que reclamaram de perdas na colheita da soja RR em anos de primavera com temperatura mais elevada. Segundo o Dr. Vencil, a maior produção de lignina pela soja RR já foi comprovada experimentalmente. Estes mesmos sintomas foram verificados em lavouras de soja RR em diferentes localidades do Rio Grande do Sul, na safra 2001/2002, onde houve a ocorrência de seca. Efeitos pleiotrópicos também têm sido constatados por outros investigadores, como a infecção na canola transgênica com o gene BAR (tolerância a *bialaphos*) regulado pelo promotor 35 S, o que causou alterações na expressão gênica de tal maneira que as plantas se tornaram susceptíveis a viroses[1].

PRECAUÇÃO

A avaliação de riscos dos OGMs deve ser baseada na melhor evidência disponível naquele momento. Quando o conhecimento é limitado numa específica área da análise de risco, a incerteza pode levar à falta de concordância sobre os riscos e à aceitação de determinada modificação. Sendo o grau de incerteza relativamente grande, o princípio de precaução pode ser invocado.

Quando há razões para suspeitar de ameaça de redução sensível ou perda de biodiversidade, ou, sendo, de risco à saúde, a falta de evidências científicas não deve ser usada como razão para postergar a tomada de medidas preventivas[19]. De certa forma, este princípio já havia também sido consagrado na afirmação "ausência de evidência não pode ser tomada como evidência da ausência" (*absence of evidence is never evidence of absence*), contida no Relatório ao Governo da Noruega[27].

Rigor na contenção e precaução são ingredientes indispensáveis para evitar tanto acidentes quanto impactos indesejáveis à saúde humana e meio ambiente.

CONSIDERAÇÕES FINAIS

A inserção das modernas biotecnologias na agricultura mundial vem promovendo um animado debate mundial sobre a oportunidade, impactos e implicações da sua tecnologia mais polêmica: a que envolve as plantas transgênicas. A análise dos impactos, benefícios e riscos das plantas transgênicas baseia-se em uma matriz que considera os aspectos de saúde e segurança alimentar, ecológicos, econômicos e sociais, cuja complexidade aumenta proporcionalmente à escala envolvida. Neste capítulo, são apresentadas e discutidas tais questões com ênfase nas associadas à biossegurança. Tal ênfase é justificada pelo somatório recente e crescente de evidências de que pouco ainda sabemos sobre os referidos riscos e impactos, e que, portanto, é necessário um esforço maior de pesquisa na área da biossegurança. Este aspecto é mais do que justificável, quando se constata a monumental disparidade entre o volume de publicações sobre os aspectos técnicos da transgenia, a *performance* agronômica de tais plantas e o restrito número de trabalhos relacionados com a biossegurança das plantas transgênicas. Não há justificativa para tal disparidade, quando se considera, por exemplo, a possibilidade de escape de transgenes para plantas não-alvo, gerando poluição genética. Assim, desde os princípios emanados da histórica Conferência de Asilomar, passando pelos critérios em que se baseia a análise de risco; as normas e procedimentos em experimentos em contenção; e o emprego das melhores evidências e das boas práticas quando a incerteza é evidente, torna-se importante instrumentalizar e normatizar as boas práticas em biossegurança. A comparação entre as normatizações nos diferentes países pode ser utilizada como guia inicial para a internalização da legislação sobre o tema, respeitando as peculiaridades do Brasil. As incertezas nesta área devem encontrar guarida no princípio da precaução, cujo postulado principal alerta que a falta de evidências científicas não deve ser usada como razão para postergar a tomada de medidas preventivas, ou que a ausência de evidência não pode ser tomada como evidência da ausência. Não se pautar por este princípio significa aceitar sua outra face, o princípio da familiaridade, que nos gerou, entre outros, os danos ambientais e de saúde causados pelos pesticidas e a doença da vaca louca.

REFERÊNCIAS BIBLIOGRÁFICAS

1. Al-kaff NS, Kreike MM, Covey SN, Pitcher R, Page AM, Dale PJ. Plants rendered herbicide-susceptible by cauliflower mosaic virus-elicited. Nature Biotechnology, 18(9):995-999, 2000.
2. Berg P, Baltimore D, Brenner S, Roblin III RO, Singer MF. Science, 188: 991-994, 1975.
3. Bradshaw GA, Borchers JG. Uncertainty as Information: Narrowing the Science-policy Gap. Conservation Ecology, 4(1):7, 2000. [on-line] URL: http://www.consecol.org/vol4/iss1/art7. 2000.
4. Chèvre A-M, Baranger FEA, Renard M. Gene flow from transgenic crops. Nature, 389:924, 1998.
5. Cho Y, Qiu Y-L, Kuhlman P, Palmer JD. Explosive invasion of plan mitochondria by a group I intron. Proceedings of National Academy of Sciences, 95:14.244-14.249, 1998.
6. Deparment of Health and Human Services. NIH guidelines for research involving recombinant DNA molecules (NIH guidelines). [on-line] URL: http://www.nih.gov/od/oba.2001 (versão de Jan. 2001).
7. Department for Environment, Food & Rural Affairs — ACRE. Guidance on best practice in the design of genetically modified crops. Best Practice Sub-group. [on-line] URL: http://www.defra.gov.uk /environment/acre/bestprac/index.htm, 2001.
8. Ellstrand NC, Prentice HC, Hancok JF. Gene flow and introgression from domesticated plants into their wild relatives. Annu. Rev. Ecol. Syst. 30:539-563, 1999.
9. Fontes EG, Santos IKSM, Gama MIC. A biossegurança de plantas cultivadas transgênicas. In: Teixeira P, Valle S (Orgs). Biossegurança. Uma abordagem multidisciplinar. Rio de Janeiro: Fiocruz, 1996. p.313-327.
10. Gee D. Late Lessons from Early Warnings: Lessons for science and public policy from not taking precaution. In: International summit on science and the precautionary principle, Lowell MA, 20 a 22 de setembro de 2001. Anais.... (No prelo).
11. Greene AE, Allison RF. Recombination between viral RNA and transgenic plant transcripts. Science, 263:1423-1425, 1994.
12. Guerra MP Nodari, RO. Plantas transgênicas. Agroecologia e Desenvolvimento Rural Sustentável, 2(3):30-41, 2001.
13. Ho M-W, Traavik T, Olsvik O, Tappeser B, Howard CV, VON Weizsacker C, MCGavin GC. Gene Technology and gene ecology of infectious diseases. Microbial Ecology in Health and Disease, 10:33-59, 1998.
14. Kohli A, Griffiths S, Palacios N, Twyman RM, Vain P, Laurie DA, Christou P. Molecular characterization of transforming plasmid rearrangements in transgenic rice reveals a recombination hotspot in the CaMV 35S promoter and confirms the predominance of microhomology mediated recombination, The Plant Journal, 17(6):591-601, 1999.
15. New Scientist. Section: This Week, p. 6, 21/10/2000.
16. Nielsen KM, VAN Elsas JD, Smalla K. Transformation of Acinetobacter sp. Starin BD413 with transgenic plant DNA in soil microcosms and effects of kamycin or selection of transformants. Applied and Environmental Microbiology, 66(3):1237-1242, 2000.
17. Nodari RO, Guerra MP. Avaliação de riscos ambientais de plantas transgênicas. Cadernos de Ciência e Tecnologia, 18(1):81-116, 2001.
18. Peterson G, Cunningham S, Deutsch L, Erickson J, Quinlan A, Raez-Luna E, Tinch R, Troel M, Woodbury P, Zens S. The risks and benefits of genetically modified crops: a multidisciplinary perspective. Conservation Ecology, 4(1):13 [on-line] URL: http:/www.consecol.org/vol4/iss1/art13. 2000.

19. Raffensperger C, Tikckner J. Protecting public health & the environment: implementing the precautionary principle. Washington: Island Press, 1999, 385p.
20. Schmidt EE, Taylor DS, Prigge JR, Barnett S, Capecchi MR. Illegitimate Cre-dependent chromosome rearrangements in transgenic mouse spermatids. PNAS, 97:13.702-13.707, 2000.
21. Spencer LJ, Snow AA. Vigorous hybrids? A comparison of fitness among wild gourds and three generations of transgenic wild-crop hybrid squash (Cucurbita pepo). In: Annual meeting of the Weed Science Society of America, 40°, Toronto, 2000. Anais...
22. Syvadan M. Horizontal gene transfer: evidence and possible consequences. Annual Review of Genetics, 28:237-261, 1994.
23. Tappeser B, Jäger M, Eckelckamp, C. Survival, persistence, transfer: An update on current knowledge on GMs and the fate of the recombinant DNA. Penang, TWN, 1999. 44p.
24. Teixeira P, Valle S. Biossegurança. Uma abordagem multidisciplinar. Rio de Janeiro: Fiocruz, 1996. p.313-327.
25. The Royal Society of Canada. Elements of precaution: recommendations for the regulation of food biotechnology in Canada. Royal Society of Canada, Ottawa, 2001.
26. Tiedje JM, Colwell RK, Grossman YL, Hodson RE, Lenski RE, Mack RN, Regal PJ. The planned introduction of genetically engineered organisms — Ecological considerations and recommendations. Ecology, 70(2):298-315, 1989.
27. Traavik T. Too early may be too late. Research Report for DN 1999-1. Ecological risks associated with the use of naked DNA as biological tool for research, production and therapy. Trondheim, Norway, 1999. 106p.
28. Windels P, Taverniers I, Depicker A, Van Bockstaele E, Loose M. Characterization of the Roundup Ready soybean insert. European Food Research and Technology, 213(2):107-112, 2001.
29. Wipff JK, Fricker CR. Determining gene flow of transgenic creeping bentgrass and gene transfer to other bentgrass species. Diversity, 16(1/2):36-39, 2000.
30. Wolfenbarger LL, Phifer PR. The ecological risks and benefits of genetically engineered plants. Science, 290:2088-2093, 2000.

Capítulo 19

Noções de Primeiros Socorros

Ana Maria Tucci Gammaro Baldavira Ferreira
Cell Regina Noca

> *"Toda prática profissional, sem sombra de dúvida, deve ser permeada por aspectos preventivos, a fim de evitar acidentes."*
>
> *As autoras*

Introdução

Este capítulo trata das condutas que devem ser adotadas, na tentativa de minimizar os danos às pessoas acidentadas durante as atividades profissionais desenvolvidas dentro do ambiente de laboratório e/ou serviços de saúde. Embora a biossegurança, no seu sentido mais amplo, seja uma vida livre de perigos, o primeiro a fazer é reconhecer que eles existem, para que se possa, efetivamente, evitá-los. Caso acidentes ocorram, a primeira conduta, ou o primeiro socorro, se realizada adequadamente, pode minimizar as conseqüências para o acidentado ou, até mesmo, determinar a sua sobrevida.

Torna-se necessário, portanto, ressaltar a importância que os outros autores abordaram anteriormente nos capítulos deste livro: a *prevenção*, tendo em vista os *riscos* já conhecidos. Outros aspectos também são relevantes, tais como a planta física e a administração, voltadas para à adequação do trabalho dentro de normas e recomendações dos órgãos oficiais, incluindo aí os aspectos preventivos quanto a possíveis acidentes. Neste sentido, alerta-se que todos os trabalhadores que atuam na área de laboratório ou serviço de saúde, independentemente da sua função, devem ser treinados para as condutas básicas de socorro em casos específicos.

Antes de abordarmos as condutas propriamente ditas, algumas considerações são cabíveis para a pessoa que irá socorrer a vítima, de forma a realizá-las de maneira correta e segura.

Entre outras recomendações para a segurança dos laboratórios na área de saúde, a Organização Mundial de Saúde (OMS)[14] determina que deve haver material para primeiros socorros contido numa caixa claramente identificada, acessível, livre de pó e umidade, com lista de material mínimo, completa e em ordem. Se utilizada, os materiais gastos devem ser repostos imediatamente após o ocorrido. Junto à caixa, ou dentro dela, deve haver, um manual básico de primeiros socorros. Sugerimos os seguintes materiais:

— Ataduras (faixa de crepe);
— Gazes esterilizadas;
— Curativos adesivos para pequenos ferimentos;
— Esparadrapo;
— Luvas descartáveis de plástico ou borracha;
— Panos e toalhas limpas;

— Tesoura sem ponta;
— Máscara para respiração boca a boca ou máscara-bolsa (AMBU).

Adicionem-se também:

— Cobertores;
— Lanterna;
— Sacos de lixo.

O que são os primeiros socorros?

Os *primeiros socorros* são as condutas iniciais a serem tomadas com segurança e rapidez, imediatamente após a ocorrência de um acidente, com a finalidade de preservar a vida, minimizar os efeitos da lesão e promover a recuperação do indivíduo que se acidentou. A pessoa que sofreu o acidente será tratada como *vítima* e quem adota as condutas iniciais como *socorrista*. A maior parte das ocorrências não pressupõe perigo de vida.

Em casos de maior gravidade, sempre a primeira atitude a tomar é pedir *ajuda*, que deve ser solicitada a qualquer outra pessoa para que o serviço de resgate de sua cidade possa ser chamado. O resgate é feito geralmente pelo corpo de bombeiros, cujo telefone 193, em todo o território brasileiro, deve ficar visível em local conhecido por todos os que trabalham no laboratório. Outros telefones, tais como os da polícia (190), do pronto-socorro (192), dos serviços de gás, de eletricidade e de água, além dos da ambulância e médicos, também devem estar disponíveis. Se você for forçado a deixar a vítima sozinha, minimize os riscos que ela possa correr, tomando antes as medidas para salvar a sua vida. O telefonema deve ser breve, preciso, só sendo finalizado após a autorização do atendente do outro lado da linha, para não omitir dados importantes do socorro.

A primeira recomendação para um socorrista é realizar as condutas somente se souber como fazê-lo. Se não souber ou não conseguir realizá-las, não mexer na vítima, pois poderá colocar em risco ou piorar sua situação. Neste caso, apenas solicitar o socorro, como referido linhas atrás.

As situações que envolvem acidentes geralmente provocam ansiedade nas pessoas que presenciam ou que se propõem a prestar socorro. Estar preparado para atender uma vítima inclui também o "gerenciamento" do estresse do socorrista. O bom preparo, ou seja, conhecer e estar treinado para socorrer são fatores que amenizam a emoção. Por isso, recomenda-se treinamento periódico atualizado aos trabalhadores como um fator que garante o sucesso dos atendimentos e, ao mesmo tempo, pode ser preventivo de estresse, que, se presente, pode comprometer sobremaneira o primeiro atendimento.

O socorrista deve fazer tudo o que souber e puder, não devendo ser criticado ou cobrado sobre o sucesso do atendimento.

Prestar os primeiros socorros

São abordados a seguir, de maneira bastante objetiva, os procedimentos cabíveis, quando da ocorrência dos acidentes identificados nas atividades de um laboratório ou serviço de saúde. Seguem-se as orientações mais recentes e recomendações sobre as condutas mundialmente aceitas de organismos internacionais tais como a Organização Mundial da Saúde (OMS)[14], a Cruz Vermelha Internacional[8] e a *American Heart Association* (AHA)[1,2,3].

Agir com segurança

Antes de proceder ao atendimento propriamente dito, o socorrista tem por obrigação garantir a sua segurança. A primeira regra é não se arriscar para salvar o outro em um ato heróico cujo resultado pode produzir, além da vítima inicial, outra vítima — o próprio socorrista, podendo vir a ser fatal para ambos. Para tanto, algumas orientações básicas devem ser rigorosamente seguidas, tais como controlar as emoções, avaliar se ainda há perigo, não fazer sozinho mais do que é possível, usar o bom senso e agir rapidamente, sempre em segurança.

Avaliar a situação

A seqüência a ser seguida até aqui para um pronto-atendimento é:

— Estar preparado para para o atendimento;

— Manter a calma;

— Chamar por socorro;

— Agir com segurança.

Porém, várias podem ser as situações que o socorrista poderá enfrentar em um acidente e, por isso, há necessidade de realizar uma rápida avaliação da situação encontrada. O local e seus riscos para todos, a causa do acidente, o número de vítimas, a gravidade do seu estado e as possibilidades de atendimento imediato devem ser rapidamente observados. Devem-se ter em mente a eliminação do perigo e/ou a proteção da vítima, afastando-a da fonte do perigo.

Avaliar a vítima

A avaliação da pessoa que sofreu o acidente, ou de várias vítimas, deve iniciar pelo estado de consciência:

— Está desperta ou conversando;

— Apresenta apenas os olhos abertos ou não responde (inconsciente);

— Respira ou não;

— A coloração da pele: rosada, vermelha, pálida, cianótica;

— O pulso: no antebraço (radial), cervical (carotídeo);

— Ferimentos e sangramentos aparentes e sua localização.

Conforme a gravidade da vítima, use o bom senso sobre o adequado atendimento: sempre priorize a vítima mais grave, ou seja, aquela que estiver inconsciente. A vítima com lesões menos graves deve ser removida o quanto antes do local, quando possível.

Socorrer vítimas em parada cardiorrespiratória

Para que haja vida, é necessário manter o fluxo constante de oxigênio para o cérebro, transportado para todo o organismo pela circulação sangüínea através dos batimentos cardíacos.

A parada cardiopulmonar ou cardiorrespiratória é definida como a cessação súbita e inesperada da circulação de sangue e da respiração, levando a um sofrimento orgânico generalizado.

Ressuscitação cardiopulmonar

A reversibilidade da parada depende do tempo de início e o modo correto de realização das manobras de ressuscitação cardiopulmonar. Por isso, são importantes a agilidade e a organização junto ao conhecimento do que se deve fazer. Lembre-se de que se trata de uma situação de emergência e de que você precisa de auxílio.

A AHA[3] define alguns importantes passos que, se realizados corretamente, podem melhorar a sobrevida da vítima, tais como o rápido reconhecimento da parada, a solicitação de auxílio o mais rápido possível e o início das manobras básicas de atendimento.

Sua identificação pressupõe a existência das seguintes características:

— A pessoa está inconsciente, não respira e não tem pulso palpável nas grandes artérias como a carótida, localizada no pescoço;

— É possível sentir mais facilmente o pulso carotídeo, pressionando levemente, com dois dedos, a borda posterior do pomo-de-adão (Fig. 19.1).

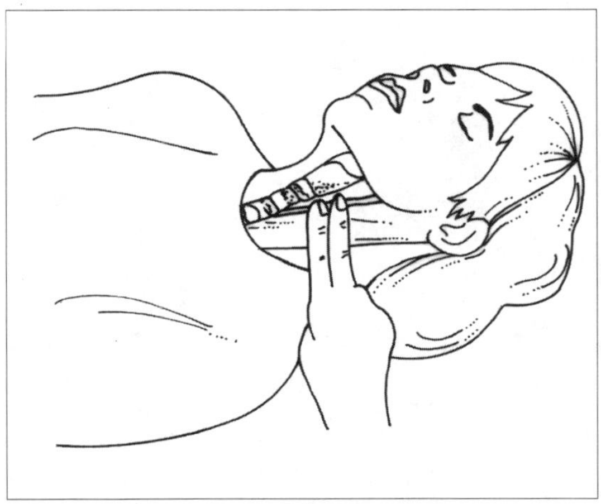

Fig. 19.1 — *Localização do pulso carotídeo.*

A AHA[3], na Conferência de Diretrizes Internacionais 2000, determina que os socorristas leigos não considerem a checagem da presença de pulso como um sinal de identificação da parada cardíaca para, posteriormente, iniciar as compressões torácicas, evitando, desta forma, a perda de tempo para iniciar a reanimação. Havendo ausência de sinais de respiração, devem-se iniciar as manobras de ressuscitação.

Utiliza-se a seqüência do ABC primário, que auxilia no diagnóstico da parada e provê o tratamento inicial da vítima, mantendo um mínimo de oxigenação dos tecidos, enquanto se aguardam outras medidas terapêuticas mais efetivas.

Segundo a AHA[3], o ABC primário significa:

— abrir a via aérea: posicionar a cabeça para a abertura da via aérea;

— boca a boca: efetuar a respiração boca a boca ou com acessórios (bolsa-máscara);

— circulação: realizar massagem cardíaca com compressões torácicas.

O primeiro passo é avaliar a responsividade: se a vítima está ou não consciente. Faça uma pergunta ou dê uma ordem, como, por exemplo; "Você está bem?" ou "Abra os olhos". Normalmente, há necessidade de gritar e sacudir cuidadosamente a vítima.

Verifique a ventilação. Coloque o seu rosto próximo à boca da vítima e observe ("ver"), ouça ("ouvir") e sinta ("sentir") a sua respiração (Fig. 19.2).

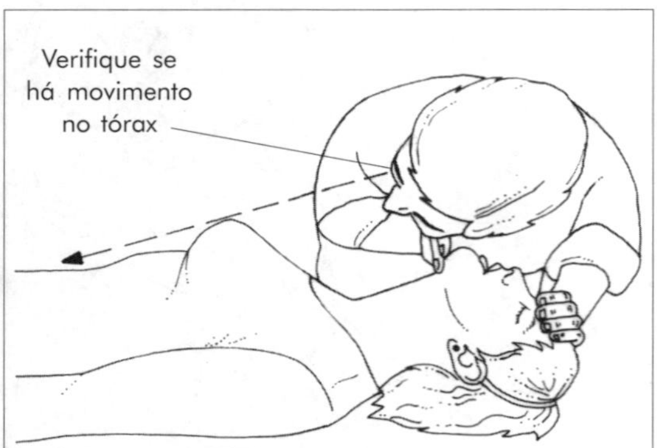

Fig. 19.2 — *Ver, ouvir e sentir a respiração da vítima.*

Imediatamente, deve-se solicitar auxílio. Coloque a vítima deitada de costas sobre uma superfície dura. Posteriormente, abra as vias aéreas, inclinando a cabeça da vítima para trás (hiperextensão do pescoço) e elevando o queixo. Este movimento deve ser realizado com o socorrista ao lado do paciente, conforme a Fig. 19.3. Certifique-se, antes, de que não há risco de fratura da coluna.

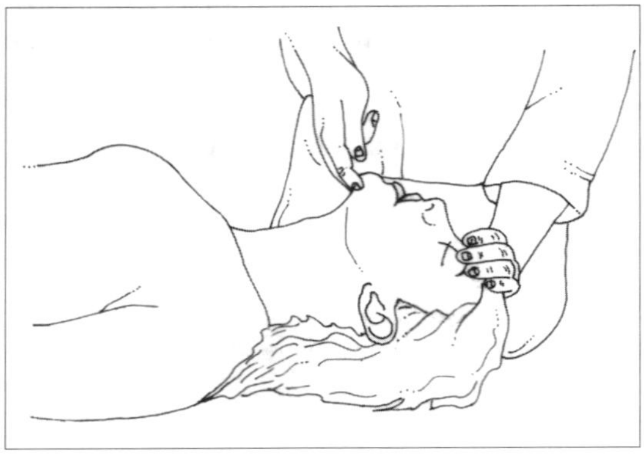

Fig. 19.3 — *Abrindo as vias aéreas da vítima.*

Ao mesmo tempo em que abre a via aérea, procure por algum corpo estranho, como sangue, prótese dentária ou pedaços de alimento na boca ou garganta, e retire-o, se estiver visível. Liberada a via aérea, procure detectar a presença de ventilação. Para isso, coloque seu rosto próximo à boca da vítima e observe ("ver"), ouça ("ouvir") e sinta ("sentir").

Após ter verificado a ausência de movimento respiratório, administre duas ventilações. A ventilação deve ser feita boca a boca ou com máscara-bolsa. A seguir, cheque novamente a presença de movimentos respiratórios, pois a abertura das vias aéreas e das ventilações boca a boca ou máscara-bolsa pode ter sido suficiente para reverter a parada respiratória. Se não houver a reversão da parada, inicie a ventilação, que pode ser feita boca a boca ou boca a máscara ou bolsa-máscara.

Na ventilação boca a boca, o polegar e o indicador de uma das mãos devem pinçar as narinas, para evitar vazamento de ar, enquanto a palma da mesma mão mantém a cabeça estendida. A outra mão eleva o queixo, evitando o fechamento da via aérea. Faça uma inspiração profunda, adaptando a sua boca à boca da vítima e insufle o ar, soprando até perceber que o tórax da vítima se eleva. Retire os lábios para que o tórax relaxe. Repita estes procedimentos quantas vezes for necessário.

Na ventilação boca a boca, podem-se utilizar máscaras plásticas descartáveis para a proteção do socorrista (ventilação boca-máscara).

A ventilação bolsa-máscara requer de uma máscara e bolsa do "AMBU". Em todos os tipos de ventilação, mantenha as vias aéreas abertas com o posicionamento adequado da cabeça da vítima.

Na ausência de pulso, inicie imediatamente as compressões no tórax, também denominadas massagem cardíaca externa, que visam a promover a circulação do sangue.

A massagem cardíaca deve ser realizada dois dedos acima do apêndice xifóide, ou seja, no centro do tórax, exatamente entre os mamilos. Posicione as duas mãos, uma sobre a outra, com os dedos entrelaçados, e inicie a massagem, mantendo os braços estendidos (na posição vertical), comprimindo o peito para baixo e soltando em seguida. Procure manter as mãos na mesma posição o tempo todo, conforme Fig. 19.4.

Para a compressão torácica, use o seu peso do corpo, com movimentos contínuos e ritmados. Os braços devem ficar esticados e perpendiculares ao tórax da vítima. Não dobre os braços.

Se estiver sozinho, alterne a ventilação com a circulação. Quando houver duas pessoas executando a reanimação, uma deve comandar a ventilação e a outra a compressão do tórax. Este procedimento de ventilação-circulação deve ser mantido, enquanto durar a tentativa de reanimação, em ritmo de aproximadamente 100 compressões por minuto, numa relação de 15 compressões torácicas para duas ventilações, ou seja, a taxa de compressão-ventilação deve ser de 15:2.

Socorrer vítimas de síncope

Síncope é a súbita perda de consciência e do tônus muscular, seguida de recuperação espontânea, causada por uma redução do fluxo sangüíneo para o cérebro. Apresenta-se de maneira dramática, podendo ocasionar danos mais

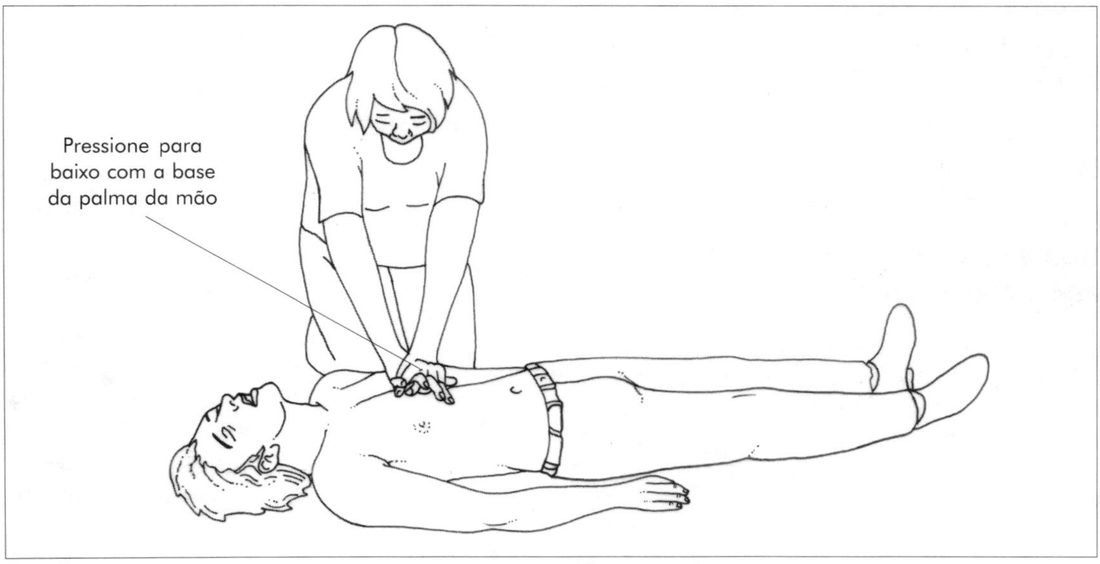

Fig. 19.4 — *Realizando a massagem cardíaca na vítima.*

graves, dependo da situação em que ocorrer, como, por exemplo, ocasionar um acidente de trânsito ou queda.

Na síncope, há queda ou perda do nível de consciência, e a vítima desmaia, a pulsação cardíaca baixa e verifica-se palidez. Estes sintomas podem ser desencadeados por dor, emoções, medo, parada súbita de esforço físico, exaustão física, falta de alimentação, permanência na posição de pé, queda da pressão arterial, ao levantar subitamente, ou problemas cardíacos.

É um quadro que se verifica freqüentemente mesmo em pessoas aparentemente normais, que podem ter um episódio sincopal ocasional, ou quando há problemas cardíacos mais graves.

Ocorrendo esse mal súbito, coloque sempre a pessoa deitada, mantendo as pernas elevadas, o que estimula o fluxo de sangue para o cérebro e o retorno mais rápido da consciência. Solicite ajuda.

Assegure-se de que a pessoa está respirando normalmente. Se ela respira e tem pulso cardíaco, deixe-a deitada, até que acorde sozinha ou chegue um socorro médico.

Quando ela recobrar os sentidos, tranqüilize-a e ajude-a sentar-se. Após alguns minutos, coloque-a sentada de forma gradativa, devagar, ajudando-a e certificando-se de que está bem.

Lembre-se de que o objetivo do cuidado é procurar aumentar o fluxo sangüíneo para o cérebro e tranqüilizar a vítima, mantendo-a em uma posição confortável. Não ofereça alimentos ou líquidos.

Socorrer vítimas de ferimentos perfurocortantes

Todo acidente envolvendo o rompimento e a penetração da pele por algum objeto deve ser *imediata e cuidadosamente* tratado, por envolver a principal barreira de proteção física do organismo humano. Assim, relembramos que os materiais mais comuns que podem fazê-lo, tais como agulhas e vidro, podem carregar consigo desde poeira até fluidos orgânicos, devendo ser considerados contaminados. Tais materiais devem ser manuseados com os equipamentos de proteção individual (EPI) indicados, observando a correta execução dos procedimentos técnicos na prática laboratorial ou procedimentos envolvendo assistência. Ressaltamos que todo trabalhador da área da saúde deve estar atento à sua imunização através da vacinação atualizada, como a antitetânica, contra a hepatite B, contra a meningite entre outras pertinentes.

Segundo a recomendação da Secretaria do Estado de Saúde de São Paulo[10], após um acidente com material perfurocortante no local de trabalho, a lesão deve ser lavada em água corrente abundantemente, usando detergente, e aplicando soluções anti-sépticas, como polivinilpirrolidona-iodo (PVP-I), álcool 70% ou clorexidina. Em caso de exposição das mucosas, use soro fisiológico ou água boricada. Devem ser *evitadas* substâncias cáusticas, como o hipoclorito de sódio. Não proceda à expressão do local ferido, porque isso pode aumentar a área da lesão, tornando maior a exposição ao material infectante. A conduta imediata é um fator que pode influenciar a chance de aquisição de doenças. Deste modo, o quanto antes forem tomadas as medidas descritas, esta chance tenderá a diminuir.

Caso o ferimento resulte em perda de sangue da vítima, após os procedimentos de limpeza descritos, recomenda-se pressionar o local por alguns minutos, para que o sangue possa coagular. Verifique antes se não há cacos de vidro no local, para não ferir a vítima ainda mais (caso haja fragmentos grandes, não tente removê-los, pois tal atitude pode causar maior lesão e sangramento). Amarre ataduras ao redor do objeto (Fig. 19.5). Use gaze esterilizada, para fazer a pressão, tendo sempre suas mãos protegidas por luvas de procedimentos; prenda com faixas, sem apertar demais, para não prejudicar a circulação do local. Caso o ferimento esteja nos membros (braços ou pernas), levante o membro lesado acima do coração, deitando a vítima, a fim de reduzir o fluxo de sangue no local da lesão (Fig. 19.6).

A chefia deve ser notificada imediatamente, para avaliar o acidente o mais precocemente possível (idealmente até duas horas seguintes à ocorrência do acidente), a fim de se instalarem medidas profiláticas ainda dentro deste período

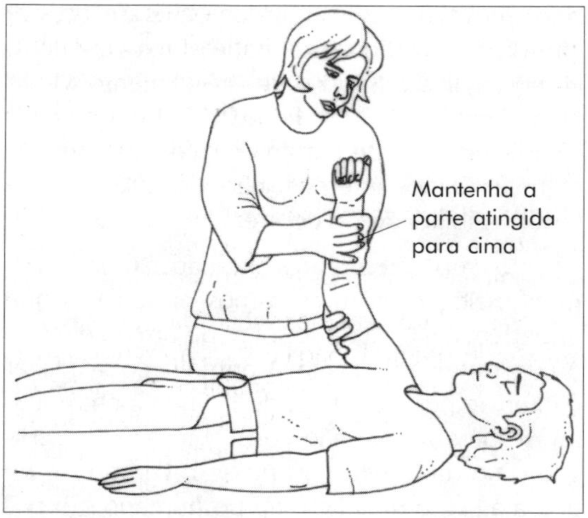

Fig. 19.5 — *Mantenha a parte lesada erguida.*

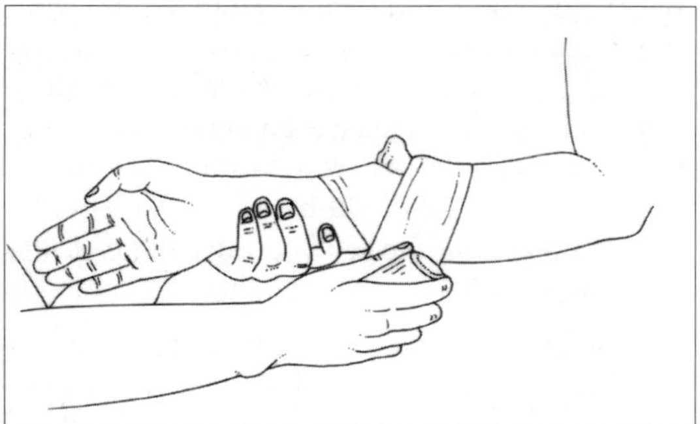

Fig. 19.6 — *Proteja o ferimento com fragmentos, enfaixando a região ao redor do objeto.*

e proceder-se às notificações oficiais (vigilância epidemiológica – VE e/ou o serviço de controle de infecção hospitalar – SCIH).

Socorrer vítima de mordedura de animais

Quando houver acidentes envolvendo mordedura de animais, proceda da mesma forma como descrita no item anterior, considerando sempre uma mordida de animal — qualquer que seja: cão, rato, camundongo, macaco, morcego — como fonte de infecções devido à presença de germes na boca. A comunicação à chefia imediata também deve ser feita para providências imediatas.

Socorrer vítimas de picadas de insetos e/ou animais peçonhentos

Em países de clima tropical e rica vegetação, existem laboratórios de saúde que manipulam insetos ou animais peçonhentos, alguns, nocivos ao homem.

Picadas provocam dor, inchaço rápido e assustam. Algumas pessoas podem ser alérgicas, desencadeando um choque anafilático fatal. As picadas na boca e garganta são graves, pois o inchaço impede a vítima de respirar. Neste caso, forneça gelo para a pessoa chupar, a fim de diminuir o inchaço, e peça ajuda imediata. Fique ao lado, da vítima, dando apoio até o socorro chegar, observando a sua respiração.

Insetos como vespas e marimbondos não deixam ferrão após a picada. Diferente das picadas de abelhas, que morrem após picar, mas deixam o ferrão cravado na pele da pessoa. Fixe o ferrão com uma pinça o mais próximo possível da pele e puxe com firmeza (Fig. 19.7). Aplique uma compressa fria com um pano limpo, pois isso reduz a dor e o inchaço. Se não houver melhora, procure um serviço médico. Mas, *atenção*! Em caso de *picada por enxame*, o Ministério da Saúde[7] alerta que não se retirem os ferrões por pinçamento, pois a compressão na pele pode espremer a glândula ligada ao ferrão e, assim, inocular na vítima o veneno ainda existente.

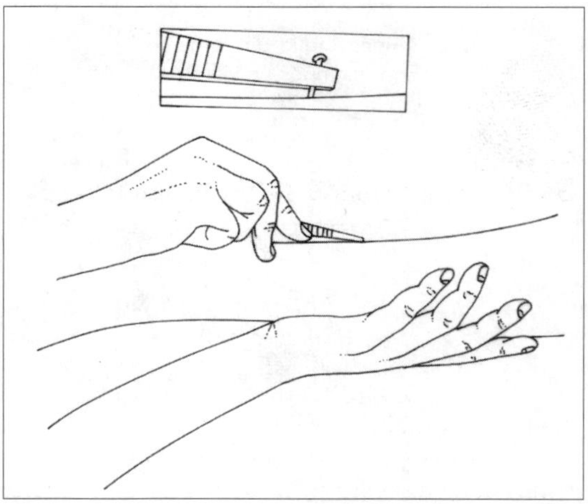

Fig. 19.7 — *Retire o ferrão do inseto, posicionando a pinça o mais próximo possível da pele.*

As vítimas picadas por cobras e escorpiões necessitam de auxílio médico imediato, mesmo se não apresentarem qualquer sinal de desconforto. Se possível, capture ou peça ajuda para capturar o animal, de modo que ele possa ser identificado, sempre observando a segurança pessoal. A picada pode provocar marcas de dentes na pele (cobras), dor forte no local da picada, vermelhidão ao redor, náusea e vômito, dificuldade de respirar, queda das pálpebras, distúrbios de visão, urina escura e perda da consciência.

Deite a vítima e ajude-a a acalmar-se. Ela deve ficar sem se movimentar, para evitar que o veneno seja absorvido rapidamente. Lave a ferida com água e sabão. *Não* tente sugar o veneno, *não* faça torniquetes, *não* provoque ferimentos adicionais, para drenar o veneno, *não* dê nada para a vítima comer ou beber. Chame auxílio imediatamente. Em qualquer dos casos descritos, reanime a vítima, se necessário.

Socorrer vítimas de choque elétrico e lesões por eletricidade

A passagem de corrente elétrica pelo corpo de uma pessoa, dependendo da intensidade, pode provocar desde atordoamentos até a cessação da respiração e dos batimentos cardíacos, como explica o Serviço de Atendimento Médico de Urgências (SP)[11]. Pode haver queimaduras visíveis no local de entrada e saída da corrente elétrica. Danos internos, não-visíveis, também têm possibilidade de ocorrer.

No caso de correntes alternadas, freqüentemente estas causam espasmos musculares que impedem a vítima de se soltar de um fio elétrico ou da fonte da descarga. A primeira coisa a fazer é interromper o contato, desligando a chave geral, se possível. Se não conseguir fazê-lo, desligue o fio da tomada ou puxe-o. Lembre-se de que a água, o metal e o corpo humano são potentes condutores de eletricidade, portanto, se não conseguir desligar o fio, não toque na vítima[9]. Fique sobre material isolante, como caixa de madeira, pilha espessa de jornais ou calçado com sola de borracha, e use um cabo de vassoura de madeira, para afastar a vítima do contato. Ainda sem tocá-la, passe uma corda pelos pés ou braços, a fim de afastá-la, e somente em último caso puxe a vítima pela parte seca das suas vestes (Fig. 19.8).

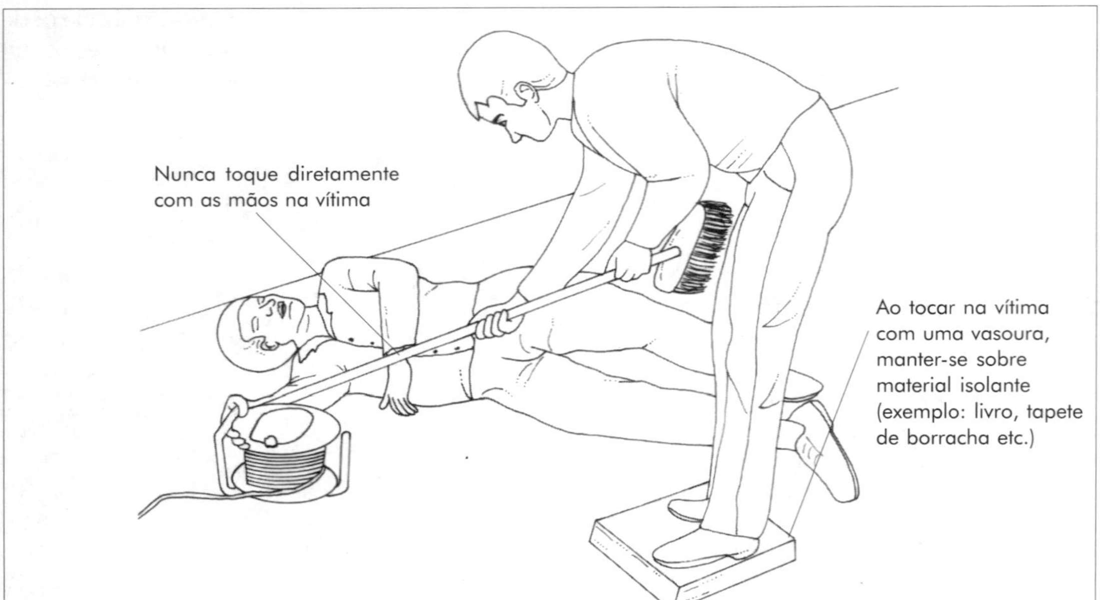

Fig. 19.8 — *Interrompa o contato da vítima com a corrente elétrica.*

Quando o contato da vítima com a eletricidade for interrompido, verifique a respiração e o pulso. Reanime a vítima, se necessário. Refresque as queimaduras apenas com água fria durante 10 minutos (isso em qualquer tipo de queimadura), cobrindo a lesão com gaze esterilizada ou pano limpo. Se não houver lesões aparentes, a vítima deverá ser aconselhada a descansar, mantendo-a em observação. Sempre chame ajuda. A vítima deve ser avaliada por um serviço de assistência médica o mais rápido possível.

Socorrer vítimas de queimaduras

As vítimas de queimaduras devem sempre ser consideradas potencialmente como se encontrando em estado grave. As situações em que haja fogo, explosões, correntes elétricas e vapores tóxicos dificultam a aproximação da vítima e trazem grande risco para as outras pessoas, principalmente ao socorrista.

CUIDADO!

Lembre-se de garantir sua própria segurança antes de iniciar o socorro.

As lesões podem ser provocadas por calor (fogo ou objetos quentes), substâncias corrosivas (substâncias químicas, como ácidos fortes ou álcali, vapores e gases corrosivos), líquidos e vapores, frio intenso (vapores congelados, como oxigênio ou nitrogênio líquido) e radiação (exposição a fontes radioativas).

A avaliação de uma vítima queimada tem particularidades importantes além das descritas no início deste capítulo. É necessário verificar, além da causa, a profundidade e a extensão da queimadura com relação à pele do corpo da vítima. Quanto à profundidade, pode ser *superficial* (vermelhidão e sensibilidade), exigindo cuidados locais, *parcial* (a pele fica em carne viva e pode aparecer bolha) e *profunda* (pele branca, viscosa e, às vezes, carbonizada), estas últimas consideradas sempre muito graves, independente do tamanho. Quanto à extensão, qualquer queimadura equivalente ao tamanho da mão da vítima deve ser cuidada pelo médico[13]. Quanto maior a extensão e mais profunda a queimadura, mais grave o estado da pessoa. Não esqueça de, inicialmente, chamar serviços que possam encaminhar a vítima grave com rapidez.

As vias respiratórias também podem ter sido afetadas, pois as queimaduras causam rapidamente inchaço e inflamação destas vias, impedindo a vítima de respirar. Avalie a partir do nariz e boca (fuligem ao redor), incluindo os pêlos do nariz (chamuscamento), pele ao redor da boca (lesões, feridas) e língua (vermelhidão, inchaço ou queimadura). A voz rouca e a dificuldade respiratória também denunciam perigo. Se não houver a respiração, prepare-se para reanimar a vítima imediatamente. Quando existir o envolvimento das vias respiratórias, independente da profundidade e extensão da queimadura, isso é um sinal de gravidade que exige imediata hospitalização.

Em caso de incêndio, se houver chama na roupa da vítima, impeça-a de sair correndo, pois isso aumenta as chamas. Deite-a no chão com a parte queimada voltada para cima e apague o fogo com água. Proteja, se possível, o corpo da vítima do contato direto com o chão, utilizando sacos plásticos como forro. De acordo com Lane[6], outra alternativa é enrolar com firmeza o corpo da vítima com tecido pesado não-sintético (cobertor, cortina, tapete), deitando-a no chão em seguida (Fig. 19.9).

Em qualquer queimadura, a área da lesão deve ser resfriada com irrigação de água contínua pelo menos por dez minutos (Fig. 19.10), para reduzir o inchaço e os danos provocados, minimizar o estado de choque e aliviar a dor. Enquanto isso, aproveite para avaliar as vias aéreas, respiração e pulso. Remova com cuidado anéis, cinto e sapatos, pois a região afetada possivelmente ficará muito inchada. Retire também as roupas queimadas somente se *não estiverem* coladas à pele. Cubra a área lesada com pano limpo (Fig. 19.11) e levemente umedecido com soro fisiológico, pois a queimadura fica sujeita a infecções (podem ser usados sacos plásticos limpos em mãos e pés queimados, prendendo-os com faixa ou esparadrapo sobre o plástico, nunca sobre a pele).

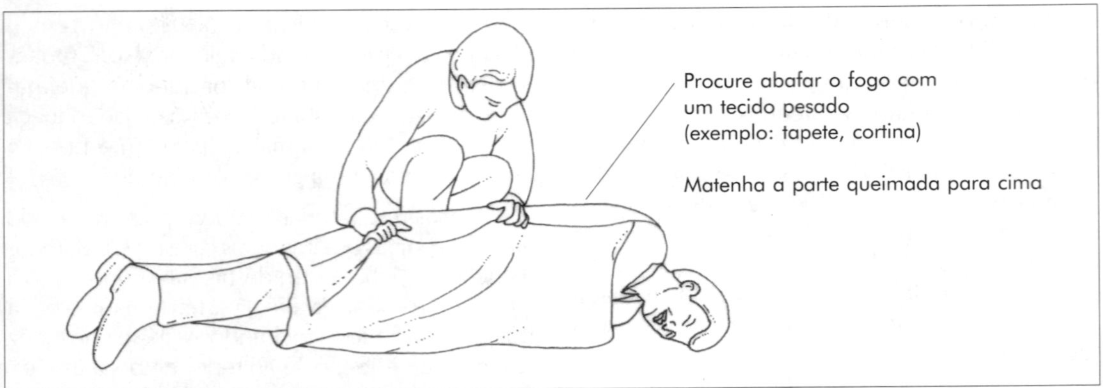

Fig. 19.9 — *Deite a vítima no chão e enrole o corpo com firmeza, quando houver fogo nas vestes.*

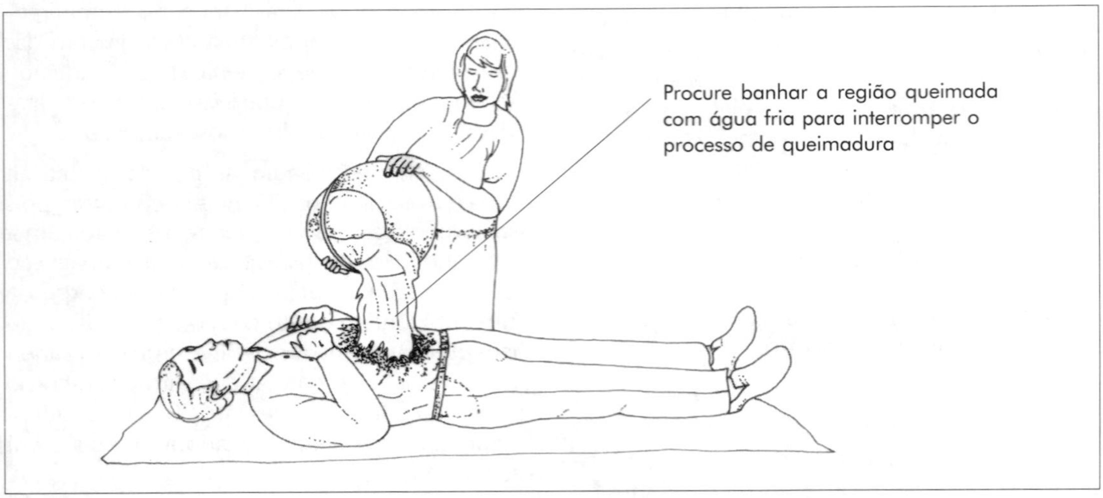

Fig. 19.10 — *Resfrie a lesão, para interromper o processo de queimadura.*

Importa ressaltar que você não deve tocar nas lesões nem interferir nela de modo nenhum, tampouco furar bolhas nem aplicar loções, ungüentos ou quaisquer outros produtos.

Avalie bem a vítima e só deixe de chamar ajuda em caso de queimadura muito superficial.

Socorrer vítimas de acidentes envolvendo substâncias químicas

Contaminação dos olhos

Se substâncias químicas entrarem em contato com os olhos, estes deverão ser lavados abundantemente com água fria, limpa e clorada pelo menos por 15 minutos, podendo ser utilizado o bebedouro em serviços que não possuam um local apropriado para este fim (Fig. 19.12). A rapidez pode determinar a diminuição da gravidade da lesão. Use luvas de procedimentos, tomando cuidado para que a água contaminada não espirre em você ou na vítima. Se os olhos se fecharem por causa da dor, abra as pálpebras com cuidado, mas firmemente (Fig. 19.13). Não toque nem deixe a vítima tocar ou esfregar os olhos. Após a intensa irrigação, cubra o olho com um tampão de gaze esterilizada, mantendo-o firme com esparadrapo ou faixa de crepe (Fig. 19.14).

A vítima deve ser encaminhada o mais rápido possível à avaliação médica.

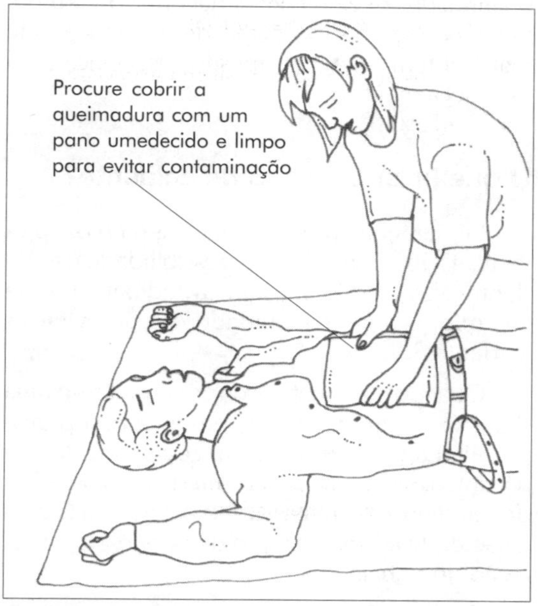

Fig. 19.11 — *Cubra a lesão com pano limpo.*

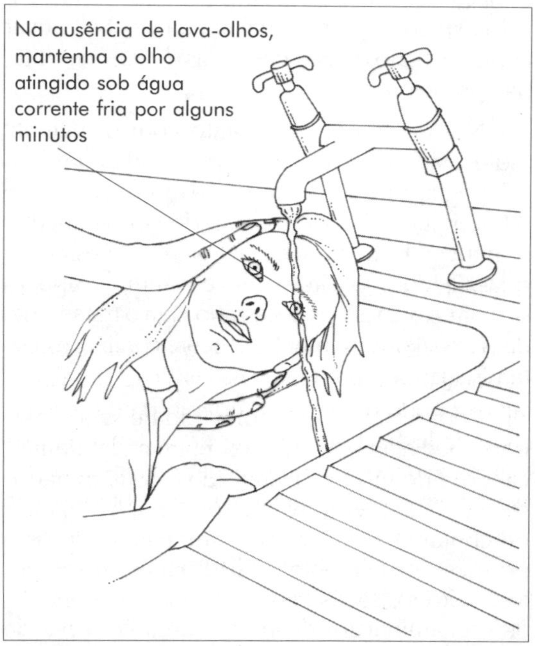

Fig. 19.12 — *Lave abundantemente o olho da vítima com cuidado para não espirrar em si ou na vítima.*

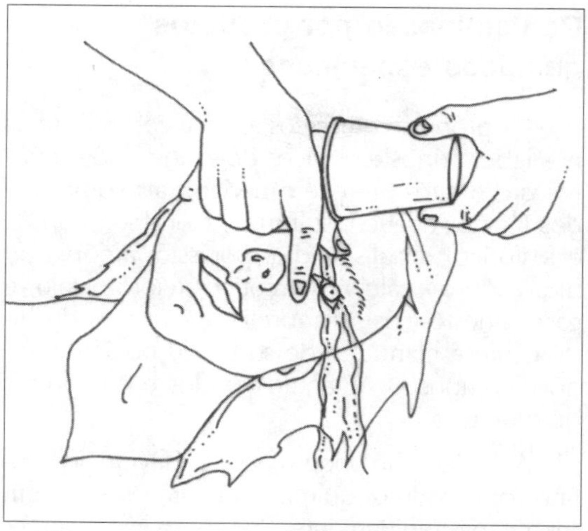

Fig. 19.13 — *Abra firmemente as pálpebras da vítima. Cuidado para que a água não espirre no olho não-lesado.*

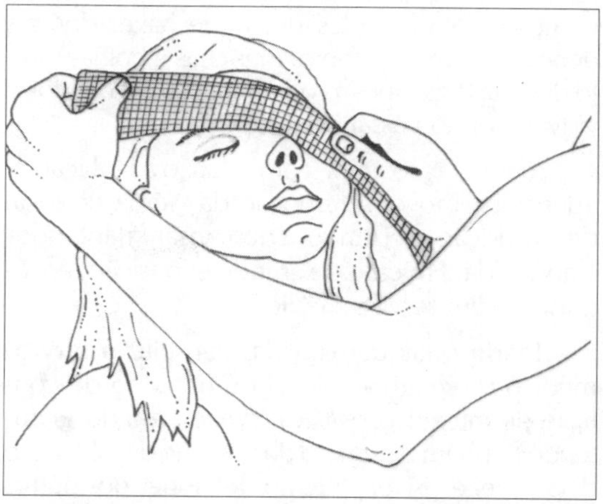

Fig. 19.14 — *Cubra o olho da vítima com um tampão.*

Contaminação de roupas

As roupas devem ser removidas imediatamente e iniciados os procedimentos de descontaminação. Coloque a vítima no chuveiro, se houver um no local, para a efetiva lavagem da pele pelo menos por 20 minutos. Mantenha suas mãos protegidas com luvas. A vítima deve ser mantida aquecida e encaminhada um serviço médico, junto com a informação do nome ou da marca do produto contaminante.

Contaminação por produtos químicos específicos

Os produtos químicos específicos, utilizados nos laboratórios e serviços de saúde, são numerosos e muitos oferecem perigo, tais como ácidos (ácidos acético, sulfúrico, clorídrico, nítrico e fosfórico), álcalis (sódio, potássio, amônia ou hidróxido de cálcio), narcóticos (clorofórmio, e gases anestésicos), cianuretos (cianureto de hidrogênio e cianureto de sódio ou potássio), fenóis, compostos organofosforados e compostos de mercúrio.

As lesões que podem ocorrer devido ao contato com produtos químicos são graves, e devem ser tratadas rapidamente. Preserve a sua segurança, ao aproximar-se da vítima contaminada, pois alguns destes produtos exalam gases letais, podendo afetar a vítima pelo contato com pulmões (pela inalação), pele e boca (contato com a pele e mucosas). No local lesado, pode haver dor, ardência, avermelhamento, manchas e bolhas muito discretas logo após a contaminação, tornando-se visíveis com o passar do tempo.

A orientação atual, com relação à inalação, é apenas promover a remoção da vítima do local de exposição, deixando-a descansar, mantendo-a aquecida. Em caso de grande exposição, encaminhe-a um serviço médico.

Tendo qualquer dúvida, consulte o serviço médico de referência local ou o centro de controle de intoxicações (CCI) do seu estado, mantendo também o número do telefone de tal serviço disponível e visível junto aos telefones dos outros serviços já citados no início deste capítulo.

Socorrer vítimas envolvendo acidentes com material radioativo

É importante compreender o que vem a ser uma radiação, definida basicamente como uma forma de energia que tem a propriedade de se propagar indo de um ponto a outro do espaço, com ou sem o meio material.

Os materiais radioativos são os que possuem tal característica de radiação; além disso, não possuem cheiro, não são visíveis nem palpáveis, dificultando, assim, a sua percepção no ambiente. Outra característica importante desses materiais é que a sua atividade, associada à sua quantidade, regride com o decorrer do tempo, fenômeno conhecido como decaimento. Cada material tem uma característica específica para este decaimento.

O que fazer em caso de acidente?

Inicialmente, procure adotar as medidas preventivas que minimizem a possibilidade de acidente envolvendo substância radioativa, uma vez que, o principal cuidado é o de evitar os acidentes[2].

Quando o acidente ocorrer, considere-o uma situação de emergência e, neste caso, a principal atitude é manter a calma. Lembre-se de que há uma série de fatores a serem considerados, dependendo do material radioativo e das suas características, mas sempre dê prioridade à proteção do trabalhador.

Também é importante reduzir os riscos de contaminação, os de propagação de uma contaminação ou a exposição das pessoas, controlando a exposição ao material radioativo. Se houver contaminação de pessoas, estas devem ser tratadas primeiramente.

Nos acidentes de contato com o material radioativo, lave a região contaminada com bastante água com temperatura de morna para fria e sabão neutro. Utilize solução descontaminante, se houver. Evite irritações na pele ou mesmo feridas. Depois, solicite auxílio e mantenha apenas o mínimo de pessoas necessário para o tratamento da vítima. Posteriormente, procure confinar a contaminação sempre que possível.

Com relação à contaminação de superfícies, isole imediatamente a área contaminada, demarcando-a de modo a evitar que a contaminação se propague. Vista-se adequadamente para a descontaminação, usando um avental, luvas e pró-pés. Inicialmente, utilize papéis absorventes (métodos secos), para evitar a disseminação da contaminação, delimite a área com fita de crepe e, posteriormente, lave com sabão descontaminante.

É importante lembrar que o material utilizado em uma descontaminação deve ser tratado como rejeito radioativo. Todas as roupas utilizadas devem ser identificadas, acondicionadas em sacos plásticos e guardadas no mesmo local para o monitoramento de físicos, evitando, desta forma, a propagação da radiação.

Notifique os responsáveis pelo laboratório ou os profissionais que realizam a proteção radiológica, para que efetuem a descontaminação do local, bem como a monitoração do local do acidente e das pessoas envolvidas nele.

Socorrer vítimas de inalação por gases tóxicos

A inalação de fumaça, gases tóxicos ou vapores é uma situação grave, pois pode levar à morte da vítima. A inalação de fumaça, em caso de incêndio, por exemplo, pode ser resultado de queima de plástico, espuma de borracha e forrações sintéticas que contêm vapores venenosos. Antes de proceder ao primeiro atendimento, não se esqueça de solicitar ajuda ao corpo de bombeiros.

Novamente, é importante salientar que o socorrista deve ficar atento à sua própria segurança na situação de salvamento, não se arriscando quando houver perigo. O acúmulo de gases ou fumaça em pequenos espaços pode colocar uma pessoa em risco rapidamente, se ela não estiver utilizando equipamento de proteção. Por isso, não entre em ambientes cheios de fumaça, quando não houver visibilidade ou quando ela estiver muito comprometida.

Em caso de inalação por monóxido de carbono, presente na fumaça da maioria dos incêndios, quando a visibilidade permitir, inspire profundamente antes de entrar, sem inalar fumaça, e prenda a respiração. Entre e retire rapidamente a vítima do local, levando-a para onde houver ar fresco circulante. Mas, esta atitude só poderá ser tomada, se você estiver preparado para desenvolvê-la. Havendo inconsciência, verifique o pulso e a respiração, e proceda à reanimação, como indicado anteriormente, até que o socorro solicitado chegue ao local.

Alguns lembretes importantes: se você não conseguir retirar a vítima do local, tente cessar a fonte do gás intoxicante. Também é importante arejar os ambientes próximos do local atingido, abrindo portas e janelas, a fim de fazer o ar circular.

Socorrer vítimas emocionalmente instáveis

As emergências emocionais são aquelas em que ocorrem alterações do comportamento. Como assinala Angerami[4], a vítima de um acidente ou mal súbito geralmente sofre uma abrupta ruptura do processo de vida, desencadeando diversas reações emocionais para se adaptar a esse estresse. São reações de estupor, impotência e medo, podendo haver manifestações de raiva e revolta acompanhadas até de agressividade. Ocorrem, também, crises emocionais independentes de acidentes. As pessoas deprimidas e ansiosas podem mudar seu estado emocional por causa de uma tensão ou apresentar problemas psiquiátricos[5]. Fale com calma, de forma direta, mantendo contato visual sempre que possível. Para apoiar a pessoa, às vezes é necessário permanecer ao lado dela em silêncio, demonstrando estar sensibilizado com seus sentimentos. Não ameace ou discuta com a vítima. Assegure a ela que você está ali para ajudá-la. Se a vítima apresentar sinais de conduta violenta, mantenha distância, não tente contê-la e esteja atento para ficar numa posição que favoreça a sua saída do local; proteja-se, mudando para um lugar seguro, e espere pela ajuda profissional que já deve ter sido chamada.

O que deve dirigir a conduta do socorrista, além da sua própria calma, é o estabelecimento de uma relação interpessoal, ou seja, uma interação entre ele e a vítima com algumas características importantes. Deve haver sincero interesse nesta ajuda com base na empatia, ou seja, o socorrista deve ter a capacidade de entender o que a vítima está passando, fazendo um "exercício" de colocar-se em seu lugar. É necessário, também, mostrar-se disponível, saber ouvir. Escute o que a pessoa está dizendo e mostre que ouviu o que ela disse. Respeite-a, sem emitir julgamentos sobre a situação; compreenda a dor e sofrimento da vítima; seja cordial e inspire confiança, porém reconheça suas limitações para fazê-lo. Evite acentuar a ansiedade da vítima, se você não estiver em condições para fazer este contato[12].

Depois de prestado o socorro

O socorrista deve analisar seus sentimentos após a prestação do socorro. O atendimento sempre é desgastante, e o socorrista deixa de lado a emoção durante os cuidados que ministra. Nem sempre a sensação após um atendimento é de satisfação. O socorrista não deve cobrar de si próprio atitudes além das possíveis de ser realizadas, nem se culpar por resultados ruins. Caso isso aconteça, o importante é conversar com alguém de confiança ou um profissional após o acontecido.

Considerações finais

Um acidente pode ocorrer em qualquer local em que haja pessoas. Pela lei brasileira, todos os cidadãos brasileiros são obrigados a socorrer as vítimas de acidentes ou mal súbito. Se deixar de fazê-lo, isso configura-se como "omissão de socorro". As pessoas que houverem tido acesso a tais informações, ou que receberam treinamento para atender a uma vítima, devem fazê-lo sem temor, sabendo respeitar seus limites, ou seja, como já dito, fazerem apenas o que sabem realmente. Como profissionais de saúde, os trabalhadores de laboratório têm a possibilidade de acesso a estas informações bem como conhecimento básico para atuar satisfatoriamente nas situações citadas. A capacitação envolve a disponibilidade pessoal para os treinamentos, as atualizações, a prática dos primeiros socorros e, fundamentalmente, o desejo de ajudar as vítimas que dependem de socorro.

Referências bibliográficas

1. American Heart Association. Textbook of basic life support, 1998.
2. American Heart Association. Textbook of Advanced Cardiac Life Support, 1994.
3. American Heart Association. Atualização em emergência cardiovascular — Diretrizes 2000 para ressuscitação cardiopulmonar e atendimento cardiovascular de urgência. Currents. Edição Brasileira; 1 (nº especial).
4. Angerami-Camon VA (org.). Urgências psicológicas no hospital, São Paulo: Pioneira, 1998.
5. Bergeron JD, Bizjak G. Primeiros socorros. São Paulo: Atheneu, 1999.
6. Lane JCL, Tulio S. Primeiros socorros: um manual prático. São Paulo: Moderna, 1997.
7. Ministério da Saúde. Manual de diagnóstico e tratamento de acidentes por animais peçonhentos. Brasília: Fundação Nacional de Saúde, 1998.
8. Noro JJ. Manual de primeiros socorros. São Paulo: Ática, 1996.
9. Santos RR, Canetti MD, Ribeiro Jr. C, Alvarez FS. Manual de socorro de emergência. São Paulo: Atheneu, 1999.
10. São Paulo (Estado). Secretaria do Estado de Saúde. Biossegurança. Série Atualidades em DST/AIDS, ano I, 1998.
11. Serviço de Atendimento Médico de Urgências — SAMU. Emergências médicas: São Paulo, 1998.
12. Teixeira MB et al. Manual de Enfermagem psiquiátrica. São Paulo: Atheneu, 1997.
13. Viana MSO. Socorro de emergência: procedimentos básicos de remoção e resgate. São Paulo: Atheneu, 1999.
14. World Health Organization — WHO. Safety in healthcare laboratories. Geneva, 1997.

CAPÍTULO 20

PREVENÇÃO E COMBATE A PRINCÍPIOS DE INCÊNDIO

Fernando Guilherme da Costa

INTRODUÇÃO

A cada dia, surgem novas tecnologias que possibilitam ao homem desenvolver, de modo mais eficiente, o seu trabalho. Com estas tecnologias, temos todo um maquinário que opera junto às redes elétricas, aos sistemas de gases e produtos inflamáveis, gerando com isso riscos inerentes ao desempenho de tais atividades. Estes riscos devem ser permanentemente monitorados, para ser evitados, tornando assim, as ações mais seguras e preventivas.

Na ocorrência dos acidentes, muitas vezes houve falhas na prevenção, e sendo elas transformadas em danos ao meio ambiente, perdas materiais e, o que é pior, lesões e seqüelas ao organismo humano, em sua maior gravidade, ceifando vidas.

Neste capítulo, seguem algumas orientações práticas com uma nova ótica dos procedimentos do seu dia-a-dia no laboratório.

FOGO

O fogo é produto de uma reação exotérmica que ocorre liberando calor e luz de intensidade variável. Nesta reação, existe a combinação de quatro elementos básicos que, juntos, irão gerar o processo da combustão (Fig. 20.1).

COMBUSTÃO

Combustão é um processo gerado pela reação química de oxidação, sendo auto-sustentável, que resulta na liberação de luz, calor, gases, fumaça, entre outros.

Elementos essenciais à combustão

Combustível

É todo elemento capaz de alimentar e sustentar o fogo. Pode estar sob as formas sólida, gasosa ou líquida.

Comburente

O ar atmosférico é composto por 21% de oxigênio e 79% de nitrogênio. Para que o processo de combustão ocorra, deve haver uma concentração mínima de 17% de oxigênio no ambiente. Quanto maior a concentração de oxigênio em um local de incêndio, maior a velocidade de combustão.

Fig. 20.1 — *Combinação dos quatro elementos geradores do processo de combustão.*

Calor — Energia de ativação

O calor é o elemento que inicia a propagação, podendo ser obtido de várias formas de energia:

— energia elétrica: calor gerado pela passagem da eletricidade em um aparelho elétrico;

— energia química: calor gerado pela reação de produtos químicos;

— energia mecânica: calor gerado pelo atrito entre estruturas.

O calor pode, ainda, ser transmitido através da condução, irradiação e convecção:

— *condução*: transmissão do calor através de um corpo sólido, de molécula para molécula. Por exemplo, ao aquecermos uma barra de ferro em uma de suas extremidades, a outra extremidade em breve fica aquecida também, o que se deve aos movimentos vibratórios gerados pela comunicação das moléculas, passando adiante a energia do calor;

— *irradiação*: transmissão de calor gerada por ondas ou raios. O calor gerado é propagado em várias direções através do ar;

— *convecção*: é a transferência de calor característico dos fluidos (líquidos e gases) que se processa através de correntes ascendentes ou descendentes. Por exemplo, no incêndio em um prédio a formação de gases aquecidos vai transferir calor através do ar em várias direções para os objetos, provocando aquecimento.

A convecção é um fator de propagação dos incêndios, pois as correntes de ar superaquecido provocam o alastramento do incêndio em locais afastados do foco inicial do fogo. Esta transmissão de calor é facilitada através do vão de escadas, tubos de passagem de fiação (*chaft*), poços de elevadores, portas abertas, etc. O ar aquecido expande-se tendendo a deslocar-se para as partes superiores através das correntes.

Reação em cadeia

É o processo em que ocorre o desprendimento de gases ou vapores gerados pela combustão, desenvolvendo, assim, uma reação relacionada com as características dos materiais combustíveis.

Fatores essenciais à combustão

Para que a combustão ocorra, faz-se necessário o estabelecimento de determinadas condições:

— *oxigênio*: dependendo da sua concentração, torna a reação rápida ou lenta. Pode ocorrer através da combustão lenta, viva ou instantânea;

— *combustão lenta:* ocorre sem a emissão de luz, ocorrendo, em seu interior, a formação de brasas. Nesta, devemos ter uma concentração aproximadamente de 8% de oxigênio, em que o ambiente permanece ocupado por uma fumaça densa, rica em monóxido de carbono;

— *combustão viva:* ocorre pela emissão de luz (chamas) e de calor. Caracteriza-se pela rápida emissão de calor produzida e uma grande reação. Neste tipo de combustão, a concentração de oxigênio varia de 13% a 21%;

— *combustão instantânea:* os eventos em que ocorrem explosões são os melhores exemplos desse tipo de combustão. Em tal processo, ocorre uma reação físico-química na qual a velocidade do processo é extremamente alta e acompanhada de um aumento elevado da pressão, que se dá pelo fato de a energia liberada pela reação ser realizada em um intervalo de tempo muito curto, insuficiente para a dissipação.

Componentes da combustão e conseqüências ao organismo humano

— *Calor:* ocasiona desidratação, exaustão, edema pulmonar e queimadura gerada por vapor superaquecido.

— *Chama:* o contato direto pode gerar queimaduras de primeiro, segundo ou terceiro graus, dependendo do tempo de contato e da intensidade.

— *Fumaça:* a fumaça contém partículas de fuligem, materiais irritantes e venenosos, entre os quais o monóxido de carbono. Este, quando em concentração superior a 2%, mata em uma hora, e superior a 10%, instantaneamente. Como elementos essenciais à produção de fumaça, são considerados o tipo de combustível, a quantidade de combustível, a ventilação local, a concentração e o aquecimento. A fumaça é um dos fatores de maior *causa mortis* nos incêndios, pois gera dificuldade de visibilidade na hora da fuga, dificuldade respiratória, e leva ao sufocamento, asfixia e morte.

— *Gases:* a geração de gases no processo de combustão resulta na formação de vários fatores já citados anteriormente, tendo como fator principal a propriedade de serem tóxicos e asfixiantes.

Fases de desenvolvimento de um incêndio

Para que um incêndio ocorra, devemos ter associados fatores, como o tipo de combustível, a disposição do combustível e a renovação do ar. As fases de desenvolvimento de um incêndio compreendem a eclosão, a propagação, a combustão contínua e o declínio das chamas, sempre associados a tempo e temperatura:

— *eclosão:* fase inicial de um incêndio, estando associada, para o seu desenvolvimento e duração, a quantidade do material combustível;

— *propagação:* nesta fase, ocorre a transmissão de calor aos outros corpos, levando ao aumento de temperatura;

— *combustão contínua:* nela o combustível existe em quantidade suficiente para manter o fogo, sendo este controlado pela quantidade de oxigênio disponível;

— *declínio das chamas:* com o consumo pelo fogo do material combustível, gradativamente este diminui. Assim, ocorre declínio e dissipação de energia.

Métodos de extinção do fogo

A metodologia de extinção do fogo consiste em eliminar os elementos essenciais à sua formação, ou seja, o calor, o combustível, o comburente ou a reação em cadeia. Os principais métodos de extinção do fogo consistem em resfriamento, abafamento, isolamento e quebra da reação em cadeia.

Resfriamento

O resfriamento consiste na diminuição da temperatura do material em combustão, ocasionando, também, a diminuição da liberação dos gases e vapores inflamáveis. Este método é uma das formas mais utilizadas no combate a incêndios, sendo a água seu agente extintor mais barato e mais utilizado. A redução do calor depende da quantidade de água disponibilizada para sua absorção e da forma como é aplicada.

Abafamento

Nesta forma de extinção, ocorre a diminuição da quantidade de oxigênio ambiente até níveis necessários para a existência da produção de fogo. A taxa de concentração de oxigênio inferior a 8% é insuficiente para alimentar uma combustão. Ao abafarmos uma panela em chamas, impedimos a entrada do oxigênio (comburente) e, desta forma, interrompemos o processo.

Isolamento

É o método mais simples de extinção. Consiste em retirar ou diminuir o material combustível, que ainda não foi atingido, da área por onde o fogo se propaga. Este trabalho ocorre por meio de força física ou com a ajuda de equipamentos de segurança. Se tivermos um princípio de incêndio na canalização de gás de um laboratório, através do fechamento dos registros conseguiremos interromper o fluxo de gás à área do sinistro e extinguiremos o fogo. O mesmo acontece com os líquidos inflamáveis.

Quebra da reação em cadeia

Este método ocorre quando utilizamos agentes extintores no combate ao fogo. Através da interrupção da reação em cadeia, as moléculas são dissociadas pela ação do calor e se combinam com a mistura inflamável, formando misturas não-inflamáveis, interrompendo a reação.

Classes de fogo e metodologia de combate para a extinção

Um incêndio é classificado de acordo com o tipo de material envolvido e o tipo de agente extintor utilizado para a sua extinção.

Incêndios classe A

São incêndios produzidos por materiais sólidos comuns, os quais queimam na superfície e profundidade, produzem brasas e deixam cinzas como resíduos. São exemplos de material classe A tecido, papel, madeira, plástico, borracha, etc. Para a extinção, utiliza-se água, pois esta atua diminuindo o calor, promovendo o resfriamento e penetrando em profundidade, reduzindo, assim, a temperatura do corpo em combustão.

Incêndios classe B

São incêndios produzidos em líquidos ou gases inflamáveis. Nestes casos, o fogo atua na superfície, somente onde ocorre o desprendimento dos vapores (gases). São exemplos de líquidos inflamáveis o álcool, éter, gasolina, benzina e acetona. O método de extinção ocorre pela interrupção da reação em cadeia ou abafamento. Como o fogo atua na superfície, o pó químico ou a espuma agem como agentes que impedem a entrada do oxigênio e abafam o fogo.

Incêndios classe C

São incêndios com a presença de equipamentos elétricos energizados. Este tipo de incêndio é perigoso, pois oferece risco de vida aos combatentes. São exemplos de equipamentos elétricos energizados as centrífugas, cromatográficos, estufas, exaustores, computadores e refrigeradores. O método de extinção em incêndios da classe C baseia-se na interrupção do fornecimento de energia ao aparelho. Caso não se saiba como desligar o aparelho, recomenda-se utilizar um agente extintor que não conduza eletricidade, como o gás carbônico (CO_2) ou pó químico. Estes agentes extintores atuam por abafamento e quebra da reação em cadeia. Cabe lembrar que alguns aparelhos dispõem de acumuladores de energia mesmo estando desligados, podendo gerar acidentes.

Incêndios classe D

São incêndios que ocorrem em materiais pirofosfóricos (materiais que se auto-inflamam em contato com o ar ou com a produção de faísca). São exemplos de metais pirofosfóricos o titânio, zinco, antimônio, lítio, magnésio, sódio e fósforo branco. A utilização de alguns tipos de agente extintor, como a grafite seca, cloreto de sódio ou, até mesmo, areia e terra, interrompe a entrada do oxigênio, agindo por abafamento. Existem alguns tipos de composto halogenado específicos para o combate ao fogo de materiais pirofosfóricos. Outra forma de extinção é, sempre que possível, proceder à retirada do material.

Cabe ressaltar a importância de não utilizar água nesse tipo de combate, pois ela gera o aumento do fogo.

Agentes extintores

Agentes extintores são substâncias naturais ou industrializadas, apresentadas em estado líquido, sólido ou gasoso, e que têm como objetivo a extinção dos princípios de incêndio. Os agentes extintores agem basicamente por abafamento, isolamento, resfriamento ou interrupção da reação em cadeia, bloqueando o processo da combustão.

Agentes extintores naturais

Os agentes extintores naturais são encontrados com certa facilidade, e apresentam custo relativamente baixo. Atuam por abafamento e resfriamento. Exemplos: água, terra e areia.

Agentes extintores industrializados

Gases

Esse tipo de extintor age por resfriamento e abafamento. Exemplos: argônio, gás carbônico e nitrogênio.

Líquidos

Agem por resfriamento e abafamento. Exemplos: água e espuma mecânica.

Sólidos (pó químico)

Agem por abafamento. Exemplos: grafite em pó, bicarbonato de sódio e sulfato de alumínio.

Vantagens e desvantagens dos agentes extintores

Água

Vantagens

— É o agente mais barato e mais usado mundialmente.

— É o agente encontrado com mais facilidade.

— Pode ser transportado, através de canos e mangueiras, a grandes distâncias.

— É um dos melhores absorventes de calor.

— É o mais eficaz no combate ao fogo da classe A (madeira, papel, tecidos, plásticos), etc.

Desvantagens

— Não deve ser utilizada em fogo da classe C, ou seja, equipamentos elétricos energizados; pois é um bom condutor de eletricidade.

— Não deve ser usada para apagar o fogo em gorduras aquecidas (panelas, fritadeiras, etc.).

— Não deve ser utilizada sob a forma de jato em incêndios com líquidos inflamáveis.

— Não deve ser usada em fogo da classe D (materiais pirofosfóricos, magnésio, antimônio, etc.).

— Quando utilizada no combate a incêndios em cereais, frutas, etc., estes absorvem rapidamente a água e se expandem, podendo romper os locais do seu acondicionamento.

— Quando utilizada no combate a incêndios em papéis e tecidos, estes acumulam grande quantidade de água, gerando o aumento do peso nas estruturas, podendo, assim, criar o risco de desabamento (quando em estruturas suspensas).

— Nos combates ao fogo em recintos fechados, deve-se ter cuidado com a formação de nuvens de vapor, as quais podem causar queimaduras das vias aéreas por inalação.

— Ter cuidado quando no combate da aplicação de fatos diretamente sobre as estruturas, o que pode gerar o risco de rachaduras.

Dióxido de carbono

Vantagens

— Conduz muito pouco a eletricidade, podendo ser utilizado para o combate em fogo da classe C e material elétrico energizado. Age principalmente por abafamento e depois por resfriamento. É inodoro e incolor.

— Quando utilizado em incêndios com alta tensão elétrica, deve-se manter uma distância segura para o combate ao fogo.

— É um agente extintor limpo, não produz resíduo químico, não é corrosivo e dissipa-se rapidamente.

Desvantagens

— É asfixiante em concentrações superiores a 9%.

— Quando utilizado, recomenda-se não permanecer em ambiente pouco ventilado.

— Em incêndios da classe A, atua abafando as chamas. Neste caso, existe o risco de reignição do material queimado;.

— É um dos extintores portáteis mais pesados, tornando difícil seu deslocamento.

— Em locais impregnados com CO_2, a entrada só deve ser realizada com o auxílio de aparelho autônomo de respiração.

— Devido à forte pressurização, deve-se ter cuidado durante a sua aplicação, para evitar que líquidos inflamáveis se espalhem na hora do combate.

— Não é recomendada a sua utilização no combate ao fogo de produtos reativos, como o magnésio, hidretos metálicos e potássio.

— Não é recomendada a sua utilização no combate ao fogo de produtos químicos, como o permanganato de potássio e nitrocelulose. Estes produtos apresentam oxigênio em sua composição, facilitando a combustão.

Pó químico

Vantagens

— Age pelo abafamento.

— Utilizado no combate a incêndios das classes B (líquidos inflamáveis) e C (equipamentos elétricos energizados). Também utilizado em incêndios com gases pressurizados, acetilenos, hidrogênio, propano, etc.

— A aplicação do pó deve ser feita a favor do vento.

— No combate a fogo em locais de alta tensão (90.000 volts), deve-se manter uma distância mínima de três metros.

— O alcance do jato de um extintor portátil é em torno de três a cinco metros.

— O pó químico age promovendo a quebra da reação em cadeia.

Desvantagens

— Deve-se ter cuidado quando da utilização em combate ao fogo em recintos fechados ou malventilados (risco de intoxicação).

— O pó irá se dissolver, quando aplicado sobre superfícies úmidas ou molhadas, formando uma camada condutora que gera o risco de curto ou aterramento.

— Sua utilização em incêndios da classe A e gases sempre apresenta risco de resignação.

— Não possui eficiência quando utilizado em áreas abertas sobre condições de ventos.

Espuma

Vantagens

— Atua por abafamento, impedindo a emissão dos vapores desprendidos e a entrada do oxigênio, por conter água na sua formação. Desta forma, resfria e penetra, atingindo material em brasa.

— A espuma mecânica é produzida basicamente por três componentes: o líquido gerador de espuma, a água e o ar.

Desvantagens

— Não deve ser utilizada em fogo da classe C (equipamentos elétricos energizados), por conter água na sua formação.

— Não deve ser usada em incêndios em que haja materiais pirofosfóricos, magnésio, fósforo branco e ligas metálicas.

Aparelhos extintores portáteis

A denominação de portátil é dada aos extintores que pesam até 25kg, são de uso manual e possuem, como função, extinguir os princípios de incêndio. Os extintores portáteis devem ser colocados em locais visíveis e de fácil acesso. Quando colocados nas instalações, devem ficar em suportes, ou, quando forem fixados em paredes, devem seguir as normas que estabelecem altura mínima do solo de 20cm, e altura máxima de 1,60m. A retirada de um extintor do seu local de origem somente pode ocorrer em casos de operação de combate a princípios de incêndio, manutenção periódica ou recarga. Os extintores devem ter seus cilindros avaliados por testes hidrostáticos a cada cinco anos, e a carga deve ser renovada anualmente. O manômetro, mangueiras, difusores ou danos à sua estrutura, requerem avaliação mensal. Os extintores sem o lacre apresentam indício de uso, devendo ser evitados.

Os aparelhos extintores não devem ser colocados em locais considerados "rotas de fuga", pois podem dificultar o escape em caso de emergência, ou causar acidentes.

As Tabelas 20.1 a 20.4 apresentam algumas características dos principais agentes extintores portáteis.

Extintores por classes de fogo

Ver Tabela 20.5.

Tabela 20.1
Extintor portátil de água pressurizada

Agente:	Água
Emprego:	Fogo da classe A
Método de extinção:	Resfriamento
Restrições de uso:	Fogo da classes B, C e D.
Conteúdo da unidade:	10 litros
Peso bruto:	14kg
Tempo de descarga:	60 s
Alcance do jato:	11 m
Funcionamento: (Fig. 20.2)	A pressão é produzida manualmente.
Manutenção:	Verificar periodicamente o manômetro e o orifício de saída da água da mangueira (possibilidade de obstrução)
Gás propelente:	Nitrogênio

Possíveis causas de incêndios

— Não conhecimento ou não cumprimento das normas de segurança.

— Instalações elétricas defeituosas ou reparo elétrico realizado por pessoas não-habilitadas.

— Superaquecimento de equipamentos.

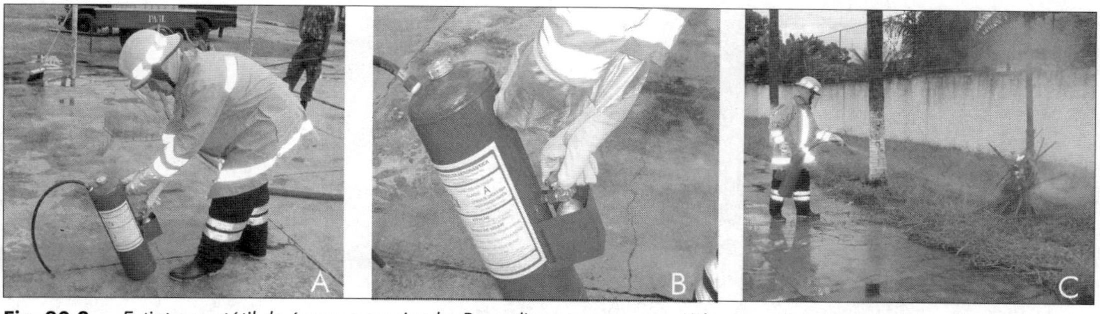

Fig. 20.2 — *Extintor portátil de água pressurizada. Procedimento para uso: A) leve o extintor para próximo do local, rompa o lacre e abra a válvula; B) aguarde a pressurização; C) observe a direção do vento e direcione o jato à base do fogo.*

Fig. 20.3 — *Extintor portátil de espuma. Procedimento para uso. A) leve o extintor para próximo do local, rompa o lacre e retire o pino de segurança, pressionando o gatilho; B e C) direcione o jato de espuma a um anteparo, para formar uma cobertura sobre o fogo.*

Tabela 20.2 Extintor portátil de espuma	
Agente:	Água a 97% e líquido gerador de espuma a 3%
Emprego:	Fogo das classes A e B
Método de extinção:	Resfriamento e abafamento
Restrições de uso:	Fogo classes das C e D
Conteúdo da unidade:	10 litros
Peso bruto:	14kg
Tempo de descarga:	60s
Alcance do jato:	8m
Funcionamento: (Fig. 20.3)	A espuma acondicionada sobre pressão é expelida quando o gatilho do extintor é acionado.
Manutenção:	Verificação do manômetro e inspeção da mangueira, visando a qualquer obstrução na saída da espuma.

Tabela 20.3 Extintor portátil de pó químico	
Agente:	Bicarbonato de potássio
Emprego:	Fogo das classes B e C
Método de extinção:	Abafamento e interrupção da reação em cadeia
Restrições de uso:	Embora possa ser utilizado em todas as classes, pode não ter eficácia em fogo da classe A, podendo haver risco de reignição.
Conteúdo da unidade:	A partir de 1kg (veículos), e 2, 4, 6, 8 e 12kg para uso predial
Tempo de descarga:	15s para os extintores com até 6kg e 25s para os extintores com 12kg
Alcance do jato:	5m
Funcionamento: (Fig. 20.4)	O pó acondicionado sobre pressão é expelido, quando o gatilho do extintor é acionado.
Manutenção:	Verificação periódica, para detectar possíveis entupimentos na mangueira. Nos aparelhos a pressurizar, verifique o lacre das ampolas.
Gás propelente:	Nitrogênio nos extintores pressurizados e CO_2 nos extintores a pressurizar.

— Acondicionamento de produtos inflamáveis em locais de risco.

— Displicência no manuseio de produtos inflamáveis e equipamentos elétricos.

— Acúmulo de materiais gordurosos em chaminés, exaustores, coitas e cabines.

— Fontes de ignição próximas a material inflamável, em bancadas e cabines.

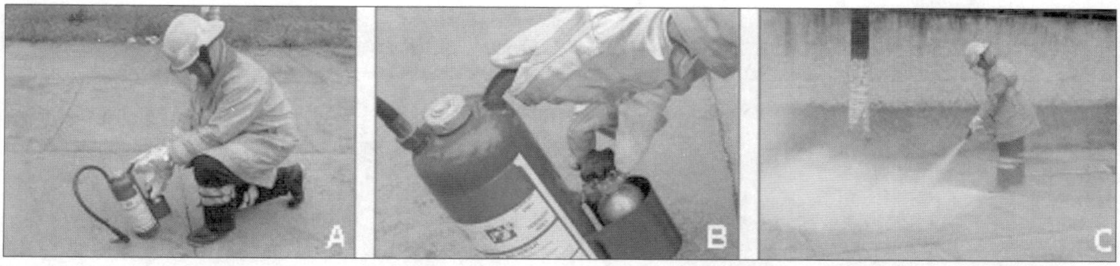

Fig. 20.4 — *Extintor portátil de pó químico. Procedimento para uso. A) leve o extintor para próximo do local, rompa o lacre e abra a válvula; B) aguarde a pressurização; C) observe a direção do vento e direcione o jato à base do fogo, procurando formar uma nuvem de pó.*

Tabela 20.4 Extintor portátil de CO_2	
Agente:	Gás carbônico
Emprego:	Fogo das classes B ou C
Método de extinção:	Resfriamento e abafamento
Restrições de uso:	Não deve ser empregado em materiais da classe D e materiais pirofosfóricos. • Na utilização sobre líquidos inflamáveis, devido ao forte jato ter cuidado para não espalhar ainda mais o líquido em chamas • Nos incêndios em materiais elétricos energizados, manter uma distância segura. • Nos incêndios da classe A, pode ocorrer o risco de reignição
Conteúdo da unidade:	Unidades de 2, 4 e 6kg. A unidade predial mais utilizada é a de 6kg
Peso bruto:	20kg
Tempo de descarga:	25s
Alcance do jato:	8m
Funcionamento: (Fig. 20.5)	O gás acondicionado sobre alta pressão é liberado, quando o gatilho é acionado. Por ter sua estrutura em ferro, torna-se mais pesado que os outros extintores. Seu transporte requer maior cuidado
Manutenção:	Verificação periódica, para detectar o rompimento do lacre e difusor (muitas vezes, obstruídos por materiais diversos), ou solto da sua base próximo ao protetor da mão. Detecção de rachaduras na mangueira. Possíveis pontos de ferrugem na estrutura do extintor.

Fig. 20.5 — *Extintor portátil de CO_2. Procedimento para uso: A) leve o extintor para próximo do local e rompa o lacre; B e C) observe a direção do vento, pressione o gatilho e direcione a nuvem de fumaça à base do fogo.*

Tabela 20.5
Quadro demonstrativo dos extintores por classes de fogo

Classe	*Água*	*Pó químico*	*Espuma química*	*CO_2*	*Espuma mecânica*
A	• Eficiente • Age por resfriamento e abafamento • Descarga: 60s • Jato: 10m	• Pouco eficiente • Risco de reignição	• Eficiente • Risco de reignição	• Pouco eficiente • Risco de reignição	• Pouco eficiente • Risco de reignição
B	• Não recomendado • Risco de aumentar as chamas	• Eficiente • Age por abafamento • Descarga: 15s • Jato: 5m.	• Eficiente • Age por abafamento • Descarga: 60s • Jato: 7,5m	• Eficiente • Cuidado para não espalhar o líquido • Age por abafamento	• Eficiente • Age por abafamento e resfriamento • Descarga: 60s • Jato: 7,5m
C	• Não recomendado • A água é condutora de eletricidade	• Eficiente • Age por abafamento	• Não recomendado • Conduz eletricidade	• Eficiente • Age por abafamento e resfriamento • Descarga: 25s • Jato: 2,5m	• Não recomendado
D	• Não recomendado • Risco de provocar e explosão	• Eficiente • Age por abafamento e quebra da reação em cadeia	• Não recomendado	• Não recomendado	• Não recomendado

— Acondicionamento de produtos perigosos próximo a fontes geradoras de calor.

— Vazamento de produtos inflamáveis em locais aquecidos.

— Vazamento de produtos químicos em pias e esgotos.

— Displicência de fumantes com ponta de cigarro ou fósforo aceso.

— Corte por atrito ou fogo para reaproveitamento de tonéis de substâncias inflamáveis.

— Vazamentos de cilindros de gases inflamáveis.

— Equipamentos elétricos mantidos ligados no fim do expediente (cafeteiras).

— Sobrecarga de tomadas.

— Reatividade não-esperada de produtos químicos.

— Falhas em operações de carga e descarga de líquidos inflamáveis.

— Acúmulo de papel próximo a fontes de calor.

— Botijões de gás instalados dentro do laboratório.

— Uso de fogareiros para o aquecimento de refeições.

— Improviso de equipamentos.

Procedimentos a Serem Adotados em Caso de Incêndio

Assim que o fogo for detectado, tente proceder às seguintes atividades:

A) dê o alarme, procurando evitar pânico;

B) chame logo os bombeiros, informando o local, o tipo da edificação, o número de pavimentos e as atividades desenvolvidas;

C) dê o primeiro combate. Avalie os riscos e, se possível, procure verificar o que está queimando, para utilizar o extintor mais adequado. Desligue as fontes elétricas e interrompa o fluxo de gases. Se possível, afaste os cilindros de gás ou frascos inflamáveis das proximidades do fogo, sem que isso ofereça risco de vida;

D) se o fogo estiver fora de controle, não tente medidas heróicas. Abandone o local imediatamente, evitando pânico e correria. Não use elevador;

E) auxilie a saída de pessoas que não conheçam o local. Ajude as pessoas que possam estar feridas ou deficientes. Na hora de utilizar as escadas, evite correr; muitos acidentes ocorrem neste momento;

F) nos incêndios, a fumaça é responsável por 70% das mortes, portanto procure sempre os locais mais ventilados para o escape. Sempre que possível, faça uso de pano molhado junto ao rosto, a fim de facilitar a fuga. Sempre que um ambiente estiver com fumaça, procure caminhar abaixado próximo ao chão, pois nesta faixa há mais chance de obter ar sem fumaça;

G) Não retire a roupa do corpo; ela é uma proteção a mais para você. Se houver chance, tente molhá-la;

H) após deixar qualquer sala, feche a porta sem trancá-la. Desta forma, você estará diminuindo a possibilidade de as chamas serem alimentadas pelo ar circulante;

I) se você saiu, não retorne ao local do incêndio; lembre-se de que o calor e a fumaça aumentam com o tempo;

J) ajude na retirada de tudo o que pode dificultar a ação dos bombeiros, como, por exemplo, veículos estacionados junto à edificação e aglomeração de curiosos nas rotas de passagens dos veículos de socorro;

K) recepcione os bombeiros e informe os riscos do local, como:

- depósitos de produtos inflamáveis;
- depósitos de produtos químicos;
- produtos (ou fontes) radioativos;
- locais de armazenamento de cilindros de gás;
- laboratórios contendo agentes biológicos;

L) tente informar aos bombeiros os reservatórios, hidrantes ou fonte de captação de água, para que o combate não sofra interrupção;

M) procure informar sobre possíveis pessoas desaparecidas no interior do prédio. Não tente realizar buscas por conta própria;

N) após a extinção do fogo, só entre na edificação após a liberação do local pela autoridade competente.

Regras básicas de prevenção a incêndio

- Faça sempre uso do equipamento de proteção individual (EPI) durante as atividades.
- Todos os funcionários devem possuir noções mínimas de combate a princípios de incêndio.
- Esteja ciente da localização da caixa disjuntora ou chave geral, e de como interromper o fluxo de gás, caso ocorra uma emergência.
- Em ambientes perigosos, com variedade de produtos inflamáveis ou químicos, deve-se:
    - evitar estoque de produtos em excesso;
    - ter sempre à vista EPIs e EPCs para eventuais intervenções. Certifique-se de que você é capaz de operá-los numa emergência;
    - saber os locais de acesso a telefones e o número dos bombeiros, socorro médico, luz, gás, etc.;
    - antes de entrar no laboratório e acender as luzes, deixe a sala ventilar por alguns minutos;
    - ao sentir cheiro de gás ou produto químico, ventile a sala naturalmente e restrinja o acesso. Acione o serviço de segurança imediatamente;

- evitar reparos ou improvisos no trato com equipamentos elétricos, sem que se seja capacitado para tal;
- notificar o serviço de manutenção sempre que houver danos à estrutura do laboratório ou vazamentos de gases;
- antes de ligar um aparelho novo em seu laboratório, certificar se junto ao eletricista, sobre se não irá ocorrer sobrecarga no sistema;
- notificar aos colegas sempre que for efetuar um trabalho perigoso;
- ao sair, desligar tudo o que possa permanecer desligado.

— ao trabalhar com material inflamável, manter fontes de calor afastadas destes materiais;

— não acondicionar produtos inflamáveis à radiação solar;

— evitar manobras com cilindros de gás;

— nos cilindros de oxigênio e ar comprimido, não utilizar óleos, graxas e outros produtos, a fim de facilitar o engate das roscas de adaptação.

— Os cilindros de gases não-inflamáveis não suportam altas temperaturas e podem provocar explosões, quando expostos ao fogo, ou gerar intoxicação aguda em locais fechados ou malventilados.

Cuidados com gás liquefeito do petróleo (GLP)

O GLP, classificado como 2 na qualificação de produtos perigosos, apresenta como características ser asfixiante, inodoro, incolor, atóxico, mais denso que o ar, não ser poluente, não ser corrosivo, ter alto poder calorífico e liquefazer-se sob pressão.

Procedimentos de segurança para a utilização do GLP

— Não armazenar grandes quantidades de botijões no interior do ambiente de trabalho.

— Manter os botijões em área externa à edificação, que seja bem-ventilada.

— Não procurar vazamentos utilizando chamas.

— Não improvisar ferramentas para consertar botijão de gás.

— Não instalar botijões próximos a fontes de calor.

— Evitar a queda dos botijões.

Conduta em casos de vazamento de gás sem fogo

— Ao sentir cheiro de gás em um ambiente fechado, proceder com cuidado, evitando acender ou apagar luzes, ou outros aparelhos elétricos no interior da edificação.

— Evitar o uso de aparelhos celulares ou similares em locais gasados.

— Se for necessária a utilização de lanterna, acioná-la do lado de fora do ambiente.

— Procurar ventilar o local naturalmente, abrindo portas e janelas com cuidado.

— Após o gás ter-se dissipado, fechar o registro imediatamente.

Conduta em casos de vazamento de gás com fogo

— Verificar o posicionamento do vento para aproximação.

— Procurar resfriar o botijão, jogando água.

— Utilizar extintor de incêndio, na tentativa de apagar o fogo.

— Retirar do local material que possa alimentar o fogo.

— Evitar deitar o botijão de gás em chamas.

— Após a extinção do fogo, tentar fechar o registro e, se mesmo assim continuar o vazamento, procurar retirá-lo para um local ventilado.

— Afastar os curiosos e isolar o local em um raio de 50m.

— Chamar a companhia de gás.

Referências Bibliográficas

1. Manual de Fundamentos de Bombeiros — Polícia Militar de São Paulo. 2ª ed., 1998.
2. Gomes AG. Sistemas de prevenção contra incêndios, 1998.
3. Pereira AG. Segurança contra incêndio., 2000.
4. Carvalho PR. Incêndio em áreas críticas. In: Boas práticas químicas em biossegurança. Rio de Janeiro: Interciência: 61-5, 1999.
5. Allemand RM. Apostila do curso de pós-graduação em Engenharia de Segurança no Trabalho, CEFET/RJ.

Índice Remissivo

C

D

E

F

G

H

I

K

L

M

N

O

P

Q

R

S

T

V